# 初等数学論考

John Stillwell 著／三宅克哉 訳

Elements of Mathematics:
From Euclid to Gödel

共立出版

ELEMENTS OF MATHEMATICS
by John Stillwell

Copyright © 2016 by John Stillwell
Japanese translation published by arrangement with Princeton University Press through The English Agency (Japan) Ltd.

All rights reserved.

No part of this book may be reproduced or transmitted in any form or by any means, electronic or mechanical, including photocopying, recording or by any information storage and retrieval system, without permission in writing from the Publisher

Japanese language edition published by KYORITSU SHUPPAN CO., LTD.

# 訳者まえがき

本書は Stillwell 著〈Elements of Mathematics From Euclid to Gödel〉の邦訳です．タイトルは直訳ではなく，『初等数学論考』としました．著者は "Elements" をエウクレイデスの〈Elements〉（ラテン語では Elementorum）と響き合うことを意識して用いていますが，すでに定着している邦訳のタイトルの『原論』では「初等的（elementary）」と繋がる意味合いが見えにくいと判断しました．原書は，その序文でも述べられているように，フェリクス・クラインの『高い立場から見た初等数学（Elementarmathematik vom höheren Standpunkte aus）』の出版の 100 年後に，それに動機づけられて生み出されたものです．なお本書では，アレクサンドリアのエウクレイデスについては，英語からの音訳の「ユークリッド」を採らず，最近の，特に数学史の分野での用法にならって，一貫して「エウクレイデス」を採用しました．特に「ユークリッドの互除法」とか「ユークリッドのアルゴリズム」，あるいは「ユークリッド幾何」といった響きに馴染んでいる読者にとってはいくらかの違和感があるかもしれません．しかしまた一方で，二項係数に関する「パスカルの三角形」についてはパスカルよりも 300 年ほども先んじて著書に取り込んでいた中国の数学者の朱世傑（とかその著書『四元玉鑑』）を，英語からの音訳ではなく漢字で表すことの「自然さ」は捨てられないでしょう．英語からの音訳を採らなかった訳者の判断をご理解ください．

原書で著者が目指すところは二つあり，「第一の目標は初等的な数学とその財産を鳥瞰すること」，および，「第二の目標は，『初等的（elementary）』ということが何を意味するのかを明らかにしていくこと」です．これらの目標に向かって，著者はまず第 1 章で「初等的な水準での重要な八つの題目――算術，計算，代数，幾何，微積分，組合せ，確率，論理学――を例証的な幾つかの実例を用いて簡潔に導入」しています．ここでは，しかし，すでに著者の第二の目標が先取

りされています．というのは，著者は「初等数学」についての自身の考え方に基づいて，原著のタイトルの〈Elements of Mathematics〉，すなわち「(21世紀における)数学の基本要素」としてこれら八つの題目を宣明しているからです．このうちの新しいものと目される四つの題目，計算，組合せ，確率，および，論理学は，「初等数学 (Elementary Mathematics)」の一般的なイメージにおいては，他の四つの題目，算術，代数，幾何，微積分と同列に組み込まれるものではないように思われます．それでも著者は，以下の八つの章で，(自分でも認めているようにその一部において「高等的な (advanced)」ところにまで踏み出してはいるものの，) 基本的には初等的な枠組みの中で巧みにそれぞれの要点と項目相互間の関係を紹介し，展開しています．

しかし本書において著者が意図するところは，(各章に「歴史的な雑記」と「哲学的な雑記」が付されており，多面的な情報や検討が与えられていますが，) これら八つの題目の概説的な紹介記事を読み物風に展開することではありません．そうではなく，著者が主張したい「初等数学」というべきものの現代的な位置づけを (いわば数学風に) 展開することにあります．この和訳においては，著者がこのように意図するものを「初等的数学」という用語によって表すことにしました．(したがってまたそれを超え出るものを「高等的数学」としています．) その理由には次のような背景があります．この翻訳書が期待する我が国における読者層にはいろいろな段階で数学教育に携わっている多様な現場の人たちがあります．またその背後には，高等学校や大学への進学率がそれぞれにとても高い社会的な状況が生み出している数学教育の受け手の生徒たちや学生たちの多様性があります．こういった状況のもとで，本書の著者が主張する「初等的数学」こそが「初等数学」であると決めつけてしまうならば，かえって原著者の意図が削がれることにもなりかねません．彼は，かつて100年前にクラインが行った試みを受けて，21世紀の今日における「初等数学」をめぐる発展的な論議を喚起しようとし，その基本的な骨格となるべきものを，今日に至る100年にわたる数学の爆発的な展開を踏まえたうえで提示しようとしています．そこでこの邦訳では「初等数学」という用語では，いろいろな状況に応じて多様性を持っている読者それぞれのイメージをそのままに尊重するものとします．そして読者が自分自身の状況に応じて一歩を踏み出して，「初等数学」についてのそれぞれの現場での必然性に根ざした論考を展開していくように期待します．

また，著者は，「大学に入るばかりの学生たちに対しては，本書は，さらに先へと進むにあたって知っておくと役立つ事柄の全体像を提示するとともに，前方にあるものを垣間見るための助けになる」と自負していることも強調しておきます．例えば，本書はこういった学生たちの「自主ゼミ」での格好の教材になることでしょう．また彼らを送り出す側の教育者たちにとっても，生徒たちや学生たちの前途に広がる数学への展望を自らが保持することによって，その教育活動の柔軟性を増し，その即時的ではない効果をもたらし，そのさらなる豊かさを担保することになるでしょう．

　本書で取り上げられている上記の新しい四つの題目について，著者が感じているその必然性（の一部）を手っ取り早く読者に感じてもらえるように，いくらかの具体的な内容をここで提示しておきます．

　まず「計算」においては，数とそれを表示する十進数字や二進数字とを明確に分離し，数の四則演算と累乗とを数字を用いて展開することによって，取り扱う数字の桁数を基準としたそれらの計算量を評価します．これによって「多項式時間による計算が可能な問題の類 P」が定性的に捉えられ，例えば「大きい数が素数であるかどうかを認定する問題」がこの類 P に属することとか，その反面で，「大きい数を素因数分解すること」については，これが類 P に属するかどうかはまだ知られていないことを紹介します．それでも「ある数が与えられてしまえばそれがもとの大きい数の約数であるかどうかを判定すること」は数の除法を通して類 P に属することになります．このように「答えを見つけるのは難しいが具体例においてそれを確認することは易しい問題」は「NP 問題（非決定的多項式時間問題）」と呼ばれ，こういった問題が果たしてすべて類 P に属するかどうかを問うことは「P 対 NP 問題」と呼ばれています．ただし，この問いかけの大前提として，「計算」というものの数学的な定義が必要となりますが，これは「チューリング機械」によって，もちろん初等的に与えられます．

　「組合せ」においては，二項係数とグラフ理論が扱われます．前者は「場合の数」という視点から「確率」と密接に関わることにもなります．コイン投げを繰り返し行う遊戯においては二項係数で表示される二項分布が現れ，そしてさらに，ある意味で「二項分布の極限」となっている正規分布との関係が「微積分」と共鳴するなかで検討されることになります．そこに至れば当然「無限過程」が表舞台に登場することになります．もちろん著者はすでに「微積分」においてそ

れなりの「無限過程」を自然に動機づけながら導入しており，「可能的無限」ないし「構成的無限」を初等的数学に含めるべきであるとします．これに対して，「実無限」となると，これはもはや初等的数学には属さず，著者はここにこそ初等的数学と高等的数学とを分かつ境界線が横たわっていると主張します．（たとえば，「いくらでも長い有限列が構成できること」と「無限列が構成できること」との間に本質的な差があることはあまり意識されていないようですが，一応注意を促しておきましょう．標語的にいうと「数学的帰納法によって無限列を創ることはできない」のです．）すなわち，古代ギリシャ，特にエウクレイデスの『原論』で展開されている「量の比の理論」に基づく「取り尽くし法」に拠った面積や体積の理論とその精神はそのまま初等的数学に収めるが，19世紀に起こされて現在に続く「実数の連続性」そのものは初等的数学を超えて高等的数学に属するとするわけです．

　著者はまた20世紀における重大な結果である「四色問題の証明」に注目します．四色問題は（有限）グラフ理論に移されて多様な場合分けによって検討が重ねられ，その証明は今のところ計算機の使用に本質的に依存せざるを得ないものです．著者はグラフ理論を初等的数学の基本要素とする必然性の一端をここにも見ています．また「無限鳩の巣論法」，すなわち，「無限個の対象を二分すればその一方には必ず無限個の対象が含まれる」という論法を無限二分岐木（binary tree）に移して「直感化」することによって「実無限」に踏み出します．「無限個の頂点を持ち，各頂点からは有限個の枝しか出ていない木（tree）には無限に伸びる単純な道（simple path）が含まれている」ことが「ケーニヒの無限性補題」によって保証されますが，著者はこれを拠り所として，高等的数学に属する「実数の連続性」への初等的数学からの緩やかな展望を提示します．初等的数学からさらにその前方を覗き見るにあたって，このようなやり方で「実数の連続性」を支える「実無限」が受け入れやすく導入されており，例えば（可算）選択公理を含む集合論を正面切って展開するような道筋は避けられています．

　最後に「論理学」についても触れておきましょう．ここで本書の副題である「エウクレイデスからゲーデルまで」を思い起こしましょう．すでにエウクレイデスの『原論』についてはまず冒頭でも触れましたが，この著作が歴史的に大いなる影響を与え続けてきた大きい理由の一つに，そこに展開されている次のような特性があります．すなわち，いくつかの「公理」や「公準」から始めて論証を

重ね，結局は驚くべき結論を導き出して見せるというその構成です．基本的には現在の数学も，例えば「計算機に依存する証明」についての議論はあるでしょうが，そういった様式を遵守し，またさらなる改善を施して整備し，大いなる発展を遂げることになりました．「（数理）論理学」においては20世紀になって得られた大いなる成果とそれがもたらす「数学の本性」へのまったく新しい認識が生み出されました．本書ではその一端を担うゲーデルの「不完全性定理」と「完全性定理」への誘いを試みています．そのため，後者に対応すべく，数学における記述様式と論証の形態を解析して得られた記号論理の枠組みである「命題論理」と「述語論理」を解説しています．そして著者が高等的数学の領域に踏み出した第10章における解説で「これらの論理学それぞれの完全性」を示しています．すなわち，「命題論理ないし述語論理における必然的論理式（valid formula）はある種の手続きと推論規則を用いてそれぞれの内部で必ず証明される」ことが示されています．また「不完全性定理」については，すでに第9章で，初等数学の第一の項目に挙げられた「算術」についての公理体系として「ペアノ算術」を導入し，その「不完全性」についての解説を与えています．ただし，著者自身も，こういった部分はもはや初等的数学を踏み出して高等的数学に入り込んでいるものであると考えています．それでも，多くの読者が初等的数学を一歩踏み出したところに見られる生き生きとした現代数学の一つの表情に接し，そこにおもしろさを感じてくださるならば，それこそ，おそらくは著者の，また訳者の歓びとするところです．

なお，些細なミスや数学上の修正を断りなしに行っていますが，誤解を避けるために訳者が補足した部分は［　］書きにしています．

最後になりましたが，この原書を見つけ出し，その翻訳を勧め，この形に仕上がるまでご尽力を注いで下さった共立出版社の大谷早紀さんに心からの謝意を記しておきます．

2017年11月15日
調布にて
三宅　克哉

Hartley Rogers Jr. の思い出に

# 目次

**第1章　初等的数学の諸項目　1**

- 1.1　算術　2
- 1.2　計算　4
- 1.3　代数　7
- 1.4　幾何　10
- 1.5　微積分　14
- 1.6　組合せ　17
- 1.7　確率　22
- 1.8　論理学　24
- 1.9　歴史的な雑記　27
- 1.10　哲学的な雑記　35

**第2章　算術　39**

- 2.1　エウクレイデスの互除法　40
- 2.2　連分数　42
- 2.3　素数　45
- 2.4　有限算術　49
- 2.5　2次整数　50
- 2.6　ガウスの整数　54
- 2.7　オイラーの証明を再訪する　59

- 2.8　$\sqrt{2}$ とペル方程式　62
- 2.9　歴史的な雑記　65
- 2.10　哲学的な雑記　73

## 第3章　計算　80

- 3.1　数字　81
- 3.2　加法　84
- 3.3　乗法　87
- 3.4　除法　90
- 3.5　累乗　92
- 3.6　P 対 NP 問題　95
- 3.7　テューリング機械　99
- 3.8　*解答不能問題　103
- 3.9　*普遍機械　106
- 3.10　歴史的な雑記　108
- 3.11　哲学的な雑記　113

## 第4章　代数　118

- 4.1　古典的代数　119
- 4.2　環　125
- 4.3　体　130
- 4.4　逆元に関わる二つの定理　132
- 4.5　線型空間　136
- 4.6　線型従属，基底，次元　139
- 4.7　多項式の環　142
- 4.8　代数的数体　146
- 4.9　線型空間としての数体　149
- 4.10　歴史的な雑記　153
- 4.11　哲学的な雑記　157

## 第5章　幾何　163

- 5.1　数と幾何　164
- 5.2　エウクレイデスの角の理論　165
- 5.3　面積についてのエウクレイデスの理論　168
- 5.4　直定規とコンパスによる作図　175
- 5.5　代数的な演算の幾何学的な実現　178
- 5.6　幾何学的な作図の代数的な実現　181
- 5.7　線型空間幾何学　184
- 5.8　内積による長さの導入　188
- 5.9　作図可能な数体　192
- 5.10　歴史的な雑記　194
- 5.11　哲学的な雑記　202

## 第6章　微積分　212

- 6.1　幾何級数　213
- 6.2　接線と微分法　216
- 6.3　導関数を計算する　222
- 6.4　曲線で囲われた面積　227
- 6.5　曲線 $y = x^n$ の下の面積　231
- 6.6　*微積分の基本定理　234
- 6.7　対数関数のベキ級数表示　238
- 6.8　*関数 arctan と円周率 $\pi$　247
- 6.9　初等関数　250
- 6.10　歴史的な雑記　255
- 6.11　哲学的な雑記　261

## 第7章　組合せ　266

- 7.1　素数の無限性　267

- 7.2 二項係数とフェルマの小定理　268
- 7.3 生成関数　270
- 7.4 グラフ理論　273
- 7.5 木（tree）　276
- 7.6 平面的グラフ　278
- 7.7 オイラーの多面体公式　280
- 7.8 非平面的グラフ　287
- 7.9 *ケーニヒの無限性補題　289
- 7.10 シュペルナーの補題　293
- 7.11 歴史的な雑記　297
- 7.12 哲学的な雑記　300

## 第8章 確率　305

- 8.1 確率と組合せ　306
- 8.2 賭博師の破産　309
- 8.3 ランダムウォーク　311
- 8.4 平均値，分散，標準偏差　313
- 8.5 *ベル（鐘形）曲線　317
- 8.6 歴史的な雑記　320
- 8.7 哲学的な雑記　324

## 第9章 論理学　327

- 9.1 命題論理　328
- 9.2 トートロジー，恒等式，充足可能性　331
- 9.3 特性，関係，量化子　334
- 9.4 数学的帰納法　337
- 9.5 *ペアノ算術　342
- 9.6 *実数　346
- 9.7 *無限　351

- 9.8 *集合論　356
- 9.9 *逆数学　360
- 9.10 歴史的な雑記　362
- 9.11 哲学的な雑記　367

## 第10章　幾つかの高等的数学　369

- 10.1 算術：ペル方程式　370
- 10.2 計算：語の問題　378
- 10.3 代数：基本定理　383
- 10.4 幾何：射影直線　388
- 10.5 微積分学：円周率 $\pi$ のためのウォリスの積　395
- 10.6 組合せ論：ラムジーの定理　401
- 10.7 確率論：ド・モルガン分布　406
- 10.8 論理学：完全性定理　414
- 10.9 歴史的および哲学的な雑記　420

## 参考文献　435

## 索　引　445

## 序文

　本書は筆者が2008年にフェリクス・クラインの『高い立場から見た初等数学（*Elementarmathematik vom höheren Standpunkte aus*)』の出版100年記念に際してまとめた論説から芽生えました．このクラインの著作には初等数学についての彼の観点が反映されており，私の思うところでは驚くほど現代的であり，また彼の観点が現今の数学に照らせばどのように変容するものかを示唆するような幾つかのコメントも含まれています．踏み込んで検討を進めていくうちに，私は次のような実感を抱くようになりました．というのは，今日の初等数学を論じるにあたっては，21世紀の視点から見た初等的な話題の幾つかを盛り込む必要があるばかりか，さらに加えて，「初等的」という用語をクラインの時代に考えられていたと思われるものよりももっと的確に意味づける必要があるということです．

　そんなわけで，この本の第一の目標は初等的な数学とその財産を鳥瞰することです．その景観は時として「高等的な立場から見たもの」にもなるでしょうが，それでもできるだけ初等的なところに留まるでしょう．高等学校での数学をしっかりとこなした読者は本書の数学的な内容の大半を理解できるでしょうが，話題が多岐にわたることから，誰しもいくらかなりの難しさを感じるところがあるでしょう．G. H. ハーディが1942年にクーラントとロビンズによる優れた著書『数学とは何か？』(1941年)の書評で述べた言葉，「難しさをともなわないような数学についての本などは無価値である」を心に留めておきましょう．

　この本の第二の目標は，「初等的 (elementary)」ということが何を意味するのかを明らかにしていくこと，あるいは，少なくとも数学のこれこれの事柄が他に比べて「もっと初等的である」とみなされるのはなぜだろうかという疑問を解き明かすことです．「初等的」という概念は数学が進歩するにつれて連続的に変化するものだと思われるかもしれません．確かに，現時点では初等数学に含まれる

と考えられている幾つかの話題については，それなりに積み重ねられてきた大いなる進展が結果としてそれらを初等的であると「位置づけることになった」わけです．こういった進展の一例を挙げれば，フェルマとデカルトによる幾何学への代数の導入があります．他方では，幾つかの概念は頑強に難しいものであり続けています．その一つに実数という概念があります．これはエウクレイデスの時代から頭痛の種になっています．20世紀の論理学の進展によって，実数がなぜ「高等的（advanced）」概念であるかが説明できるようになってきており，こういった発想は本書の後半で漸次取り上げられることになります．その中で，初等的な数学が多岐にわたって実数の概念とどのように衝突を重ねてきたか，さらに論理学が実数の高等的な本性——そして，より一般的に，「無限」の本性——をどのように多面的に解きほぐすのか，についての検討が進められることになります．

これらの二点が本書の目的とするところです．それらがどのように達成されていくのかを説明しておきましょう．第1章では初等的な水準での重要な八つの題目——算術，計算，代数，幾何，微積分，組合せ，確率，論理学——を例証的な幾つかの実例を用いて簡潔に導入します．続く八つの章でこれらの題目をさらに詳しく説明するために，それらの基礎となる原理を設定し，幾つかの興味深い問題を解いて見せ，それらの間の繋がりを浮き上がらせていきます．代数は幾何において使用されるばかりか，さらに，幾何が算術において，組合せが確率において，論理学が計算において，等々，といった具合に使用されています．幾つものアイデアがいたるところで連携しあっています．たとえ初等的な水準であってもこれが見て取れるのです！　提示された数学的な詳細は各章の終わりに記された歴史的な所見と哲学的な所見によって補充され，そういったアイデアはどこから来たのか，そしてそれらが初等的数学の概念をどのように形作ったのかを概観するのに役立つでしょう．

私たちは，初等的数学の領域と限界を探査しようする以上，時にはその境界を踏み越えて高等的数学に入り込まなければならないことが起こります．このように深入りをして高等的な概念に触れる節や小節の題目には星印 (*) を付けて読者に予告します．第10章では最終的に本気で一線を踏み越え，上記の八つの題目のそれぞれにおいて非初等的数学に属する例を取り上げます．これらを用意した目的は，初等的な方法では手に負えない興味深い問題が無限へとささやかに踏み出すことによって解けることを示し，初等的な章で浮かび上がった幾つかの疑問

に答えることにあります．

　本書における新しいことはといえば——初等的数学への（願わくば）新鮮な風貌は別としても——一つの定理が他の定理よりも「もっと高等的（more advanced）である」あるいは「もっと深い（deeper）」ということが何を意味しているのかについて正面から検討しているところでしょう．**逆数学**はその主要な目的として，これまで40年にわたり，諸定理をそれらを証明するのに必要とされる公理系の強さによって分類してきましたが，その尺度として取り上げられたのが無限についての公理系をどの程度まで前提する必要があるかという「強さ（strength）」でした．この方法論を採ることによって，逆数学はボルツァーノ-ヴァイエルシュトラスの定理やブロウウェルの固定点定理といった解析学の基礎に位置する多くの定理を分類してきました．その結果として，現在ではこれらの定理が，例えば初等数論よりもさらに強い公理系に依拠していることから，初等数論に比べて「もっと高等的である」と明確に断定することができます．

　こういう次第で，初等的数学のすぐ先に何があるのかを見ようとすれば，まず取り上げることになるのが解析学です．解析学は初等微積分の範囲ばかりか種々の無限処理が生じるような他の分野の範囲をも明らかにします．例えば代数（代数学の基本定理において）とか組合せ（ケーニヒの無限性補題——これはトポロジーと論理学においても重要です）が挙げられます．無限は高等的数学を特徴づける唯一の特性というわけではありませんが，おそらくは最も重要で，しかも最もよく理解できるものです．

　論理学と無限は初等的数学についての書物においては避けて通るべき話題だろうといった不安を呼び起こすといけません．そこで私たちは，それらについては十分に穏やかに，また十分に緩やかに接して歩みをすすめていくことをまずここで強調しておきます．深まったアイデアはそれらが必要になって初めて姿を現し，数学の論理学的な基礎については第9章においてのみ掲示されます．私としては，この章の段階にまでくれば読者諸君もそれらの価値に十分に得心がいくはずだ，との希望を持っています．この点で（また他の多くの観点からも）私はクラインが次のように述べていることに同意します．

　　実際，数学は一本の木のごとくに成長してきた．それは，その微々たる
　　細根のうえに単に上へ上へと成長していくものではなく，むしろその枝

や葉を上方へと広げていくのと同時に，また同じような割合で，その根を深く，より深くへと繰り出していくものである．

Klein (1932), p.15

第9章では，私たちは数学の根を掘り下げ，初等数学を育むものたちや，またより高く伸びる枝枝に養分を送り出すもののいくらかなりを，願わくば，何とか目の当たりにできるように努めます．

筆者としては，この本が，見込みのある数学の学生や彼らの先生たち，さらには私たちの学科の基礎に興味を惹かれるような専門的な数学者のみなさんの一助になるようにと願っています．大学に入るばかりの学生たちに対しては，本書は，さらに先へと進むにあたって知っておくと役立つ事柄の全体像を提示するとともに，前方にあるものを垣間見るための助けになるでしょう．大学のレベルで教えている数学者たちにとっては，この本は，学生たちには知っておいてほしいけれども私たち自身も幾分か不確かである（失礼！）ような話題についての再履修コースになるかもしれません．

**謝辞**．本書へと誘ってくれた発想の芽にあたるものは Vagn Lundsgaard Hansen と Jeremy Gray に帰すところであり，彼らはクラインについての論説を私に委託してくださったばかりか，そのあともこの種の本を書き上げるように勧めてくださった．妻の Elaine には，いつものように倦むことのない校正をするとともに，いつもながらの声援をしてくれたことに感謝する．Derek Holton, Rossella Lupacchini, Marc Ryser および二人の匿名の査読者には寄せられた訂正と助言について謝する．サンフランシスコ大学にはその継続したご支援に，またケンブリッジ大学 DPMMS には本書の幾つかの章を書き上げる間の施設の使用について謝す．最後に，プリンストン大学出版の Vickie Kearn と彼女のチームには全面にわたる秀逸な調整によって本書を仕上げて作製して下さったことに対して特段の感謝を表す．

ジョン・スティルウェル<br>ケンブリッジにて，2015年7月2日

# 1

# 初等的数学の諸項目

## あらまし

この章では本書で「初等的 (elementary)」であると考えられている数学の諸分野を紹介する．これらはすべて数学教育の歴史において何らかの段階で「初等的」であると考えられるようになったものであり，現在でもすべて初等・中等教育の学校のそれなりの段階で教えられている．しかし，「初等的」な題目もそれなりに神秘なるものや難しさを持っており，それらには「高い立場からの視点」による解説が求められる．以下で見ていくように，このことはクラインの著書 Klein (1908) によって考察された題目——算術，代数，解析，幾何——に加えて，1908 年の時点ではまだ胚芽といった存在であったが今日では十分に成熟しているその他の幾つかの題目にも当てはまる．

私たちも当然ながらクラインがやったように算術，代数，幾何，および，彼の「解析」を「微積分」と解釈した節をもうけるが，さらに新たに，ようやく前世紀になってから成熟した計算，組合せ，確率，論理学の各章を加える．

今日では計算が数学全般のすべての水準にわたってそれを覆うように現れており，これは当然初等的数学の水準においても顕著である．組合せは計算の近い親戚であり，また，これは幾つかのとても初等的な一面を持っている．したがってこういった面を考察するだけだとしても取り上げられるべきであろう．さらに加えてもっと古典的な理由を挙げれば，組合せはもう一つの題目である確率への入り口であり，確率も初等的な幾つかの起源を持っている．

最後に論理学という題目が現れる．論理は数学の核心であるのだが，多くの数

学者は論理学を数学の題目だとは見ていない．これは1908年では——論理についての定理として知られていたものがほとんどないといってもよい時点であったので——許されるところであったが，今日ではそうはいかない．論理学は数学の最も興味深い定理の幾つかを含んでおり，しかもそれは計算や組合せと切り離すことができない．現在ではこの新しい三つ組である計算 – 組合せ – 論理学は，古い三つ組の算術 – 代数 – 幾何と同様に初等数学のなかで真面目に取り上げられる必要がある．

## 1.1 算術

　初等的な数学は数えることから始まる．おそらく最初は自分の指を用い，次いで言葉「いち」，「に」，「さん」，... によって，そして小学校では記号 1, 2, 3, 4, 5, 6, 7, 8, 9, 10, ... による．この 10 **を基数とする数字**はすでに深いアイデアであり，数についての多くの魅力的で難しい問題を生み出すのだ．本当か？　そうなのだ！　例えば典型として数字3671の意味を考えよう．この表示は，三つの千と六つの百と七つの十と一つの単位を合わせたものを表し，

$$3671 = 3 \cdot 1000 + 6 \cdot 100 + 7 \cdot 10 + 1$$
$$= 3 \cdot 10^3 + 6 \cdot 10^2 + 7 \cdot 10 + 1$$

とも書き表される．このように，十進数の意味を知るということは，加法，乗法，および，累乗あるいは指数表示をすでに理解していなければならないのだ！

　実は，数字とそれが表す数との間の関係は数学と生命とに共通する現象，すなわち**累乗的増大**，との最初の遭遇である．まず9個の正の数（すなわち 1, 2, 3, 4, 5, 6, 7, 8, 9）は一桁の数表示によって与えられ，二桁の数表示によって90個の数（すなわち 10, 11, 12, ..., 99）が，三桁の数表示によって900個の数，等々，が与えられていく．この数表示で桁を一つ加えると，表示することができる正数の個数は10倍され，したがって小さい桁数で私たちが出会いそうな物理的な対象の個数が何であれ表示できてしまう．どのようなフットボール・スタジアムの収容人員数でも5桁か6桁もあれば表されるし，8桁もあればどのような都市の人口も表されてしまい，おそらく100桁で現今の宇宙に存在する基本素子

の個数を書き表すことができる．もちろん，確かに世界は大きい数で満ち溢れているので，人類はそれらを表現することができるように記号の体系の開発を押し進めてきたわけである．

大きい数を小さい数字によって表記することができるということはそれほど凄い奇跡ということではなく，またそれなりの犠牲を伴ったものでもある．大きい数はただその数字による演算によってのみ加えたり掛けたりすることができ，これは，どうやるのかを小学校で教わるものであるが，易しいことではない．実際，若い学生たちにとって，十進数字によってどのように足したり掛けたりするのかを習ったあとで，数学で学ぶことはもうそんなにはないと感じるような達成感を覚えることがよくあり，それほどまれなことではない．おそらくそのあとはもっと大きい数しか目に入らないだろう．そこでさらに累乗の表記にまで進んでお茶を濁すならばうまくいったことになる．というのは，実際には大きい数の累乗を実行することはまず不可能なのだ！　たとえば，$231 + 392 + 537$ を手計算するのは数秒で，また $231 \times 392 \times 537$ なら数分でやれる．しかし

$$231^{392^{537}}$$

の数表示となると，それぞれの桁を原子の大きさで記すとしても，私たちの宇宙の中でそれを書き下すことは到底不可能であるほどの長さになる．

もっと穏やかな長さ——例えば1ページで書ききることができる程度——の数字でまかなえるものに対しても，積に関する問題でどうやって解を求めてよいか分からないものがある．一例は**因数分解**の問題である．すなわち，それらの積が与えられた数になるような二つの数を求める問題である．例えば1000桁の数が与えられたとき，それは500桁の2個の数の積であるかもしれない．ところがこの桁の数になると $10^{500}$ 個ほどもあり，それらを逐一調べる以外には，本質的にもっと速く正解を見つけるような手法は知られていない

同種の問題で，**素な**数を判別する課題がある．素な数，すなわち素数とは1よりも大きくてそれ自身よりも小さい数の積ではないものをいう．幾つか小さい方から順に素数を挙げると

$$2,\ 3,\ 5,\ 7,\ 11,\ 13,\ 17,\ 19,\ 23,\ 29,\ 31,\ \ldots$$

となっている．素数は無数に存在しており（第2章で考察する），大きい素数を

見つけるのは比較的簡単であると思われる．例えば，Wolfram Alpha ウェブサイトによれば

$$10^{10}のすぐあとの素数 = 10^{10} + 19,$$
$$10^{20}のすぐあとの素数 = 10^{20} + 39,$$
$$10^{40}のすぐあとの素数 = 10^{40} + 121,$$
$$10^{50}のすぐあとの素数 = 10^{50} + 151,$$
$$10^{100}のすぐあとの素数 = 10^{100} + 267,$$
$$10^{500}のすぐあとの素数 = 10^{500} + 961,$$
$$10^{1000}のすぐあとの素数 = 10^{1000} + 453$$

である．このように少なくとも 1000 桁の素数なら今なら手早く見つけることができる．さらにいうならば，1000 桁の数ならどれでもテストによってそれが素数**であるかどうか**を判定できる．驚くべきことは，大きい素数の判定が実行可能であることだけでなく，ある数が**非素数**であることの判定はその約数を見つけることなしに実行できることである．すなわち，約数を見つけることのほうが——上で指摘したように，1000 桁の数に対してこれを実行するすべを知らない——約数が存在することを証明することよりも難しいのだ．

素数や因数分解についてのこういった最近の発見は初等算術の神秘的な特性を強調するものである．乗法がこのような難しさを内蔵しているとなると，他にはどういった驚きが用意されているのだろう？ はっきりしていることは，初等算術を完全に理解するということは小学校で分かった気になるほど簡単ではない．算術をもっと明確に捉えるには「もっと高い立場」が必要になる．そして次の第 2 章でそれを探索することになる．

## 1.2 計算

前節で見たように，十進数字を取り扱うにあたっては，整数の加法や乗法においてさえ自明とはいえない計算技術が必要になる．この十進数字の足し算，引き算，掛け算の規則，あるいは**アルゴリズム**といわれるもの，は（願わくは）読者

には十分に知られており，ここで書き出す必要はないだろう．それでもそれらが幾つもの事実の上に成り立っていることを思い出しておこう．すなわち，各桁の二個の数字の加法と乗法，ならびに，桁を的確に配置することと「繰り上げ」が必要である．これらのアルゴリズムを学習し，理解することは十分に意義深い成果なのである！

ともかくも，足し算，引き算，掛け算のためのアルゴリズムは了解されていることを前提する．一つの理由は，十進アルゴリズムはあとで説明する意味で速い，あるいは，「効率的な」ものであって，しかも加法，減法，乗法に関して「効率的」なアルゴリズムはいずれにしてもある絶対的な意味で「効率的」であるからである．こういった性質を持つ幾つかのアルゴリズムは十進数字が発明される以前の古代から知られていた．独創的で最も偉大な例としては二つの数の最大公約数を求める**エウクレイデスのアルゴリズム**[†]がある．

エウクレイデスのアルゴリズムあるいはエウクレイデスの互除法は，エウクレイデス自身が述べているように，2 個の正の整数に対して「大きい方から小さい方を繰り返し引き算するものである．」例として 13 と 8 を採れば，引き算を繰り返して次のような数の対の列が得られる：

$$
\begin{aligned}
13, 8 &\to 8, 13 - 8 = 8, 5 \\
&\to 5, 8 - 5 = 5, 3 \\
&\to 3, 5 - 3 = 3, 2 \\
&\to 2, 3 - 2 = 2, 1 \\
&\to 1, 2 - 1 = 1, 1
\end{aligned}
$$

ただし，対の 2 個の数が等しくなったところでアルゴリズムは終了する．この最後の数 1 が当初の 13 と 8 の最大公約数（gcd）である．では，どうしてこのようにして gcd が得られるのだろう？ 最初の要点は**数 $d$ が二つの数 $a$ と $b$ とを割るならば，$d$ は差 $a - b$ を割る**ことである．特に $a$ と $b$ の最大公約数は $a - b$ を割り，したがって引き算によって得られる数列のすべての数を割る．二番目の要点

---

[†] 訳注：本書ではこの人名の英語表記である Euclid を古代ギリシャ語にならってエウクレイデスと訳し，"Euclidian algorism" は学校での呼び名の「ユークリッドの互除法」とか「ユークリッドのアルゴリズム」を採らずに「エウクレイデスの互除法」とか「エウクレイデスのアルゴリズム」と訳す．

は差を取れば対の大きい方の数は必ず減少し続けるので，このアルゴリズムはそのうちに停止して等しい数が得られることである．このことから最後の数は当初の数の対の gcd と一致する．

エウクレイデスのアルゴリズムは，それがその目的をやり遂げることを簡単に証明できるという点でも感服に足るアルゴリズムであり，もう少し踏み込めば，それがとても速いことも証明できる．これをもう少し精密に述べよう．もし最初の二つの数 $a, b$ が十進法で表されており，またもし $b$ から $a$ を繰り返し引く部分を $b$ を $a$ で割って余りを求めることで置き換えれば，$\gcd(a, b)$ を求めるために必要な割り算の回数はおおよそ当初の二つの数の桁数に比例する．

次に挙げるアルゴリズムの例はもっと現代的——およそ 1930 年代のもの——であり，やはり初等的な算術の演算が関係している．いわゆる**コラッツ**のアルゴリズムとは，任意の正整数 $n$ に対して，もし $n$ が偶数ならばそれを $n/2$ で置き換え，もし $n$ が奇数ならばそれを $3n + 1$ で置き換え，さらにこれを繰り返して 1 が得られるまで続ける，というものである．驚くべきことに，このアルゴリズムが必ず終結するかどうかはまだ知られていないのだが，実行された $n$ に対しては必ず終結している．コラッツのアルゴリズムが必ず終結するかどうかという問題は**コラッツ問題**，あるいは $3n + 1$ 問題として知られている．

コラッツのアルゴリズムが 6 または 11 から始めた場合にどのように展開していくかを見ておこう．

$$6 \to 3 \to 10 \to 5 \to 16 \to 8 \to 4 \to 2 \to 1.$$
$$11 \to 34 \to 17 \to 52 \to 26 \to 13 \to 40 \to 20 \to 10 \to 5 \to$$
$$16 \to 8 \to 4 \to 2 \to 1.$$

1 世紀をさかのぼれば，アルゴリズムに関する理論はまだ存在していなかった．理由としては「アルゴリズム」の概念が数学的に明確にできることが知られていなかったことにある．まったくの偶然ではあったが，コラッツ問題が現れたのとほぼ同じ頃に，アルゴリズム，ないし**計算機械**が定式化され，アルゴリズムに対する一般的な停止問題は**解答不能**であることが発見された．これはすなわち，アルゴリズム $A$ と入力 $i$ が与えられたときに，$A$ が入力 $i$ に対して最終的に停止するかどうかを判定するようなアルゴリズムは存在しないということである．この結果は，それがコラッツ問題に対して何らかの判断を与えるかどうかについて

はまだ何も知られていないが，計算論と論理学の双方に対して大きな意味合いを持っている．このことについてはあとの章で見ることになる．

1970 年代には計算の理論は第二の激動期を迎える．これは**計算の複雑性**の重要性が実体化されたことによる．前節で指摘したように，幾つかの計算（大きい数の累乗のようなもの）は実践的には遂行することができない──もちろんその結果自体は原理的に存在してはいるのだが．この実体化は計算に関する全分野の再評価を，そしてもちろん算術を始めとする計算を**伴った**数学の全分野の再評価を促した．その過程で困惑を呼ぶような多くの新しい現象が発見されたが，その中には未だに明確な説明が得られていないものも少なくない．前節ですでに指摘したように，1000 桁の数が因数を持っているかどうかを判断することは実行可能であるが，その因数を見つけ出すことはおおむね実践可能では**ない**．これは，一つの数学的な対象が存在するということが取りも直さずその対象を**見つける**ことが可能であることを保証しているのだ，と信じる人にとっては厄介な展開である．

ところで，計算の複雑性がどのように初等的数学への私たちの見方に影響を与えるのかをはっきりさせる必要がある．というのも，計算の複雑性についての主要な諸問題はまだ解決されていないのだ．第 3 章では，これらの問題とは何であるのか，そしてそれらは数学全般にとって何を意味しているのか，を説明する．

## 1.3 代数

初等代数はクラインの時点からかなり変化した．その頃は，この用語は主として多項式の操作──4 次までの方程式を解くこと，幾つかの変数の連立一次方程式を解くこと，および関係する行列式を計算すること，複雑に入り組んだ有理式を簡単にすること，ならびに，2 変数の多項式によって定義される曲線を調べること──についての高い水準にまで開発された技術を意味していた．凄みのある例は，クリスタルの『代数学』，Chrystal (1904) やハーディの『純粋数学教程』，Hardy (1908) といった 100 年前の「微分積分学への準備本」に見られる．

例えば，クリスタルの演習問題のまず最初の設問では，学生に式

$$\left(x+\frac{1}{x}\right)\left(y+\frac{1}{y}\right)\left(z+\frac{1}{z}\right) - \left(x-\frac{1}{x}\right)\left(y-\frac{1}{y}\right)\left(z-\frac{1}{z}\right)$$

を簡単にすることを求めており，三番目の演習の設問（分数の加法と乗法が定義されたすぐあとに置かれている）では，学生は式

$$\frac{x^4}{a^2 b^2} + \frac{(x^2-a^2)^2}{a^2(a^2-b^2)} - \frac{(x^2-b^2)^2}{b^2(a^2-b^2)}$$

が $x$ とは無関係であることを示すよう求められている．

　今日では，これらの式を計算代数のシステムに入力することでさえも，おそらくは易しいとはいえない演習であると考えられるのではなかろうか．しかしもし手計算でこういった問題に挑むとすれば，直ちに抽象性が表面に浮かび出て「より高度な立場」に立つことになり，そこからは初等代数がまったく異なった風に見える．

　そこに現れるのは**構造**と**公理化**の立場である．それは，何らかの代数的な法則を確認し，満たされている法則によって代数的なシステムを分類するという視点である．この立場に立てば，上記のクリスタルの演習問題は，現在では次の**体の公理**として知られる代数法則から単純に導かれる問題になる．

**体の公理**：

$$a+b = b+a, \qquad ab = ba$$
$$a+(b+c) = (a+b)+c, \qquad a(bc) = (ab)c$$
$$a+0 = a, \qquad a\cdot 1 = a$$
$$a+(-a) = 0, \qquad a\cdot a^{-1} = 1 \quad (ただし\ a\neq 0)$$
$$a(b+c) = ab+ac.$$

かくして代数の対象となるものは100万題におよぶ演習ではなく，そこに要約されている全体としての公理系を理解することになる．この9項の法則からなる体の公理は数の算術，高等学校の代数，および他の多くの代数系の中に組み込まれている．これらの体系は数学では至極あたりまえなものとしてそこかしこに現れており，名称——**体**[†]——が与えられ，広範な理論を有している．一つの体系が

---

[†] 訳注：英語では"field"であるが，デデキントに端を発するドイツ語での用語は"Körper"であり，

これら9項の法則からなる公理を満たすやいなや，それは体の既知の理論を（必要とあらばクリスタルの演習の諸結果を込めて）すべて満たしていることになる．また，この体の公理を満たしている体系は体の**構造**を持つといわれる．私たちがまず最初に出会う体は**有理数**，ないし分数の体系$\mathbb{Q}$であるが，体は他にも多くある．

前世紀を通しての数学上の知識の爆発によって，構造の同定あるいは「公理化による要約（encapsulation by axiomatization）」はこの爆発を制御下に置くための最善の方法の一つになってきた．本書では，代数を構成する対象の公理化だけでなく，幾何学や数の理論においても，そして**数学全体**に対しても公理化が及んでいることを見ていく．確かに事実としては，この最後の場合の公理系は完成されているわけではない——それからは導出されない数学上の事実が幾つか存在している——のだが，しかし，一つの公理系によって数学のすべてを包含するというような目的に迫ることができるということそれ自体は注目に値する．**数学の広大な世界において，すべてが幾つかの基本的な事実から導き出される**などという考えに思いを馳せることなど，いったい誰が構想し得たろうか？

代数的な構造に戻って，もし体の公理系から$a^{-1}$についての公理（これは効率的に分数の存在を許すものである）を取り除けば，もっと一般的な**環**（ring）と呼ばれる構造の公理系が得られる．私たち皆が出会う最初の環は**整数**の体系$\mathbb{Z}$である．（文字$\mathbb{Z}$は「数」を表すドイツ語の"Zahlen"から来ている．）注意しておくと，**正整数**の集まり†

$$\mathbb{N} = \{1, 2, 3, 4, 5, \ldots\}$$

は環でも体でもない．もし$\mathbb{N}$のすべての要素$m$と$n$に対して**差**$m - n$を付け加えれば環$\mathbb{Z}$が得られ，さらにこの$\mathbb{Z}$にその要素$m$と$n$（ただし$n \neq 0$）に対する**商**$m/n$をすべて付け加えれば体$\mathbb{Q}$が得られる．（「商」すなわちquotientを意識して文字$\mathbb{Q}$が採られた．）

このように$\mathbb{N}, \mathbb{Z}, \mathbb{Q}$のそれぞれをそれらの公理系によってばかりか，それぞれ

---

日本語ではこれから「体」という用語が選ばれた（ただし「たい」と読む）．フランス語では，例えばガロアは「有理領域（domaine rationelle）」という語を用いたが，現代ではフランス語でも"corps"（体＝からだ）が用いられている．

† 訳注：ちなみにこの文字$\mathbb{N}$は「自然数（natural number）」から来ているが，本書でも「数学的に自然である自然数」には0を含めることになる．

の**閉性**（closure property）によって区別することができる．すなわち，

- $\mathbb{N}$ は $+$ と $\times$ で閉じており，$\mathbb{N}$ の要素 $m$ と $n$ に対して $m+n$ と $m \times n$ も $\mathbb{N}$ に含まれる．
- $\mathbb{Z}$ は $+$，$-$ および $\times$ で閉じている．特に，$0 = a - a$ が存在し，$0 - a$ あるいは $-a$ は $\mathbb{Z}$ の各要素 $a$ に対して意味を持つ．
- $\mathbb{Q}$ は $+$，$-$，$\times$ および（0以外の要素での）$\div$ で閉じている．特に，$a^{-1} = 1 \div a$ が $\mathbb{Q}$ の 0 でない各要素 $a$ に対して意味を持つ．

もともと整数とか有理数の特性は正整数の性質を引き継いでいるのに，なぜ $\mathbb{Z}$ や $\mathbb{Q}$ は $\mathbb{N}$ よりも有用なのかはすぐには分からない．その理由としては，それらがある意味で「よりよい代数構造」を持っているというほかない．環の構造は割り切れることとか素であることを論じるのに適しており，他方，体の構造は多くのものごとに——単に代数ばかりか幾何においても——役立つ．これを次節で検討しよう．

## 1.4　幾何

　初等的数学における幾何学の位置づけについて，さらにはもちろん「幾何」の意味づけについて，前世紀を通して多くの論争が繰り広げられた．しかしここではまず2000年以上にわたって幾何に欠くことのできない**ピュタゴラスの定理**を取り上げよう．だれもが知っているように，この定理は直角三角形の斜辺の上の正方形は（その面積において）他の2辺の上の正方形の和に等しいことを主張する．図1.1は問題の正方形を，斜辺上のものは灰色で他の2辺上のものは黒で表している．

　この定理は一見明らかであるとはとても思えない．しかし驚くほど簡単な証明があり，それを図1.2で示しておく．この左の図は斜辺上の正方形が一つの大きい正方形から当初の直角三角形4個を取り去ったものと等しいことが示されている．

　また右の図では他の2辺上の正方形を加えたものに対して同じことを示している．すなわちその和は，この大きい正方形から当初の直角三角形4個を取り去っ

**図 1.1** ピュタゴラスの定理.

**図 1.2** ピュタゴラスの定理の証明.

たものと等しい．QED！

　ピュタゴラスの定理は幾何のどのような取り扱いにおいても必ず取り込まれており，これを踏まえても問題が一つ残されている．ピュタゴラスの定理が中心的な位置を占めるためには，どういった形に幾何を「要約 (encapsulate)」するのが最善であるか？　伝統的な答えはエウクレイデスの『原論』の公理系である．この『原論』ではピュタゴラスの定理は第 I 巻のクライマックスに位置づけられている．このやり方は 19 世紀に至るまで普遍的であったし，今でも唱導されている．しかしすでに 100 年前には，そこでの取り扱いは厳密さと普遍性という点で不十分であることが知られていた．エウクレイデスの公理系には欠陥があり，これらを埋めるには多くの公理を追加しなければならないこと，しかもさらに加えて，エウクレイデスの幾何とは異なった幾つかの他の幾何が存在することが判明し，そのそれぞれに対応するためには公理系をいくらかずつ変更する必要が明

示されることになった.

例えばクラインにとっては，公理的なやり方は捨てるほかないものであって，幾何学は17世紀のデカルトによって始められた代数的なやり方に基礎づけられる必要があると思われた．代数的な幾何学では平面上の点は数の順序づけられた対 $(x, y)$ で与えられ，直線や曲線は $x$ と $y$ についての多項式による方程式で与えられる．点 $(x, y)$ は原点 $O$ からの水平距離 $x$ と垂直距離 $y$ に位置しているから，この点への原点 $O$ からの距離は $\sqrt{x^2 + y^2}$ で表され，これはピュタゴラスの定理に動機づけられている（図1.3）．

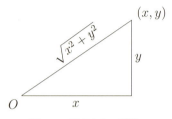

**図1.3** 原点からの距離．

また単位円すなわち $O$ からの距離が1である点全体は方程式 $x^2 + y^2 = 1$ と対応している．一般に，点 $(a, b)$ を中心とし，半径が $r > 0$ の円は方程式 $(x-a)^2 + (y-b)^2 = r^2$ によって記述される．

この代数的なやり方の問題点は少々先の方にまで進み過ぎていることである．エウクレイデスの幾何の概念にちょうど対応するような方程式についての自然な制限が見当たらない．もし線型方程式に限れば直線しか得られない．もし2次方程式までに限れば，円錐曲線——楕円，パラボラ（放物線），双曲線——がすべて現れるが，エウクレイデスは円しか扱っていない．しかしながら，ちょうどうまく落ち着くような別の代数の概念がある．すなわち**内積を持つ線型空間**の概念である．ここでは線型空間の一般的な定義は与えない（第4章を見よ）が，その代わりにエウクレイデスの平面幾何に適合した特別な空間 $\mathbb{R}^2$ を描写する．

この空間は実数の集合 $\mathbb{R}$ に含まれる $x$ と $y$ の順序対 $(x, y)$ すべてで構成されている（この $\mathbb{R}$ については次節でも解説するが，幾何的に述べればこれは直線上の点の集合に対応する）．さらに順序対の加法を規則

$$(x, y) + (a, b) = (x + a, y + b)$$

で定め，順序対を実数 $c$ によって $c$ 倍することを規則

$$c \cdot (x, y) = (cx, cy)$$

で与える．これらの操作には自然な幾何的解釈を与えることができる．［そして順序対 $(x, y)$ を「ベクトル（vector）」と呼ぶ．］各 $(x, y)$ に $(a, b)$ を加えることは水平方向に距離 $a$，垂直方向に距離 $b$ だけ**平行移動**することである．また各 $(x, y)$ を $c$ 倍することは全平面を乗数 $c$ だけ**拡大**することである[†]．第 5 章で見るように，この単純な道具立てでも幾つかの幾何学的に興味深い定理を証明することができる．しかしエウクレイデスの幾何のすべてを捉えるには，とっておきの要因として**内積**が必要である（これはドット積とも呼ばれる）．その規則は

$$(x_1, y_1) \cdot (x_2, y_2) = x_1 x_2 + y_1 y_2$$

で与えられる．

特別な場合として

$$(x, y) \cdot (x, y) = x^2 + y^2 = |(x, y)|^2$$

が得られる．ただし $|(x, y)|$ は原点 $O$ から点 $(x, y)$ までの距離を表す．このように内積はピュタゴラスの定理に適合する距離の定義を与える．距離の概念を手にすれば，角の概念もまた定義される．実際，図 1.4 に示されるように，$(x_1, y_1)$ と $(x_2, y_2)$ との「間」の角を $\theta$ とすれば，

$$(x_1, y_1) \cdot (x_2, y_2) = |(x_1, y_1)||(x_2, y_2)| \cos \theta$$

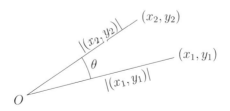

図 **1.4** 2 本のベクトルが作る角．

---

[†] 訳注：もちろん $0 < c < 1$ である場合は縮小することになり，また $c < 0$ である場合は「向き」を原点 $O = (0, 0)$ に対して 180° 回転させて $|c|$ だけ「拡大」することになる．

が成り立っている．

エウクレイデス流の様式に比べた場合，内積を付与された線型空間の概念を用いることが生み出すものが持っている主な利点は，馴染みやすさと普遍的であることにある．ベクトルについての計算規則は伝統的な代数と類似しており，また線型空間と内積は数学の多くの構成分野に現れ，一般的な目的のための道具立てとして学ぶ価値がある．

## 1.5 微積分

微積分は初等的な算術，代数，幾何と決定的な点で異なっている．そこには**無限過程**がある．有限と無限の間の深い淵はとても凄まじく，それを，「初等的」と「非初等的」とを分離して微積分を初等的数学から除くために用いるべきであろう．ところがこれは今日の高等学校で見られるものとは異なる．また1世紀以前には，微積分こそ除かれてはいたが，無限過程は除かれていなかった．学生は大学で微積分へと進む前に，高等学校で無限級数に馴染んでいた．そして1784年にさかのぼれば，オイラーは無限過程に関して一冊の本『無限解析入門（*Introductio in analysin infinitorum*）』を著したが，そこでは微分や積分に触れてはいなかった．これが「微積分以前」が意味してきたところである！

そんなわけで，無限を初等的数学から除くことはおそらく賢明ではないだろう．問題は微積分よりも**以前**に無限に踏み込んで無限級数（とか他の無限過程）を学ぶか，その後にするか，ということである．

著者の見解としては，無限を先に見るために語るべきものは多くある．無限級数は初等的な算術や幾何に自然に現れ，実際，微積分が発明されるよりも随分前にエウクレイデスやアルキメデスによって用いられた．また，微積分よりも前に，歴史的にはずっとそれに近いとしても，**十進無限小数**の概念がステヴィンの著作 Stevin (1585a) によって導入された．十進無限小数は無限級数の典型的なものであり，十進小数の概念の拡張であるといってよく，今日の学生にとっておそらく最も受け入れやすい無限過程である．

事実，十進無限小数は通常の分数を十進小数化しようとすればほとんどすべての場合に現れる．例えば

$$1/3 = 0.333333\ldots$$

であるから,ある意味で十進無限小数は馴染み深いものである.他方,それはいささかの当惑を呼び起こすものでもある.多くの学生は,

$$1 = 0.999999\ldots$$

とした場合,$0.999999\ldots$ はどうしても 1 よりも(無限小的に)小さいように思えるものだから,これらが等しいという考え方を嫌う.こういった例は,極限の概念が微積分に現れるずっと以前に議論されるだろうし,おそらくされるべきであることを示している.しかし十進小数の厳密な意味に入る前に,それに関わる種々のおもしろさに接してみよう.まず特に循環十進小数は必ず有理数を表すことが簡単に示される.例えば

$$x = 0.137137137137\ldots$$

に対して,これに 1000 を掛ければ小数点を 3 桁右へずらすことができ,したがって,

$$1000x = 137.137137137\ldots = 137 + x$$

である.そこでこれを $x$ について解けば $x = 137/999$ が得られる.同様な論議は**混循環**的な十進小数に対しても成り立つ.例えば,

$$y = 0.31555555\ldots$$

の場合は $1000y = 315.555555\ldots$ と $100y = 31.555555\ldots$ とが得られ,

$$1000y - 100y = 315 - 31$$

である.したがって $900y = 284$ であり,結局 $y = 284/900$ が得られる.

逆に有理数は必ず混循環十進無限小数(循環部分がすべて 0 である場合を含めて)として表される.なぜなら,割り算の過程では有限個の余りしか現れず,それらが十進表示の継続した桁の組として現れるから,ついには反復が生じることになる.

上記の循環十進無限小数は**幾何級数**

$$a + ar + ar^2 + ar^3 + \cdots \qquad (|r| < 1)$$

の例を与えている．例えば，

$$\frac{1}{3} = \frac{3}{10} + \frac{3}{10^2} + \frac{3}{10^3} + \cdots$$

であり，$a = 3/10, r = 1/10$ である．こういった級数を「幾何」級数ということについてはこれといった決定的な理由は見当たらないが，確かに幾何に現れる．最初の例の一つはアルキメデスによって**パラボラの切片の面積**を求める際に与えられた．この問題は，今日では微積分によって求められるのだが，次のように幾何級数の和に帰着される．

考え方は，パラボラの切片を無限に多くの三角形で満たし，それらの面積の和を足し合わせるというものである．図1.5に示されているように三角形をとても簡単に選べば，面積は幾何級数で表されることになる．最初の三角形はパラボラの切片の両端を2頂点とし，三番目の頂点をパラボラの底とする．次の二つの三角形は最初の三角形下側に位置し，頂点は底辺の中点から垂直に下りたパラボラ上の点とする．そしてこれを繰り返していく．

図1.5はパラボラ $y = x^2$ の $x = -1$ と $x = 1$ との間の切片を埋めていく過程の三段階までを表している．最初の三角形（黒）の面積は明らかに1である．次の二つ（濃い灰色）の面積はそれぞれ1/8であり，合わせて1/4を得る．次の四つの三角形（薄い灰色）の面積を合わせれば $1/4^2$ であり，等々と続く．したがって問題のパラボラの切片の面積 $A$ は

**図1.5** パラボラの切片を三角形によって見つける．

$$A = 1 + \left(\frac{1}{4}\right) + \left(\frac{1}{4}\right)^2 + \cdots$$

で与えられる．この $A$ の値は，両辺に $4$ を掛けて

$$4A = 4 + 1 + \left(\frac{1}{4}\right) + \left(\frac{1}{4}\right)^2 + \cdots$$

を得るから

$$3A = 4 \quad \text{となり，よって} \quad A = 4/3$$

として得られる．

この例が示すように，普通に積分で解ける問題は，少なからず工夫が必要であるが，幾何級数の和に帰着される．第6章では，無限級数がもっと大きい役割を果たすときに微積分の初等的な最小範囲（$x$ のベキの積分と微分）でどの程度まで進むことができるかを検討する．特に，幾何級数が，よく知られた結果である

$$\ln 2 = 1 - \frac{1}{2} + \frac{1}{3} - \frac{1}{4} + \cdots$$

とか

$$\frac{\pi}{4} = 1 - \frac{1}{3} + \frac{1}{5} - \frac{1}{7} + \cdots$$

において主要な役割を担っていることを見る．

## 1.6　組合せ

組合せの概念の卓抜な例はいわゆる**パスカルの三角形**であり，この名前はともかく，歴史的には幾つかの数学文化にまでさかのぼることができる．図1.6は1303年の中国における例を示している．

図1.7では通常のアラビア数字による同じ内容が示されている．

中国では $n+1$ 番目の行が $(a+b)^n$ の展開式の係数であることが知られていた．すなわち，

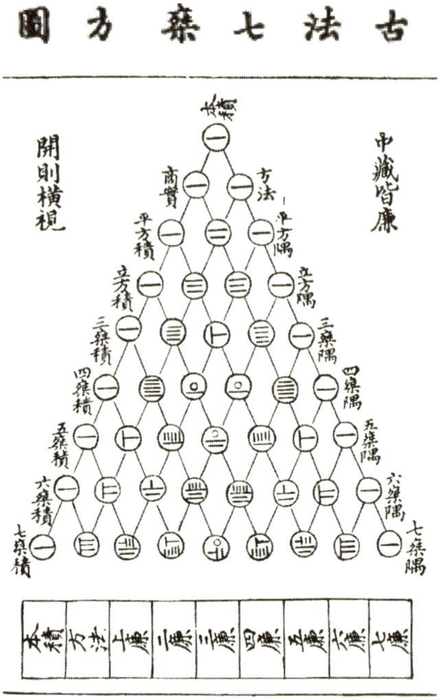

**図1.6** 朱世傑 (Zhu Shije) の「パスカルの三角形」.

```
                    1
                  1   1
                1   2   1
              1   3   3   1
            1   4   6   4   1
          1   5  10  10   5   1
        1   6  15  20  15   6   1
      1   7  21  35  35  21   7   1
                   ...
```

**図1.7** アラビア数字による「パスカルの三角形」.

$$(a+b)^1 = a+b$$
$$(a+b)^2 = a^2 + 2ab + b^2$$
$$(a+b)^3 = a^3 + 3a^2b + 3ab^2 + b^3$$
$$(a+b)^4 = a^4 + 4a^3b + 6a^2b^2 + 4ab^3 + b^4$$
$$(a+b)^5 = a^5 + 5a^4b + 10a^3b^2 + 10a^2b^3 + 5ab^4 + b^5$$
$$(a+b)^6 = a^6 + 6a^5b + 15a^4b^2 + 20a^3b^3 + 15a^2b^4 + 6ab^5 + b^6$$
$$(a+b)^7 = a^7 + 7a^6b + 21a^5b^2 + 35a^4b^3 + 35a^3b^4 + 21a^2b^5 + 7ab^6 + b^7.$$

これらが「二項式」$a+b$ から生じていることから，この三角形の $n$ 番目の行の数列は**二項係数**と呼ばれる．それらはまた $\binom{n}{0}, \binom{n}{1}, \ldots, \binom{n}{n}$ とも書かれる．図1.7を振り返ると，$n$ 行目の二項係数 $\binom{n}{k}$ はその上の $n-1$ 行目の二つの二項係数 $\binom{n-1}{k-1}$ と $\binom{n-1}{k}$ の和であることに気づく．この二項係数についての有名な性質は代数によって容易に説明できる．例として $\binom{6}{3}$ を取ろう．一方で定義から

$$\binom{6}{3} = (a+b)^6 \text{ の中の } a^3b^3 \text{ の係数}$$

である．他方，$(a+b)^6 = a(a+b)^5 + b(a+b)^5$ であるから，$(a+b)^6$ においては項 $a^3b^3$ は二通り，すなわち最初の項からは $a \cdot a^2b^3$ として，また第二項からは $b \cdot a^3b^2$ として現れる．このことから

$$\binom{6}{3} = (a+b)^5\text{の中の } a^2b^3 \text{ の係数 } + (a+b)^5 \text{ の中の } a^3b^2 \text{ の係数}$$
$$= \binom{5}{2} + \binom{5}{3}.$$

この論議はすでに幾分か「組合せ的」である．というのは，項 $a^3b^3$ が $a(a+b)^5$ からの項と $b(a+b)^5$ からの項との**組合せ**としてどのように定まるかが考察されている．さてそれでは実際に組合せ的に歩を進め，項 $a^kb^{n-k}$ が $(a+b)^n$ の中の

$n$ 個の因子 $a+b$ からどのように現れるかを考察しよう．項 $a^k b^{n-k}$ を得るためには $a$ を $k$ 個の因子から選び，$b$ を残りの $n-k$ 個の因子から選ばなくてはならない．したがってこのような項の個数は

$$\binom{n}{k} = n \text{ 個の物の中から } k \text{ 個を選ぶ仕方の個数}$$

である．この事実を記憶しておくために記号 $\binom{n}{k}$ を「$n$ 中 $k$」("$n$ choose $k$") と読むことにしよう．このような組合せ的解釈によって $\binom{n}{k}$ に対する明示的な公式

$$\binom{n}{k} = \frac{n(n-1)(n-2)\cdots(n-k+1)}{k!}$$

が得られる．その理由を見るために，$n$ 個の物の中から $k$ 個を選ぶ仕方の系列を組み立ててみよう．

最初に選ぶ物については $n$ 通りの仕方があり，
あとには $n-1$ 個の物が残る．
次いで二番目の物については $n-1$ 通りの選び方があり，
$n-2$ 個の物が残る．
次いで三番目の物については $n-2$ 通りの選び方があり，
$n-3$ 個の物が残る．
$\vdots$
最後に，$k$ 番目の物については $n-k+1$ 通りの選び方がある．

このように，$n(n-1)(n-2)\cdots(n-k+1)$ 通りの選択の**系列**がある．ところが，物が選ばれる順序は問題にされない——最終的に得られる $k$ 個の物の**集合**だけが問題とされる——したがって選択の系列として $k$ 個の物を並べる仕方の総数で割る必要がある．この総数は，上で用いた論法から，

$$k! = k(k-1)(k-2)\cdots 3 \cdot 2 \cdot 1$$

である．これが上記の二項係数 $\binom{n}{k}$ の公式に達する筋道である．

二項係数のこの結果と，もともとの $(a+b)^n$ の展開の係数という定義とを合わせて，次のいわゆる**二項定理**が得られる．

二項定理：

$$(a+b)^n = a^n + na^{n-1}b + \frac{n(n-1)}{2}a^{n-2}b^2$$
$$+ \frac{n(n-1)(n-2)}{3\cdot 2}a^{n-3}b^3 + \cdots + nab^{n-1} + b^n.$$

この定理の名前で特に $a=1, b=x$ の場合を指すこともある．すなわち，

$$(1+x)^n = 1 + nx + \frac{n(n-1)}{2}x^2 + \frac{n(n-1)(n-2)}{3\cdot 2}x^3 + \cdots + nx^{n-1} + x^n.$$

私たちは上で二項係数 $\binom{n}{k}$ を二通りのやり方で与えた．一つは明示的な公式で，もう一つはパスカルの三角形において次々に行を構成する仕方である．実はさらに系列 $\binom{n}{0}, \binom{n}{1}, \ldots, \binom{n}{n}$ のとても簡明な**要約**がある．上の $(1+x)^n$ の展開の係数として捉えるものである．こういった $(1+x)^n$ のような関数で，$x$ のベキの係数として数の系列を要約しているものをその系列の**生成関数**という．このように見ると，$(1+x)^n$ は二項係数の系列 $\binom{n}{0}, \binom{n}{1}, \ldots, \binom{n}{n}$ の生成関数である．

第 7 章では組合せに関係する他の数の系列についての生成関数を見つけ出す．多くの場合これらは無限級数である．したがって組合せもまた，微積分と同様に，無限級数の理論を引き込んでしまう．

組合せは時に「有限の数学」と呼ばれるが，これは少なくとも初等的な水準では有限個の対象を扱うからである．といっても，無限に多くの有限個の対象があり，したがって**すべて**の有限個の対象について何かを証明することは無限についての何事かを証明することでもある．これはなぜ初等的数学が無限を除外できないかに対する根源的な理由であり，これに関しては 1.8 節でもう少し議論する．

## 1.7 確率

> 賭博者 2 人がひと勝負をやり終えるまでにそれぞれが負けるゲーム数が想定されているとき，(もし彼らが勝負をやり終えることなく別れたいと思った場合の) それぞれの取り分をどうすべきかを，想定されているそれぞれの負けゲーム数に基づいて算術三角形によって見出すこと．
>
> ブレーズ・パスカル，Pascal (1654), p.464

　確率の概念は人類が賭け事をやってきて以来のもっぱらの関心事であったが，数百年前までは，あまりにも法則性に欠けるので数学では扱えないものだと考えられていた．この信条は 16 世紀にカルダーノが『偶然のゲームについての本 (*Liber de ludo aleae*)』，Cardano (1545) を書いたときに変わり始めた．カルダーノの本は遅れて 1663 年まで出版されなかったが，しかしながら，この間に数学的な確率論が本気で始められており，まずパスカルの掛け金の分配の問題についての解が Pascal (1654) によって世に出された．確率論について出版された最初の本はホイヘンスの Huygens (1657) であった．

　パスカルの解は単純な例によって明示できる．賭博者 I と II はまっとうなコインをトスすることにし，ある回数だけ結果を正しく言い当てた方が勝つものとする．ところがある理由で (警官がドアをノックしたのか？) この勝負を $n$ 回のトスを残したまま終わることになってしまった．このとき賭博師 I はあと $k$ 回正しく言い当てたなら勝つという状態であった．賭博師たちはこの勝負への掛け金をどのように分けるべきであろうか？

　パスカルは次のように論じた．掛け金は比率

$$\text{I が勝つ確率} : \text{II が勝つ確率}$$

で分けるべきである．さらに，この勝負の毎回のトスでは I と II のそれぞれが勝つ度合いは同じであるわけだから，これら二つの確率は

$$n \text{ 回で I が } k \text{ 以上の何回勝つか} : n \text{ 回で I が } k \text{ 未満の何回勝つか}$$

という比を持つ．当初の問題は今や組合せの問題に帰着された．すなわち，$n$ 個の物の集合から $k$ 個以上の物を選ぶ仕方は何通りか？　したがって二項係数が

解答

$$\binom{n}{n} + \binom{n}{n-1} + \cdots + \binom{n}{k}$$

を与える．このように，問題の確率の比，すなわち掛け金の分配の比率は

$$\binom{n}{n} + \binom{n}{n-1} + \cdots + \binom{n}{k} : \binom{n}{k-1} + \binom{n}{k-2} + \cdots + \binom{n}{0}$$

である．

それなりに妥当な $n$ と $k$ の値に対しても，この比を二項係数を用いないで計算したり表したりするのは困難であろう．例えば $n=11, k=7$ としてみよう．図1.8 は $\binom{11}{m}$ の $m=0$ から 11 までの値の棒グラフである．値の範囲は 1 から 462 であり，$m \geq 7$ については灰色で示してある．したがってこの場合の比は灰色の面積対黒色の面積である．

そして実際の数値は

$$\binom{11}{7} + \binom{11}{8} + \binom{11}{9} + \binom{11}{10} + \binom{11}{11} = 330 + 165 + 55 + 11 + 1$$
$$= 562$$

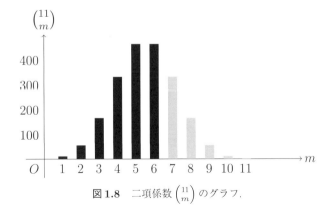

図 1.8　二項係数 $\binom{11}{m}$ のグラフ．

であり，またすべての二項係数 $\binom{11}{k}$ の和は $(1+1)^{11} = 2^{11} = 2048$ であるから，解答の比のもう片方は $2048 - 562 = 1486$ である．したがって，この場合は，掛け金の 562/2048 が賭博師 I に，その 1486/2048 が賭博師 II に渡されるべきである．

ところが，$n$ と $k$ の値がもっと大きくなると，二項係数は急激に大きくなっていく．実際，それらすべての和である $2^n$ は累乗的に大きくなる．それでも $n$ が大きくなるにつれ，興味深いことが起こる．二項係数のグラフの**形状**は，垂直方向の尺度を適切に選択［して平行移動］すれば，連続曲線

$$y = e^{-x^2}$$

に近づいていく．これはもう高等的な確率論であって微積分と関わるが，第 8 章においてもう少しこれに触れ，10.7 節で証明を与える．

## 1.8　論理学

数学の最も際立った特徴はそれが物事を論理によって**証明する**ことである．しかしながら，詳細については第 9 章まで後回しにする．ここでは論理についての最も**数学的**な部分，すなわち数学的帰納法についてのみ検討しよう．これは無限に関する理由づけに関わる最も単純な原理である．数学的帰納法は日常的に用いられる「不完全帰納法」と区別するために**完全**帰納法としても知られている．ただしここでは不完全帰納法を幾つかの特殊例から（多くの場合は不正確に）一般的な結論を推測するものだと理解しておく．数学的帰納法による証明はその存在の根拠を自然数 $0, 1, 2, 3, 4, 5, \ldots$ の**帰納的特性**，すなわち，どの自然数も 0 から出発して繰り返し 1 を加えることによって到達されること，に負っている．

この帰納的特性から，自然数についての性質 $\mathcal{P}$ は次の二つのステップによってすべての自然数について正しいことが証明される．

1. 性質 $\mathcal{P}$ は 0 について成り立つことを証明する（**基礎ステップ**）．
2. 性質 $\mathcal{P}$ は各自然数からその次の自然数へ「伝播する」こと，すなわち，$\mathcal{P}$ が $n$ について成り立つとすれば $\mathcal{P}$ は $n+1$ についても成り立つことを証明する

（帰納ステップ）．

明らかなように，これを 0 から始めるのは本質的ではない．もしある性質 $\mathcal{P}$ が，例えば 17 以上のすべての自然数について成り立つことを証明したければ，基礎ステップは $\mathcal{P}$ が 17 について成り立つことを証明すること［になり，帰納ステップではそれを $n \geq 17$ に対して示すこと］になる．

我々の帰納法は証明法として自然で（実際に必然的で）あるばかりか，しばしば注目すべき効率の良さを発揮する．というのは，それは $\mathcal{P}$ が各 $n$ に対してなぜ成立するかの詳細を「隠してしまう」からである．これを用いるとき，私たちはなぜ $\mathcal{P}$ が最初の値に対して成り立つのかとなぜそれが各数からその次の数へと伝播するのかを理解するだけでよい．例を挙げよう．昔から知られた**ハノイの塔**と呼ばれる問題がある（図 1.9）．

これは 3 本の杭を持つ板があり，その一本に高くなるにつれて直径が減ってゆく $n$ 枚の円盤が積んである用具を用いる．（各円盤は中心に穴が開けられており，杭に沿って上下に滑るようになっている．）問題は，1 回に 1 枚の円盤をいずれかの杭に移し，条件として大きい円盤は決して小さい円盤の上には置かないという制約のもとで，すべての円盤を他の杭に移動せよ，というものである．

まず $n = 1$ とする．この場合，円盤は 1 枚なので，それを別の杭に移せば解決する．したがって $n = 1$ の場合には問題は解かれた．次に問題が $n = k$ 枚の円盤の場合に解かれると仮定しよう．そして $k + 1$ 枚の円盤の場合を考察する．まず $n = k$ の場合の解法を用いて上部 $k$ 枚の円盤を他の杭，例えば真ん中の杭へ移す．このとき最大の円盤ただ 1 枚が最初の左側の杭に残っており，それを空いている右の杭へ移すことができる．その後で $k$ 枚の場合の解法を用いて真ん中の杭にある $k$ 枚の円盤を右の杭へ移す．できた！

この証明の優れて好ましい点は，**どのように** $n$ 枚の円盤を他の杭へ移すのかをまったく知らなくとも——解答があるということだけで——済ますことができる

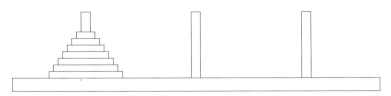

図 1.9　ハノイの塔．

ところにある.実は3枚とか4枚の円盤の場合でも解答はとても複雑である.事実としては$n$枚の円盤を移し終えるまでに$2^n - 1$回の手順が必要であり,これも同様な数学的帰納法で証明される.

**基礎ステップ.** 明らかに1枚の円盤の場合はそれのある杭から1回移せばよい.

**帰納ステップ.** 次に$k$枚の円盤を移し終えるのに$2^k - 1$回の円盤の移動が必要だと仮定し,$k+1$枚の円盤を移動する場合を考えよう.これをやり終えるにはまず第一に上の$k$枚の円盤を移さなければならないが,これには$2^k - 1$回の移動が必要である.さらに残りの最大の円盤を別の杭へ移す(移動は1回).ここではこの円盤は他の円盤のどれの上にも置けないことに注意しよう.最後に他の$k$枚の円盤を移動させてしまった最大の円盤の上に移動し終わるのに$2^k - 1$回の移動が必要である.したがって$k+1$枚の円盤を移動し終えるには最小で

$$(2^k - 1) + 1 + (2^k - 1) = 2^{k+1} - 1$$

回の円盤の移動が必要とされる.

この我々の帰納法が「必然的」であるという主張を支持する材料として,算術におけるその役割を指摘しておこう.すでに見たように,自然数$0, 1, 2, 3, 4, 5, \ldots$は0から出発して**後者関数**(successor function)$S(n) = n + 1$を繰り返し施して得られる.さらに注目すべきことは,計算可能な関数はすべて$S(n)$から**帰納的定義**(inductive definition)ないし別名では再帰的定義(recursive definition)によってすべて組み上げられることである.ここでは加法,乗法,および,累乗がどのように得られるかを示しておこう.

加法の定義の基礎ステップは

$$m + 0 = m$$

であり,これがすべての$m$に対する$m + n$の$n = 0$の場合を定義する.帰納ステップは

$$m + S(k) = S(m + k)$$

であり,これによって,すべての$m$に対して$m + k$がすでに定義されていることを前提として$n = S(k)$の場合を定義する.したがって我々の帰納法によっ

て，すべての $m$ と $n$ に対して $m+n$ が定義されたことになる．本質的には，加法は後者関数を繰り返し施すことであるという考え方を我々の帰納法が形式化しているわけである．

加法が定義されたから，乗法はそれを用いて（それぞれ基礎ステップと帰納ステップにあたる）次の等式

$$m \cdot 0 = 0, \qquad m \cdot S(k) = m \cdot k + m$$

によって定義される．この定義は乗法が加法の繰り返しであるとする考え方を形式化している．乗法が定義されたあと，次いで累乗は

$$m^0 = 1, \qquad m^{S(k)} = m^k \cdot m$$

によって定義される．累乗が乗法の繰り返しであるとする考え方を形式化するわけである．

数学的帰納法はすでにエウクレイデスの時代から，ある形をとって数学に現れていた．（下記の歴史的な所見を見よ．）しかしながら，算術の基礎として数学的帰納法を用いるというアイデアは比較的新しい．加法と乗法の帰納的な定義は 1861 年にグラスマンによって導入され，彼は 1.3 節で与えられたような有理整数の環の性質をすべて数学的帰納法によって証明するためにそれらを用いた．これらから有理数の体の構造が導かれ，さらにそれによって実数（第 6 章）と複素数の体の構造が導かれる．このように，数学的帰納法は数えることばかりでなく，代数学の基本でもある．

## 1.9　歴史的な雑記

その昔アメリカではエウクレイデス［英語名はユークリッド］は高く尊敬され，彼の名前が広く国中でユークリッド通りといった具合に付けられた．（これは 19 世紀の古典ルネサンスの一部であり，この折に多くの場所にギリシャやローマの古典から選ばれた名前が付けられた．）たとえば，クリーヴランドにはユークリッド通りがあり，「億万長者の家並み」になったし，ブルックリンのユークリッ

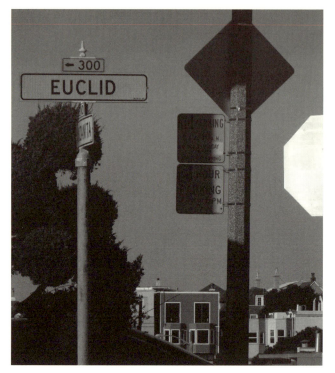

**図 1.10** サンフランシスコのユークリッド通り.

ド通りは A 列車の路線の停留所になった．図 1.10 はサンフランシスコのユークリッド通りをそれなりに風情がある幾何学的なひとコマとして見せてくれる．

19 世紀のアメリカでは，ほとんどの西洋諸国と同様に，エウクレイデスの『原論』が数学と論理学の規範，すなわち教育を受けた誰しもの本質的な知識，を代表するものとみなされた．エイブラハム・リンカーンもそういった一人である．彼自身，また彼の伝記作家の一人は，次のように述べた．

> 彼は国会議員になってからユークリッドの本の 6 巻を学んでほぼ自分のものとした．彼は自分に教育がないことを悲しみ，その欠けたところを補うためになし得ることを行う．
> 
> エイブラハム・リンカーン（自分自身について），『短い自叙伝』

彼はユークリッドを学び，その 6 巻にわたる命題をすべて易々と証明す

ることができた．

William H. Herndon and Jesse W. Weik<br>
『(ハーンドンの) リンカーンの生涯』

　それでは，このように数学と教育に長く影を落とした書物エウクレイデスの『原論』とは何物なのか？　『原論』は紀元前300年頃のエウクレイデスの時代のギリシャ文明に知られていた数学を編集したものである．初等的な幾何と数論を含んでおり，その多くは現在でも理解されているが，数は幾何には応用されず，代数はほとんどないに等しい．実は『原論』は，6巻ではなく13巻からなっており，前半の6巻は『原論』として最もよく知られている初等的な幾何を含んでいる．またとても巧緻な巻Vでは（今ならさしずめ）実数を有理数の言葉で記述する問題を扱っている．もしリンカーンが実際にこの巻Vに本当に習熟していたなら，彼はまさしく数学者であった！

　ギリシャ人は十進法のような数のための表記法を持っていなかった．したがって『原論』には加法や乗法のためのアルゴリズムについては何も含まれていなかった．その代わりに，数についての抽象的な理論のとても洗練された入門が巻VIIからIXにわたって用意されており，数はあたかも線分であるかのように文字で表されていた．これらの3巻には整除性，エウクレイデスのアルゴリズム，および素数といった，今日までほとんどの数論の授業の出発点として受け継がれてきているものが含まれている．特に巻IXには素数が無限に多く存在することの有名な証明がある．

　本書のこの後の章でも『原論』について話題にする．どうしてかといえば，この書物は歴史上の他のどの本よりも初等数学に影響を与えているからである．実際，その［ラテン語版の］題名†が示唆しているように，『原論 (*Elements*)』はまさに「初等的 (elementary)」という言葉の意味そのものとしっかりと結びついているからである．本書ではこの後も『原論』の幾つかの特定の命題に言及するから，1冊を手元に置いておくのも役立つだろう．英語圏の読者にとってはThomas L. Heath の版 (1925) が今でも最善であろう（これには広範囲にわたる注釈が付けられているから）．他の有用な版としては D. Densmore (2010) の

---

† 訳注：古代ギリシャ語では 〈Στοιχεία〉．日本語訳では『ユークリッド原論』（縮刷版）中村幸四郎等訳・解説，共立出版 (1996) が簡便である．

〈*The Bones*〉がある．これには『原論』のすべての定義と命題の一覧表が使いやすく簡潔な形でまとめられている．

　十進数字はインドとイスラム圏で開発された．ヨーロッパへは中世に（最初ではなかったとしても）1202年に出版されたイタリアはピザの数学者レオナルド・ピザーノの本『算板の書（*Liber abaci*）』で導入された．レオナルドは今日では渾名のフィボナッチの方がよく知られている．この書名にある算板（abacus）はその頃までのヨーロッパでは計算（calculatio）と同義語であったが，この本の大いなる影響のもとに，"abaci" という語は逆説的に算板によらない計算と結びついた．（事実としては，算板は鉛筆と紙による計算と競合していたが，結局共に1970年代に電卓に凌駕されてしまった．）有名な**フィボナッチ数**

$$1, 2, 3, 5, 8, 13, 21, 34, 55, 89, 144, 233, 377, 610, 987, 1597, 2584, \ldots$$

はそれぞれ直前の2数の和として得られ，『算板の書』で付帯演習として導入された．フィボナッチは彼の数が数論と組合せ論においてこれほど長きにわたる経歴を持つようになるとは思ってもみなかったろうが，おそらくはその $n$ 番目の数を表す公式があるかどうかは気になるところであったろう．この問題は500年以上にわたって解答を得られなかった．そして終に1720年代にダニエル・ベルヌーイとアブラハム・ド・モアヴルが $n$ 番目のフィボナッチ数 $F_n$ を

$$F_n = \frac{1}{\sqrt{5}} \left[ \left( \frac{1+\sqrt{5}}{2} \right)^n - \left( \frac{1-\sqrt{5}}{2} \right)^n \right]$$

と表した．（ただし，簡明になるように $F_0 = 0, F_1 = 1$ とした．）さらに第7章でこれを論じる．

　図1.11はフローレンスの国立図書館にある『算板の書』の初期の写本を撮ったものである．フィボナッチ数1から377までが右側の欄外に書かれたページが開かれている．（数字3, 4, 5は現今のものとかなり異なっていることに注目しよう．）

　代数もまたイスラム世界で発展したが，1500年代の早い頃にイタリアで3次方程式の解法が見つけられて大いに沸き立った．次の世紀へと跨いで，ヨーロッパの数学者たちは多項式による方程式をのびのびと操れるようになった．これが転じて1620年代にフェルマやデカルトによる代数の幾何への応用を促していき，

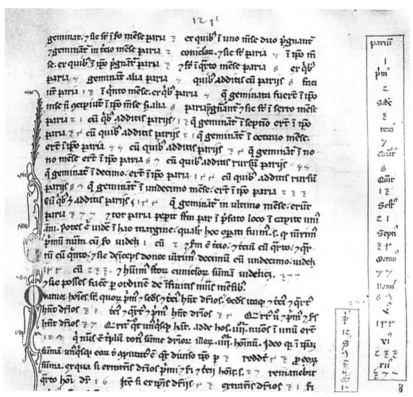

図 1.11 『算板の書』におけるフィボナッチ数.

さらには 1660 年代のニュートンや 1670 年代のライプニツによる微積分の展開へと繋がっていく.

しかし数学社会ではこれらすべてが沸き立っていったにもかかわらず,またそれらが現在学校で教えられている数学の大半を作り出したにもかかわらず,1700 年代の教育を受けた人々においては数学については底知れぬほどの無知であり得た.(何か決して変わらないものが....)英国人の日記作家サミュエル・ピープスはケンブリッジで教育をうけ,後に海軍省書記長や王立協会の理事長といった職責を果たしたが,ある時期に乗算表[†]を学ぶために家庭教師を雇った!

---

[†] 訳注:九九の表に当たるが,英国では 12 × 12 まである.英語では 11 が eleven,12 が twelve であり,13 になって以後ようやく十進法らしく thirteen, fourteen 等々と続くようになる.

ピープスは 1662 年 7 月 4 日付の日記に次のように書いている（当時彼は 29 歳であった）.

> 間もなくロイヤル・チャールズの仲間のクーパー氏が来訪. 私は彼に数学を習おうとしており，今日から始めるのだ. 彼はとても有能で，思うに，どのような大事であろうとも彼の心を充溢することはなかろう. 彼と算術を 1 時間ほどやって（乗算表を初めて習うのだ）おしまいにする. また明日会う.

一週間後には彼は進歩のほどを書き記すことができた.

> 4 時までに起き，我が乗算表に挑む. 今やほぼ熟練者なり.

同じ頃，フランスではパスカルの三角形がヨーロッパへのデビューを果たした. パスカルの小冊子『算術的三角形（*Traité du triangle arithmétique*）』，Pascal (1954) が出版されたのだ. アジアの数学者たちはこの三角形を数世紀以前には発見していたが，パスカルはそれとは独立にまったく異なった歩みを進めていた. 彼はこの三角形について 20 ばかりの算術的な命題を数学的帰納法によって証明し，「組合せへの算術的三角形の使用」を開始した. また彼は公式

$$\binom{n}{k} = \frac{n(n-1)(n-2)\cdots(n-k+1)}{k!}$$

と，それが $n$ 個の物の中から $k$ 個を選ぶ組合せの個数であることを証明した. そしてこの結果を初めて**確率論**に応用したのだ. それは運のゲームが中断されてしまった時点での掛け金の分配の問題に関するものであった. すでに 1.7 節で見たように，この問題は $\binom{n}{k}$ を幾つかの項にわたって足し合わせたものの比をとることによって解くことができた.

1700 年代までに数学は微積分の影響のもとで大いに変化を遂げ，その結果「初等数学」の概念は改訂されなければならなくなった. 何人かの最も高名な数学者たちがこの改革に臨んだ.

1707 年にニュートンは『普遍算術（*Universal arithmetick*）』を，まずはラテン語で，その後英語で出版した. 彼はこれを「計算することの科学（science of computing)」についての本と表記しているが,「計算すること」という語によって彼は算術と代数の両者を取り込んだまったく一般的な理論を意味していた. 彼の冒頭の節においてこの新しく一般的な視点が明瞭に説かれている（ここで「種による計算（computation by Species)」とは高等学校での代数に見られる未知数のための文字による計算を意味している).

> 計算は**数**によって低俗な算術にあるように遂行されるものと, **種**によって代数学者たちのように遂行されるものとがある. これらは同じ基礎の上に組み立てられ, 同一の結果を目指して行われる. すなわち**算術**では確定的かつ特定的に, **代数**では不定的かつ普遍的に. であるからして, この計算によって得られる表記, 特に結論は**定理**と呼ばれてしかるべきである. しかし代数は次のような点で特段に優れている. というのは, 算術の問題においては与えられた量から求められるべき量へと推し進めて解決するのみであるが, 代数においては逆進的に, 求めるべき量から, あたかもそれが与えられているかのごとくして, 与えられた量へと, あたかもそれらが求められていたかのように計算を最終的なところまで運んでいき, どうにかこうにか結論ないし方程式にたどり着き, それによって求められるべき量を取り出せることになる. そしてこの方途に従って, 通常の算術のみからは虚しく終わるほかないような最も困難な問題が解かれ, 解答が得られる. とはいえ, 算術はそのすべての操作において代数の中に入り込んでいるから, 両者が合わさって初めて一つの完全な**計算の科学**が創られるものと思われる. そこでこういった理由をもって, 以下に両者を共にして解説するものである.

1770 年にはオイラーは入門書『代数学への完全な手引書（*Vollständige Anleitung zur Algebra*) †』を出版した. これもニュートンと同様な観点からまとめられたが, いくらか異なった内容になっている. 易しいところでは, オイラーは, 十進数字に関する基本演算についてのアルゴリズムを省いており, 高度なところではより多く数論を盛り込んでいる. 実際, オイラーは幾つかの難しい結果の証明を初めて発表しており, 例えばフェルマの問題, $y^2 = x^3 + 2$ は $y = 3, x = 5$ 以外

---

† 訳注：J. Hewlett による英訳の題名は〈*Elements of Algebra*〉である.

には正整数の解を持たないこと，が含まれている．オイラーの解答は**代数的数論**（第2章を参照）への第一歩とみなされるものの一つである．

1700年代の終盤には，フランス革命がフランスにおける数学教育に大変革をもたらした．高等研究のための新しい施設，**高等師範学校**（École Normale）が設置され，最高級の数学者たちが数学のカリキュラムを一新するために名を連ねた．その中にラグランジュがいたが，彼は**高等師範学校**での講義をもとにした初等数学についての本を1795年に書き上げた．1世紀を経た後もこれはまだ人気を保っており，『初等数学講義（Lectures on Elementary Mathematics）』として英訳された．ニュートンやオイラーのように，ラグランジュは代数を「普遍算術」とみなし，伝統的な算術と並行して学ばれるべきものとした．そしてオイラーのように，彼は算術を現在では「数論」と呼ばれるもの——素数，整除性，方程式の整数解を含むもの——とした．

1800年代にはドイツが数論において，高等的な水準でも（ガウス，ディリクレ，クンマー，デデキント）基礎的な水準でも（グラスマン，デデキント）先導役を担った．おそらく最も驚くべき出来事は，前節で指摘されたように，算術の基本的な関数と定理とが数学的帰納法に基礎づけられるというグラスマンの発見であった．彼は高等学校の教師であり，また指導的なサンスクリット学者であったが，自分の考え方を高等学校の教科書『算術教本（Lehrbuch der Arithmetik）』を通して普及させようとした．当然のことながらこの試みは失敗したが，彼の考え方はデデキントによる再発見，Dedekind (1888) によって第2ラウンドに入ってから根づくことになった．

クラインは彼の『高い立場から見た初等数学』，Klein (1908) において，算術の基礎を数学的帰納法によって確立したとしてグラスマンを評価している．彼はまた幾つかの「計算の基本的規則」，例えば $a+b=b+a$ とか $ab=ba$，を指摘している．ところが彼は環とか体といった代数的な**構造**を検証する手前で止まってしまった．クラインは代数を，多項式による方程式の研究であって，曲線や曲面の代数幾何学によって深みを与えられたものと考えていた．線型代数は独立した学科としてはまだ存在していなかった．理由としては，そういった基本的な諸概念は，行列式の概念——今ではそれなりに高等的だと考えられている——の下に埋もれてしまっていた．

幾何はクラインの最もお気に入りの主題であった．それは彼の本の第1巻（**算**

術，代数，解析）のいたるところに顔を出しており，その第2巻の単一の主題であった．彼は19世紀終盤の観点，数学はすべて「算術化」（数に基づくものと）されなければならないという視点に立っており，幾何学を座標系によって基礎づけた．彼は一般にエウクレイデスの『原論』を初等的で衒学的であると低く見ており，1899年のヒルベルトによって見いだされた公理的幾何学についての衝撃的な結果（これについては第5章を見よ）を無視していた．しかしながら，ここで言っておかなければならないことだが，20世紀は一般的には幾何学の算術化に好意的であり，線型代数はエウクレイデスへの特に効率的な接近法である．初等幾何へのクライン自身の接近法は，知っての通り，線型代数によるものではなかった（理由としては，線型性そのものの概念は行列式の概念によって未だ抑えられてしまっていた）．しかしその方向へと時は進行してゆく．

このように，クラインの本は数学の現代的な時代を予兆するものと思われる．そこでは数学的帰納法，抽象代数学，そして線型代数学が重要な役割を担う．この時代についての論議はさらに後の章で続けよう．

## 1.10　哲学的な雑記

数学の種々のいわば見本として上述したものはほとんどの数学者や教師たちによって初等的であると考えられている．それらは世界のほとんどの地域で高等学校の水準ないしそれ以前の学校で，通常は必ずしも一つの同じ学校でとはいえないでも，教えられている．だとしても，ある学校で，またある時点でそれらすべてが初等的だと考えられてきたからといっても，それらの幾つかは他ほどは初等的でないことを認める必要がある．ここで疑問が生じる．数学が初等的でなくなるまでに果たしてどこまでたどっていけるのだろうか？ 初等数学と高等数学の間にはっきりした境界線はあるのか？

まずいことに，答えは否定的である．初等数学と高等数学との間に明確な線引きはできない．しかし何らかの特性といえるものがあって，数学がより高く進展していくにつれ，それらはより顕著になってくる．最も顕著なものとして本書の中で光を当てていこうとしているのは，

- 無限
- 抽象
- 証明

の3点である．幾つかの数学学習計画ではこれらの特性のうちの一つないし二つ以上を初等数学を高等数学と分けるために用いようとしていた．特に，アメリカ合衆国では「証明を導入すること」は大学学部教育の後半まで延期することもできると考えられている．私の信じるところでは，これは考え違いである．

　証明の**理論**は学部3年生に提供するのを控えるという考え方は確かに良いのだが，証明の**例**は高等学校レベルからの数学の一部であるべきである[1]——彼らがピュタゴラスの定理のような自明ではない主張に出会うと同時に提示されるべきであろう．初めは，もちろん，証明は形式として整ったものである必要はなかろう．実際，ほとんどの数学者たちは完全に形式を整えた証明など好まないし，数理論理学の基本的な考え方，すなわち，証明そのものを数学の対象であると見ることに抵抗感を覚える．これが本書で論理学を最後の章まで遅らせた理由であり，それまでに証明の理論が有用であろうと思わせるような例を，おそらく初等的数学の範囲を超えて，十分に用意するためである．

　同様な考え方は無限と抽象にも当てはまる．

　無限を含まない数学は証明を含まない数学よりももっとやりがいがあり，「初等的数学」のための候補になるだろう．しかし害がなく，容易に理解できる無限の対象，例えば十進無限小数

$$1/3 = 0.33333\cdots$$

を排除するのは公正だとはいえないのではないか．そこでどの程度までの無限が「初等的」であるかを判断することが問題になる．この問題に答えを出す古典的な方法がある．すなわち，「可能的無限」と「実無限」とを区別することである．

　自然数 $0, 1, 2, 3, \ldots$ の無限は，それを終わることのない**過程**として見ることができる，すなわち0から始めて1を繰り返し加える，という意味で可能的無限である．この過程が完結されると信じる必要はない——この過程はどの自然数もあ

---

[1] 私の数学の同僚の何人かは証明はもう少し早くから導入されるべきだと考えている．サンフランシスコでは最近**証明学校**と呼ばれる学校が中学校レベル以上の学生たちに対して開設された．

る有限の段階で作り出されるということで十分である．他方，実数全体となると，これを可能的無限とみなすことはできない．第9章で見るように，数を生み出すために一歩一歩進んでいくような過程として，各実数を必ずいずれかの有限の段階で作り出すことができるようなものは存在しえない．我々は実数を一つの**完結した**あるいは**実**無限として（実際，それらを一本の直線，ないし，連続的に動く点の通り道として見る場合に行うように）捉えなければならない．

このように，可能的無限を認めて実無限を排除することにより，自然数を初等的数学の側に，また（全体としての）実数を高等的数学の側に置き，初等的数学と高等的数学との間に境界線が生み出される．この境界線もまだいくらかはっきりしないところがあるのだが——例えば $\sqrt{2}$ のような個々の実数はどうなのか？——それでも有用である．後に見るように，特に微積分を論議するときには，数学は実数が関わってくる段階にまでしばしば踏み込んでいくことになる．

最後に，抽象について触れよう．ここでは境界線を引くのがもっと難しくなる．

もし抽象が含まれない数学（$1+1=2$ といったもの？）が存在するとすれば，それは**あまりにも**初等的でありすぎて，通常「初等数学」と呼ばれるもののすべてを取り上げるわけにはいかない．少なくとも，$a$ と $b$ はどのような数と考えられてもよいとする場合の等式

$$a^2 - b^2 = (a+b)(a-b) \qquad (*)$$

といったものを含まなければならない．実のところ，筆者としては，すでに1.3節で論じたように，環や体といったある程度の公理の体系を含めるところまでは進もうと思う．どうしてかというと，それらは数に対して証明することができるすべての等式を効率良く記号化しているからである．実際，$(*)$ を導くための計算

$$\begin{aligned}(a+b)(a-b) &= a(a-b) + b(a-b) \\ &= a^2 - ab + ba - b^2 \\ &= a^2 - ab + ab - b^2 \\ &= a^2 - b^2\end{aligned}$$

において，それぞれのステップを環の公理によって正当化することは，高等学校

レベルで行うことができる証明の良い例で（しかも公理の役割についての認識を進展させるためにも役に立つもので）ある．

　第4章と第5章で見るように，環と体の公理系（および関連する線型空間の公理系）は初等代数と初等幾何の多くを統一する．したがって筆者はそれらを初等的数学に含めることに賛成する．しかし「初等的」抽象と「高等的」抽象との間にはっきりとした境界があるかどうかについては，筆者としては結論づけないままにしておく．

# 2

# 算 術

## あらまし

大半の人たちにとっては，「算術」は十進表記による数や小数の足し算，引き算，掛け算，割り算についてのどうといったことのない領分である．これらは小学校で習うのだが，それも，こういった計算を種々の電子機器に任せられるようになると，たちまち苦痛でしかなかった思い出になってしまう．

しかし「上級算術」ないしは**数論**と呼ばれる分野には，数についての一般的な性質を発見し，それを証明しようとするものがある．数論は尽きることのない魅力を備えた難しい分野であり，エウクレイデスの時代から数学者たちによって開発され続けており，今日でも数学のほとんどの分野の源泉にもなっている．本書でも以下に展開される幾つもの節を通して，数論がどのように初等的数学全般に染み渡っているのかを見ていこう．

この章の目的は初等数論の宿根ともいえる題目——素数と方程式を整数によって解くこと——と，証明のための幾つかの初等的手法を紹介することにある．後者にはエウクレイデスによって導入された「降下法」と呼ばれる**帰納手法** (induction)，および単純な代数学と幾何学が含まれる．降下法によれば，二つの整数が与えられたときにそれらの最大公約数を**エウクレイデスの互除法**によって求めることとか，正整数が一通りに素因数分解されることの証明が得られる．

**代数**と**代数的数**は，方程式 $y^3 = x^2 + 2$ とか $x^2 - 2y^2 = 1$ の正整数による解を求めようとするときに姿を現わす．事実これらの方程式は，通常の整数 $a, b$ によって $a + b\sqrt{-2}$ とか $a + b\sqrt{2}$ と表される数へと我々を誘い，こういった形の

数がそれぞれに通常の整数と同じように振る舞うものだと思わせる．確かにこういった振る舞いは正当化されるし，またこれらの新しい数における「素数」の理論を通常の整数における素数の理論と似通った形で展開することができる．

## 2.1 エウクレイデスの互除法

分数，例えば $\frac{1728941}{4356207}$，が与えられたとき，これが**既約分数**であること，すなわち，分子と分母には共通因数が存在しないことをどうすれば確認できるだろうか？ この問いに答えるには，二つの数 1728941 と 4356207 の最大公約数を見つける必要がある．しかしこれは厄介なことだと思われる．例えば数 1728941 の約数を見つけることも大変だと思われるし，事実，大きい数の約数を見つけるための良い方法はまだ知られていない．

ところが，驚くべきことに，二つの数の**共通**因数を見つけるのはそのうちの一つの数の約数を見つけるよりもかなり容易である．例えば，10000011 と 10000012 の最大公約数が 1 であることは，これら 2 数それぞれの約数を知らなくても直ちに判断できる．どうしてか？ 実際，もし $d$ が 10000011 と 10000012 の公約数であれば，

$$10000011 = dp \quad \text{および} \quad 10000012 = dq$$

となる正整数 $p$ と $q$ がある．したがって，

$$10000012 - 10000011 = d(q - p)$$

であり，$d$ は 10000011 と 10000012 の差，すなわち 1 の約数でもある．しかし 1 を割る正整数は 1 しかないから，$d = 1$ である．一般に二つの数 $a$ と $b$ の公約数 $d$ は $a - b$ を割る．特に $a$ と $b$ の**最大公約数**はまた $a - b$ の約数でもある．

この単純な事実は最大公約数を求めるための実効的なアルゴリズムの基本である．**エウクレイデスの互除法**と呼ばれるこの算法はエウクレイデスが 2000 年以上も前に彼の『原論』の第 VII 巻，命題 2 に書き記したものであり，彼の言葉によれば，「大きい方から小さい方を連続的に引いていく」のであるが，さらに形式的に述べれば，数の対の列を計算することである．

**エウクレイデスの互除法.** 与えられた数の対 $a, b$ $(a > b)$ から始めて，直前の対の小さい方とその対の数の差によって新しい対を作る．このアルゴリズムは等しい二つの数の対が現れたところで停止され，それらが $a$ と $b$ の最大公約数である．

例えば $a = 13, b = 8$ から始めれば，1.2 節で見たように，アルゴリズムは対 $(1, 1)$ で終わり，したがって 13 と 8 の最大公約数は 1 である．

このエウクレイデスのアルゴリズムが有効である第一の理由は上記の事実「$a$ と $b$ の最大公約数はまた $a - b$ を割る」ことにある．最大公約数を gcd によって表すならば，$\gcd(a, b) = \gcd(b, a - b)$ であり，上の例では

$$\gcd(13, 8) = \gcd(8, 5) = \gcd(5, 3) = \gcd(3, 2)$$
$$= \gcd(2, 1) = \gcd(1, 1)$$

となる．（注意：隣り合うフィボナッチ数 13 と 8 から始めると，それらの差は直前のフィボナッチ数を与え，これを繰り返してそれ以前のすべてのフィボナッチ数を経て，結局は最初の 1 で終わる．このことはどの隣り合うフィボナッチ数の対についても同様であり，したがってそのような対の gcd はすべて 1 である．)

2 番目の理由としては，これもまた重要なのだが，このアルゴリズムがより小さい数を作り出し，したがって有限回で（もちろん等しい数になって）**終了する**ことである．**正整数はいつまでも減少し続けることはできない**からである．この「無限には降下しない」原理は明らかである．エウクレイデスはしばしばこの原理を用いたが，これもまた奥深い．それは**数学的帰納法による証明**の最初の記述であるのだが，9.4 節で見るように，数論のすべてを基礎づけている．

最後になるが，エウクレイデスのアルゴリズムは公約数を見つけるための速い方法である——単一の数の約数を見つけるために知られている方法のどれよりも速い——という，上で言外にほのめかした主張に戻ろう．エクレイデスがやったように減法だけを用いれば，これは必ずしも正しくはない．例えば，$\gcd(101, 10^{100} + 1)$ を減法だけを繰り返して求めようとすれば，$10^{100} + 1$ から 101 をおおよそ $10^{98}$ 回引かなければならない．これは**速くはない**．

しかし，$a$ から $b$ を繰り返し引いていき，最終的に差 $r$ が $b$ よりも小さくなるまで続けることは，$a$ を $b$ で**割って**その**余り**の $r$ を求めることと同じである．このことから，我々は今後はエウクレイデスのアルゴリズムを次の事実に基づくも

**図 2.1** 除法と余りの視覚化.

のとする.

**除法の特性.** 自然数 $a$ と $b \neq 0$ に対して, 自然数 $q$ と $r$ (「商 (quotient)」と「余り (remainder)」) で

$$a = qb + r \quad \text{であり, かつ} \quad |r| < |b|$$

であるものが存在する.

この除法の特性は図 2.1 からも視覚的には明らかであろう. 実際, 自然数 $a$ は必ず $b$ の倍数の列のどれか隣り合うものの間に挟まれなければならないからである. 特に, その小さい方の倍数 $qb$ から $a$ までの距離 $r$ はその次の倍数 $(q+1)b$ までの距離 $b$ よりも小さい.

余り付きの除法の利点は, それを引き算の繰り返しと比べれば, 少なくとも同程度に, しかも一般的にはもっと速いことである. 実際 $k$ 桁の数による除法の計算は, 割られる数からおよそ $k$ 桁を取り去り, 高々 $k$ 桁の余りを残していく. したがってこの割り算における計算の回数は高々割り算を始めるときの二つの数の桁数の和程度になる. これは数千桁の数の gcd を見つけることが可能な速さである.

## 2.2 連分数

エウクレイデスのアルゴリズムは, アルゴリズム一般に通じることであるが, 事象の列を生み出す. それぞれの事象はその前の事象に単純に依拠しているが, 事象の列全体を単一の公式として捉えることは期待されてはいない. それでもこのような公式が存在することもある. いわゆる**連分数**である.

例えばエウクレイデスの互除法を 117 と 25 の対に適用すれば, 商の数列 $4, 1, 2, 8$ が得られ, これは等式

$$\frac{117}{25} = 4 + \cfrac{1}{1 + \cfrac{1}{2 + \cfrac{1}{8}}}$$

で捉えられる．右辺の分数はエウクレイデスの互除法における商と余りを分数の計算に反映している．すなわち

$$\frac{117}{25} = 4 + \frac{17}{25} \qquad\qquad (商4, 余り17)$$

$$= 4 + \frac{1}{25/17} \qquad\qquad (余りを新しい因子とする)$$

$$= 4 + \cfrac{1}{1 + \cfrac{8}{17}} \qquad\qquad (商1, 余り8)$$

$$= 4 + \cfrac{1}{1 + \cfrac{1}{17/8}} \qquad\qquad (余りを新しい因子とする)$$

$$= 4 + \cfrac{1}{1 + \cfrac{1}{2 + \cfrac{1}{8}}} \qquad\qquad (商2, 余り1)$$

となるが，最後の段階の余り1が事前の因子8を割り切ってしまうので，ここで操作は停止する．

連分数アルゴリズムはエウクレイデスの互除法を完全に模擬しているから，そこでの操作は必ず減少する正の整数を生み出す．したがってこの場合，連分数アルゴリズムは必ず停止する．すなわち，**正の有理数は有限連分数で表示される**．さらに，**もし二つの数の比が無限連分数に表示されるならば，その比は無理数である**．今まではエウクレイデスのアルゴリズムを有理的な比だとは判別されていないような数には適用してこなかったが，この分析に促されて試みてみたくな

る．連分数アルゴリズムを $\sqrt{2}+1$ と 1 に適用すると結果は驚くほど簡単であり，満足すべきものになる．

この場合，説明を最小限に済ませてアルゴリズムを進めるために，まず次の事実を指摘しておこう．

$$(\sqrt{2}+1)(\sqrt{2}-1) = 1, \quad \text{したがって} \quad \sqrt{2}-1 = \frac{1}{\sqrt{2}+1}.$$

だとすると，ここでは何が起きているのだろうか．

図 2.2　それ自身を含んでいる．

$$\sqrt{2}+1 = 2+(\sqrt{2}-1) \qquad \text{(整数部分と分数部分への分離)}$$
$$= 2+\frac{1}{\sqrt{2}+1}. \qquad \text{(なぜなら}\sqrt{2}-1=\tfrac{1}{\sqrt{2}+1}\text{)}$$

これ以上何もする必要はない！ 右辺の分母の$\sqrt{2}+1$はまた$2+\frac{1}{\sqrt{2}+1}$で置き換えられ，$\sqrt{2}+1$が再び現れ，等々と続く．したがって**連分数アルゴリズムは決して止まることはない**．

（これは例えば図 2.2 に見られるような箱入りの製品でそれ自身の姿を含んでいるものを思い起こさせる．状況は同様である．）

このことから$\sqrt{2}+1$が，したがってまた$\sqrt{2}$が**無理数**であることになる．古代ギリシャ人たちは$\sqrt{2}$が無理数であることを知っていたから，彼らがこの証明を知っていたかどうか気になってくる．エウクレイデスは，確かに，彼のアルゴリズムが停止しないならば無理性が出てくることに気づいていた．彼は『原論』の第 X 巻，命題 2 でそのように述べており，また第 XIII 巻，命題 5 からは対$\frac{1+\sqrt{5}}{2}, 1$に関するユークリッドのアルゴリズムが止まらないことが導かれる．したがって，ファウラーの著書 Fowler (1999) が示唆するように，無理性は最初はこのように発見された可能性がある．もう一つの可能性は整除性の検討からもっと直接的に浮かび上がったものとも考えられる．これを次の節で見ることにしよう．

## 2.3 素数

素数はおそらく数学の対象の中でも最も驚くべきものであろう．易しく定義されるのだが，理解するのは難しい．素数とは正整数であって，それよりも小さく，また 1 よりも大きい正整数の積でないものである．したがって，素数の列を始めから並べると

$$2, 3, 5, 7, 11, 13, 17, 19, 23, 29, 31, 37, 41, 43, 47, 53, 59, 61, 67, 71,$$
$$73, 79, 83, 89, 97, \ldots$$

となっている．正整数$n>1$は素数の積に分解される．実際，もし$n$がそれ自身

は素数でなければ，それより小さい正整数 $a > 1$ と $b > 1$ との積で表され，さらにこの議論を $a$ と $b$ にも当てはめることができる．そのいずれかが素数でなければそれはさらに小さい正整数($> 1$)の積になっており，等々．しかし正整数においては無限降下はあり得ないから，この過程はそのうちに止まらざるを得ず，当然，$n$ の素因数への分解が完結する．したがって，1 よりも大きい正整数はすべて素数を掛け合わせて得られる．

これは正整数を理解するための最も単純な方法ではないだろう——それらを 1 を繰り返し**加える**ことによって構成する方がもっと良い考え方だと思われる——が，しかしこれは素数を理解するための手助けにはなる．

特にそれによって，なぜ素数が**無限に多く**あるかを見ることができる——これは上の素数列を見るだけでは明らかにはならない．このことの最初の証明はエウクレイデスの『原論』の素晴らしい結果の一つであり，彼の証明は次のように展開される．素数が $2, 3, 5, \ldots, p$ と始めから $p$ まで与えられたとして，これら以外の新しい素数を見つければいい．そうすれば素数の列は終わることがないわけである．

さて素数 $2, 3, 5, \ldots, p$ が与えられたとして，新たに数

$$n = (2 \cdot 3 \cdot 5 \cdots p) + 1$$

を考える．この $n$ は素数列 $2, 3, 5, \ldots, p$ に現れるどの素数でも割り切れない．割ったら余りが 1 であるからである．しかし $n$ は，素因数分解すれば明らかなように，**何らかの**素数 $q$ で割り切れ，しかもこの $q$ は新しい素数である．

このように，素数が無限に存在することは，自然数はすべて素因数分解されるという（簡単な）事実から証明できることである．もっと難しくて強力な事実は，**素因数分解はただ一通りに限る**ことである．もう少し厳密に述べれば，**自然数 $n$ の素因数分解には必ず同じだけの素数が同じ回数だけ現れる**．図解して見るために，60 をそれより小さい因数の積に分解してみよう．これには何通りかのやり方があるが，結局は同じ素数にたどり着く．例えば，

$$60 = 6 \cdot 10 = (2 \cdot 3) \cdot (2 \cdot 5) = 2^2 \cdot 3 \cdot 5,$$
$$60 = 2 \cdot 30 = 2 \cdot (2 \cdot 3 \cdot 5) = 2^2 \cdot 3 \cdot 5.$$

素因数分解の一意性の証明は幾つかあるが，そのどれを取っても自明だとはい

えない.したがってここでは少なくとも馴染みのある道具立てであるエウクレイデスのアルゴリズムを用いる証明を採用しよう.

もう一度2.1節を思い起こせば,正整数の対 $a, b$ に対して引き算の系列を構成して $\gcd(a, b)$ を見つけることができた.これらの引き算のそれぞれは $a$ と $b$ の **整数係数の結合**, $ma + nb$ ($m, n$ は整数) を作り出した.それというのも,まず整数係数の結合 $a = 1 \cdot a + 0 \cdot b$ と $b = 0 \cdot a + 1 \cdot b$ から出発したが,2個の整数係数の結合の差はまた整数係数の結合であるからである.このことから,特に,

$$\gcd(a, b) = ma + nb \quad (m, n \text{ は整数})$$

と表される.

これから素数についての意義深い事柄を証明することができる.**もし素数 $p$ が正整数の積 $ab$ を割るならば,$p$ は $a$ を割るかあるいは $p$ は $b$ を割る**.この**素因数特性**の証明のために,$p$ が $a$ を割らないと仮定し,なぜ $p$ が $b$ を割らなければならないかを見ることにしよう.

さて,$p$ が $a$ を割らないとすると,$p$ は自分自身と 1 以外には因数を持たないから,

$$1 = \gcd(a, p) = ma + np$$

となる整数 $m, n$ が存在する.そこで両辺に $b$ を掛けて,等式

$$b = mab + npb$$

が得られるが,仮定から $ab$ が $p$ で割れるから $p$ は右辺の各項を割る.したがって $p$ はこれら二つの項の和を割り,すなわち $p$ は $b$ を割る.

この素因数特性はエウクレイデスによって証明され,素因数分解の一意性はこれから簡単に導かれる.議論の前提として仮に一つの整数が二通りの素因数分解を持つと仮定しよう.これらの素因数分解から共通する素因数をすべて取り除くと,素数の積(素数 $p$ から始まるとしよう)でまったく異なる素数の積として表されるものが得られる.しかし,$p$ が 2 番目の積を割らなければならないから,エウクレイデスの命題から,その一つの素因数を割ることになる.しかしその素因数はすべて $p$ とは異なるから,これは**不可能である**.したがって結局正整数は異なる素因数分解を持つことはできない.

当初は，正整数の素因数分解の一意性が明らかなことではないなどとは，まずもって信じられない．なぜそれが明らかなことではないのかを納得するためには，素因数分解の一意性が**成り立たない**ような同様の体系を見てみるのが助けになるだろう．これは偶数 $2, 4, 6, 8, 10, \ldots$ からなる体系が与えてくれる．この体系は正整数の体系ととてもよく似ている．その二つの数の和と積，および，$a + b = b + a$ とか $ab = ba$ といった性質は正整数から受け継いでいる．

この体系において，そこの偶数 2 個の積として表せない偶数をひとまず「偶素数」と呼ぶことにしよう．例えば $2, 6, 10$ は「偶素数」である．正整数の場合に用いた降下法による論議から，各偶数は「偶素数」の積に分解される．ところが，数 60 は**異なった**二種類の因数分解を持つ．実際，

$$60 = 6 \cdot 10,$$
$$60 = 2 \cdot 30$$

である．（もちろん，これらの 2 種類の因数分解を「偶素数」の中に「隠された」奇素数 3 と 5 によって説明することもできるが，偶数世界ではこれらの奇素数は知られていない．）このように，素因数分解の一意性は正整数が偶数とは共有していない何物かに依拠している．それが何であるかについては 2.6 節でもう一つの数の体系を学べばもっとはっきりとしてくるだろう．

## $\sqrt{2}$ の無理性，再見

素因数分解の一意性は $\sqrt{2}$ の無理性について，また異なった，しかもとても単純な説明を提供してくれる．逆に，$\sqrt{2}$ が有理数であり，既約分数で表されているとしよう．すなわち，その分数の分子と分母は公約素因数を持たないとする．このとき，この分数の平方も（一方で当然 2 に等しく）やはり分数の分子と分母は公約素因数を持たない．したがって分母は分子を割らず，矛盾する[†]．

したがって $\sqrt{2}$ が有理数であると仮定するのは間違いである．

---

[†] 訳注：この議論ではさらに，分母が 1 の場合を検討するか，$1 < \sqrt{2} < 2$ であるから分母が 1 ではないことを指摘しておくことが必要である．

## 2.4 有限算術

古くからあるやり方で,おそらく数の十進表示とほぼ同程度に古い「9の追い出し」と呼ばれるものがある.これは,整数が9で割り切れるための必要十分条件はその各桁の数の総和が9で割り切れることである,というものである.例えば,711の場合,$7+1+1=9$ であるから711は9で割り切れる.実際にはさらに強いことが言え,9で割った**余り**は各桁の総和を9で割った余りと等しい.

例えば,823を9で割るならば,$8+2+3$ の余りは4であるから,その余りは4である.この事情は,$823 = 8 \cdot 10^2 + 2 \cdot 10 + 3$ であり,$10^2$ と10の余りが共に1であることからくる.実際,$10^2 = 99 + 1, 10 = 9 + 1$ である.こうも言えるだろう.これら $1, 10, 10^2$ は(さらに同様に10のさらに高いベキも)**もし9の倍数を無視するならば,同じ**であり,よって823と $8+2+3$ はこの意味で**同じ**である.この「同一性」は**法9での合同**(congruence modulo 9)と呼ばれる.

一般に,整数 $a$ と $b$ に対して,$a - b$ が $n$ の倍数であるとき(すなわち $a$ と $b$ は「$n$ の倍数を除いて同じ」とき),それらは**法 $n$ で合同**(congruent modulo $n$,あるいは $n$ を法として,ないし,mod $n$ で合同)であるといい,

$$a \equiv b \pmod{n}$$

と表す.したがって,法 $n$ のもとで**異なる数**は $0, 1, 2, \ldots, n-1$ であり,他の数はいずれも mod $n$ でこれらのうちの一つと合同である.また,これらの $n$ 個の数を足したり掛けたりすることができる.実際,単に通常の数として足したり掛けたりしてそれを $n$ で割った余りを採ればよい.この mod $n$ での加法と乗法は整数の通常の代数的な性質を引き継いでいる.例えば $a + b = b + a$ は $a + b \equiv b + a \pmod{n}$ 等々,となる.したがって,mod $n$ **の算術**を語ることができる.(このことはまったく当たり前というわけではなく,詳細については4.2節を参照することを勧める.)

## Mod 2の算術

最も単純で,最も簡単な例は mod 2の算術である.ここでは単に2個の異なる

数 $0, 1$ だけが存在する．これは「偶」と「奇」の算術と同じである．というのも，mod 2 では偶数はすべて 0 と，また奇数はすべて 1 と合同であるからである．簡明に，記号 $\equiv$ を $=$ で置き換え，mod 2 を省略すれば，0 と 1 の加法と乗法は

$$0+0=0, \quad 0+1=1, \quad 1+0=1, \quad 1+1=0,$$
$$0\cdot 0=0, \quad 0\cdot 1=0, \quad 1\cdot 0=0, \quad 1\cdot 1=1$$

となっている．特に，規則 $1+1=0$ は「奇数」＋「奇数」＝「偶数」という事実と対応している．

さて，mod 2 での加法と乗法は代数学の通常の規則を満たしているから，方程式を通常のように取り扱うことができる．ただし $1+1=0$ を心得ておく必要がある．例えば，方程式

$$x^2 + xy + y^2 = 0 \pmod{2}$$

を $x$ と $y$ にすべての値を代入するというやり方で解くことができる．この方程式を**満たす**値の対が $x=0, y=0$ だけであることを確認するのは易しい．

多項式による方程式を mod 2 で解くことは原理的には易しい．なぜなら，変数に有限個の値の組合せを代入して，方程式を満たすものがあればそれを書き下していくだけでよいからである．といっても，実行するにあたっては困難が生じるかもしれない．というのは，$m$ 変数の場合なら $2^m$ 個に及ぶ値の列（最初の変数に対して 2 個の値を，その値のそれぞれに対して 2 番目の変数に 2 個の値を，等々）が存在するからである．したがって，可能性の個数は $m$ が大きくなるにつれてたちまち天文学的なものに増加するわけである．しかも，$m$ 変数の方程式を mod 2 で解くにあたって，このすべての可能性を試みることよりも実質的に速い方法は知られていない．

事実，$m$ 変数の方程式が mod 2 で**解を持つ**かどうかを判定する方法でさえも上のやり方よりも速いものは知られていない．これは計算と論理における基本的な未解決問題であり，第 3 章と第 9 章でさらに解説することになる．

## 2.5 2次整数

数 25 と 27 についての奇異な事実から始めよう．まず 25 は平方数で 27 は立方数である．したがってこれらは方程式 $y^3 = x^2 + 2$ の解 $x = 5, y = 3$ を与える．およそ 2000 年近く前に，ディオファントスは特にこの方程式とこの解について彼の『算術（$Arithmetica$）』の第 VI 巻，問題 17 で触れている．ディオファントスのこの一節を読んだあと，フェルマは手紙 Fermat (1657) でそれが正整数による**唯一の**解であると主張した．なぜこの方程式が彼らの注目を引いたのかは実のところ不明である．しかしオイラーが著書 Euler (1770), p.401 で新しくて大胆な方法でフェルマの主張を証明したとき，数論はその発展における展開点を迎えた．

等式 $x^2 + 2 = (x + \sqrt{-2})(x - \sqrt{-2})$ に注目し，オイラーの意識は $a + b\sqrt{-2}$ ($a, b$ は整数)，という形の数に惹かれた．「仮想的な」$\sqrt{-2}$ の意味はともかくとして，これらの新しい数もまたある意味で「整数」である．その理由は，2 数の和，差，積は同様な形の数であり，それらは（1.3 節で触れた）環の代数的な規則を満たしている．オイラーの解法の大胆なところは，それらがもっと疑わしい性質，素因数分解の一意性のようなものを満たすと仮定したことであった．なぜこの仮定が浮かび上がったのかを見るために，オイラーの考え方の展開を追ってみよう．

通常の整数 $x, y$ が関係式
$$y^3 = x^2 + 2 = (x + \sqrt{-2})(x - \sqrt{-2})$$
を満たすとしよう．このとき，もし右辺の項が通常の整数のように振る舞うと考えて，($x + \sqrt{-2}$ と $x - \sqrt{-2}$ が素数の積に分解され，公約素数を持たないと仮想して) $\gcd(x + \sqrt{-2}, x - \sqrt{-2}) = 1$ と考えてみよう．そうすればそれらの積が $y^3$ に等しいから，$x + \sqrt{-2}$ は立方数であるはずである．この推論は検証なしで正しいとするわけにはいかないのだが，次の小節で見るように間違ってはいない．

そこで推論を先へと進めれば，
$$x + \sqrt{-2} = (a + b\sqrt{-2})^3$$

$$= a^3 + 3a^2 \cdot b\sqrt{-2} + 3a \cdot (b\sqrt{-2})^2 + (b\sqrt{-2})^3$$
$$= a^3 - 6ab^2 + (3a^2b - 2b^3)\sqrt{-2}$$

となる．さらに「実部と虚部」がそれぞれ等しいと置いて

$$x = a^3 - 6ab^2 \quad \text{および} \quad 1 = 3a^2b - 2b^3 = b(3a^2 - 2b^2)$$

が得られる．そこでまず $1 = b(3a^2 - 2b^2)$ から $b$ は 1 を割るので $b = \pm 1$ である．もし $b = -1$ であれば，$1 = -(3a^2 - 2)$ となり，しかも $3a^2 - 2$ は $-2$ ($a = 0$ のとき) か正であるので，これは不可能である．よって $b = 1$ であり，したがって $1 = 3a^2 - 2$ が得られ，$a^2 = 1$ すなわち $a = \pm 1$ である．

したがって，まず $a = 1, b = 1$ を $x = a^3 - 6ab^2$ に代入すれば $x = -5$ になる．よって可能性として残るのは $a = -1, b = 1$ であり，これから $x = 5$ が得られ，さらに $y = 3$ であって，フェルマの主張が示された．

## 何がオイラーの証明で行われているのか？

オイラーは「仮想的な」数 $\sqrt{-2}$ が十分に理解されるよりも前に，「整数」$a + b\sqrt{-2}$ の概念とかそれらの最大公約数や素因数に言及することもないままに，彼の証明に思いいたった．今日では $a + b\sqrt{-2}$ を平面上の実数座標が $a$ で虚数座標が $b\sqrt{2}$ である点として描き，ピュタゴラスの定理から，この点と原点との距離が $\sqrt{a^2 + 2b^2}$ であるということが知られている（図 2.3）．この距離を $a + b\sqrt{-2}$ の**絶対値**と呼び，$|a + b\sqrt{-2}|$ と表す．

この距離の平方 $|a + b\sqrt{-2}|^2$ は通常の整数 $a^2 + 2b^2$ であり，$a + b\sqrt{-2}$ の**ノルム**と呼ばれる．この助けを用いて，これら2次整数の整除性についての問題を通常の整数の整除性問題に帰着させることができる．これを可能にするノルムの不思議な性質は

$$|uv|^2 = |u|^2|v|^2 \qquad (*)$$

であり，また「積のノルムはノルムの積に等しい」と言ってもいいだろう．この**乗法的特性**については次節でさらに述べるが，まずそれが，$y^3 = x^2 + 2$ を満たす整数 $x, y$ に対して $\gcd(x + \sqrt{-2}, x - \sqrt{-2}) = 1$ となることの証明にとって，どのような手助けになるのかを説明しておこう．

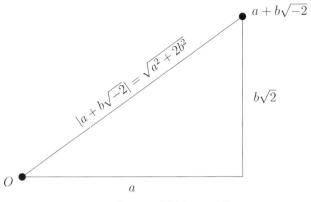

**図 2.3** 点 $a+b\sqrt{-2}$ までの距離.

この不思議な特性 (*) は，もし $v$ が $w$ を割る（すなわち何らかの整数 $u$ に対して $w=uv$ である）ならば $|v|^2$ は $|w|^2$ を割ることを意味している．また，整数 $a+b\sqrt{-2}$ のノルムが 1 であるならば，$a^2+2b^2=1$ であるのは $a=\pm1, b=0$ に限られることから，この整数は $\pm1$ である．よって $y^3=x^2+2$ であるときに $x+\sqrt{-2}$ と $x-\sqrt{-2}$ の公約数のノルムが必ず 1 になることを示せば十分である．

まず注目すべきことは

$$y^3 \equiv 0, 1, \text{または } 3 \pmod 4$$

である．これは $y \bmod 4$ のそれぞれの値，すなわち，$0, 1, 2, 3$ を 3 乗してみれば分かる．他方，$x \bmod 4$ の偶数値（すなわち 0 と 2）については

$$x^2 + 2 \equiv 2 \pmod 4$$

である．よって $y^3 = x^2+2$ となるためには $x$ は奇数に限る．したがって，$x \pm \sqrt{-2}$ のノルム $x^2+2$ は奇数である．

さて，$x+\sqrt{-2}$ と $x-\sqrt{-2}$ の約数はそれらの和 $2\sqrt{-2}$ の約数でもあり，また，$2\sqrt{-2}$ のノルムは 8 である．ノルムの 8 と奇数である $x^2+2$ の最大公約数は 1 であり，したがって $x+\sqrt{-2}$ と $x-\sqrt{-2}$ の公約数のノルムは 1 を割るから，それ自身 1 である．

## 2.6 ガウスの整数

前節では通常の整数についての問題がどのように $\sqrt{-2}$ を含む奇妙な「整数」へと我々の意識を向かわせるかを検討した．さらには，もし我々がこのような奇妙な整数——それらが最大公約数や素数といったものを備えているとして——と付き合っていくならば，それらは元々の問題をとても簡単に解決させてくれる．因子分解 $x^2 + 2 = (x + \sqrt{-2})(x - \sqrt{-2})$ は $x^2 + 2$ の振る舞いを通常の整数の言葉で語るよりももっとうまく説明してくれるように思われる．

とはいえ，さらに2次整数 $a + b\sqrt{-2}$ の世界における「素数」と「素因数分解の一意性」の概念を意味づけなくてはならない．このための方途を展開するにあたって，まず最も単純な2次整数を見てみよう．これらは通常の整数 $a, b$ によって $a + b\sqrt{-1}$ あるいは $a + bi$ の形に表されるものである．これらは**ガウスの整数**と呼ばれ，ガウスが Gauss (1832) で初めて研究発表したものである．ガウスの整数は複素平面上の正方形の格子を形成し，その一部は図 2.4 で示されている．

すでに見た $a + b\sqrt{-2}$ と同様に，ガウスの整数は環をなしている．実際，それらの和，差，積はまたガウスの整数であり，いくつもの代数的法則も簡単に確認できる．平面上の原点から $a + bi$ までの距離（これもまた $a + bi$ の**絶対値** $|a + bi|$ として知られている）はピュタゴラスの定理から $\sqrt{a^2 + b^2}$ であり，この距離の平方 $a^2 + b^2$ は通常の整数で，やはり $a + bi$ の**ノルム**と呼ばれる．ここでもまた

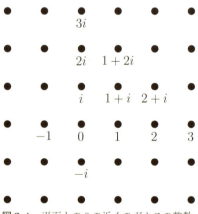

図 2.4　平面上の 0 の近くのガウスの整数．

## 2.6 ガウスの整数

「積のノルムはノルムの積に等しい」ことは正しく，今回はこれを確認しよう．

ガウスの整数 $a+bi$ と $c+di$ については，それらのノルムは $|a+bi|^2$ と $|c+di|^2$ であり，またそれぞれ $a^2+b^2, c^2+d^2$ に等しい．さらにそれらの積は，$i^2=-1$ に注意すれば，

$$(a+bi)(c+di) = ac + adi + bci + bdi^2$$
$$= (ac-bd) + (ad+bc)i$$

となっている．よってこの積のノルムは $(ac-bd)^2 + (ad+bc)^2$ であり，奇跡的に

$$(ac-bd)^2 + (ad+bc)^2 = (a^2+b^2)(c^2+d^2)$$

となっている——右辺はノルムの積に他ならない．この等式は両辺を展開すれば確認され，実際，両者とも $a^2c^2 + a^2d^2 + b^2c^2 + b^2d^2$ に等しい．

この計算では，$a,b,c,d$ が整数であることを前提とする必要はなく，実際，どのような複素数 $u,v$ に対しても

$$|uv|^2 = |u|^2|v|^2$$

が成り立つ．これが「積のノルムはノルムの積に等しい」ことが整数 $a+b\sqrt{-2}$ についても正しい理由である[1]．このあとの方の整数に関しては，もし $v$ が $w$ を割れば $|v|^2$ も $|w|^2$ を割るのだが，同じことはガウスの整数に対しても成り立ち，したがって，ガウスの整数の整除性は通常の整数の整除性に依存している．

ここで**ガウスの素数**を次のように定義してもよいだろう．すなわち，ノルムが1よりも大きいガウスの整数でそのノルムよりも小さいノルムを持つガウスの整数の積として表されないものをガウスの素数という．ノルムは通常の正の整数であるから，与えられたガウスの整数をより小さいノルムのガウスの整数に因数分解する過程は結局はガウスの素数で終結する．したがって，**ガウスの整数は必ずガウスの素数によって因数分解される**．

---

[1] また $|uv|=|u||v|$ も成り立ち，これも複素数に対する幾何学的な含意を持つことが10.3節で検討される．

## ガウスの素数による因数分解の例

最小の例は $2 = (1+i)(1-i)$ である．事実，$|1+i|^2 = |1-i|^2 = 2$ であり，$|2|^2 = 4$ であるからである．また $1+i$ も $1-i$ もそのノルム 2 がそれよりも小さい正整数の積にはならないから，もっと小さいノルムを持つような約数はあり得ない．

平方数 2 個の和で表される通常の素数，例えば $37 = 6^2 + 1^2$，についても同じことになる．そのような通常の素数はそのノルムよりも小さいノルムを持つガウスの因子に分解される．この例の場合は

$$37 = 6^2 + 1^2 = (6+i)(6-i)$$

であって，しかも

$$|6+i|^2 = |6-i|^2 = 37 \quad \text{であるが} \quad |37|^2 = 37^2$$

である．しかし 37 は素数であり，それよりも小さい通常の整数 [> 1] の積とはならないから，37 のどちらのガウスの因数もさらに小さいノルムを持つ因数に分解されることはない．したがって，2 個の平方数の和となる通常の素数は 2 個のガウスの素数の積である．

もし何であれガウスの整数，例えば $3+i$，が与えられたなら，そのノルムの通常の素因数からそのガウスの素因数を見つけることができる．この例の場合は

$$|3+i|^2 = 3^2 + 1^2 = 10 = 2 \cdot 5$$

である．よってガウスの整数でノルムが 2 ないし 5 であるものを探すことになるが，それらは通常の素数のノルムを持つからガウスの素数でなければならない．すでにノルムが 2 のガウスの素数は分かっており，$1+i$ と $1-i$ であり，その 1 の符号を変えたもの以外は存在しない．そしてノルムが 5 のガウスの素数は $2+i$ と各項の符号を変えたものに限られる（なぜならば，和が 5 になる平方数は 4 と 1 の組合せに限られるからである）．これらの数少ない可能性から，

$$3+i = (1+i)(2-i)$$

であることがすぐに分かる．

## 余り付きの除法

今度はいささか異なった問題である**余り付きの除法**を考察する．通常の整数に対しては，2.1 節で見たように，$a = qb + r$, $|r| < |b|$, に見られる**除法の特性**がある．そこで例えばガウスの整数 $5 + 3i$ と，それよりもノルムが小さいガウスの整数，例えば $3 + i$，が与えられたとき，$5 + 3i$ を $3 + i$ で割って，ノルムが $3 + i$ のものよりも小さい余り $r$ を捕まえてみたい．これは，ガウスの整数 $q$ と $r$（「商」と「余り」）であって

$$5 + 3i = (3 + i)q + r, \quad |r| < |3 + i|$$

となるものを見つけるということである．このためには，複素平面上で $5 + 3i$ の近くにある $3 + i$ の倍数 $(3 + i)q$ の中から $5 + 3i$ に最も近いものを選べばよかろう．そのとき，差

$$r = 5 + 3i - (3 + i)q$$

は可能な限り小さくなり，願わくば $3 + i$ よりも［ノルムの意味で］小さくなるだろう．

実際これは必ずうまくいく．それも次のような驚くべき事情があるからである．**ガウスの整数 $3 + i$ 倍数は辺の長さが $|3 + i|$ の正方形の格子を形成し，その格子の一つの正方形の中にある点から最も近い角っこまでの距離は辺の長さよりも小さい**．

なぜ正方形になるのだろうか？ そう，$3 + i$ のガウスの整数倍，例えば $a + bi$ 倍は $a$ 倍と $i(3 + i) = -1 + 3i$ の $b$ 倍の和である．また点 $3 + i$ と $-1 + 3i$ は $0$ からの距離 $|3 + i| = \sqrt{10} = |-1 + 3i|$ を持ち，互いに垂直になっている．したがって，3 点 $0$, $3 + i$, $i(3 + i) = -1 + 3i$ は正方形の 2 辺を形成する．さらに $3 + i$ と $-1 + 3i$ の倍数を加えていけばさらに辺の長さが $|3 + i|$ の正方形を図 2.5 のように生み出してゆく．

この図 2.5 から分かるように，$5 + 3i$ に最も近い $3 + i$ の倍数は $2(3 + i)$ であり，それらの差は

$$r = 2(3 + i) - (5 + 3i) = 1 - i, \quad |r| = \sqrt{2} < \sqrt{10}$$

となっている．

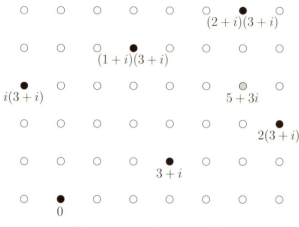

**図 2.5** $5+3i$ に近い $3+i$ の倍数.

さらに一般的に，この格子の正方形の中のどの点に対しても，それからそれに最も近い角っこまでの距離が辺の長さよりも小さいことを（例えばピュタゴラスの定理を使って）簡単に証明することができる．さらにまた，ガウスの整数 $u$ の倍数 $uq$ は必ず辺の長さが $|u|$ の正方形の格子を形成するが，これは特に $u=3+i$ に対して展開した上の論議を踏襲すれば示される．したがって，どのようなガウスの整数 $v$ に対しても，

$$r = v - uq, \qquad |r| < |u|$$

となる $uq$ が存在する．言い換えれば，次の性質がある．

**除法の特性**．ガウスの整数の対 $u, v$ に対して，ガウスの整数 $q, r$ で

$$v = uq + r, \qquad |r| < |u|$$

となるものが必ず存在する．

余りは除数 $u$ よりも［ノルムが］小さいので，この反復除法のエウクレイデスの互除法はどのようなガウスの整数の対 $s, t$ に対しても必ず［有限回で］止まり，それらの最大公約数 gcd を次の形

$$\gcd(s, t) = ms + nt, \qquad m, n \text{ はガウスの整数}$$

で与える．よって2.3節で通常の整数に対して用いたのと同じ手法によって，

**素因数特性**．もしガウスの素数 $p$ がガウスの整数の積 $uv$ を割り切るならば，$p$ は $u$ を割り切るか，あるいは $p$ は $v$ を割り切る．

すでに2.3節で見たように，これから**素因数分解の一意性**が得られる．ただしほんの少しだけ「一意性が緩む」．というのは，一つのガウスの素数が他の素数を割る場合，商は必ずしも 1 ではない．それは $-1$ あるいは $\pm i$ であるかもしれない．この理由から，「**ガウスの整数の素因数分解は因数 $\pm 1$ と $\pm i$ を除いて一意的である**」と述べなければならない．

## 2.7　オイラーの証明を再訪する

　さてすでに我々は，整数 $a+b\sqrt{-2}$ の中での「素数」が $y^3 = x^2+2$ についてのオイラーの解答にどのように光をもたらしたかを知っている．

　この $a+b\sqrt{-2}$ の大きさをそのノルム $|a+b\sqrt{-2}|^2 = a^2+2b^2$ で測り，$a+b\sqrt{-2}$ が**素数**であることを，ノルムが 1 よりも大きく，$a+b\sqrt{-2}$ は同様な数でノルムがもっと小さいものの積とはならないものとして定義した．（ノルムが 1 の $a+b\sqrt{-2}$ の形の数は，たまたま $a = \pm 1$ に限られるが，これは $a^2+2b^2 = 1$ となる通常の整数が $a = \pm 1, b = 0$ に限られることによる.）

　さらに，もし $a+b\sqrt{-2}$ の形の数において**除法の特性**が成り立つならば，すなわちこの形の数 $u,v$ に対して同様な形の数 $q,r$ で

$$v = uq + r, \qquad |r| < |u|$$

となるものが必ず存在するならば，これから素因数分解の一意性が証明できることも我々は知っている．そして数 $u,v$ に対して，どのように $q,r$ を見つけるかも知っている．すなわち，

$$r = v - (v に一番近い u の倍数 uq)$$

とする．したがって，$u$ の倍数たちの姿を——$r$ が $u$ よりも［ノルムの意味で］小さいことがはっきりとわかる程度に——浮かび上がらせさえすればオイラーの証明は完成する．

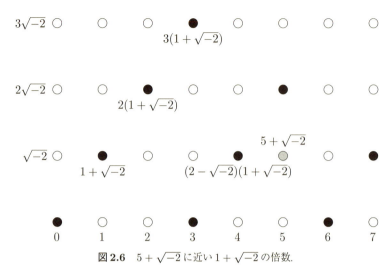

**図 2.6** $5 + \sqrt{-2}$ に近い $1 + \sqrt{-2}$ の倍数.

さて，ガウスの整数の場合と同様に，特別な場合 $u = 1 + \sqrt{-2}, v = 5 + \sqrt{-2}$ についてのアイデアを図 2.6 で示す．そこには関連する点が複素平面上に与えられている．

整数 $a + b\sqrt{-2}$ は幅が 1 で高さが $\sqrt{2}$ の長方形の格子を形成している．さらに $1 + \sqrt{-2}$ の倍数は，**同じ形の長方形で** $|1 + \sqrt{-2}| = \sqrt{5}$ だけ拡大され，さらに短い辺が $1 + \sqrt{-2}$ の方向に乗っかるように回転された格子を形成している．

また $5 + \sqrt{-2}$ に最も近い $1 + \sqrt{-2}$ の倍数は

$$(2 - \sqrt{-2})(1 + \sqrt{-2}) = 4 + \sqrt{-2}$$

であり，よって $q = 2 - \sqrt{-2}$ と $r = 1$ が得られる．この $r$ は確かに除数 $1 + \sqrt{-2}$ よりも小さいノルムを持っている．

一般に，整数 $u = a + b\sqrt{-2}$ の倍数は，もとの格子のものと同様の形の長方形で，しかも $|u|$ だけ拡大され，その短い辺を $u$ の方向に乗るように回転されたものが展開する格子を形成する．余り $r$ の大きさ $|r|$ は $v$ とそれに最も近い $u$ の倍数との距離であるから，あとは「**短い辺の長さが $|u|$ で，長い辺の長さが $\sqrt{2}|u|$ の長方形において，1 点から最も近い角までの距離は $|u|$ よりも小さい**」ことを示すことが残っている．

これを見るために，図 2.7 に示された最悪の場合の道筋，$v$ が長方形の中心に

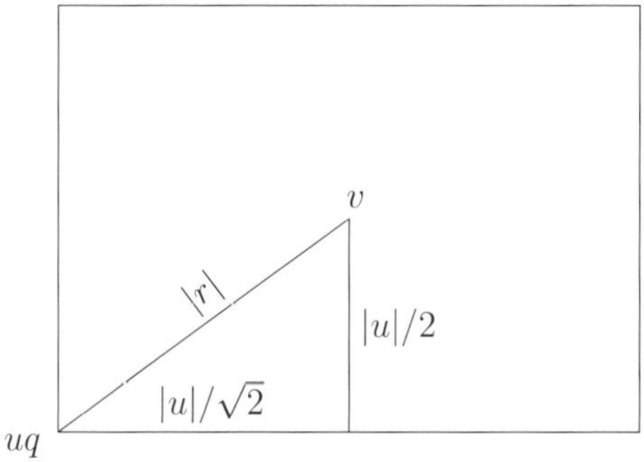

**図 2.7** 角から最も遠い点.

ある場合を考えよう.

この場合，ピュタゴラスの定理から，

$$|r| = \sqrt{\frac{|u|^2}{2^2} + \frac{|u|^2}{2}} = \sqrt{\frac{3}{4} \cdot |u|^2} = \frac{\sqrt{3}}{2} \cdot |u| < |u|$$

である．よって $a + b\sqrt{-2}$ の形の整数に対する除法の特性が最終的に示された．通常の整数やガウスの整数の場合のように，このことからエウクレイデスの互除法や素因数の特性，さらには素因数分解の一意性が従う．事実として，ノルムが 1 の $a + b\sqrt{-2}$ の形の整数は $\pm 1$ であるから，素因数分解は $\pm 1$ の因数を除いて一意的である．

さて**なぜ**整数 $a + b\sqrt{-2}$ に対して素因数分解の一意性が求められたのかを思い起こす必要がある．前節 2.5 では

$$y^3 = x^2 + 2 = (x + \sqrt{-2})(x - \sqrt{-2})$$

をもとに $x + \sqrt{-2}$ と $x - \sqrt{-2}$ とは公約素数を持たないことを確認した．ところが $y$ の素因数 $p$ は $y^3$ においては $p^3$ として現れ，さらに $x + \sqrt{-2}$ の各素因数 $p$ は $\pm p^3 = (\pm p)^3$ として，また $x - \sqrt{-2}$ の素因数 $q$ は $\pm q^3 = (\pm q)^3$ として現れる．言い換えれば，$x + \sqrt{-2}$ **は立方数の積であり，それ自身立方数である**．同様に $x - \sqrt{-2}$ **は立方数の積であり，それ自身立方数である**．

このようにして，$x + \sqrt{-2} = (a + b\sqrt{-2})^3$ として計算したオイラーの証明は今や完璧に正当化された．この正当化はおそらくはオイラーが思い描いていたも

のからは遠くにあるだろうが，それは現今では初等的数学に属する次のような考え方に根ざしている．

- 可約性と素数の理論：これは除法の特性とエウクレイデスの互除法に根ざしている．
- 複素数における絶対値の乗法性：$|u \cdot v| = |u| \cdot |v|$.
- 複素数の幾何学的表現とピュタゴラスの定理．

## 2.8 $\sqrt{2}$ とペル方程式

整数解を求めるもう一つの有名な方程式は
$$x^2 - 2y^2 = 1 \qquad (*)$$
である．この方程式が古代ギリシャ人たちの興味を惹いたのは，もし $x$ と $y$ がこの方程式を満たす十分に大きい整数であるならば，$x^2/y^2$ は 2 にとても近いからであった．このとき $x/y$ は $\sqrt{2}$ にとても近い有理数である．

この節では実際に $(*)$ にはいくらでも大きい解があること，および，それらを生み出してゆく単純なアルゴリズムを見つけること（したがって $\sqrt{2}$ のいくらでも良い有理数による近似を見つけること）を目指す．まず自明な解 $x = 3, y = 2$ から始める．これは最小の正整数による解である．

さて
$$1 = 3^2 - 2 \cdot 2^2$$
であるから，正整数 $n$ に対して
$$1 = (3^2 - 2 \cdot 2^2)^n$$
が必ず成り立つ．また
$$3^2 - 2 \cdot 2^2 = (3 + 2\sqrt{2})(3 - 2\sqrt{2})$$
であるから，
$$1 = (3 + 2\sqrt{2})^n (3 - 2\sqrt{2})^n$$

## 2.8 $\sqrt{2}$とペル方程式 ・ 63

である．このことから，正整数 $x_n, y_n$ で
$$(3+2\sqrt{2})^n = x_n + y_n\sqrt{2} \qquad (**)$$
を満たすものが定まる．例えば，
$$(3+2\sqrt{2})^2 = 3^2 + 2\cdot 3\cdot 2\sqrt{2} + (2\sqrt{2})^2 = 17 + 12\sqrt{2}$$
であり，$x_2 = 17, y_2 = 12$ である．ここで $x = 17, y = 12$ がやはり $(*)$ の解であることに注目しよう．

事実としては，どの正整数 $n$ に対しても $x = x_n, y = y_n$ は $(*)$ の解である．これを数学的帰納法によって証明する．

**基礎ステップ**．この主張は $n = 1$ については正しい．事実 $x_1^2 - 2y_1^2 = 3^2 - 2\cdot 2^2 = 1$ である．

**帰納ステップ**．もし $n = k$ のときに主張が正しい（すなわち，$x_k^2 - 2\cdot y_k^2 = 1$）と仮定して，$n = k+1$ の場合にも正しいことを証明する．定義の $(**)$ から，$x_{k+1}, y_{k+1}$ に対して

$$\begin{aligned}
x_{k+1} + y_{k+1}\sqrt{2} &= (3+2\sqrt{2})^{k+1} \\
&= (3+2\sqrt{2})^k(3+2\sqrt{2}) \\
&= (x_k + y_k\sqrt{2})(3+2\sqrt{2}) \quad (x_k, y_k \text{の定義から}) \\
&= 3x_k + 4y_k + (2x_k + 3y_k)\sqrt{2}
\end{aligned}$$

が得られる．「有理数の部分と無理数の部分とがそれぞれに等しい」ことから，
$$x_{k+1} = 3x_k + 4y_k, \quad y_{k+1} = 2x_k + 3y_k \qquad (***)$$
となっている．これから，

$$\begin{aligned}
x_{k+1}^2 - 2y_{k+1}^2 &= (3x_k + 4y_k)^2 - 2(2x_k + 3y_k)^2 \\
&= 9x_k^2 + 24x_k y_k + 16y_k^2 - 2(4x_k^2 + 12x_k y_k + 9y_k^2) \\
&= x_k^2 - 2y_k^2 \\
&= 1 \quad \text{（帰納法の仮定）}
\end{aligned}$$

であり，数学的帰納法が完成した．

よってすべての正整数 $n$ に対して $x_n^2 - 2y_n^2 = 1$ が成り立っている．

等式 (***) から，$x_n, y_n$ は $n$ とともに（事実，とても速く）増加する．したがって，$x_n/y_n$ は $n$ が増加するにつれて $\sqrt{2}$ に速く近づく．初めの幾つかの近似は

$$x_1/y_1 = 3/2 = 1.5$$
$$x_2/y_2 = 17/12 = 1.416\cdots$$
$$x_3/y_3 = 99/70 = 1.41428\cdots$$
$$x_4/y_4 = 577/408 = 1.4142156\cdots$$

であり，それぞれ初めの $1, 3, 5, 6$ 桁まで正しい．

## ペル方程式

上の方程式 $x^2 - 2y^2 = 1$ は方程式 $x^2 - my^2 = 1$ で $m$ が平方数でない正整数のときの特別な場合であり，これは**ペル方程式**と呼ばれる．上で展開したのと同様な証明によって，もし $x = x_1, y = y_1 \neq 0$ をこのペル方程式の一つの解とするとき，いくらでも大きい解 $x = x_n, y = y_n$ を公式

$$x_n + y_n\sqrt{m} = (x_1 + y_1\sqrt{m})^n$$

によって見つけることができる．例えば，$x = 2, y = 1$ は $x^2 - 3y^2 = 1$ の解であるが，さらなる解を公式

$$x_n + y_n\sqrt{3} = (2 + \sqrt{3})^n$$

によって得ることができる．特に $(2 + \sqrt{3})^2 = 7 + 4\sqrt{3}$ によって $2$ 番目の解 $x = 7, y = 4$ が得られる．

これはやってみるのも簡単で楽しいのだが，二つの問題が姿を現わす．

- どのようにして方程式 $x^2 - my^2 = 1$ に解が**存在する**ことを確認するか？
- 最小の正整数の解 $x = x_1, y = y_1$ が与えられたとき，果たして

$$x_n + y_n\sqrt{m} = (x_1 + y_1\sqrt{m})^n$$

によって**すべての**正整数の解が得られるのか？

これらの問題は数論の外部からいくらかのアイデア（「鳩の巣原理」†といくらか深い代数学）を輸入することによって最も簡単に答えることができるのだが，それは10.1節にまで延期することにしよう．

## 2.9 歴史的な雑記

数学の多くの分野と同様に，数論の物語はエウクレイデスとともに始まる．彼の『原論』は知られている限りでは初めての降下法による証明（素因数分解の存在，エウクレイデスの互除法の終結性），素数が無限に存在することの証明，および，無理数についての最初の詳細にわたる研究が含まれている．エウクレイデスはまた，その頃からほとんどといってよいほど進歩していない話題の $2^n-1$ の形の素数と完全数についての際立った結果を導き出した．

### 素数と完全数

正整数は，もし自分自身よりも小さい約数（「本来の約数」あるいは「アリコット・パート（aliquot part）」）すべての和であるならば，**完全数**と呼ばれる．例えば，6の本来の約数は $1, 2, 3$ であり，また $6 = 1+2+3$ であるから6は完全数である．これに続く完全数は28と496であり，エウクレイデスは明らかに

$$6 = 2 \cdot 3 = 2^1(2^2-1),$$
$$28 = 4 \cdot 7 = 2^2(2^3-1),$$
$$496 = 16 \cdot 31 = 2^4(2^5-1)$$

に注目していた．というのは，彼は $2^{n-1}(2^n-1)$ は $2^n-1$ **が素数であるならば完全数である**ことを指摘している．彼の証明は単純そのものである．もし $p = 2^n-1$ と置くならば $2^{n-1}p$ の本来の約数は（素因数分解の一意性から）

$$1, 2, 2^2, \ldots, 2^{n-1} \quad \text{および} \quad p, 2p, 2^2 p, \ldots, 2^{n-2}p$$

---

† 訳注：ディリクレの「引き出し論法」とも呼ばれる．

である．初めの一群の総和は $2^n - 1$ であり，二番目の一群の総和は $(2^{n-1}-1)p = (2^{n-1}-1)(2^n-1)$ であるから，それらの和は

$$(2^n - 1)(1 + 2^{n-1} - 1) = 2^{n-1}(2^n - 1)$$

であって，求める結果が得られた．エウクレイデスがこの結果を報告して以来，完全数についての実際の進展はただ次のオイラーの定理のみである．曰く，**偶数の完全数はすべてエウクレイデスの形である**．ところが $2^n - 1$ の形の素数に関しては，未だにはっきりとした言明は得られていない．それらが無限に存在するかどうかさえも不明である．そして最後に付け加えれば，果たして**奇数**の完全数が存在するかどうか，もまったく分かっていないのだ！

また $2^n + 1$ の形の素数について分かっていることはもっと少ないが，しかし，触れておく意味もあるだろう．というのは，それらは予期しない役割を古代の幾何学上の問題，**直定規とコンパスによる正 $m$ 角形の作図**に対して演じるからである．エウクレイデスは $m = 3$（正三角形）と $m = 5$（正五角形），および，これらの数の積の場合に加え，さらに辺数を 2 倍にする作図法を与えた（5.4 節と 5.6 節を参照）．これら以降の進展は，19 歳のガウスが正 17 角形の作図法を 1796 年に発見するまでは，なされたことも（また期待されたことさえも）なかった．

ガウスの発見の鍵となったのは，$3, 5, 17$ がいずれも $2^n + 1$ の形の素数，すなわち，

$$3 = 2^1 + 1, \quad 5 = 2^2 + 1, \quad 17 = 2^4 + 1$$

であることにあった．ガウスは実際，**素数個の辺を持つ正多角形で直定規とコンパスで作図できるものは $2^n + 1$ の形の素数に対するものに限られる**ことを見出した．簡単に分かることであるが，このような素数は実は $2^{2^k} + 1$ という形をしている．しかし，知られているものは次の**ただ 5 個**．

$$3 = 2^{2^0} + 1,$$
$$5 = 2^{2^1} + 1,$$
$$17 = 2^{2^2} + 1,$$
$$257 = 2^{2^3} + 1,$$
$$65537 = 2^{2^4} + 1$$

しかない．

このように，無限個の素数が存在することをエウクレイデスが証明したとはいうものの，例えば $2^n - 1$ とか $2^n + 1$ といった特別な形の素数が無限に存在するかどうかの証明となると目も当てられない惨状を呈している．素数が数学における最も「単純で難しい」概念であることを疑う余地はなく，したがって，おそらくそれは数学自身の本性を最もよく集約する概念である．それは時を経ながら数学が特に興味深くて難しい局面において幾度となく現れるのを見ることになるだろう．

## 降下法

しかし今は無限降下法に戻ろう．．．この方法のさらに新しい応用が Fibonacci (1202) と Fermat (1670, 彼の死後出版) によって発見された．フィボナッチは現在**エジプトの分数**と呼ばれるものを発見する方法としてこれを用いた．古代エジプト人たちは分数を扱うにあたって，0 と 1 の間の幾つもの分数を**単位分数**と呼ばれる $1/n$ の形の異なったものの和として表し，それらを利用するという奇妙な方法を展開していた．例を挙げれば，

$$\frac{3}{4} = \frac{1}{2} + \frac{1}{4},$$

$$\frac{2}{3} = \frac{1}{2} + \frac{1}{6},$$

$$\frac{5}{7} = \frac{1}{2} + \frac{1}{7} + \frac{1}{14}.$$

これらのようなエジプト人の分数を試行錯誤で求めることはそれほど難しくはない．しかし，必ず成功裏にこのような表示ができることをどのようにして確かめたらよかろうか？　フィボナッチはこれが証明できる方法を与えた．言うならば，**最大の単位分数を繰り返し取り除く**という手法である．

フィボナッチの方法は必ず有効である．実際，もし $a/b$ が [単位分数ではない] 既約分数であり，しかも $1/n$ が $a/b$ よりも小さい最大の単位分数であるならば，

$$\frac{a}{b} - \frac{1}{n} = \frac{na-b}{bn} = \frac{a'}{bn}$$

とするとき，$a' < a$ である．（もし $na - b \geq a$ ならば $a/b \geq 1/(n-1)$ であり，[$a/b$ 自身は単位分数ではないから] $1/n$ は $a/b$ よりも小さい最大の単位分数ではない．）したがって上式の最後の分数の分子 $a'$ は減少し続け，有限回の操作で 1 になって止まる．この方法がどのように進むかを 5/7 の例で見てみよう．まず

$$\frac{1}{2} = \frac{5}{7} \text{より小さい最大の単位分数}$$

であるから

$$\frac{5}{7} - \frac{1}{2} = \frac{3}{14}. \qquad (3 < 5 \text{に注意する})$$

次いで

$$\frac{1}{5} = \frac{3}{14} \text{より小さい最大の単位分数}$$

であるから

$$\frac{3}{14} - \frac{1}{5} = \frac{1}{70}. \qquad (\text{ここで終了})$$

したがって

$$\frac{5}{7} = \frac{1}{2} + \frac{1}{5} + \frac{1}{70}$$

である[†]．

　降下法によるフェルマの結果はフィボナッチのものよりもなるほどと思わせるところを持っているが，降下法への依存度は似たようなものである．彼は**正整数** $x, y, z$ で $x^4 + y^4 = z^4$ **を満たすものはない**ことを，このような解があったとすればさらに小さい解を構成することができることを示して証明した．正整数は際限なく降下することはできないから，矛盾が生じるわけである．この種の証明に対して用語「降下法（descent）」を導入したのはフェルマである．彼は気持ちのうえでは特別なタイプの「降下法」——ある種の方程式のみに対応するもの——を意図していたのかもしれないが，この「降下法」という語を，正整数においては

---

[†] 訳注：これは上記の 5/7 の表示とは異なるが，両方とも正しい．

無限降下は不可能であるという事実に依拠する証明全般に用いても悪くはなかろう．第9章で見るように，これは実質的には数論の証明のすべてに当てはまる．

## 代数的数論

用語「代数的数論」は通常では「代数学を用いる数論」というよりはむしろ「代数的数を用いる数論」と理解されているが，もちろん代数的数を扱って仕事をするときには代数学を実践している．したがって，上で展開したような代数的数 $\sqrt{-1}, \sqrt{-2}, \sqrt{2}$ などを用いて通常の整数に関する問題を解くことも代数的数論の一部である．こういった例の幾つかは奇跡ともいえる公式

$$(ac-bd)^2 + (ad+bc)^2 = (a^2+b^2)(c^2+d^2),$$

あるいは，複素数についての事実

$$|uv|^2 = |u|^2|v|^2 \quad (u = a+b\sqrt{-1}, \ v = c+d\sqrt{-1}),$$

ないし「積のノルムはノルムの積」に依拠している．この事実の特別な場合はすでにディオファントスによって観察されていた．それはおそらくは彼の次のような指摘（『算術』，第 III 巻，問題 19）の背後にあったのだろう．

> 65 は自然に二つの平方数に二通りに分けられる．すなわち，$7^2 + 4^2$ と $8^2 + 1^2$ である．これは 65 が共に二つの平方数の和である 13 と 5 の積であるという事実によっている．

この「二通りに」というのは，この場合の等式

$$\begin{aligned}
65 = 13 \cdot 5 &= (2^2 + 3^2)(1^2 + 2^2) \\
&= (2 \cdot 2 \mp 3 \cdot 1)^2 + (2 \cdot 1 \pm 3 \cdot 2)^2 \quad \text{(複合同順)} \\
&= 1^2 + 8^2, \ 7^2 + 4^2
\end{aligned}$$

における 2 個の平方の中の ＋ と − の符号を入れ替えて二通りの公式が得られるという事実から来ているのだろう．上の一般的な形の公式はアル＝ハジン

（Al-Khazin）によって 950 CE[†] 頃にディオファントスについての記述の中で述べられ，代数的な計算による証明はフィボナッチによって Fibonacci (1225) で与えられた．

よって複素数に特徴的な性質

$$|uv| = |u||v|$$

は複素数自身よりもかなり以前から知られていたといえる！ 複素数，負の数の平方根を含む形で書き表されたもの，は 1500 年代になって 3 次方程式の解との関係で初めて用いられた（4.11 節を参照）．性質 $|uv| = |u||v|$ は数論のみならず幾何学や代数学においても重要であり，10.3 節で再考することになる．

上で見たように，複素数 $u$ のノルム $|u|^2$ は $u = a + b\sqrt{-2}$ の形の整数に対しても適用され，実際にはノルムの概念はこれにとどまらず，遥かに拡張される．また，

$$a + b\sqrt{2} \quad (a と b は整数)$$

の形の整数のノルムを定義するのも有効である．これは $\text{norm}(a + b\sqrt{2}) = a^2 - 2b^2$ によって与えられ，しかも性質

$$\text{norm}(uv) = \text{norm}(u) \cdot \text{norm}(v)$$

は容易に確かめられる．その結果として，「整数」$a + b\sqrt{2}$ の整除性についての問題はそのノルムについての対応する問題に帰着される．そして $a + b\sqrt{2}$ の形の整数についての最大公約数や素数の概念も探求することができる．しかも，素因数分解の一意性は「ノルムが 1 である因数を除いて」成立することが分かる．しかしこの一意性は，ガウスの整数の場合に比べると「かなり弱まった一意性」であるのだが，その理由は，通常の整数についての方程式 $a^2 - 2b^2 = 1$ が無数の解を持つことから，ノルムが 1 の整数が**無限**に存在するからである．

この例が明示するように，ノルムが 1 の整数は重要で，**単数**と呼ばれてディリクレによって 1840 年代に研究された．また**代数的整数**の概念も，一応今までに

---

[†] 訳注：Common Era の略．「西暦」とまったく同じ年号表記であるが，AD および BC がキリスト教由来の表記であることから，宗教的な要素を含めない場合に CE および BCE (Before the Common Era) が用いられる．本書では著者は CE と BCE を用いている．

学んできたいろいろな種類の「整数」を大きく捉えるためにも，素因数分解の一意性の概念に対する一般的な基礎を敷くためにも必要となる．これはデデキントによって Dedekind (1871b) でなされた．それに先立ち，クンマーは 1840 年代に，ある種の代数的整数では素因数分解の一意性が**失われてしまう**ことを発見し，それに対処するために「イデア素因数」を発明していた．デデキントはこれに対応する形で代数的数論の基礎を敷いたのであった．彼はその構想を展開するなかで，代数学を抽象性の新たなレベルに押し上げ，無限に多くの通常の対象が構成する「イデア的な」対象を新たに導入した．このレベルになると，それはもはや本書で考察しようとする初等的なレベルの数論を超えてしまう．

## ペル方程式

正整数 $m$ で平方数でないものに対する方程式 $x^2 - my^2 = 1$ を**ペル方程式**と呼ぶ．この名前の所以はいささか馬鹿げている——オイラーは間違えてこの方程式を 17 世紀の英国人数学者 John Pell によるものとした——しかしこの呼び名がそのまま定着してしまった．実際にはペル方程式は遥かに古く，ギリシャとインドで独立にお目見えしたものと思われる．

すでに述べたように，$m = 2$ に対するペル方程式は古代ギリシャで $\sqrt{2}$ の無理性と関係した研究において現れた．これよりも遥かに格好を整えた例は，アルキメデスが提示したいわゆる**牧牛問題**に現れている．この問題は結局はペル方程式

$$x^2 - 4729494y^2 = 1$$

に帰着され，その最小の解たるや，何と 206545 桁に及ぶ！　当時のギリシャの計算能力がまだ初期の段階でしかなかったことから見て，アルキメデスがこのような数を見つけることができていたとは考えられない．しかし，おそらく彼はペル方程式について十分理解していて，その解は $m$ に比べればとても巨大になり得ることを知っていたろう．牧牛問題における方程式の最初のなんとかなりそうな解は，十進数字ではなく代数的数を用いたものが Lenstra (2002) で与えられている．

ペル方程式はインドの数学者たちによってギリシャ人たちよりもおよそ数百年遅れて再発見された．彼らはギリシャ人たちが持っていなかった代数学を用い

てかなりの成功を収めた．例えば，ブラフマグプタは Burahmagupta (628) で $x^2 - 92y^2 = 1$ の最小の正整数解が $x = 1151, y = 120$ であることを見つけ，またバースカラ II は 1150 年頃に解を必ず見出す方法を与えたが，それがうまくいくという証明は与えていない．彼は自分の方法を実に難しい問題 $x^2 - 61y^2 = 1$ で例示し，最小の正整数解 $x = 1766319049, y = 226153980$ を与えた．

　この後者の例はフェルマによって Fermat (1657) で再発見され，彼はそれを同僚への挑戦問題として提示した．フェルマはインド人の発見については知らなかったので，彼はこれこそ初めての実に難解な問題であると意識していたに違いない．ペル方程式には必ず正整数の解があることを彼が証明できていたかどうかは知られていない．その最初の証明を出版したのはラグランジュの論文 Lagrange (1768) であった．彼はペル方程式 $x^2 - my^2 = 1$ を解くことは本質的には $\sqrt{m}$ の連分数展開を見つけることと同じであることを指摘し，その連分数展開が**周期的**であることを証明した．

　この連分数との関係を $\sqrt{2}$ の場合に例示しよう．すでに 2.2 節で見たように，

$$\sqrt{2} + 1 = 2 + \frac{1}{\sqrt{2}+1}$$

である．そこで右辺の $\sqrt{2}+1$ に右辺そのものである $2 + \frac{1}{\sqrt{2}+1}$ を代入し，これを果てしなく繰り返して周期的な操作を得る．実際に，その結果を

$$\sqrt{2} + 1 = 2 + \cfrac{1}{2 + \cfrac{1}{2 + \cfrac{1}{2 + \cfrac{1}{\ddots}}}}$$

と表してもいいだろう．この右辺の表示を $\sqrt{2}+1$ の**連分数**といい，それが「周期的」であるとは分母の 2 がいつまでも繰り返し現れるという意味である．両辺から 1 を引いて $\sqrt{2}$ の連分数

$$\sqrt{2} = 1 + \cfrac{1}{2 + \cfrac{1}{2 + \cfrac{1}{2 + \cfrac{1}{\ddots}}}}$$

が得られ，これは最初の 1 を除いた以降は 2 が続くので，総じて「**循環連分数**」と呼ばれる．そこでこの分数表示の始めの有限の項だけを切り出せば，$\sqrt{2}$ を近似する分数が得られるが，それらは順次 $x^2 - 2y^2 = 1$ と $x^2 - 2y^2 = -1$ の解の商 $x/y$ になっている．例えば，

$$1 + \frac{1}{2} = \frac{3}{2}, \quad 1 + \cfrac{1}{2 + \cfrac{1}{2}} = \frac{7}{5}, \quad 1 + \cfrac{1}{2 + \cfrac{1}{2 + \cfrac{1}{2}}} = \frac{17}{12}, \quad \ldots$$

この連分数は，このように，単に $\sqrt{2}$ だけではなく，対応するペル方程式の解をも符号化している！

## 2.10 哲学的な雑記

この章の始めのほうの幾つかの節でユークリッドのアルゴリズムと素数の無限性について議論したが，こういった検討はしばしば**純粋**数論ないし**初等**数論に属するものと述べられる．それらは明確に数論に属する概念，自然数，加法，および乗法のみに関わっているという意味で純粋である．それらが初等的であると考えられるのは，そのことおよび用いられる議論が（びっくりするような発想に基づき，独創的であったとしても）まったく単純であるからである．第 9 章で論理学を議論する際に初等的数学についてさらに論じることになる．そこでは，何故に初等数論がある意味で数学的な知識の中で理論的に最小限度のものであるのか，すなわち，数学および数学的な証明の実体としての在り様に関わるどういっ

た考え方においても，何故に初等数論がその一部を占めざるを得ないものであるのか，についての説明が与えられるだろう．

また，この章のあとの方の節で紹介した議論は，代数学と幾何学から概念を持ち込んでいるという意味で**不純**（impure）である[2]．とはいえ，私の見解では，それらは初等的である．というのは，初等的数学はここで用いられる水準の代数学や幾何学を含んでいるからである．それらは，実際，議論を**初等的にする**ために代数学や幾何学の概念を利用している見事な技である．例えば，幾何学を導入しなければ，なぜ除法の特性が（したがって素因数分解の一意性が）成り立つのかを見るのはとても難しくなるだろう．そして素因数分解の一意性の導きの手がなければ，2.7節のオイラーの証明をどのように完遂したものかと途方に暮れてしまうだろう．

オイラーの定理は次の意味で素数の無限性**よりも深い**．すなわち，それは「より高位の」あるいはより抽象的な概念（代数的数に対する素因数分解の一意性）に理解が及ぶことに依拠しているからである．明らかに，より抽象的な概念が導入されるにつれて，なお一層**高等的**な数学に入り込んでいく．ところが私の意見としてはオイラーの定理はそれでもまだ初等的な側にとどまっている．高等的数学についてのさらに納得がいく例は，クンマーが1840年代に発見したように，素因数分解の一意性が失われるときに生じる．前節で説明したように，この場合には素因数分解の一意性を回復するために「イデア素因数」が導入されなければならなかった．「イデア因子」は代数的数よりもさらに抽象的である——それらは事実，代数的数の**無限集合**である——ばかりか，それらを有効に利用するための理論を展開するにはさらに多くの作業が必要とされる．それゆえに，それらは初等的なものからは遥かに遠ざかる．

---

[2] 哲学者たちはこの言葉を用いるが，願わくば軽んじるような意味はないと思いたい．数学者たちはこのような証明を，そのびっくりさせるような発想や独創性に富む要因を評価して，大いに賞賛する．

## 無理数と仮想数[†]

　もし 2.2 節と 2.3 節で証明された $\sqrt{2}$ の無理性が分かっているならば，ペル方程式を検討するために $\sqrt{2}$ を用いるのは賢明でないとも考えられる．方程式 $y^3 = x^2 + 2$ を調べるために $\sqrt{-2}$ を用いるのはそれにも増して賢明だとはいえない．もし $\sqrt{2}$ が何であるかを実際に知らないとすれば，どうしてそれが正しい答えを与え得るかなどに信頼を置くことができるだろうか？　それに対する理由を述べるならば，そこでは，この $\sqrt{2}$ が何で**ある**かを知ることは必要とされず——単にそれがどのように**振る舞う**かに依拠しているからであり——そして $\sqrt{2}$ の振る舞いについて知る必要があることのすべては $(\sqrt{2})^2 = 2$ であるのだ．実際，記号 $\sqrt{2}$ を文字 $x$ で置き換え，高等学校の代数のように $x$ を用いて計算して，必要なところで $x^2$ を 2 で置き換えることもできる．代数学の通常の法則は $x$ を取り込んだ表示に対して適用され，したがってそれが正しくない結論に導くことはない．なぜそうであるか，また「通常の法則」とは何であるのかについては第 4 章で正確に見ることになる．

　また $\sqrt{2}$ や $\sqrt{-2}$ を説明するような**実数**や**複素数**の一般的な定義を与えることが可能であることも本当である．そしてさらに実数や複素数が計算の「通常の法則」に従うことを証明することができる．これは第 9 章で行われる．ところが，これは避けがたい方法で無限を取り込んでおり，もっと深い数学である．第 4 章で見るように，$\sqrt{2}$ や $\sqrt{-2}$ をそれ以外は単に有理数を含むだけの計算の中で用いることは，本質的には有理数それ自身の計算とまったく同程度に有限事である．それは「高等算術」であるかもしれないが，それでもやはり算術である．

## 小学校算術

　多くの人たちにとっては「算術」という語はこの章で扱った内容よりも**もっと**初等的な，言ってみれば小学校で習う数についての事実のようなものを示唆す

---

[†] 訳注：原文は 'Irrational and Imaginary Numbers' であり，'Imaginary Numbers' は当然「複素数」ないし「虚数」と訳すべきであろうが，ここではこの節の原文の雰囲気を出すためにこれをあえて「仮想数」と訳した．また通常 'rational numbers' は「有理数」とされているが，正確には「比数」とでもすべきであり，この場合 'irrational numbers' は「非比数」ということになろうか？！

る．事実，数学者たちはこの章の内容をしばしば「数論」と呼び，次のような特定の数についての事実，

$$1+1=2$$

とか

$$2+3=3+2$$

とか（もう少し複雑な例を取れば）

$$26 \cdot 11 = 286$$

などと区別する．しかし加法と乗法の世界においても特定の数についての事実はすごく入り組んでおり，小学校でそれらに習熟するためには何年もの学習が必要とされる．これについての理由は次章で探っていく．

ともかくも，特定の数についての加法と乗法についての事実をすべて要約する非常に簡便な方法が実際にあるので，これをここでひとまず指摘しておくのも意味があるだろう．すでに 1.8 節で与えておいた帰納的［ないし再帰的］な定義により，それらすべてが次に述べる四つの等式で解き明かされる．まず $n$ の後者 $n+1$ を $S(n)$ と表す．そうすれば，それらの等式は

$$m + 0 = m, \tag{1}$$
$$m + S(n) = S(m+n), \tag{2}$$
$$m \cdot 0 = 0, \tag{3}$$
$$m \cdot S(n) = m \cdot n + m \tag{4}$$

で与えられる．等式 (1) はすべての $m$ と $n=0$ に対して $m+n$ を定義する．等式 (2) は，それが $n=k$ に対してすでに定義されたと仮定すれば，それを $n=k+1$ の場合に定義する．したがって，(1) と (2) はすべての $m$ と $n$ に対する $m+n$ の定義の基礎ステップと帰納ステップである．同様に，+ がすでに定義されたので，等式 (3) と (4) はすべての自然数 $m$ と $n$ に対する $m \cdot n$ を定義する．

よって，原理として，等式 (1) から (4) は特定の数の足し算と掛け算についての事実をすべて生成する．この単純性に対して支払うべき対価は自然数 $0, 1, 2, 3, \ldots$ に対して今や $0, S(0), SS(0), SSS(0), \ldots$ と名づけたものを扱わな

## 2.10 哲学的な雑記

ければならないことである．一つの数の名前はそれぞれその数自身と同じだけ大きい．例えば，等式 $1+1=2$ は

$$S(0) + S(0) = SS(0)$$

という形に記述されなければならない．同様に，$2+3 = 3+2$ は $SS(0) + SSS(0) = SSS(0) + SS(0)$ となり，また $26 \cdot 11 = 286$ は次のような物凄く不便な等式となる．ここで右辺は文字 $S$ を 26 個並べた 1 行を 11 行に及んで繰り返し並べたものとして記述されている．

$$\begin{aligned} & SSSSSSSSSSSSSSSSSSSSSSSSSS(0) \cdot SSSSSSSSSSS(0) \\ = \ & SSSSSSSSSSSSSSSSSSSSSSSSSS \\ & SSSSSSSSSSSSSSSSSSSSSSSSSS \\ & SSSSSSSSSSSSSSSSSSSSSSSSSS \\ & SSSSSSSSSSSSSSSSSSSSSSSSSS \\ & SSSSSSSSSSSSSSSSSSSSSSSSSS \\ & SSSSSSSSSSSSSSSSSSSSSSSSSS \\ & SSSSSSSSSSSSSSSSSSSSSSSSSS \\ & SSSSSSSSSSSSSSSSSSSSSSSSSS \\ & SSSSSSSSSSSSSSSSSSSSSSSSSS \\ & SSSSSSSSSSSSSSSSSSSSSSSSSS \\ & SSSSSSSSSSSSSSSSSSSSSSSSSS(0). \end{aligned}$$

ともかくも，十分に忍耐力を持っていさえすれば，こういった公式をすべて等式 $(1),(2),(3),(4)$ に訴えることによって **証明する** ことができる．特例として，$1+1=2$ を証明すれば，

$$\begin{aligned} S(0) + S(0) &= S(S(0) + 0) & \text{(等式 (2) による)} \\ &= S(S(0)) & \text{(等式 (1) による)} \\ &= SS(0) \end{aligned}$$

という形になる．また乗法についての事実は，加法の反復についての事実に帰着される．実際，等式 (4) から

$$m \cdot n = m + m + \cdots + m$$

で，右辺では $m$ が $n$ 回現れるものが得られる[3]．

このように，特定の数（number）の加法と乗法についての事実のすべてを等式 (1) から (4) によって証明するためには，加法についての事実のみを導けばよい．ということであるから，結局

$$\text{sum} = \text{number}$$

という形であって，sum が数字（numeral）の和であり，number が単一の数字であるような形の事実をすべて示せば十分である．なぜなら，異なった形の和が等しいということは，そのそれぞれが同一の数字と等しいことを示すことによって証明されるからである．そして結局，等式 (1) から (4) によって sum = number の形のすべての正しい等式が導かれることは，sum の中のプラス記号の個数についての数学的帰納法によって示すことができる．

もし sum の中にプラス記号がただ 1 個しかない場合は，sum の値の number は，上で和 $S(0) + S(0)$ に対する値 $SS(0)$ を得たのと同様に得られる．もし $k+1$ 個のプラス記号が sum の中にあれば，

$$\text{sum} = \text{sum}_1 + \text{sum}_2$$

の形であって右辺の $\text{sum}_1$ と $\text{sum}_2$ はいずれも高々 $k$ 個のプラス記号しか持たない和である．よって数学的帰納法の仮定から，等式 (1) から (4) によって

$$\text{sum}_1 = \text{number}_1 \quad \text{および} \quad \text{sum}_2 = \text{number}_2$$

が導かれ，そこでまた帰納法の基礎ステップによって sum の値の number が $\text{sum}_1 + \text{sum}_2$ の値として得られる．

---

[3] 厳密に述べるなら，右辺には括弧が含まれなければならない．もし 3 項である場合なら $(m+m)+m$，4 項なら $((m+m)+m)+m$，等々とすべきである．しかし，括弧の位置は以後の議論とは無関係である．

このようにして，なぜ等式 (1) から (4) が特定の数についての加法と乗法についてのすべての事実を捉えられるのかが（粗筋において）示された．しかしまだ数の**代数的構造**，$a+b=b+a$ と $a \cdot b = b \cdot a$ を捉える必要がある．代数的構造については第 4 章で取り扱い，第 9 章でそれもまた数学的帰納法と強く関係していることを示す．

# 3

## 計　算

### あらまし

**計**算（computation）はいつも変わることなく数学の**技術**の一部であり続けてきた．しかし20世紀に至るまでは，それは数学上の**概念**であることはなかった．最もよく知られたこの概念の定義は，テューリングが論文 Turing (1936) で与えたもので，鉛筆と紙による人間の計算をモデルとしている．この章の最初の節では，その定義の準備をするために，初等的な算術の十進記数表示とそれによる計算について再考する．これには二面的な目的があり，計算というものを，機械が処理することができそうな一連の初等的なステップの積み重ねに分解することと，またその初等的なステップの個数である**数**を入力の桁数の関数として評価することとに分断することにある．

ここではこの二面的な取り上げ方を選んだが，その理由は，今日計算について興味を持たれている二つの問題があるからである．その一つは，ある問題が計算機で**ことごとく**解くことができるかどうかであり，そしてもしそうなら二つ目として，それは果たして**実行可能**であるのかどうか，である．

第一の問題は，数学と計算におけるとても一般的な問題，例えばすべての数学的な主張ないしすべての計算についての主張に対してその正しさを決定すること，に関して浮かび出てくるものである．こういった問題は，以下で見るように，計算機によって解くことは**できない**．それはテューリングの定義からとても簡単に導かれる．

第二の問題は，有限の計算で明確に解くことができるのだが，知られている解

答の方法によるならば天文学的な時間がかかってしまうといった種類の問題に対して生じる．こういった問題に関する挫折感に加えるに，その反面，正しい答えが提示されたならば，それはしばしば非常に速く**確認される**ということがある．例としては桁数の大きい数の因数分解の問題である．

答えを見つけるのは**どのような方法によったとしても**難しいけれども，与えられたものが答えであることを確認するのは容易であるような問題が果たして本当に存在するかどうかはまだ証明されていない（例えば，大きい数の因数分解に対しては，まだ発見はされていない速い方法が存在するとも考えられる）．このようにはっきりとはしていない現状であるが，これらについての興味の大きさを考慮して，こういった問題の幾つかの候補を検討する．

## 3.1 数字

前章からも明らかなように，数についての多くの興味深い事実は，それを提示するために用いられる表記法とは無関係である．例えば，素数が無限に存在することを証明する際には，十進数字による表記にはまったく依存しない．しかし計算となると——たとえ加法とか乗法といった単純な計算でさえ——数の表記法が大きい差をもたらす．この節では正整数に対する三種類の表記法を比較する．それらは，素朴な「基底1」あるいは「刻み目」表記，すなわち各数をそれ自身と同じサイズの記号によって表すもの，通常の十進表記あるいは基数10による表記で，これは数の記号が数自身よりも指数的に小さいもの，および，二進あるいは基数2の表記で，これは基数10に比べれば幾分かは長いが，それでも数自身よりもやはり指数的に小さいものである．

基数1の表記では数 $n$ は桁1の $n$ 個の反復列によって提示される．したがって数（number）に対するこの基数1数字（numeral）による表記は，もし桁数で長さを測れば，**長さ** $n$ を有している．この表記では加法はとても単純であり，実際，算術というよりもむしろ幾何のようである．例えば，$m$ が $n$ よりも小さいことは $m$ の数字が $n$ の数字よりも**短い**かどうかを見ればよい．したがって，

$$11111 < 111111111$$

は明らかである(これは十進表示すれば $5 < 9$ を表している).加法も同様に自明である.二つの数字を加えるのはそれらを端に継ぎ足して並べて長さを加える.例えば,

$$11111 + 111111111 = 11111111111111$$

となる(これは十進表示で $5 + 9 = 14$ と表されるものである).減法も同様に易しい.乗法もそれほど悪くはならないが,ただしここで基数 1 数字の問題点が浮かび上がってくる.**これは大きい数を扱うには実用的でない**.

実際,$m$ に $n$ を掛けると $m$ の長さが $n$ 倍に**拡大**される.したがって,繰り返して掛け算をすると,結果を書き出すための余白がたちまちのうちになくなってしまう.したがってもっと小ぢんまりした表記法が必要となり,二進法とかそれ以上のものを用いればなんとかなる.

基数 10 の数字は,よく知られているように,文字 $0, 1, 2, 3, 4, 5, 6, 7, 8, 9$ から選ばれた桁の連なりで,最も左にくる桁は 0 と異なるものである.したがって,$n$ 桁の連なりはちょうど $10^n$ 個あり,(頭の桁に 0 がきているものは,その桁を無視していくことにすれば)**各連なりは異なる数を表示する**.よって基数 10 の表記法は 10 種類の記号による表記としては可能な限り小ぢんまりしており,基数 1 表示よりは「指数的に簡潔」である.後者によって始めから $10^n$ までの数を表示しようとすれば桁の連なりとして $10^n$ に及ぶ長さのものが必要になる.

しかし簡潔な表記法もその分代価が生じる.比較,加法,減法はもはや基数 1 表記ほど簡単ではなく,幾つかの演算はまずもってほとんど実行できない.算術的な演算と「実行可能性」についてはこのあとで検討する.ここでは大小についての数字の比較について考察しよう.そうすれば,簡潔な表記は最も簡単な問題においてもいかに入り組んでいるかが分かる.

もし基数 10 の数字が他のものよりも短ければ,もちろん短い方の数字は小さい方の数を表している.しかし 2 個の基数 10 の数字が同じ長さだとしよう.例えば,

$$54781230163846 \quad \text{および} \quad 54781231163845$$

の場合はどうだろう.どちらが小さいかを見るためには最も左にある桁で異なっているものを探さなければならず,そしてその桁の数が小さい方の数字が小さい.この例の場合は

$$54781230163846 < 54781231163845$$

である.この数字の順序づけの法則は**辞書式**順序づけといわれるが,これは辞書において(同じ長さの)語を順序づける法則である.辞書で語を見つけるためにはアルファベットの順序をあらかじめ知っておかなければならないのとちょうど同じように,基数 10 の数字を比べるには「桁での順序」[すなわち $0, 1, 2, 3, 4, 5, 6, 7, 8, 9$ の順序]を知る必要がある.

数を簡潔に書くための最も単純な「アルファベット」は**二進**ないし**基数** 2 での表示のアルファベットで,記号 0 と 1 からなる.基数 2 は,単に最も単純で簡潔な表示法であるばかりでなく,それがまた基数 10 の表記法の働きを気づかせてくれることからも学ぶ価値がある.後者については我々のほとんどは忘れてしまっているだろう(あるいは,そもそも決して理解していなかったろう).

基数 2 の数字,例えば 101001,は 2 のベキの和として数を表示する.この例の場合は(桁は目立つように太文字で書く)

$$n = \mathbf{1} \cdot 2^5 + \mathbf{0} \cdot 2^4 + \mathbf{1} \cdot 2^3 + \mathbf{0} \cdot 2^2 + \mathbf{0} \cdot 2^1 + \mathbf{1} \cdot 2^0$$

である.このように $n$ を減少する 2 のベキの和,すなわち $n = 2^5 + 2^3 + 2^0$ と表す.自然数 $m$ はすべて,まず $m$ を超えない 2 の最高ベキを $m$ から引き去り,さらにこの操作を繰り返して,この形にただ一通りに表記される.必ずもっと小さい 2 のベキが順次引き去られていくから,$m$ は異なる 2 のベキの和として表される.例えば

$$\begin{aligned} 37 &= 32 + 5 \\ &= 2^5 + 5 \\ &= 2^5 + 4 + 1 \\ &= 2^5 + 2^2 + 2^0 \\ &= \mathbf{1} \cdot 2^5 + \mathbf{0} \cdot 2^4 + \mathbf{0} \cdot 2^3 + \mathbf{1} \cdot 2^2 + \mathbf{0} \cdot 2^1 + \mathbf{1} \cdot 2^0 \end{aligned}$$

であり,37 の二進数字は 100101 である.

数 $n$ に対する基数 10 の数字は,同様な除去過程,各段階で可能な 10 の最高ベキの除去,によって得られる.ただし 10 の同じベキは 9 回までは除去でき,そ

のベキの係数は桁の記号 $0, 1, 2, 3, 4, 5, 6, 7, 8, 9$ のどれかになる．例えば基数 $10$ の数字 $7901$ は数

$$7 \cdot 10^3 + 9 \cdot 10^2 + 0 \cdot 10^1 + 1 \cdot 10^0$$

を表す．あるいは，小学校でよく言うように，

$$7千, 9百, 0十, と 1単位$$

と言ってもよい．学校ではこれはとても単純なアイデアだと考えるように慣らされてきたのだが，少し見直そう．等式

$$7901 = 7 \cdot 10^3 + 9 \cdot 10^2 + 0 \cdot 10^1 + 1 \cdot 10^0$$

は加法，乗法，累乗（ベキ乗）を含んでいる．このように，数に対する便利な**名前**を見つけるためにも洗練された一組の概念が必要となる．算術も随分と深い主題であることに疑いはない！

事実，数論における最も処理しにくい問題の幾つかは数の十進法ないし二進法による表示に関わっている．例えば，二進表示のすべての桁が $1$ であるような素数は無限個存在するか？　これはまだ分かっていない．当然だ！——これは $2^n - 1$ の形の素数が無限にあるかどうかを問うのと同じことである．

## 3.2　加法

基数 $10$ の二つの数字に対応する二つの数を加えたときにそれらの数字に何が生じるかを理解するために，例として $7924 + 6803$ を考察しよう．これらの数字を $10$ のベキの和として展開し，係数を太文字で表し，$10$ の各ベキを集めれば

$$\begin{aligned} 7924 + 6803 = \ & \mathbf{7} \cdot 10^3 + \mathbf{9} \cdot 10^2 + \mathbf{2} \cdot 10 + \mathbf{4} \\ & + \mathbf{6} \cdot 10^3 + \mathbf{8} \cdot 10^2 + \mathbf{0} \cdot 10 + \mathbf{3} \\ = \ & (\mathbf{7} + \mathbf{6}) \cdot 10^3 + (\mathbf{9} + \mathbf{8}) \cdot 10^2 + (\mathbf{2} + \mathbf{0}) \cdot 10 + (\mathbf{4} + \mathbf{3}) \\ = \ & (\mathbf{13}) \cdot 10^3 + (\mathbf{17}) \cdot 10^2 + (\mathbf{2}) \cdot 10 + (\mathbf{7}) \end{aligned}$$

となる．最後の行は，係数が必ずしもすべて 10 よりも小さいわけでないから，直ちに基数 10 の数字には翻訳できない．そのなかで 10 より大きい数字，例えば $13 = 10 + 3$，は 10 のもっと高いベキの「過剰」を生み出しており，左側への「繰り上げ」分とその位置での係数との和になっている．この場合，さらなるベキ $10^3$ と $10^4$ とが得られて，

$$(\mathbf{13}) \cdot 10^3 + (\mathbf{17}) \cdot 10^2 + (\mathbf{2}) \cdot 10 + (\mathbf{7})$$
$$= (\mathbf{10 + 3}) \cdot 10^3 + (\mathbf{10 + 7}) \cdot 10^2 + (\mathbf{2}) \cdot 10 + (\mathbf{7})$$
$$= (\mathbf{10 + 3 + 1}) \cdot 10^3 + (\mathbf{7}) \cdot 10^2 + (\mathbf{2}) \cdot 10 + (\mathbf{7})$$
$$= \mathbf{1} \cdot 10^4 + \mathbf{4} \cdot 10^3 + \mathbf{7} \cdot 10^2 + \mathbf{2} \cdot 10 + 7$$

となる．これが「9 足す 8 は 7 と 1 の繰り上げ」と唱える理由であり，筆算を先へ進めて 7924 と 6803 を加えることになる．この計算の最初の 3 行で **17** に生じたことを丁寧に描き下せば，次のようになる．ベキ $10^2$ の係数として **7** が残り，他方 **10** は $10^3$ の係数 **1** に寄与する．「繰り上げ」は「算板（abacus）」を用いる計算でもやはり生じており，この流儀はヨーロッパではフィボナッチの『算板の書（*Liber abaci*）』が 1202 年に出版される以前には（さらにまたその後も広く）一般に用いられていた．算板での加法と基数 10 の筆算とは，10 のベキについての原則的な操作は同じものであったから，両者の間には実質的な差はなかった．

実のところ，筆算の方が算板での計算よりも優れていると直ちに明確になったわけではないので，好敵手といった両者の関係は何世紀にもわたって続いた．図 3.1 はグレゴール・ライシュの百科事典〈*Margarita philosophica*〉（Gregor Reisch (1503)）から採られ，筆算による計算者と算板による計算者の対決を描いている[†]．（厳密には，後者は計算板を用いているが，それは本質的には算板である．）

基数 10 であろうと基数 2 を用いようと，こういった簡潔な表記法を用いる限り，加法における繰り上げは避けようがない．しかし，驚くべきことに，繰り上げに関する定理といえるものはほとんどない．まるで繰り上げは必要悪と言わんばかりで，なるほどといった興味が湧くような性質はない．

繰り上げを別にすると，基数 10 の加法について必要とされる知識は**足し算表**で

---

[†] 訳注：二人の計算者の横のリボンにはボエティウスとピュタゴラスの名が書かれているが，これらの名前の高名な二人の数学者たちの生きていた時代は遠く遥かに離れている．

図 3.1　筆算と算板での加法．この図版は Erwin Tomash Library on the History of Computation のご厚意による．http://www.cbi.umn.edu/hostedpublications/Tomash/．許諾を下さった Calgary 大学の Michael Williams 教授に感謝する．

ある．これは桁の $0, 1, 2, 3, 4, 5, 6, 7, 8, 9$ の二つを加えた結果をすべて網羅したものである．すなわち，「5 足す 7 は 2 と 1 の繰り上げ」といった 100 個の事実からなっており，それなりの記憶量が求められる．しかし足し算表が知られており，計算者がくたびれてはいないと仮定すると，どのような二つの桁の記号（と直前の桁での加法から繰り上がるかもしれない 1 と）を加えるのに必要な時間については何らかの定数 $b$ で抑えられるだろう．これから，二つの $n$ 桁の数を加えるのに必要とされる時間は $bn$ で抑えられる．

答えを生み出すのに必要な時間がおおよそ問題の長さに比例するというこの事象はとても望ましい（が非常に稀な）ものである．計算に乗っかるほとんどの問題にとって，答えを算出するために必要な時間の増大度は問題の長さよりも**もっと大きく**，それも時には劇的に増大する．基数 10 ないし基数 2 の数字についての自明でない他の問題で，答えを出すのにかかる時間が問題の長さと比例するようなものは，比較（$m < n$ かどうか？）と減法（$m - n$ は何か？）しかない．読者諸氏には，比較と減法の通常の方法を考察して，なぜそうなのかを見てみることを勧める．（計算にかかる自明な問題の一つの例は $n$ が偶数かどうかを決定せよ，という問題である．実際，これは $n$ の最後の桁を見るだけでよい．）

## 3.3 乗法

彼は人間という種族の感受性に対して尊敬と賞賛の念を保持してはいたが，
その知性に対してはほとんど敬意を払っていなかった．
常に人間は九九の表を学ぶことよりも
その人生を犠牲にすることの方が容易いことを悟ってきた．

W. サマーセット・モーム, *Mr. Harrington's Washing*, Maugham (2000), p.270

サマーセット・モームはほとんどの人たちが乗法に対してかなり難儀をすることを知っていたが，大きい数の乗法を分析すれば見えてくるように，この難しさはさらに深まってゆく．基数 10 の数字で与えられた数の乗法，例えば 4227 と 935，を行うときの通常の方法は，4227 に 935 の個々の桁を掛けることによって実行する．すなわち，まず

$$4227 \times 9 = 38043$$
$$4227 \times 3 = 12681$$
$$4227 \times 5 = 21135$$

を求めれば，直ちに

$$4227 \times 900 = 3804300$$
$$4227 \times 30 = 126810$$
$$4227 \times 5 = 21135$$

が得られる．これらから $4227 \times 935$ は右辺の三つの数字を加えて求められる．計算は通常次のような簡明な配列で実行される．

$$\begin{array}{r} 4227 \\ \times \ \ 935 \\ \hline 21135 \\ 126810 \\ 3804300 \\ \hline 3952245 \end{array}$$

配列の中の桁の個数は計算を実行するために必要な時間の合理的な尺度である．というのは，個々の桁を得るための時間は定数で抑えられるからである．この定数は，個々の桁を得るために行われる暗算，すなわち頭の中にある掛け算表と足し算表から情報を引き出すこと，のために必要とされる最大量を反映する．もし $m$ 桁の数 $M$ に $n$ 桁の数 $N$ を掛けるならば，配列に現れる桁の個数は $< 2mn$ であり，したがって積 $MN$ を計算するのに必要とされる時間は，ある定数 $c$ による $cmn$ で抑えられるとしても問題はないだろう．

掛け算表を思い出せない人たちにとっては，反復加法による一桁の乗法も可能である．実際，

$$2M = M + M$$
$$3M = M + M + M$$

$$\vdots$$
$$9M = M + M + M + M + M + M + M + M + M$$

であるが，これによって必要とされる時間にはそれほど大きい変化は生じない．というのも，多くて9個の $m$ 桁の数を加えるのに必要な時間はやはり $m$ の定数倍で抑えられるからである．したがって，配列中の各行を算出する時間は $m$ の定数倍で抑えられ，$n$ 行についてこれを行ってさらにそれらを足し合わせることを含めても，その時間は何らかの定数 $d$ による $dmn$ で抑えられる．掛け算表を知らない人たちは定数 $c$ よりも少しだけ大きい定数 $d$ を採りさえすればよい．

　掛け算表を用いないで乗法ができる興味深い方法を直接に見ようとすれば，それは基数2の数字の場合である．この場合は一つの桁の乗法は単に0と1によるものであるので，自明である．よって乗法は［2のベキを掛けるのがベキの数に応じて］掛けられる数字の右端に0を付け加えるだけであり，あとは結果を足し合わせればよい．したがって実際の作業は配列にある行を足すだけである．ここでも $m$ 桁の数字に $n$ 桁の数字を掛けるための時間は，何らかの定数 $e$ による $emn$ によって抑えられる．

　基数2の乗法の有用な別形で，数が基数2で書き表される必要がないものがある．それは，3.1節で見たような，正整数が2のベキの和として表されるという事実のみを用いる．数 $M$ がこのように書き表されたとき，$M$ の倍数を単に2を加えたり掛けたりして求める．例えば，数 $N$ を37倍するには，

$$37 = 1 + 2^2 + 2^5$$

と表して

$$37N = (1 + 2^2 + 2^5)N = N + 2^2N + 2^5N$$

とすればよい．よってまず $N$ を書き下し，それを2回2倍して書き下し，さらにこれをあと3回2倍して書き下しておいてそれらを加えるだけでよい．この「反復2倍乗法」の考え方は重要な帰結をもたらす——「反復平方による累乗」であるが，これは3.5節で検討しよう．

## 3.4 除法

正整数 $a$ と $b$ が与えられたとき, $a$ は必ずしも $b$ で割り切れるわけではない. この場合を含めた一般的な除法の演算は**余り付きの除法**である. すなわち, これら $a, b$ に対して**商** $q$ **と余り** $r \geq 0$ で

$$a = qb + r, \quad r < b$$

となるものを求めたい. こういった $q$ と $r$ が存在する理由は 2.1 節の図から明らかである. 記憶を思い起こすためにその図を再掲する (図 3.2). 数直線上で $a$ は $b$ の倍数の間に位置し, $a$ を超えない $b$ の最大の倍数 $qb$ と余り $r = a - qb$ が定まり, $r$ は隣り合う $b$ の倍数 $qb$ と $(q+1)b$ の距離 $b$ よりも小さい.

また 2.1 節では, エウクレイデスの互除法が最大公約数を与えることを証明した際に, 余り $r < b$ が存在することのありがたさを味わった. しかしまたそこでは, 除法の過程は桁数が何千にもなる数の最大公約数 gcd を計算できるに足るほど速いと主張していた. ここでこの主張を, 余り付きの除法が乗法に対して必要とされるのと同程度の時間で行われることを証明し, 正当化する. 具体的には, その時間は $a$ と $b$ がそれぞれ $m$ 桁と $n$ 桁である場合におおよそ $mn$ と比例することを示す.

この時間を見積もるために, 学校で教えられる「長除法」によく似た, しかし記述して分析するためにいくらか単純化した割り算の仕方を用いる. この方法を図解するために 34781 を 26 で割ってみよう.

考え方は 34781 の桁を一つずつ左から右へ走査していくもので, それぞれのステップで 26 によって割り算をして余りを次の桁の左に付け加え, そしてその結果をまた 26 によって割り算する. それぞれの商は単一の桁の数であり, したがって実際にはどのように 26 で割るのかを知ることは必要はない——単に 26 に各々の桁の数を掛ける仕方を知ればよい. この実例の計算の 5 段階は次のようになる.

図 **3.2** 商と余りの可視化.

まず 3 を 26 で割り，商 0 と余り 3 を得る，
次に 34 を 26 で割り，商 1 と余り 8 を得る，
次に 87 を 26 で割り，商 3 と余り 9 を得る，
次に 98 を 26 で割り，商 3 と余り 20 を得る，
次に 201 を 26 で割り，商 7 と余り 19 を得る．

ここで 34781 を 26 で割った商は各段階の商の桁の列の 1337 であり，余りは最後の余りの 19 である．

これがどのように機能しているかは 34781 のそれぞれの桁を単位の個数，十の個数，百の個数，等々，と翻訳すれば分かる．例えば 34 は 34 個の 1000 であり[†]，それを 26 で割れば 1 個の 1000 と余りが 8000 である．この余りの左端の桁を次の桁の 7，すなわち 700 の前に付ければ 8700 である．よってそれを 26 で割れば 300 と余り 900 になり，等々．

一般には，この方法で $m$ 桁の数 $a$ を $n$ 桁の数 $b$ で割れば，各ステップが $n$ 桁の数 $b$ に単一の桁を掛けて直前に得られている数からそれを引き，余り $< b$ を得るという操作の繰り返しを $m$ 回行うことになる．また単一の桁としては高々 10 個しかないから，各ステップの所要時間は $n$ の定数倍で抑えられる．したがって，全 $m$ ステップにかかる時間は $mn$ の定数倍で抑えられる．これが示すべき主張であった．

## エウクレイデスのアルゴリズム，拡張版

前章の 2.1 節での余り付きの除法を用いて速度を上げたエウクレイデスのアルゴリズム，ないしエウクレイデスの互除法は，確かに効率的であることが確認された．また 2.3 節ではこのアルゴリズムを用いて最大公約数を $\gcd(a,b) = ma + nb$ ($m, n$ は整数) という形に表した際の議論は，実体としては，エウクレイデスの互除法そのものを拡張して展開されていて，$m$ と $n$ を効率的に決定するものであった．そこでの**数** $a, b$ に対してそれらの gcd を数値として見つけ出す

---

[†] 訳注：この部分では著者は十進数字が表す個数と数とを区別してあくまでも 34 *thousands* 等と表している．しかし日本語の表記で「34 個の千」等と表記してもかえって分かりにくいから，敢えて「千」等を十進数字で表す．

アイデアは，代数的には**文字** $a, b$ に関しても同じように機能する．代数の利点は文字を計算することによって $a$ と $b$ の係数を後づけて進むことができるところにある．

ここで両者の計算を，$a = 5, b = 8$ の場合に，併記する形で書こう．

$$
\begin{aligned}
\gcd(5,8) &= \gcd(5, 8-5) \\
&= \gcd(3,5) \\
&= \gcd(3, 5-3) \\
&= \gcd(3,2) \\
&= \gcd(2, 3-2) \\
&= \gcd(2,1)
\end{aligned}
\qquad
\begin{aligned}
\gcd(a,b) &= \gcd(a, b-a) \\
&= \gcd(b-a, a) \\
&= \gcd(b-a, a-(b-a)) \\
&= \gcd(b-a, 2a-b) \\
&= \gcd(2a-b, b-a-(2a-b)) \\
&= \gcd(2a-b, -3a+2b).
\end{aligned}
$$

左辺の数と右辺の文字とを比較して，$1 = -3a + 2b$ が $\gcd(5,8) = \gcd(a,b)$ であることが分かる．

明らかに，代数的な計算は数値の計算と同じ個数のステップ（と同様な量の時間）を費やす．したがって，$\gcd(a,b) = ma + nb$ となる $m$ と $n$ を見出すための効率的なアルゴリズムが存在することになる．これは次の章で興味を持たれるところである．そこでは素数 $p$ を法とする整数の**逆数** $\bmod\ p$，ないし，既約多項式 $p(x)$ を法とする多項式の**逆元** $\bmod\ p(x)$ の概念が検討される．いずれの場合も，逆数は，エウクレイデスのアルゴリズムから $\gcd(a,b) = ma + nb$ となる $m$ として浮かび上がってくる．このことから，これらの場合には，逆元もまた効率的に計算することが可能である．

## 3.5 累乗

累乗を得る最も易しい場合の $10$ をベキ $N$ にまで上げるには，$1$ の後に $N$ 個の $0$ を並べればよい．例えば，$10^{1000000}$ を基数 $10$ の数字で表せば $1$ に続いて百万個の $0$ を並べる．このように，$M^N$ **のための基数 $10$ の数字は $M$ と $N$ を表す数字を書き下すのに比べて指数的に長くなる**．基数 $2$ の数字の場合も状況は同様であり，驚くには当たらない．すでに 3.1 節から知っているように，基数 $10$ や基数 $2$

の数字の長さはそれらが表示する数自体よりも指数的に**短い**.

このように,基数 10 の数字が大層大きい数を簡約して表示できるという事実は一つの小型化である.他方,短い数字の累乗はとても長い数字を作り出すことになる.したがって,累乗は加法や乗法の場合のように計算を「実行できる」わけではない.どのように賢く $M^N$ を計算するかにはかかわらず(そして実際に相対的には少ない乗法によって計算できるのだが),結果を書き出すための時間は一般的には計算をやりおおせなくしてしまう.

もっとも,$M^N \bmod K$($M^N$ を $K$ で割ったときの余り)を計算するという同様な問題は文句なく手に負えるものである.その理由は単にこの計算が $K$ よりも小さい数による乗法でやり終えることができるからである.これは,2.4 節で指摘したように,$AB$ を $K$ で割ったときの余りは積 $(A \bmod K)(B \bmod K)$ を $K$ で割ったときの余りと等しいという事実によっている.したがって掛け合わせなければならない数は $K$ による割り算の余りであり,それらは当然 $K$ よりも小さい.だから乗法の個数を小さく抑えることによって計算時間を小さく保つことができる.より正確には,それを指数の $N$ よりも指数的に小さい数にまで抑えられる.

その仕掛けというのは 3.3 節で論じた反復 2 倍乗法を応用した**反復平方による累乗法**を用いることである.

この方法によって
$$79^{37} \bmod 107,$$
すなわち $79^{37}$ を 107 で割った余りを求めよう.ここでは 107 よりも大きい数の倍数を求める必要はないから,主なる問題は 37 回よりも遥かに少ない回数の掛け算を用いて 37 乗を見つけることにある.このために 3.3 節における 37 の 2 のベキの和としての表示
$$37 = 1 + 2^2 + 2^5$$
を用いる.これによって
$$79^{37} = 79^{1+2^2+2^5} = 79 \cdot 79^{2^2} \cdot 79^{2^5}$$
と表される.そこで
$$79^{2^2} = 79^{2 \cdot 2} = (79^2)^2$$

に注意すれば，これは二回の平方を取ることになり，二回の乗法で計算される．さらにあと三回の平方を取れば

$$((((79^2)^2)^2)^2)^2 = 79^{2^5}$$

が得られる．このように，(mod 107) の掛け算を五回行うことによって $79^{2^2}$ と $79^{2^5}$ が得られる．最後に，あと二回の乗法を行えば

$$79^{37} = 79^1 \cdot 79^{2^2} \cdot 79^{2^5}$$

が求められる．よって 37 乗を求めるためには七回の乗法を行えば十分である．そして（上で強調したように）それぞれの乗法は 107 よりも小さい数に関するものであり，そのための時間はこのような数を掛け合わせることとその結果を mod 107 での余りに帰着させるのに必要な時間とを合わせたもので抑えられる．また mod 107 での余りに帰着させるのは 107 で割り算をして余りを取ることに帰着され，これは乗法と同じだけの時間で行われる．

　一般には，$M^N$ を計算するために必要な乗法の個数は $N$ を二進で表示する数字の長さの二倍よりも少ない．最悪の場合は，$N$ の表示のすべての桁 $n$ 個が 1 のときである．その場合は $M$ をその

$$1, \ 2^1, \ 2^2, \ \ldots, \ 2^{n-1}$$

のそれぞれの累乗のすべてにわたって計算する必要があり，合計 $n-1$ 回の平方が必要となる．そしてそれから，累乗

$$M^1, \ M^{2^1}, \ M^{2^2}, \ \ldots, \ M^{2^{n-1}}$$

のすべてを掛け合わせなければならず，これには $n-1$ 個の乗法が必要である．よって総計は $2n$ 個よりも小さい個数の乗法ということになる．すべての乗法が mod $K$ であるときは，掛け合わせられる数はすべて $K$ よりも小さく，よってこの乗法にかかる時間は，さらにそれぞれの掛け算の結果を mod $K$ での余りに帰着させることを考慮に入れ，$k$ を $K$ の二進の桁数とするとき，結局，$k^2$ の何倍かで抑えられる．

　このように，$M^N$ mod $K$ を見出すのに必要な時間は，まずまずの大きさの定数 $e$ によって $ek^2n$ で抑えられる．こうしてみるとこの計算は「手に負える」も

のである．すなわち，百桁程度の数 $M, N, K$ に対しては計算機は容易にそれをこなすことができる．この結果は，実際，現在世界中で行われている最も重要な計算の一つ——インターネット上での取引の暗号化——にとっての鍵である．これらの多くはよく知られた RSA 暗号法を用いており，それは数を大きいベキ mod $K$ に持ち上げることと関係している．暗号化は上記の速い累乗法によって使用に耐えるものになっており，今知られている限りでは（またそう願うのだが）この暗号の解読は現在のところでは我々の手にあまる．というのも，そのためには大きい数の因数分解が必要であって，これは手に負えるもの**ではない**．

## 3.6 P対NP問題

　ここまでの加法，乗法，累乗についての検討は計算の**実行可能性**についての論点にまでたどり着いた．今までは実行可能性が何を意味するのかをはっきりさせないままにしてきた．しかしこれをかなりうまく捉えていると思われる概念がある．それは**多項式時間**計算である．多項式時間計算を的確に定義するためには，まず計算を定義しなければならないが，それは次節で行う．ここではともかくこの概念を明示するいくつかの例，および，関連する概念である**非決定的多項式時間計算**の例を与えておこう．これらの例はまた，何故に次数が 1, 2, 3 といった多項式よりもむしろ一般の多項式関数によって時間を測ろうとしていくのか，を説明するための一助になるだろう．

　すでに 3.2 節で，どのように二つの $n$ 桁の数字（基数 10 または基数 2）の加法の計算が適当な定数 $b$ に対する $bn$ で抑えられる時間で行われるのか，を観察した．したがって，加法は**線型時間内で可解**であるということができる．一つの問題に答えるのに必要な時間がその問題を読むのに必要な時間と比例しているというのは一つの理想的な状態である——とはいえ，それが通常だとはとても言えない．さらに 3.3 節で，$n$ 桁の数の乗法の計算が，もし通常の方法で掛けられるとすれば，$dn^2$ で抑えられる時間内に行われることを見た．事実としては，とても大きい数に対してはそれよりも速い方法がある．しかし線型時間内で可能な乗法の方法は，計算の現実的なモデルに対するものとしては，まだ知られていない．

　こういったことから，計算と計算時間とを定義することが問題として浮上して

くる．今までは計算は人間が行う方法——ほとんどは紙と鉛筆でなされ，知的算術（記憶にある「7足す5は2と1の繰り上げ」といった事実）を用いるもの——であると仮定されてきた．これは結局基本的に適正な考え方である！　またこれは，3.7節で提示されるように，**テューリング機械**によって精密化されており，しかも知られているすべての計算手段を含んでいる．一台のテューリング機械は離散的なステップが連なった形で実動し，したがって計算時間の精緻な尺度はそのステップの個数として与えられる．紙と鉛筆の視点でいうと，一つのステップは鉛筆を一つの記号から次へと移動させること，ないし，一つの記号を他と置き換えること（空白の箇所に一つの記号を書くことを含める）を意味している．

　さて，テューリング機械のモデルでは記号は一列に書かれていく．例えば，数 58301 と 29946 を加えるには，いわば

$$58301 + 29946$$

といったように書き，和を同じ行に書かなければならない．これは後方や前方への行ったり来たりを何度も繰り返す必要を生じる．最初に単位の桁を見つけてそれらを加える．

$$7 = 5830\!\!\not{1} + 2994\!\!\not{6}$$

（次の段階での混乱を避けるために単位の桁を斜線で消す．）次に十の桁を見つけてそれらを加える．

$$47 = 583\!\!\not{0}\!\!\not{1} + 299\!\!\not{4}\!\!\not{6}$$

というように続けていくが，必要があれば繰り上げを施す．後方や前方への行ったり来たりを5回行って

$$88247 = \!\!\not{5}\!\!\not{8}\!\!\not{3}\!\!\not{0}\!\!\not{1} + \!\!\not{2}\!\!\not{9}\!\!\not{9}\!\!\not{4}\!\!\not{6}$$

が得られる．もし加えられる数が $n$ 桁であれば，それらを加えるために後方や前方への行ったり来たりを $n$ 回行う．行ったり来たりの動き自身は少なくとも $n$ 個の記号を通り抜けるから，この方法での加法は $n^2$ の位数（order）の大きさのステップ数を持つ．

　このように，**もし計算のモデルを変化させるならば，計算時間は線型（1次）から2次へと変化する**．同様に，乗法を，通常の2次元的な様式よりもむしろ，

テューリング機械の上で行うならば、計算時間は2次から3次へと変化する。このような変動を気遣うのを避けるために、**多項式時間計算**の概念を導入する。

まず**問題** (problem) $\mathcal{P}$ をその問題の「事例 (instance)」ないし「問 (question)」として翻訳される記号列の集合として定義する。そして $\mathcal{P}$ が**多項式時間で解答可能**であるとは、多項式 $p$ とテューリング機械 $M$ で、$\mathcal{P}$ の各事例 $I$ に対してこれが $n$ 個の記号によるものであれば $M$ が $I$ に対する正しい答を時間 $T \leq p(n)$ で計算するものが存在することである。

多項式時間で解答可能な問題が構成する類を P と呼ぶ。

したがって P は基数 10 の数字の加法と乗法の問題を含んでいる。さらにまた、減法と除法が関連する問題を含んでおり、もっと格好がいい問題、例えば $\sqrt{2}$ の十進 $n$ 桁までを計算するといった問題、を含んでいる。この例では方程式 $x^2 - 2y^2 = 1$ の整数解を生成するアルゴリズムを用いて実行される（2.8節を参照）。さらに驚くべき例は**素数の認定**の問題である。1801年までさかのぼれば、ガウスはこの問題に注意を払っている。彼は

> 科学それ自身の尊厳こそが、実に優美でまた実によく知られた一つの問題を解答するために可能性がありそうなあらゆる方法を探求せよ、と要求しているようにも思われる。
>
> Gauss (1801), article 329

と述べて強いこだわりを見せている。最近までは多項式時間での解答は Agrawal et al. (2004) まで見つかっていなかった。彼らの方法の改良版が Lenstra and Pomerance によって 2011 年に提示され、これは $n$ 桁の数に対して $n^6$ ステップの位数で対処する。

上のガウスからの引用は、実はそこで触れられた素数の認定についての全般にわたるものではなく、実際には、

> 合成数の中から素数を識別し、そして合成数を素因数分解する問題
>
> Gauss (1801), article 329

についてのものであった。この問題の後半部分は Agrawal-Kayal-Saxena 法では解かれては**いない**。この方法は約数を見つけることなしで合成数を認知するものである。一つの数 $M$ の約数を見つけるような多項式時間での解決法はまだ知ら

れてはいない．ただしそれでも，正しい約数を与えられたときに，乗法とその結果を $M$ と比較することによって多項式時間でそれを**確認**することができる．注意しなければならないのは，$M$ をそれよりも小さいすべての数で割ってみるというのはうまくない．なぜなら，もし $M$ が $m$ 桁の数であれば，$M$ よりも小さい数となるとおおよそ $10^m$ 個ほどもあるからである．この $10^m$ は，すべての指数関数と共通していて，$m$ についてのどのような多項式関数よりも速く増大する．

因数分解で出会った状況——解答を見つけるのは難しいが確認するのは易しい——は驚くほど一般的である．もう一つの簡単な例は多項式方程式を mod 2 で解くことである．整数係数の多項式 $p(x_1, x_2, \ldots, x_n)$ が与えられたとき，合同式

$$p(x_1, x_2, \ldots, x_n) \equiv 0 \pmod{2}$$

が何らかの［整数］解を持つかどうかを問うものである．このような解を見つけるために先ず考えられるのは，変数 $x_1, x_2, \ldots, x_n$ に値 0 または 1 を当てはめてすべての場合に実行することであるが，このような代入は合計 $2^n$ 通りある．しかし正しい答えの確認はその値を代入して加法と乗法を mod 2 で行うだけでよい．

このように答えを見つけるのは難しいがそれを確認するのは易しい問題はあちこちにある（ubiquitous）ものだから，それらにも名前が付けられており，**非決定論的**（nondeterministic）多項式時間問題，あるいは，NP 問題と呼ばれる．この「非決定論的」という語は，その多項式時間で確認される解答は非決定論的ステップ（典型的には答えを推測するといったこと）の助けがあって初めて成功するという事実に言及するものである．

究極的な NP 問題の例は**数学における証明の発見**である．理想的には，一つの証明を構成する各ステップは単純かつ機械的に正しさをチェックされるものであり，正しい証明はそれが含む記号の個数に関する多項式時間で確認される．（この理想はすでに実質的には実現されており，幾つかの難しい定理の証明は実際に計算機でチェックされている[†]．）しかし証明を発見することは困難なままに残されている．それは $n$ 個の記号からなる証明の個数は $n$ とともに指数的に大きく

---

[†] 訳注：トポロジーの「四色定理」は格好の例である．例えば Boyer & Merzbach 〈*A History of Mathematics*, 3rd Edit.〉, Wiley, 2010 の Ch. 24（メルツバッハ・ボイヤー著『数学の歴史 II』，朝倉書店，24章）にある解説は簡明で分かりやすい．

なるからでもある．まだ理解が及んでいない理由があって（まだNPがPよりも大きい類であることが証明されていないから），指数的増大が数学者の仕事を保証してくれている．

## 3.7 テューリング機械

> 一つの実数を計算する過程では，
> 人を，ただ有限個の条件 $q_1, q_2, \ldots, q_R$ しか
> 容認できない一台の機械と比較してもよかろう．
>
> A. M. テューリング，Turing (1936), p.231

　上記の幾つかの節で見てきたように，算術ではいろいろなタイプの計算が数千年にわたって用いられてきた．ところが，計算についての一般的な概念の必要性は20世紀の初期になるまでは感知されなかった．それは計算の全く異なった形式，**記号論理学**から浮かび上がった．記号論理学の考え方は，17世紀のライプニッの夢ではあったが，**理由づけ**というものを何らかの形式の計算術へと向かわせることになった．ライプニッの考えていたところでは，それは単に「それじゃあ計算しよう」と言い出すことで論争に決着をつけることが可能になるようなものであった．その夢は，実際には19世紀に至るまで部分的にしろ実現されはしなかったし，今日でも，PとNPの神秘というような理由から，問題を孕んだ状況にとどまっている．それでも今では記号論理学や計算の意味づけを見出すところにまで発展してきている．

　記号論理学については第9章でさらに論じる．当面把握しておくべき主要点は，理由づけとして考えうる形式をすべてにわたって計算に帰着させるというのが随分と普遍的な課題であるということである．　それはまた**計算**として考えうる形式をすべて把握しなければならないという普遍性にまで繋がる．この後者の論点を最初に捉えたのはポウストで，1921年のことであった．彼は計算の一つの**定義**を提案したが，当時用いられていた記号論理学の体系を一般化することによってそこに至った．しかし，彼は自分の結果をその時点では出版しなかった．——それが幾つかのめざましい発見を含んでいたにもかかわらず．——とい

うのは，彼は自分の定義が計算の可能な形式のすべてを確かに網羅しているかどうかについて，いくらかなりの疑問を感じていた．

ポウストの疑念によって，計算の概念は，さらに二つの定義が1930年代に提案されるまでは数学世界には知られないままにあった．最初に出版された定義はチャーチの論文 Church (1935) に帰される．しかし十分に当を得ているという説得力を持った定義は，同年に遅れて出版された**テューリング機械**の概念であった．この節の冒頭の引用が示しているように，テューリングは一人の人間がどのように計算するかを分析して計算機械についての彼の概念に到達した．

最低限として，人間の計算は鉛筆と紙と鉛筆を走らせるための限られた量の知的入力を必要とする．前節ですでに前兆として投げかけていたように，「紙」は四角形に区切られているテープであり，それぞれの四角形には単一の記号が書き込まれる（図 3.3）．「鉛筆」，あるいは**読み書きヘッド**とも呼ばれるものは，有限個の記号 $\square, S_1, S_2, \ldots, S_m$ を読んだり書いたりできる装置である．ただし $\square$ は空白の四角形を意味する．

最後に用意されているものとして，この機械は有限個の**内的状態** $q_1, q_2, \ldots, q_n$ を保持しており，これらは与えられた計算のために必要な知的状態に対応する．すでに見たように，加法のような計算は単に有限個の知的状態しか用いずに実行され，テューリングはどのような計算も無限に多くの知的状態を要求することはできないと論じた．というのも，そうでなければそれらのうちの幾つかは混乱を生じさせかねないほど似通ってしまうからである．同じ理由から，一つの計算は無限に多くの記号を取り込むことはできない．

このことが一台のテューリング機械がただ有限個の $q_i$ と $S_j$ だけを保持する理由である．それではこの機械はどのように動くのか？ それはステップの列に従って実動する．それぞれのステップでは，読み書きヘッドはその時点で直前にある記号 $S_j$ を感知し，ヘッドはその時点での内的状態 $q_i$ に応じて $S_j$ を記号 $S_k$ に置き換え，四角形の一コマ分だけ左ないし右に動き，状態 $q_l$ に入る．このように機械 $M$ は **5 個組**の表で，各 $q_i, S_j$ に応じた行動を書き上げているものによっ

| | | 1 | 0 | 1 | + | 1 | 1 | 0 | 1 | | |

**図 3.3** テューリング機械のテープ．

て特徴づけられている．(もし $q_i, S_j$ に対して行動が記載されていなければ，$M$ は状態 $q_i$ にとどまったまま $S_j$ を感知した時点で停止する．)動作が「右へ」の場合は

$$q_i \quad S_j \quad S_k \quad R \quad q_l$$

と書き，動作が「左へ」の場合は

$$q_i \quad S_j \quad S_k \quad L \quad q_l$$

と書く．

　例を一つ挙げよう．機械 $M$ を基数 2 の数字に 1 を加えるものとする．まず，読み書きヘッドは状態 $q_1$ で出発して入力された数字の右端の上にあると仮定する．以下に各 5 個組に続いてその翻訳を与える．

| | | | | | |
|---|---|---|---|---|---|
| $q_1$ | 0 | 1 | $L$ | $q_2$ | 0 を 1 に置換，左に移動，消極的状態 $q_2$ に入る |
| $q_1$ | 1 | 0 | $L$ | $q_3$ | 1 を 0 に置換，左に移動，「繰り上げ」状態 $q_3$ に入る |
| $q_2$ | 0 | 0 | $L$ | $q_2$ | 0 を 0 に置換，左に移動，消極的状態 $q_2$ に入る |
| $q_2$ | 1 | 1 | $L$ | $q_2$ | 1 を 1 に置換，左に移動，消極的状態 $q_2$ に入る |
| $q_3$ | 0 | 1 | $L$ | $q_2$ | 0 を 1 に置換，左に移動，消極的状態 $q_2$ に入る |
| $q_3$ | 1 | 0 | $L$ | $q_3$ | 1 を 0 に置換，左に移動，「繰り上げ」状態 $q_3$ に入る |
| $q_2$ | □ | □ | $L$ | $q_4$ | □ を □ に置換，左に移動，停止状態 $q_4$ に入る |
| $q_3$ | □ | 1 | $L$ | $q_4$ | □ を 1 に置換，左に移動，停止状態 $q_4$ に入る |

したがって，$M$ は入力された数字ををなぞって進むのだが，まずその桁を「繰り上げ」を伝達するまで更新し，それから消極的状態に進んで何も変えず，空白の四角形で止まるまで更新された数字を左へ進む．図 3.4 は，数字 101 が入力されたときの $M$ の働きかたの「スナップショット」を示している．特に読み書きヘッドの位置はその時点での状態を書き添えて箱で囲んである．

　この機械 $M$ は，初めの状態 $q_1$ は「繰り上げ」状態 $q_3$ とまったく同じように振る舞うことに注目すれば少し単純化できるから，$q_3 = q_1$ として調整して 8 個の 5 個組に変えて 6 個の 5 個組で済ませられる．この同一視によって，「繰り上げ」，消極的，停止の各状態は，人間がこの計算を実行するために必要とするような三つの知的状態とかなり自然に対応する．

102 · 第3章 計算

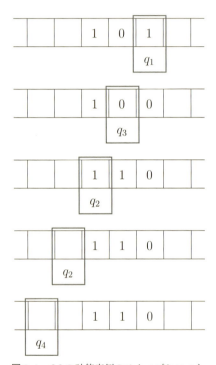

**図 3.4** $M$ の計算実例のスナップショット．

与えられた計算をさせるために一台のチューリング機械を設計することは単調で煩わしいことではあるが，基本的には，一度に単に1個しか記号を見ることが許されないならば自分はどうやって計算するかという事態に身を置くことである．いくらか実践してみれば，どのような計算でも可能であると確信するようになる．したがって，チューリング機械が計算可能なものなら何であれ計算できるということを直感的には納得させられる．さらには，ポウスト，チャーチ，その他によって提案された競合する計算のモデルからもその根拠が明示されてくる．事実，提案された計算のモデルはすべてチューリング機械によって模擬的に実行できることが確認されたのだ．このことから，数学者たちは**チャーチのテーゼ**ないし**チャーチ-チューリングのテーゼ**と呼ばれる原理，すなわちチューリング機械の概念は計算可能性の直感的な概念を捉えているものであること，を受け入れてきた．

## 3.8 *解答不能問題

計算機の概念を定義したことによって，**アルゴリズム**と**解答可能問題**の定義も提示することができる．**問題** (problem) $\mathcal{P}$ を，3.6節で述べたように，**事例** (instances) または**問** (questions)，すなわち，ある有限個のアルファベットの記号の有限の連なり，からなる集合とみなすことができる．例えば，素数を認知するという問題は，基数10の数字 $n$ についての

$$n は素数であるか？$$

という形の記号の連なりの集合として与えることができる．実際はこの問題の事例あるいは問としては単に数字 $n$ を取ることができるだろう．なぜなら，この数字こそが機械が問に答えるために必要とするもののすべてであるからである．

問題 $\mathcal{P}$ のための**アルゴリズム**——形式ばらないならば，$\mathcal{P}$ に含まれる問いに対する答えを得るための規則——とは，まさしく，$\mathcal{P}$ のそれぞれの事例 $Q$ を入力として取り上げ，有限のステップの後に正しい答えをテープに書き込んで停止するチューリング機械のことである．さらにはっきりするような場合として，もし $Q$ が「是か非」を答える（例えば「$n$ は素数であるか？」のような）問いなら

ば，機械 $M$ に 1 の上で停止することによって「是」を，□ の上に停止することによって「非」を表明するように要求することができる．

最後に，問題 $\mathcal{P}$ が**可解**であるとは，それを解くアルゴリズム，すなわち，テューリング機械 $M$ であって $\mathcal{P}$ からの各入力 $Q$ に対して正しい答えを出して停止するもの，が存在することをいう．またこの定義を精密化して，**多項式時間での可解性**を詳細に与えることもできる．これに関しては 3.6 節で形式的には少し緩やかに検討した．そして，テューリング機械の定義を非決定論的計算にまで——すなわち，状況 $q_i S_j$ が一個に限らず幾つかの出力を許すことを認めることによって——拡張し，非決定論的計算の定義を与えることができる．これにより，3.6 節の類 P と類 NP を完全に精密な形で定義することができる．

しかし，P 対 NP 問題は間違いなく可解である．この節では**解答不能**問題を検討しようと思う．やってみると，それらの幾つかは記述するのがすこぶる容易であるばかりか，解答不能であることを証明するのが最も容易い問題はテューリング機械それ自身に関わっている．

いわゆる**停止問題**を考えよう．これは Turing (1936) で導入され，次の問いから成り立っているとしてよかろう．

$Q_{M,I}$：テューリング機械 $M$ と入力 $I$ が与えられたとき，$M$ が入力 $I$ を受け取ったあと，結局は □ の上で停止するかどうかを判定せよ．（完全に特定化するために，$M$ は状態 $q_1$ で $I$ の最右端の記号の上で，そうでなければ空白のテープの上で出発すると仮定する．）

なぜこれが一筋縄ではいかない問題であるのかを見るために，$I$ は基数 10 の数字であり，$M$ は $J > I$ で $2^{2^J} + 1$ が素数であるものを探す機械であるとしてみよう．現時点では $M$ が $I = 5$ で止まるかどうかは知られていないから，この停止問題に関する事例があるかどうか答えるのは難しい．テューリングの論文 Turing (1936) では実数の計算についての問い $Q_{M,I}$ を考察して停止問題が解答不能であることが示されている．いくらか単純なやり方は，テューリング機械が自分自身の振る舞いを調べなければならないときに何が起こるかを調べることである．

一台のテューリング機械は，前節で見たように，有限個の 5 個組の表からなる

記述を保持している．この記述自身は有限であるとはいえ，いくらでも多くの記号 $q_1, q_2, \ldots$ と $S_1, S_2, \ldots$ を含んでいるかもしれない．したがって，どのチューリング機械も入力としてこのような記述をすべて取り込むことはできない．しかし，各記述を，固定された有限個のアルファベット $\{q, S, ', R, L, \Box\}$ によって各 $q_i$ を $'$ が $i$ 個打ち込まれた連なり $q''\cdots$ と置き換え，各 $S_j$ を $'$ が $j$ 個打ち込まれた連なり $S''\cdots$ と置き換えることは容易である．そこで $d(M)$ をこの方法で書き直した $M$ の記述としよう．こうすれば，停止問題の部分問題 $Q$ として次のような問題を提示できる．

$Q_{M,d(M)}$：チューリング機械 $M$ に入力 $d(M)$ が与えられたとき，$M$ は結局は $\Box$ の上で停止するか？

もし $T$ がこの問題を解くチューリング機械であるとすると，$T$ は問い $Q_{M,d(M)}$ が記述 $d(M)$ の形で与えられていると仮定してもいいだろう．実際，この入力は $M$ を正確に記述しているからである．また，$T$ は上述の言い表し方で，1 の上で停止することによって「是」を，$\Box$ の上に停止することによって「非」を表明すると仮定できる．

しかしそうだとすると，$T$ は問い $Q_{T,d(T)}$ に正しく答えることはできない！もし $T$ が「非」と答えるならば，そのとき $T$ は $\Box$ の上で停止しているはずであり，この場合は問い $Q_{T,d(T)}$ に対する答えは「是」であって，正しくは答えていない．またもし $T$ が「是」と答えるならば，この場合は $T$ は $\Box$ の上で停止していないのだから，$T$ の問い $Q_{T,d(T)}$ に対する答えは「非」であって，この場合も正しくは答えていない．したがって $T$ は問題 $Q$ の中の問いの一つに正しく答えておらず，問題 $Q$ を解いてはいない．よってこの部分問題 $Q$ は解答不能であり，したがって停止問題それ自身もまた解答不能である．

少し反省するならば，思うに，停止問題が解答不能であることは**明白**である．一つの仮想的な解答機械に自分自身の振る舞いについての問いを投げかけて裏をかくのはとても易しい．このような「自己言及」は古代からのパラドックスの素材であった．格好の例はセルヴァンテスの『ドン・キホーテ』にある．

> 誰にしろこの橋を渡る前に，まずどこへ，何を目的にして行こうとするのかその誓言を述べなければならない．もしその者が正しく誓うならば

行くことが許されるだろう．しかしもし偽りを述べるならば，そこの絞首台に吊るされて死の憂き目を見るだろう．．．さてあるとき，一人の者にその者の誓いを述べさせたところ，その者は自分は絞首台の上で死に就くところだと述べてた．

Miguel Cervantes, ⟨Don Quixote⟩, 第 II 部, 第 LI 章

もっと驚くべきことは，正真正銘の数学の問題が本質的には同じ理由から解答不能であることである．一つのよく知られた例は**ヒルベルトの第 10 問題**である．この名前の由来は，ヒルベルトが 1900 年に数学界に問いかけた問題の一覧表の 10 番目にこれを置いたからである．その内容は整数係数の多項式 $p(x_1, \ldots, x_n)$ に対する次の問 $Q_{p(x_1,\ldots,x_n)}$ からなっている．

$Q_{p(x_1,\ldots,x_n)}$：方程式 $p(x_1,\ldots,x_n) = 0$ は整数の解 $x_1,\ldots,x_n$ を持つか？

この問題は解答不能であり，それは停止問題の変形を幾つも積み上げて証明された．1930 年代における最初のステップはテューリング機械の概念を**算術化**することであった．すなわち，数字による一連のテープの配置，および，算術的な演算（当初は加法，乗法，累乗を用いた）のステップを符号化することであった．最も難しい部分は，結局マティヤセヴィチによって Matiyasevich (1970) において達成され，累乗の使用が消去されて[1]，ようやく計算についての問いが多項式についての問いに帰着された．

マティヤセヴィチの発見によって，解答不能性は加法と乗法の算術において初等的数学の上にまで影を投げかけていることが分かった．

## 3.9 *普遍機械

テューリング機械というのは本質的にはとても単純なプログラミング言語で書かれた計算機プログラムである．これは論文 Post (1936) での定式化においても

---

[1] さらに加法ないし乗法のどちらか一方を消去することは可能では**ない**．加法のみの理論についてはどのような文についてもその真実性が判断されるようなアルゴリズムがあり，乗法の理論についても同様である．解答不能性は加法**および**乗法の結婚から湧き出てくる．

明瞭である．ただしここでは内的状態の代わりに指示数が用いられている．ポウストとテューリングの間のいくらかの些細な差を除けば，テューリングの5個組

$$q_i S_j S_k L q_l$$

はポウストの指示（instruction）

$i : S_j$ を $S_k$ で置き換え，左へ移動，そして指示 $l$ へ行く

（そして5個組が右への移動を含んでいる場合も同様）に対応する．このようにテューリング機械のプログラミング言語の心臓部は「行く」指令（コマンド）であり，この指令は現在のプログラミング言語においてはもっと「組織化された」指令に大幅に置き換えられている．

テューリング機械をプログラムとして見るとき，これらすべてのプログラムを**走らせる**ことができる機械を求めるのは（一般には）自然なことである．そして実際に Post (1936) ではまさにそのように走る**普遍テューリング機械**が設計された．その詳細は重要ではない．なぜなら一度チャーチ - テューリングのテーゼ——どのような計算も何らかのテューリング機械で実行できること——を認めてしまえば，普遍機械が存在することは明確である．一つのテューリング機械が一つの入力を与えられたときにする計算を人間はどのように模擬的に行うかを単に考えてみればよいし，これを行うのはまったく容易である．

主だった困難は，任意の機械 $M$ が任意に多くの状態 $q_i$ と任意に多くの記号 $S_j$ をその記述に用いることができるかどうかである．何せ普遍機械 $U$ は（どのテューリング機械でもそうであるように）有限個の状態と記号しか持てないと束縛されているのである．この困難を迂回する道は，上記のように，各 $q_i$ と $S_j$ を別途定めておいたアルファベット（例えばアルファベット $\{q, S, {}'\}$）からの記号の一つの**連なり**として符号化することである．そうすれば単一の記号 $q_i$ は連なり $q^{(i)}$（$i$ 個の ${}'$ が付いた $q$）によって，また単一の記号 $S_j$ は一連の $S^{(j)}$（$j$ 個の ${}'$ が付いた $S$）によって符号化される．結果として，$U$ が $S_j$ の $S_k$ による置き換えの模擬を行わなければならないときに，$U$ は連なり $S^{(j)}$ を $S^{(k)}$ で置き換えればよい．もちろんこれは $U$ の走行をそれが模擬している機械 $M$ の走行と比べてかなり遅くさせることにはなるが，そうすることによって $U$ の普遍性は可能となる．

普遍機械 $U$ の存在によって，すべての機械 $M$ についてのどのような解答不能問題もそれぞれが一つの機械 $U$ についての解答不能問題になる．例えば，停止問題は，与えられた入力 $I$ に対して，入力 $I$ で動き出した $U$ が結局は停止するかどうかを判定するという問題になる．これは $U$ への一つの入力が任意の機械 $M$ と $M$ への一つの入力の両者を符号化できるからである．

論文 Turing (1936) において普遍機械の概要が書き上げられて以来，可能な限り単純な普遍機械を設計する試みが多くなされてきた．例えば，（空白の正方形を含む）ただ二つの記号による普遍機械とか，ただ二つの状態だけを備えた普遍機械とかが存在することが知られている．ところが，状態の個数と記号の個数の最小の組合せが何であるかはまだ知られてはいない．現時点での記録保持者は四つの状態と六つの記号を持つ機械であり，Rogozhin (1996) で与えられている．今のところ，こういった小さいテューリング機械からは計算についての驚くに足る結果は何も得られていない．その理由はそれらが十分に簡明であるとはいえないことにある．それでも，驚くほど単純な普遍機械による計算モデルが別途知られている．例えばジョン・ホートン・コンウェイの「ライフゲーム」はそのようなものの一つであり，Berlekamp et al. (1982) に記載されている．

## 3.10　歴史的な雑記

数の簡潔な表示，およびそれらの和と積の計算法の発見は何千年かをさかのぼる．ヨーロッパと極東では当初はそれらを算板上で行っていた．筆算は零を表す記号がインドで5世紀CEに発明されてから実用的になっていった．インド流の数の表記法はアラブ世界へ（用語「アラビア数字」に見られる），その後スペインのムーア人とともにヨーロッパへと広がった．ヨーロッパでの筆記の数字による計算は1202年のフィボナッチの『算板の書』の時期の頃に始まった．この本の題名から見て取れるように，その時点までの計算は算板と同義語であった．

もちろんその後も何世紀もの間，算板の使用者たちから筆算への反感はあり，彼らにもそれなりの言い分があった．基本的な課題においては筆算は算板を上回るほど速くはなかったのだ．（何と1970年代でも，筆者の義理の父はマレーシア

の自分の店で算板を使っていた[†].）筆算は，16世紀の代数とか17世紀の微積分において，それが算板では手に負えない計算に対して用いられるまでは実際には高等数学ではなかった．これらの二分野は，ニュートン，オイラー，ガウスといった卓越した数学者たちが数値計算と記号を用いた計算の両面で名人芸を生み出していくのと相まって，筆算の黄金時代への先導役を果たした．

すでに1660年代にはライプニツは**推論計算** (calculus ratiocinator)，記号言語で計算によって推論がなされるもの，の可能性を先見していた．ライプニツの夢への最初の具体的な一歩はブールの著作 Boole (1847) によって踏み出された．彼は今日では命題論理と呼ばれるもののための代数的記号体系を創り出した．ブールは「または (or)」と「かつ (and)」に対してそれぞれ記号 $+$ と $\cdot$ を，また「間違い」と「正しい」に対してそれぞれ記号 $0$ と $1$ を当てた．そうすれば彼の記号 $+$ と $\cdot$ は通常の代数におけるものと同様な法則を満たし，あるタイプの主張が正しいかどうかを代数的計算で判定できる．実際，もし $p+q$ を「$p$ または $q$ であってしかも両方ではない」ことを意味するとすれば，命題論理の代数的規則はきっかりと mod 2 の算術と同じになる．この算術と論理との間の目覚ましい平行性は 9.1 節で説明される．

命題論理はどう見ても論理学の全体ではあり得ないし，また論理的正しさは一般的には mod 2 の算術のように易しいものではない．しかし基礎的な論理が計算に帰着されるというブールの成功はフレーゲ，ペアノ，および，ホワイトヘッドとラッセルを鼓舞して彼らを Frege (1879), Peano (1895), Whitehead and Russel (1910) へと導き，論理学と数学のための総合的な記号体系を展開させることになった．これらの，彼らが言うところの，**形式体系**の狙いとするところは，無意識的な仮定やその他の人間的なエラーに起因して生じるような証明における間違いや論証におけるギャップを避けることにあった．形式的な証明の各ステップは記号の意味を知ることなしに迫っていけるので，原理的には，形式的証明は機械でチェックすることができる．事実，形式的証明は（したがって，定理さえも），記号の可能な連なりを生成する機械と与えられた記号の連なりが証明になっているかどうかをチェックする機械とを組み合わせて，原理的には，一台の機械によって**生成する**ことができる．

---

[†] 訳注：日本では一部でまだソロバンが取り扱われている．

最初の形式体系が展開された時点ではこのような機械は作られておらず，計算可能性が数学的な概念であるなどとは想像されていなかった．しかし形式体系が**可能なすべての計算の過程を含む**といった考え方は次第に浮かび上がってきた．すでに 3.7 節で指摘したように，1921 年にポウストは形式体系の中で考えることができる最も一般的な記号の操作法を考察し，それらを単純なステップの一群へと分解した．彼の目的は，当初は論理学を真実または偽りが機械的に判定できるという，ライプニツが希望したようなところにまで単純化することであった．彼はラッセルとホワイトヘッドの定理をすべて生成するような何かとても単純な体系を見つけるところにまでたどり着いた．ところが彼自身も驚かざるを得なかったのだが，何かとても単純な体系であったとしても，それがもたらすものを見通してしまうことは困難であることに気づいた．

彼が発見したものの一つは**ポウストのタグシステム**と呼ばれるものである．このシステムは 0 と 1 の連なり $s$ が与えられたときに次のような規則を繰り返し適用するものである．

1. もし $s$ の最も左にある記号が 0 であれば，$s$ の右側に 00 を付け足して，できあがった連なりの最も左にある三つの記号を消去する．
2. もし $s$ の最も左にある記号が 1 であれば，$s$ の右側に 1101 を付け足して，できあがった連なりの最も左にある三つの記号を消去する．

したがってもし $s = 1010$ であれば，この規則は次々と次のような連なり

$$1̶0̶1̶01101,$$
$$0̶1̶1̶0100,$$
$$0̶1̶0̶000,$$
$$0̶0̶0̶00,$$
$$0̶0̶0̶0,$$
$$0̶0̶0̶,$$

を作っていき，連なりが空白になったところで停止する．いろいろな連なり $s$ に対して何が生じるかを見てみるのは面白い．この過程はとても長い間動くことがあり，またそれが巡回的になることもある．ポウストはどのような初めの連なり

が結局は空白の連なりに落ち着くかを判定するためのアルゴリズムを見つけることができなかった．そして事実としては，この特別な「停止問題」は今日でも未解決である．

この難局に遭遇したあと，ポウストの思考の列車は劇的な方向転換をした．単純な体系は可能なすべての計算を模擬することができた．その通りだ．しかしこれは計算に関するすべての問いに答えるアルゴリズムが存在することを意味**しない**のであった．逆に，それは，テユーリングの停止問題の解答不能性を証明するために 3.8 節で用いられたような議論によって，**解答不能**アルゴリズム問題の存在を導き出してしまった．ポウストはテユーリングのアイデアについて自分が予感するところを Post (1941) で詳しく述べた．

しかしながら，ポウストはこの記念碑的な発見の絶頂点で止まってしまった．というのは彼は，今ではチャーチのテーゼと呼ばれている仮定をまとめ上げなければならない事態に捉えられていたからである．それは，彼にとっては，計算というものの数学的定義というよりも，むしろ永遠にテストし続ける必要がある自然界の法則のようなものだと思われた．ポウストが彼の計算の体系の一つを Post (1936) として出版したのは，チャーチ自身がこのテーゼを提案し，テユーリングが同じアイデアのもとで研究を進めていたあとのことであった．——偶然とでもいうべきか，ポウストの体系はテユーリング機械の概念ととてもよく似通っていた．

一方，チャーチとテユーリングは独立に解答不能問題を発見していた．そしてゲーデルは同様に関連ある記念すべき結果，数学のための公理系の**不完全性**を Gödel (1931) で発表していた．これは，数学のための健全な公理系 $A$ に対し，$A$ に基づいて証明することができない定理が存在する，というものである．実はゲーデルはもっと強い結果を証明したが，これについてはこのあと間もなく説明される．

まず見ておかなければならないことは，ポウストが 1920 年代にやったように，どのような解答不能問題も無限に多くの不完全性を導くことである．テユーリングの停止問題を例として取り上げよう．テユーリング機械による計算についての定理を証明したいとし，そうするための健全な形式体系 $A$ を手にしているとする．（すなわち，$A$ はテユーリング機械についての**正しい**定理しか証明しないとする．）この $A$ は形式的であるから，もし好むならば，一つのテユーリング機械

$T$ でそのすべての定理を機械的に生成することができる．しかしそのとき，もし $A$ が完全であるとすれば，$T$ は次の，

　　　　機械 $M$ は，入力 $d(M)$ に対して，結局は □ 上で止まる，

という形をしたすべての正しい事実を証明する．そして残りの機械 $M'$ に対しては次の，

　　　　機械 $M'$ は，入力 $d(M')$ に対して，決して □ 上で止まらない，

という形をしたすべての正しい事実を証明するだろう．この結果，$A$ の定理の表を見ていくことによって，問題 $Q_{M,d(M)}$ のすべての問いに答えることができ，よってまたこの停止問題を解くことができる．一方，停止問題は解けないから，上の形の定理で $A$ が証明し得ないものが存在しなければならない．（そして実際にそれらは無限に多くある．なぜなら，もし有限個しかそういった定理がないならば，それらを $A$ の公理として加えた上で再出発することができるからである．）

　ゲーデルは不完全性定理を上とは異なった議論によって発見した．そして彼はチャーチのテーゼを仮定しなかった．さらにまた，彼は数学の本道のための形式体系，すなわち基本的な数論を含むどのような体系に対しても，その不完全性を証明することができた．ゲーデルの議論とポウストの議論は今日では同じ現象の二つの様相，形式的計算の**算術化**，および，論理学として見ることができる．上の 3.8 節で指摘したように，これは，一つのテューリング機械のすべての操作が数についての操作，究極的には $+$ と $\cdot$ を用いて定義することができるものによって模擬することができることを意味している．その通り！　ある意味では，すべての計算は算板の計算である！

　また $+$ と $\cdot$ で表されるすべての計算を表示するためのもっとはっきりとした方法は，ヒルベルトの第 10 問題の否定的解決の中に本来的に現れている．これもまた 3.8 節で指摘しておいた．論文 Matiyasevich (1970) は，実際には，一つのテューリング機械による計算の結果のことごとくを知るということが，適当な多項式による方程式

$$p(x_1, x_2, \ldots, x_n) = 0 \qquad (*)$$

が整数による解 $x_1, x_2, \ldots, x_n$ を持つかどうかを知ることである，ということを

示した．言い換えれば，これは，整数の組 $x_1, x_2, \ldots, x_n$ で，あらかじめ与えられた加法と乗法の何らかの列（上の多項式 $p$ を生み出すもの）によって 0 を生ずるものがあるかどうかを知ること，になる．

さてヒルベルトの第 10 問題を，対応する mod 2 算術の問題，(∗) が 0 か 1 の値を取る $x_1, x_2, \ldots, x_n$ と ＋ と ・ を mod 2 の和と積だと解釈することによって置き換えることを考えてみよう．そうすれば任意の計算についての問題を命題論理での問題である**充足可能性問題**（satisfiability problem）へと落とし込むことができる．これは，$x_i$ が値 0 と 1 しか取らないときは (∗) の解は単に有限個の場合を調べればよいから，解答可能である．

しかし，充足可能性問題はそれでも興味深い．というのは，3.6 節で指摘したように，それは NP に属しているが，P に属するかどうかは知られていないからである．解答の自明な方法としては (∗) に列 $(x_1, \ldots, x_n)$ のすべての $2^n$ 個の値を代入することであるが，これよりも実質的に速い解答方法は知られていない．スティーヴン・クックは Cook (1971) で，充足可能性問題がどの NP 問題とも同様に難しいことを示した．その理由として，彼は，もしそれが多項式時間で解答可能であれば**どのような** NP 問題も多項式時間で解答可能であることを提示して見せた．このように NP 問題の困難性はすべてこの mod 2 の問題一つに凝縮されている．（このような問題——そして現今では多くのそういった問題が知られている——は NP **完全**と呼ばれている．）

一般的な計算と NP 計算が多項式による方程式の言葉で書かれた単純な表現を共有していることは一驚に値する．しかし，当面のところ，この共通する表現を手にしてみても，いかにも取りつく島のない問題「NP ≠ P？」に関しては，これといった光を注いでくれてはいない．

## 3.11 哲学的な雑記

この章では，小学校三年生の算術から解答不能性と不完全性の深みにまで——何かしらたっぷりして一風変わったところまでの著しい変貌を遂げて——澱むところなく進んできたように思われる．どこで，もしどこかにあるのなら，初等的

数学と高等的数学の間の一線を超えたのだろう？　筆者の考えるところでは，それはテューリング機械の定義では**ない**．テューリング機械があまねく数学者の教育の一部になっているわけでないことは認めざるを得ない．しかし筆者としては，次の理由から，これはそうなってしかるべきだと信じている．

1. 計算は今や数学の基礎にある概念の一つである．
2. テューリング機械の概念は計算についての最も単純で，最も説得力を持つものである．
3. この概念は実際にとても単純である——十進数字の加法や乗法のアルゴリズムと比べてことさらに複雑であるわけではない．

もしこの程度までが認められるならば，計算理論の高等的な段階は，チャーチのテーゼ——計算可能性を数学の一部分にすること——ないし，停止問題の解答不能性を証明するために用いられる「自己言及」のトリックで始まらなければならない．

　チャーチのテーゼと自己言及のトリックは，それらが簡単なことであるにもかかわらず深いアイデアとして考察できるし，またそれゆえ，高等的数学の一部と考えられる．それらは次のような意味で奥深いものである．すなわち，それ以前の数千年もの数学史では表立って明かされることがなかったという意味で，そしてその発見以来打ち建てられてきた数理論理学と集合論の大伽藍を下支えし，支持してきたのだという意味からも．そこでこれらの言明をもう少し押し広げてみよう．

　数千年もにわたって数学者たちは計算を行ってきており，したがって計算の**概念**は，はっきりとしたものではなかったとはいえ，常に存在し続けてきた．数学者たちはまた多かれ少なかれぼんやりと漂っている概念の定式化に取り組み続けてきた．これはエウクレイデスの『原論』における「幾何学」の概念の定式化に始まったが，ようやく1900年あたりから，ペアノがPeano (1889)によって自然数に対する公理を立てて「算術」を形式化し，またツェルメロがZermelo (1908)によって集合の公理を立てて「集合論」を形式化したことによって歩調を高めることになった．しかし形式化は，ゲーデルがGödel (1931)で数論と集合論に対するすべての体系の不完全性を——算術の形式化を完全に行うことは詰まるところ不可能であると示すことによって——証明し，厳しい後退を余儀なくされた．

ゲーデルは，自分の議論が計算可能性の概念もやはり形式化できないことを示すものであろうと考えた．彼は，テューリング機械の概念を見たときに自分は間違っていたと確信し，その後の論文 Gödel (1946) で，計算可能性の形式化が可能であることは「一種の奇跡」であると宣言した．

このように，もしチャーチのテーゼが正しいとすれば，計算可能性は事実として算術の概念よりも精緻で絶対的な概念である！　これは確かに深くまた素晴らしい発見である．

さて「自己言及」のトリックに立ち戻ろう．これによって，すなわち，仮想的な機械 $T$ とそれ自身の記述 $d(T)$ とに向き合うことによって，どのようなテューリング機械 $T$ も停止問題を解くことができないことが証明される．上の 3.8 節で指摘したように，同様なアイデアは哲学や文学（例えばドン・キホーテ）においては何世紀も前に，ただしパラドクスとして——そう，ちょっと楽しめる，また考えさせられるものとして，現れていたが，多くの帰結をもたらすものではなかった．数学的な翻案は壮大と言ってよい結果，すなわち，まったく予期されなかった解答不能性の存在や初等的数学における不完全性をもたらしている．

自己言及のあまり逆説的でない類型は**対角線論法**あるいは**対角線構成**として知られている．この対角線構成は 9.7 節でもっと詳しく論じられる．しかしそれが実際にテューリングの出発点であったから，ここでプレビューを行っておくのも意味があるだろう．

十進無限小数で表された実数の表 $x_1, x_2, x_3, \ldots$ が与えられたとき，対角線構成というのは，**どの $x_n$ とも異なった数** $x$ を，各 $x_n$ とはそれぞれ $n$ 桁目が異なっているように算出するものである．この構成法が「対角線」構成と呼ばれるのは，$x$ の桁が $x_1, x_2, x_3, \ldots$ の桁の配列の対角線に並んでいるものを**避ける**ように取られていくからである（図 3.5 を参照）．さて，$x_1, x_2, x_3, \ldots$ が**計算可能な数の計算可能な表**であれば，$x$ もやはり計算可能である（対角線上の桁を避けるための特定の規則を用いることによって，例えば 1 を避けるために 2 を取り，1 以外の桁を避けるために 1 を選ぶことにすればよい）．このように表 $x_1, x_2, x_3, \ldots$ はすべての計算可能な数を網羅することはない．

この議論がなぜ停止問題へと導くのかを見るために，計算可能な数をテューリング機械と結びつけよう．論文 Turing (1936) の題名「計算可能な数 $\ldots$」が物語っているように，彼の機械の最初の応用は計算可能な実数を定義することで

$x_1$  0.1374...
$x_2$  0.9461...
$x_3$  0.2222...
$x_4$  0.3456...
⋮

**図 3.5** 避けるべき対角線の桁.

あった．チューリングは実数 $x$ の計算可能性を次のように定義した．すなわち，もし一台の機械で $x$ の十進小数表示の桁を，その機械のテープの空白の四角形に次々と，あとから消去することなく印刷していくものが存在するならば，$x$ は**計算可能**である．彼は，桁を生み出す計算には無限に多くの余分な空白の四角形が残されていることを約定として入れることを選んだが，それでも他の約定はすべて可能である．彼の定義の重要な部分は

1. 各 $n$ に対して，$x$ の $n$ 番目の桁は結局は印刷される．
2. 一度印刷された桁は決して変えられることがない．

そこで「計算可能な数 $x_1, x_2, x_3, \ldots$ の**表**」が計算可能であることを定義する．もし何らかのチューリング機械であって，機械を記述する表でその上にある $n$ 番目の機械が $x_n$ を定義するもの，を算出するものが存在するならば，その計算可能な数の表は計算可能であるとする．対角線構成は今や数 $x_1, x_2, x_3, \ldots$ のそれぞれとは異なった計算可能な数 $x$ を与えることができる．したがってここに至って，計算可能性の完全な概念が存在することに確信が持てなかった人たちにとって，その定義は不完全に終わることの**証明**がここに提示されたわけである．

しかしチューリングは計算可能な数の完全な概念を手にしていると確信していた．それで彼は異なった結論を引き出した．すなわち，**すべてのチューリング機械が計算可能な数を定義するというわけではないし，また，［その中から］計算可能な数を定義する機械［を選び出してそ］の一覧表を算出することは不可能である**．難しさが生じる部分は上記の二つの条件を確認するというところにある．このためには機械の未来での振る舞いの全体を知ることが必要になろう．計算可能な数を定義する機械を拾い上げるためには何が必要であるのかを考察することによって，チューリングは根底に横たわる困難を見出した．停止問題（halting problem）である．彼が停止問題の解答不能性（unsolvability）をどのような過

程で証明するに至ったのかがここにある．この解答不能性に対してはその後もっと直接的な証明が与えられた．上の3.8節ではこれに類似したものを紹介した[2]．

---

[2] 筆者が見た中でのこういった証明の最初のものは Hermes (1965), §22, p.145 にある．

# 4

## 代 数

### あらまし

　古典的な代数はニュートンが「普遍算術」と呼んだものであった．すなわち，未知数のための記号を含んだ計算（calculations）であり，数の計算と同じ規則に従っていた．この視点は今日の初等的数学においても未だに生きているが，それでも**規則そのもの**へ，そしてそれを満たす異なった数学的な構造へと意識が向けられるようになってきている．

　この転換の理由は，代数がもともとの到達点としていた多項式による方程式の代数的な解法に到達できないことにあった．事実，1831 年にガロアは，方程式の次数が 5 以上の場合，一般にはその係数から出発して，根を四則演算, $+, -, \cdot, \div$ に加えていわゆる**根号** $\sqrt{\ }, \sqrt[3]{\ }, \sqrt[4]{\ }, \ldots$ を組み合わせても表すことができないことを証明した．この証明には，代数的な演算とそれらが満たす規則についての理論が必要となる．この代数的な演算についてのガロアの理論は初等的数学の展望を超えるものであるが，それを支える道具立ての中でも**体**の理論などはその限りではない．

　体は通常の算術の規則を満たす四則演算, $+, -, \cdot, \div$ を保持した体系である．したがって，体とか，それと関連する体系である**環**（演算 $\div$ を前提しない体系）には算術において馴染んでいる計算法や概念が取り込まれている．実際のところ，算術は余り付きの除法と合同の概念を伴って体論の展開に刺激を与え，この体論は当初考えられていた枠組みを遥かに超えた応用の面でその有用性を実証している．体論こそ新しい「普遍算術」であると見ることは正鵠を射ているといえ

なくもない．

さらに驚くべきことは，体論はまた代数学と幾何学の間の橋渡しを行う．この二つは**線型空間**の概念と**線型代数**の技術によって結ばれている．この章では線型空間の代数学的な側面を展開し，幾何学的な側面は次章で取り扱う．

## 4.1 古典的代数

「代数（algebra）」という言葉はアラビア語の *al-jabr* という語から来ており，その意味は「元に戻す（restoring）」である．これはスペイン語，イタリア語や英語でも一時は一般的に，折れた骨を元通りにするという意味で用いられていた．数学的な意味では，この語は 850 年のアル＝フワリズミ[†]（Al-Khwārizmi）の著書〈*Al-jabr w'al mûqabala*〉から来ており，大雑把には方程式の操作を意味する．アル＝フワリズミの代数は 2 次方程式の根までしか扱っていないが，それはすでに古代ギリシャ，中東アジア，インドではよく知られていた．ともかくも，アル＝フワリズミの代数は中世ヨーロッパにしっかりと根づいていった（彼の名前は「アルゴリズム（algorithm）」という言葉の元にもなっている）．そしてまた今日では「高等学校の代数」として知られている記号算術にまで発展してきた．

アル＝フワリズミの代数の典型的な操作は 2 次方程式を解くための「平方完成」の技である．例えば方程式

$$x^2 + 10x = 39$$

が与えられたとき，25 によって $x^2 + 10x$ は平方に完成される．すなわち，

$$(x+5)^2 = x^2 + 10x + 25$$

である．したがって，与えられたもとの方程式の両辺に 25 を加えて，

$$x^2 + 10x + 25 = 39 + 25 = 64$$

---

[†] 訳注：昨今の数学史学界では定冠詞の 'Al' を除いて「フワーリズミー」とするが，本書では従前の「アル＝フワリズミ」を採る．

となるから,
$$(x+5)^2 = 64 = 8^2$$
であり,よって
$$x + 5 = \pm 8$$
であるから,
$$x = -13 \quad \text{または} \quad x = 3$$
が得られる.

実際はアル＝フワリズミは負数の解にはたどり着けなかった.というのは,彼は $x$ が長さを表しているとして幾何学的な議論を展開することによって彼の操作を正当化していたからである.この議論の方式は,エウクレイデスの権威が保ち続けられていたイスラム世界やヨーロッパで何世紀にもわたって存続していた.上の例では,アル＝フワリズミは $x^2 + 10x$ を一辺が $x$ の正方形が二つの面積 $5x$ の長方形を図 4.1 のように配置されて伴っているものと解釈してこの問題に取り掛かる.

そして図 4.2 のように一辺の長さ 5 の正方形（面積は 25）を追加して,文字通り正方形を完成する.

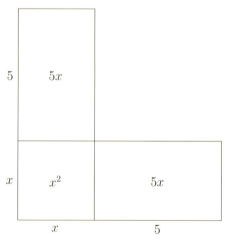

図 4.1　未完成の正方形としての $x^2 + 10x$.

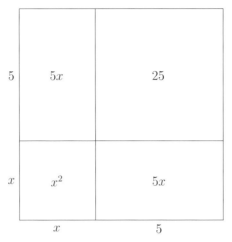

図 4.2  完成された正方形 $x^2 + 10x + 25 = (x+5)^2$.

このとき，$x^2 + 10x = 39$ であるから，完成された正方形は面積 $39 + 25 = 64$ を持っている．よってこの正方形の一辺は $8$ である．したがって $x = 3$ が得られる．

負の解は負数が受け入れられるまで待たなければならなかった．しかもそれは中東アジアやヨーロッパではかなりゆっくりとした流れに乗って生じた．インドでは負数はすでにブラフマグプタの著作 Brahmagupta (628) で認められていた．彼は負数を用いて一般の 2 次方程式 $ax^2 + bx + c = 0$ の完全な解答，すなわち現在の記法での解

$$x = \frac{-b \pm \sqrt{b^2 - 4ac}}{2a}$$

を得ていた．

ブラフマグプタとアル=フワリズミ以降では，代数における本質的な最初の進展は 16 世紀における 3 次方程式の解になる．これはイタリアの数学者デル・フェルロとタルターリアによってなされた．彼らは特に方程式

$$x^3 = px + q$$

の解

$$x = \sqrt[3]{\frac{q}{2} + \sqrt{\left(\frac{q}{2}\right)^2 - \left(\frac{p}{3}\right)^3}} + \sqrt[3]{\frac{q}{2} - \sqrt{\left(\frac{q}{2}\right)^2 - \left(\frac{p}{3}\right)^3}}$$

を［それぞれが独立に］見つけた．これは**カルダーノの公式**として知られているが，カルダーノによって彼の著書『偉大なる技術』，Cardano (1545) で出版されたことによる．この驚くべき公式は数学の発展に大きく影響を与えた．特に，この公式は数学者たちに $\sqrt{-1}$ のような「仮想数 (imaginary number)」を考察せざるを得ないところへと導いた．ボンベルリが著書 Bombelli (1572) で注視したように，このような数はどうといったところのない方程式

$$x^3 = 15x + 4$$

をカルダーノの公式によって解こうとすると現れてしまう．この方程式は明らかな根として $x = 4$ を持っているのだが，カルダーノの公式に当てはめると，その解は

$$\begin{aligned}x &= \sqrt[3]{2 + \sqrt{2^2 - 5^3}} + \sqrt[3]{2 - \sqrt{2^2 - 5^3}} \\ &= \sqrt[3]{2 + \sqrt{-121}} + \sqrt[3]{2 - \sqrt{-121}} \\ &= \sqrt[3]{2 + 11\sqrt{-1}} + \sqrt[3]{2 - 11\sqrt{-1}}\end{aligned}$$

となる．ボンベルリはこの公式による解において，「仮想的な」数 $i = \sqrt{-1}$ は通常の「実」数と同じ計算規則に従うと仮定し，それから明らかな根を引き出すことができた．実際，そうだとすれば，

$$2 + 11i = (2 + i)^3 \quad \text{および} \quad 2 - 11i = (2 - i)^3$$

であるから，

$$\sqrt[3]{2 + 11i} = 2 + i \quad \text{および} \quad \sqrt[3]{2 - 11i} = 2 - i$$

であり，したがって，

$$\sqrt[3]{2 + 11i} + \sqrt[3]{2 - 11i} = (2 + i) + (2 - i) = 4$$

である．これが証明すべきことであった！

ここで一つの疑問が浮かび上がる．実と仮想の数が従う「計算の規則」とはいったい何物なのか？　この疑問に答えようとすれば**代数的な構造**へと導かれるのだが，これは 19 世紀に展開されたさらに抽象的な代数学へのアプローチである．それについてこのあとの幾つかの節でもう少し検討しよう．しかしまずは，遂に代数的な構造をもたらすことになった問題に鋭く焦点を当てて解説すべきであろう．

## 根号による解

上記の 2 次と 3 次の方程式の公式は方程式の根をその係数によって $+, -, \cdot, \div$ にいわゆる根号 $\sqrt{\ }, \sqrt[3]{\ }$ を加えて表示している．もちろん，「根号 (radical)」は「根 (root)」を表すラテン語の *radix* から来ている．また 3 次方程式の解が見つかった直後には，カルダーノの生徒フェルラーリは一般の 4 次方程式の解がやはりその係数から $+, -, \cdot, \div$ と根号 $\sqrt{\ }, \sqrt[3]{\ }, \sqrt[4]{\ }$ の組み合わせによって表されることを発見した．

これにより，同様な解を 5 次方程式やさらに高次の方程式に対しても，もちろんさらに根号 $\sqrt[4]{\ }, \sqrt[5]{\ }$ 等々を用いて，見つけようという動きに拍車をかけた．この探索の目標は**根号による解**と呼ばれた．

ところが，一般の 5 次方程式

$$ax^5 + bx^4 + cx^3 + dx^2 + ex + f = 0 \quad (a \neq 0)$$

の根号による解はまったく見つからなかった．1800 年あたりなると，一般の 5 次方程式は根号では解け**ない**のではないかという疑念が大きくなってきており，ルッフィーニは長大なる Ruffini (1799) でそれを証明しようと試みた．ルッフィーニの 300 ページに及ぶ試みは長すぎてしかも明瞭さも十分であるとはいえなかったので，彼の同時代の人々の確信を得ることができなかったのだが，アーベルの論文 Abel (1826) による有効な証明の予兆ではあった．皮肉なことに，アーベルの遥かに短い証明はあまりにも簡潔にすぎて，当時のほとんどの人たちにはやはり理解されなかった．アーベルの非可解性証明に対する疑念はようやくハミルトンの著作 Hamilton (1839) によって払拭された．

その間，劇的に新しくまた優雅な非可解性証明が1831年に現れていた．これもまた初めのうちは理解されず，出版されたのは遅れて1846年のことであった．これこそガロアの証明に他ならない．彼は今では**体**と**群**と呼ばれる二種類の代数構造に着目して根号による解の本性に新しい光を投げかけた．

この体の幾つかの例は数学ではすでによく知られていた．最も重要な例は加法と乗法の演算を持つ有理数の体系 $\mathbb{Q}$ であり，これはすでに1.3節で紹介された．体 $\mathbb{Q}$ は正整数から演算 $+, -, \cdot, \div$ を施して得られる体系であると見ることができる．それらに無理数を混ぜ込めばもっと大きい体も得られる．無理数 $\sqrt{2}$ を混ぜ込めば（あるいは技術的な用語を用いて，「添加」すれば）体 $\mathbb{Q}(\sqrt{2})$ が得られるが，これは $a + b\sqrt{2}$（$a, b$ は有理数）の形の数の体である．無理数が $\mathbb{Q}$ に添加されれば，得られた体は対称性を持つ．例えば，$\mathbb{Q}(\sqrt{2})$ の要素の $a + b\sqrt{2}$ はその「共役」$a - b\sqrt{2}$ を持ち，これもやはりもとの $a + b\sqrt{2}$ と同じように振る舞う——$\mathbb{Q}(\sqrt{2})$ の数に関わるどのような [代数的な] 等式においても，各数を一斉にその共役で置き換えた等式はやはり正しい．

代数的な方程式の根が $\mathbb{Q}$ に添加されるときに生じる対称性を取り扱うために，ガロアは**群**という代数的な概念を導入し，さらに彼は，一つの方程式が根号で解けることがその方程式に付随する群の「可解性」と対応することを示すことができた．この特性により，一般の5次の場合を含む多くの方程式が根号では可解でないことを，それらの群が必要とされる「可解性」という特性を持っていないという理由によって，一撃のもとに証明できてしまうことになった．

群の概念は数学における最も重要な概念の一つになった．その理由は，対称性が知られるところではどのような状況においてもそれが有用であるからである．そんなわけで，筆者もそれを初等的な概念であると言わざるを得ないところに追い込まれてしまいそうである．方程式に関するガロアの理論のように，その最も感動的な応用は共にある**群論**の実質的な豊かさに負っている．だが思うに，むしろ，一般の群の概念は高等的数学にとっての鍵となるものの一つである．したがってまた，それは初等的数学のすぐ外側に位置している．

他方，体の概念は初等的数学の内側にあると考えられる．例えば $\mathbb{Q}$ といった重要な体には初等的なレベルで出会う．他の重要な初等的な概念である**線型空間**は体の概念に基づいている（4.6節を参照）．そして幾つかの初等幾何の古代の問題はその助けを借りれば容易に解決される（5.9節を参照）．以下の二つの節では，

算術の基本的な演算——加法, 減法, 乗法, 除法——とそれらの計算のための規則を反映させながら, 体の概念に迫ってゆく.

## 4.2 環

前節で指摘したように, 正整数に演算 $+, -, \cdot, \div$ を施して有理数の体系 $\mathbb{Q}$ にたどり着いた. しかしその手前で, まず演算 $+, -, \cdot$ だけを施した場合の効果を学ぶのが有益である. このときに手にするのが **整数**

$$\ldots, -3, -2, -1, 0, 1, 2, 3, \ldots$$

である. これらはすでに興味深い体系を構成している. それを $\mathbb{Z}$ と表す (すでに 1.3 節で説明したように, この記号はドイツ語の整数 "Zahlen" から来ている).

この $\mathbb{Z}$ は正整数をすべて含み, さらに, その二つの要素の和, 差, 積もまた要素であるような数の集まりの中で最小のものである. さらに $\mathbb{Z}$ の要素の計算のための規則は次の八つに集約され, これらを **環の公理** と呼ぶ.

$$
\begin{aligned}
a + b &= b + a & ab &= ba & &\text{(可換則)} \\
a + (b + c) &= (a + b) + c & a(bc) &= (ab)c & &\text{(結合則)} \\
a + (-a) &= 0 & & & &\text{(逆元則)} \\
a + 0 &= a & a \cdot 1 &= a & &\text{(恒等則)} \\
a(b + c) &= ab + ac & & & &\text{(分配則)}
\end{aligned}
$$

規則を集めたこの表は規則の個数を最小にするために考え抜かれた結果であり, 通常用いられる規則がこれらから導かれることは必ずしも自明ではない. 次の事実がどうしてこれら八つの規則から導かれるかを考えてみるとよい.

1. 各 $a$ に対して必ずただ一つ $a + a' = 0$ を満たす $a'$ がある. すなわち, $a' = -a$ である.
2. $-(-a) = a$.

3. $a \cdot 0 = 0$.
4. $a \cdot (-1) = -a$.
5. $(-1) \cdot (-1) = 1$.

　読者が考えている間に，筆者は環の公理のもう一つの様相を指摘するとしよう．この公理系は加法，乗法，および，**否定**（否定ないし**加法の逆元**，$a$に対する$-a$の形成）のみに関わっている．このことはもう一つの煮詰め技であり，減法の演算は加法と否定の組み合わせで得られることから表立って取り上げられていない．すなわち，差を

$$a - b = a + (-b)$$

によって定義する．

　さて上の五つの事実に戻ろう．最初のものは等式$a + a' = 0$の両辺に$-a$を加えれば得られる．こう言ってしまえば明らかだと聞こえるが，厳密に規則に従って実施するなら，実は幾つかのステップを踏むことになる．右辺は，$-a$を左から加えれば，恒等則によって確かに$-a$になる．左辺は

$$\begin{aligned}(-a) + (a + a') &= [(-a) + a] + a' &&\text{(結合則による)} \\ &= [a + (-a)] + a' &&\text{(可換則による)} \\ &= 0 + a' &&\text{(逆元則による)} \\ &= a' + 0 &&\text{(可換則による)} \\ &= a' &&\text{(恒等則による)}\end{aligned}$$

となる．そこで両辺が等しいとして$a' = -a$が得られる．

　次に$-(-a) = a$を証明するためには，まず$a' = -(-a)$が等式$(-a) + a' = 0$を満たすことが逆元則から分かる．しかしまた$a' = a$もそれを満たしている．実際，

$$(-a) + a = a + (-a) = 0 \qquad \text{(可換則と逆元則より)}$$

である．ところが上で見た事実1から，その解はただ一つである．よって$-(-a) = a$である．

　第3の事実，$a \cdot 0 = 0$，を見よう．まず

$$a \cdot 1 = a \cdot (1 + 0) \qquad \text{(恒等則から)}$$

$$= a \cdot 1 + a \cdot 0 \quad \text{(分配則から)}$$

に注目し，両辺に $-(a \cdot 1)$ を加えれば左辺は逆元則から $0$ である．他方右辺は結合則，可換則，逆元則を順に当てはめて $a \cdot 0$ になる．よって $a \cdot 0 = 0$ である．

次に $a \cdot (-1) = -a$ については，

$$\begin{aligned}
0 &= a \cdot 0 & \text{(事実3から)} \\
&= a \cdot [1 + (-1)] & \text{(逆元則から)} \\
&= a \cdot 1 + a \cdot (-1) & \text{(分配則から)} \\
&= a + a \cdot (-1) & \text{(恒等則から)}
\end{aligned}$$

に注意して，事実 1 から $a \cdot (-1) = -a$ を得る．

最後に，$(-1) \cdot (-1) = 1$ については，

$$\begin{aligned}
(-1) \cdot (-1) &= -(-1) & \text{(事実4から)} \\
&= 1 & \text{(事実2から)}
\end{aligned}$$

によって明らかである．

これらの $\mathbb{Z}$ についてのよく知られた事実を証明するのは時間の浪費ではない．なぜなら，これらの証明は上の八つの規則を満たす**他のすべての体系**に対しても適用されるからである．こういった体系は幾つもあり，それらは $\mathbb{Z}$ とまったく異なっている．例えば有限のものさえある．実際，このような体系を**環**（ring）と呼ぶのはおそらく有限の体系の例から来ているのだろう（図 4.3 を参照）．今後はこの八つの環の公理を**環の特性**と呼ぶことにする．

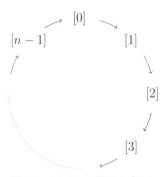

**図 4.3** Mod $n$ の算術の「環」．

## 有限環

　最も重要な有限環は［整数 $n > 1$ による］$\bmod n$ での合同の概念から生じるものであり，2.4節で導入された．そこで示された $\bmod n$ での算術の考え方は，要素が $1, 2, \ldots, n-1$ で，演算 $+$ と $\cdot$ が $\bmod n$ での加法と乗法である環において作業するもの，ということができる．この環の構成要員を**合同類** $[0], [1], [2], \ldots, [n-1] \bmod n$ とみなすのと同値であり，さらに便利である．ただし，この合同類は

$$[a] = \{\ldots, a - 2n, a - n, a, a + n, a + 2n, \ldots\}$$

であって，$a$ と $\bmod n$ で合同である整数のすべてから成り立っている．このとき，加法と乗法は単に

$$[a] + [b] = [a + b] \quad \text{および} \quad [a] \cdot [b] = [a \cdot b]$$

で与えられる．

　ここでの微妙な論点は，これらの演算が実際に**明確**に定義されていること，言い換えれば，それらが合同類の代表として選ばれた数 $a$ と $b$ の取り方に依存しないこと，を確認することである．もし代表としてそれぞれ別の $a'$ と $b'$ が選ばれたとき，

$$a' = a + cn \quad \text{および} \quad b' = b + dn$$

となる整数 $c$ と $d$ がある．よってこれら $a', b'$ を合同類 $[a]$ と $[b]$ の加法と乗法を定義するために用いれば，結果としては同じ合同類が定まる．実際，

$$[a' + b'] = [a + cn + b + dn] = [a + b + (c + d)n] = [a + b]$$

であり，また

$$\begin{aligned}
[a' \cdot b'] &= [(a + cn) \cdot (b + dn)] \\
&= [a \cdot b + adn + bcn + cdn^2] \\
&= [a \cdot b + (ad + bc + cdn)n] \\
&= [a \cdot b]
\end{aligned}$$

である.

さて，この定義は二つの大きい利点を持っている．

- 通常の $+$ と $\cdot$ をあいまいさのない形で用いることができる．合同類に用いられる場合には mod $n$ での加法と乗法を意味し，（角カッコ内の）数に対しては通常の加法と乗法を意味している．
- この mod $n$ での合同類に対する環の特性は $\mathbb{Z}$ から直ちに受け継がれる．例えば，$[a] + [b] = [b] + [a]$ については

$$\begin{align} [a] + [b] &= [a+b] & \text{(定義から)} \\ &= [b+a] & \text{($\mathbb{Z}$ での可換則から)} \\ &= [b] + [a]. & \text{(定義から)} \end{align}$$

このように，合同類 $[0], [1], [2], \ldots, [n-1]$ は mod $n$ での加法と乗法のもとで環になっている．この有限環では，その要員が直前の類に $[1]$ を mod $n$ で加えることによって自然に円の上に並べられており（図 4.3 参照），実際に「環の形」になっている．

その他の要素 $[a]$ による mod $n$ の加法もこの図に容易にはめ込まれる．各要素はこの円環を $a$ だけ進んだ位置に移される．しかしながら mod $n$ での乗法はもっと入り組んでいる．

有限環が $\mathbb{Z}$ と異なる一つの重要なところは，**乗法の逆元**が存在することである．環の要素 $x$ と $y$ が互いに乗法の逆元であるとは，$x \cdot y = 1$ が成り立つことである．したがって，$\mathbb{Z}$ においては（そしてすべての環において）1 は自分自身の逆元であり，$-1$ は自分自身の逆元である．しかし $\mathbb{Z}$ においては他の元はいずれも乗法の逆元を持たない．他方，mod $n$ 算術では乗法の逆元はかなり一般的である．時には 0 以外はすべて乗法の逆元を持つ場合もある．例えば，mod 5 算術では

$$\begin{align} [1] \cdot [1] &= [1] \\ [2] \cdot [3] &= [6] = [1] \\ [3] \cdot [2] &= [6] = [1] \\ [4] \cdot [4] &= [16] = [1] \end{align}$$

であり，[1], [2], [3], [4] のいずれもが乗法の逆元を持つ．次節では乗法の逆元が存在するための明確な条件を見ることにする．

## 4.3 体

有理数の体系 $\mathbb{Q}$ は $\mathbb{Z}$ から二つの整数 $m$ と $n \neq 0$ の商 $m/n$ をすべて集めてできあがっている．あるいは，もっと節約した言い方で，それは各整数 $n \neq 0$ の**乗法の逆元** $n^{-1} = 1/n$ を含めて得られる体系である．これは，逆数をとることとすでに付与されている乗法の演算とを組み合わせることによって，すべての分数 $m/n$ が得られるからである．分数 $\frac{m}{n} \neq 0$ の乗法の逆元は文字通り逆転させた分数 $\frac{n}{m}$ である．

これから，$\mathbb{Q}$ は次の九つの特性を持っているが，そのうちの八つは $\mathbb{Z}$ から受け継いだものであり，新たな九番目は各 $a \neq 0$ に対する乗法の逆元の存在である．

$$a + b = b + a \qquad ab = ba \qquad \text{(可換則)}$$
$$a + (b + c) = (a + b) + c \qquad a(bc) = (ab)c \qquad \text{(結合則)}$$
$$a + (-a) = 0 \qquad a \cdot a^{-1} = 1 \text{ ただし } a \neq 0 \qquad \text{(逆元則)}$$
$$a + 0 = a \qquad a \cdot 1 = a \qquad \text{(恒等則)}$$
$$a(b + c) = ab + ac \qquad \text{(分配則)}$$

もちろん，演算 $+$ と $\cdot$ はあらかじめ分数 $m/n$ にまで拡張しておく必要があり，これが名高い初等数学の頭痛の種（ときに後の人生にまで永続しかねないもの）である．それでも，ひとたび

$$\frac{m}{p} + \frac{n}{q} = \frac{mq + np}{pq},$$
$$\frac{m}{p} \cdot \frac{n}{q} = \frac{mn}{pq},$$

を認めてしまえば，分数に対する環の特性が整数についてのそれらから導かれること，また $n/m$ が $m/n$ の乗法的逆元であることはお定まりのやり方で確認さ

れる．

分数は有理数とは厳密な意味では同じではないことを付け加えておこう．というのは，多くの分数が**同一**の有理数を表すからである．例えば，

$$\frac{1}{2} = \frac{2}{4} = \frac{3}{6} = \frac{4}{8} = \cdots$$

である．したがって，ただ一つの構成員で対象の**類**を扱うというアイデアは，前節で合同類でやったことであるが，実際にはすでに小学校で――一つの類の分数が同一の数を表していることを目の当たりにする時点で――出会うアイデアである．一つの有理数を，それを代表するただ一つの分数と同一視しがちであるが，それも時には柔軟に対処すべきである．特に上では，等式

$$\frac{m}{p} = \frac{mq}{pq} \quad \text{および} \quad \frac{n}{q} = \frac{np}{pq}$$

を用いて，「通分」して加法の公式

$$\frac{m}{p} + \frac{n}{q} = \frac{mq}{pq} + \frac{np}{pq} = \frac{mq + np}{pq}$$

を得るために用いた．

すでに $\mathbb{Z}$ と環の場合にやったように，$\mathbb{Q}$ にとっての計算法則をそのままもっと一般的な概念である**体**と呼ばれるものの定義特性として取り上げる．すなわち，上記の九つの法則を**体の特性**ないし**体の公理**と呼ぶ．

体の例は多くあるが，そのうちには前節で見た有限環に含まれるものがある．その一つは，mod 5 での加法と乗法の下での合同類 $[0], [1], [2], [3], [4]$ が構成するものである．これらの剰余類が環を与えること，および，$[0]$ 以外の類が乗法の逆元を持つことはすでに見た．したがって，これらの合同類は体を構成する．これを $\mathbb{F}_5$ と表す．乗法的な逆元が存在する条件を調べれば，こういった有限体 $\mathbb{F}_p$ は無限個見つけられる．実際，各素数 $p$ に対して一つずつ存在する．

## 有限体 $\mathbb{F}_p$

合同類別 $\mod n$ での算術で類 $[a]$ が類 $[b]$ を乗法の逆元とするのは

$$[a] \cdot [b] = [1]$$

となるときである.（もっと大雑把に，$b$ は $a$ の mod $n$ での逆元であると言うことにしよう.）これは積の類 $[a] \cdot [b] = [ab]$ が類

$$[1] = \{\ldots, 1-2n, 1-n, 1, 1+n, 1+2n, \ldots\}$$

と一致することであり，また，整数 $k$ によって

$$ab = 1 + kn$$

と表されること，または書き換えて，ある整数 $k$ に対して

$$ab - kn = 1$$

となることである．

これは $a$ と $n$ とが公約数 $d > 1$ を持つならば可能ではない. 実際, このときは $d$ は $ab - kn$ を割り，よって $1$ を割ることになるからである．しかし，もし $\gcd(a, n) = 1$ であるならば，適当な $b$ を選ぶことができる．なぜなら，このときは，2.3 節から，

$$1 = \gcd(a, n) = Ma + Nn$$

となる整数 $M, N$ が見つけられるから，$b = M, k = -N$ とすればよい．

このように，$a$ が mod $n$ での乗法の逆元を持つのはちょうど $\gcd(a, n) = 1$ である場合である．（そしてこのとき，この逆元 $M$ は 3.4 節で与えられた拡張されたエウクレイデスの互除法で求められる.）特に $n$ が素数 $p$ である場合はすべての $a \not\equiv 0 \bmod p$ に対してこうなっており，したがって，**合同類** $[0], [1], [2], \ldots, [p-1]$ **は体を作っている**. この体を $\mathbb{F}_p$ と表す．

最も単純な例は mod 2 の算術の体 $\mathbb{F}_2$ であり，2.4 節で学んだ. この体はまた**命題論理**でも重要な役割を果たすことを第 9 章で見ることになるだろう. 実のところ，$\mathbb{F}_2$ は代数的な形での命題論理**である**.

## 4.4 逆元に関わる二つの定理

逆元の考え方は通常の算術でも古くからある考え方である[1]．よく承知してい

---

[1] 筆者が最も鮮明に記憶している小学校での記憶の一つは六年生のときの先生が「逆数」の意味を教

るように，引き算は足し算の進め方を逆転させ，また，割り算は掛け算のやり方を逆転させることである．しかし，「逆元」の概念の一般性は初めてガロアによって日の目を見ることになった．およそ1830年の頃である．そして有限体を発見したのは彼であった．この発見を19世紀の他の数学者たちが検討し直したとき，彼らは少し前の世紀に見つけられていた数論の定理の幾つかは逆数の考え方によって著しく明晰になることを実感した．二つのよく知られた定理を例示しよう．

## フェルマの小定理

フェルマは1640年に素数についての興味深い定理を発見した．それを $\bmod p$ での合同という言い方で述べれば，

$$もし a \not\equiv 0 \pmod{p} \text{ であり，} p \text{ が素数であるならば，}$$
$$a^{p-1} \equiv 1 \pmod{p} \text{ である．}$$

フェルマの証明は1.6節の二項定理を用いたものであったが，もっと透明感のある証明が $\bmod p$ での逆数を用いて得られる．

条件 $a \not\equiv 0 \pmod{p}$ は類 $[a]$ が合同類 $[1], [2], \ldots, [p-1]$ の中の一つであることを意味する．もしこれらの類のそれぞれに一斉に $[a]$ を掛ければ，$p$ が素数であるから，$[0]$ とは異なる $p-1$ 個の類

$$[a][1], [a][2], \ldots, [a][p-1]$$

が得られる．これらはすべて異なっている．というのは，$p$ が素数であるから，これらに $[a]$ の逆元を掛けて異なった類

$$[1], [2], \ldots, [p-1]$$

が回復されるからである．これは

---

えたときのことである．分数でどのように割るのかを教えようと言って最前列の最も小さい男の子を前に呼び出した．そして，まったく何も言わないで，彼はその子を床から持ち上げて**彼を真っ逆さまにひっくり返した**．そして先生が言ったのは，これこそ分数での割り算だ，「それをひっくり返して掛けなさい．」

$$[a][1],\ [a][2],\ \ldots,\ [a][p-1]$$

が（単に並ぶ順序が入れ替わっただけで）全体として

$$[1],\ [2],\ \ldots,\ [p-1]$$

と同じ類の集まりであることを意味している．

したがって，それらすべてを掛け合わせたものは一致する．すなわち，

$$[a]^{p-1} \cdot [1] \cdot [2] \cdots [p-1] = [1] \cdot [2] \cdots [p-1]$$

である．そこで両辺に積 $[1] \cdot [2] \cdots [p-1]$ の逆元を掛ければ，

$$[a]^{p-1} = [1], \quad \text{言い換えれば}, \quad a^{p-1} \equiv 1 \pmod{p}$$

が得られる．

これが**フェルマの小定理**として今日知られているものである．（「小定理」というのは，これは彼の $n$ 乗数の和についての「最後の」定理ほどは大きくないからである．）フェルマ自身が見つけた最初の形では

$$a^p \equiv a \pmod{p}$$

であるが，これは今の場合，上で得た合同式の両辺に $a$ を掛ければ得られる．

## オイラーの定理

1750 年頃，オイラーはフェルマの小定理に対して上記のものとかなり近い形の証明を与え，さらにこの定理を一般の $n$ に対する mod $n$ での合同について拡張した．もちろん $n$ は素数である必要はない．合同類と逆元の言葉によって，証明は次のように運ばれる（ただし**可逆**という語で「逆元を持つこと」を意味する）．

さて，mod $n$ での合同類の中で可逆な類が全部で次の $m$ 個，

$$[a_1],\ [a_2],\ \ldots,\ [a_m]$$

であるとする．これらのそれぞれに一斉に可逆な類 $[a]$ を掛ければ，$m$ 個の類

$$[a][a_1],\ [a][a_2],\ \ldots,\ [a][a_m]$$

が得られるが,これらはすべて可逆であり,しかも $[a]$ の mod $n$ での逆元を掛ければもとの類に戻ることから,すべて異なる.よってこれらはもとの $m$ 個の類と全体として同じであり,それぞれをすべて掛け合わせれば等しくなる.すなわち,

$$[a]^m \cdot [a_1] \cdot [a_2] \cdots [a_m] = [a_1] \cdot [a_2] \cdots [a_m].$$

そこで $[a_1] \cdot [a_2] \cdots [a_m]$ の逆元を両辺に掛ければ,

$$[a]^m = [1], \quad \text{言い換えれば,} \quad a^m \equiv 1 \pmod{n}$$

が得られる.ここで $m$ は mod $n$ での可逆な類の個数であった.

さて前節から,mod $n$ での可逆な類 $[a]$ はちょうど $\gcd(a,n) = 1$ であるような $a$ で代表されるものであった.したがって,$m$ は $1, 2, \ldots, n-1$ の中のどれだけ多くの $a$ が $n$ との gcd 1 を持つかで定まる.このような数はまた $n$ **と相対的に素である**といわれる.それらの個数を $\varphi(n)$ と表し,$\varphi$ を**オイラーの $\varphi$ 関数**という.オイラーの定理は通常 $\varphi$ 関数を用いて記述される.すなわち,

$$\text{もし } \gcd(a,n) = 1 \text{ ならば} \quad a^{\varphi(n)} \equiv 1 \pmod{n}.$$

オイラーの定理を図解するために,8 と相対的に素な数を考えよう.それらは $1, 3, 5, 7$ で代表される.よって mod 8 での可逆な類は

$$[1], \quad [3], \quad [5], \quad [7]$$

の四つである.上の議論から 8 と相対的に素な $a$ に対しては

$$a^4 \equiv 1 \pmod{8}$$

が必ず成り立つ.例えば,$a = 3$ については $a^4 = 81$ であり,確かに $\equiv 1 \pmod{8}$ である.

最近では,オイラーの定理は数学の定理の中でも最もよく使われるものの一つである.というのも,これはインターネットでの取引で用いられている RSA 暗号で欠くべからざる位置を占めているからである.筆者は RSA については今後も一切踏み込むことはない.というのも,これは今では数論のほとんどの紹介記事で取り上げられているからである.

## 4.5 線型空間

　線型空間の概念は20世紀になるまでははっきりと口にされることはなかった．したがって，これは大層抽象的で洗練されたものだと考えられるかもしれない．ある意味では正しい．というのは，それはすでに抽象的な体の概念の上で構築されるからである．しかしまた別の意味からは正しくない．なぜなら，それは2000年以上もさかのぼることができるとても初等的な話題——**線型代数**——の基礎であるからである．数学史における言い草の一つというわけではないが，線型代数は，長い間，**あまりにも**初等的であるからわざわざ取り上げて研究する価値があるとは考えられなかった．

　多項式による方程式の大雑把な概説を4.1節で与えたが，線型方程式

$$ax + b = 0$$

は飛ばしてしまっていた．その理由も簡単すぎて検討するに能わなかったからである．それでも幾つかの未知数についての連立一次方程式を解くことはそんなには単純でない．実のところ，この問題はすでに2000年以上前に現在やられているのととても似た方法を用いて行われていた．この方法についてここで思い出しておく必要があるのは，それが演算 $+, -, \cdot, \div$ を用いれば済んでしまうことである．したがって，もしその方程式の係数が一つの体に属しているならば，解もまさにその同じ体に属していることである．

　この指摘をしておけば，線型代数のからくりが**体**の概念を表には出ない形で含んでいることを示すのに十分であろう．線型代数の初心者にとっては，体は通常**実数**の体系 $\mathbb{R}$ とされているが，これについては第6章で検討する．しかし体としてはもちろん $\mathbb{Q}$ とか，$\mathbb{F}_p$ とか，他のどういった体であってもよい．

　体が $\mathbb{R}$ である場合は，二変数の線型方程式は平面 $\mathbb{R}^2$ での直線を表している．これが，詰まるところ，このような方程式を「線型」と呼ぶ理由である．三変数の一つの線型方程式は三次元空間 $\mathbb{R}^3$ の一枚の平面を表し，等々と続く．もちろん，「空間」とか「線型空間」といった言葉の由来は，$\mathbb{R}, \mathbb{R}^2, \mathbb{R}^3$ がすべて線型空間の例であることによる．これらの空間の要素である**ベクトル**（vector）はそこでの点であり，点を加えるとか点に数を掛けるとかの規則が定められている．最も簡単な $\mathbb{R}$ の場合はこれらの演算は通常の加法と乗法である．高次元空間の場合

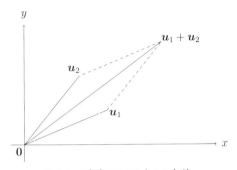

図 4.4 平面でのベクトルの加法.

は，それらはそれぞれ**ベクトルの加法**，**スカラー倍**と呼ばれる．

図 4.4 は平面 $\mathbb{R}^2$ での加法がどうなっているかを示している．平面 $\mathbb{R}^2$ の点は順序対 $(x, y)$ であり，加法は次のように「座標ごとに」行われる．

$$(x_1, y_1) + (x_2, y_2) = (x_1 + x_2, y_1 + y_2).$$

したがって，二点 $\boldsymbol{u}_1 = (x_1, y_1)$ と $\boldsymbol{u}_2 = (x_2, y_2)$ の和は三点 $\boldsymbol{0} = (0,0), \boldsymbol{u}_1 = (x_1, y_1), \boldsymbol{u}_2 = (x_2, y_2)$ を頂点とする図のような平行四辺形の四番目の頂点である．

この図から見て取れるように，ベクトルの加法の概念は幾何学的な内容を持っている．またスカラー倍の概念

$$a(x, y) = (ax, ay)$$

も同様であり，$\boldsymbol{0}$ から $(x, y)$ への線分を因数 $a$ で**拡大**することである．実際，線型空間の概念は代数と幾何の中間点に位置すると見られる．一方では，代数は多くの幾何の問題をお定まりの計算に帰着させるが，他方，幾何学的な直感は**次元**といった概念を示唆し，それによって代数的な議論を導いていくことができる．次元の概念は次節で検討される．さて，いよいよ線型空間の定義を示すときが来た．

体 $\mathbb{F}$ と演算 + を持つ対象の集合 $V$ が与えられたとき，以下の諸条件が満たされれば $V$ は $\mathbb{F}$ **上の線型空間**であるという．まず + は加法の通常の性質を持つ．すなわち，$V$ の要素 $\boldsymbol{u}, \boldsymbol{v}, \boldsymbol{w}$ に対して

$$u + v = v + u,$$
$$u + (v + w) = (u + v) + w,$$
$$u + 0 = u,$$
$$u + (-u) = 0,$$

が成り立つ．[また $V$ の要素を伝統的に「ベクトル（vector）」という．]特に，$V$ にはゼロベクトル $0$ が存在し，また，ベクトル $u$ に対して逆元 $-u$ が存在する．次に，$\mathbb{F}$ の要素（「スカラー」）によるベクトルへの掛け算（「スカラー倍」）がなくてはならない．これは $\mathbb{F}$ における乗法と両立し，さらに $\mathbb{F}$ の加法をベクトルの加法と両立させる．すなわち，$\mathbb{F}$ に含まれる $a, b$ と $V$ に含まれる $u, v$ に対して，

$$a(bu) = (ab)u,$$
$$1u = u,$$
$$a(u + v) = au + av,$$
$$(a + b)u = au + bu,$$

が成り立つ．線型空間は，これらを合わせた八つの特性と，それらに先行して体 $\mathbb{F}$ を定義する九つの特性を合わせることによって定義される．これは確かに大仕掛けである．それでもこれらすべての特性は通常の数の計算においてすでに馴染みがある規則と似通っている．したがって，線型空間における計算はほとんど考えることなしにやっていける．

このような計算によって，上で $\mathbb{R}^2$ に対して定義された線型空間の加法とスカラー倍の乗法が八つの条件を満たしていることは容易に確かめられる．したがって，$\mathbb{R}^2$ は $\mathbb{R}$ 上の線型空間である．さらに実数の $n$ 組の空間 $\mathbb{R}^n$ に対して同様にベクトルの加法とスカラー倍を定義して，これがやはり $\mathbb{R}$ 上の線型空間であることが示される．

まったく別物の興味深い例は集合

$$\mathbb{Q}(\sqrt{2}) = \{a + b\sqrt{2} \mid a, b \in \mathbb{Q}\}$$

である．ただし $a, b \in \mathbb{Q}$ は $a$ と $b$ は集合 $\mathbb{Q}$ に属していることを意味する．この集合は，たまたまそれ自身一つの体であるが，体 $\mathbb{Q}$ 上の線型空間でもある．ベク

トルの加法の演算は数としての通常のものであり，スカラー倍も通常の乗法——ただし一方は有理数によるもの——である．数 $a+b\sqrt{2}$ の「座標」として $a$ と $b$ を取れば，ベクトルの加法は「座標ごと」——

$$(a_1 + b_1\sqrt{2}) + (a_2 + b_2\sqrt{2}) = (a_1 + a_2) + (b_1 + b_2)\sqrt{2}$$

——になっており，$\mathbb{R}^2$ での加法と似ている．事実としては，$\mathbb{Q}$ 上の線型空間として $\mathbb{Q}(\sqrt{2})$ は **2次元**である．この次元数が $\sqrt{2}$ の次数，すなわちそれを定義する多項式による方程式 $x^2 - 2 = 0$ の次数と同じであることは単なる偶然ではない．これは次節で示される．

この例は，線型空間の概念がどのように代数と幾何の中間に位置しているのかをうまく示している．

## 4.6　線型従属，基底，次元

平面 $\mathbb{R}^2$ の次元が 2 であることは，その二本の座標軸から，あるいは，二本の単位ベクトル $\boldsymbol{i} = (1,0)$ と $\boldsymbol{j} = (0,1)$ の方向から見て取れる．これら二本のベクトルは $\mathbb{R}^2$ を**張る**，すなわち，どのベクトルもそれらの**線型結合**

$$(x,y) = x\boldsymbol{i} + y\boldsymbol{j}$$

として表される．また，$\boldsymbol{i}$ と $\boldsymbol{j}$ とは**線型独立**である，すなわち，どちらのベクトルも他方のスカラー倍ではない．言い換えれば，

$$a,b \in \mathbb{R}\ \text{に対して，}\ a = b = 0\ \text{でない限り}\quad a\boldsymbol{i} + b\boldsymbol{j} \neq \boldsymbol{0}$$

である．これら二つの特性——全体を張ることと線型独立であること——は，二本のベクトル $\boldsymbol{i}$ と $\boldsymbol{j}$ とが $\mathbb{R}^2$ の $\mathbb{R}$ 上での**基底**になっていることを意味している．

ここで，体 $\mathbb{F}$ 上の線型空間 $V$ の基底を定義しよう．これは，$V$ のベクトルの集合 $\{\boldsymbol{v}_1, \boldsymbol{v}_2, \ldots, \boldsymbol{v}_n\}$ が次の二つの特性を持っていることをいう．

1. ベクトル $\boldsymbol{v}_1, \boldsymbol{v}_2, \ldots, \boldsymbol{v}_n$ は体 $\mathbb{F}$ 上で $V$ を張る，すなわち，各 $\boldsymbol{v} \in V$ に対して $a_1, a_2, \ldots, a_n \in \mathbb{F}$ で

$$\boldsymbol{v} = a_1\boldsymbol{v}_1 + a_2\boldsymbol{v}_2 + \cdots + a_n\boldsymbol{v}_n$$

となるものが存在する．
2. ベクトル $v_1, v_2, \ldots, v_n$ は体 $\mathbb{F}$ 上で線型独立である．すなわち，$a_1, a_2, \ldots,$ $a_n \in \mathbb{F}$ に対して

$$a_1 v_1 + a_2 v_2 + \cdots + a_n v_n = \mathbf{0}$$

であるのは $a_1 = a_2 = \cdots = a_n = 0$ である場合に限る．

このような基底を持つ空間は**有限次元である**といわれる．「次元」がどのように与えられるのかは間もなく示される．すべての線型空間が有限次元であるわけではない．この性質は線型空間に前提される体に依存している．例えば $\mathbb{R}$ は有理数の体 $\mathbb{Q}$ 上では無限次元である［――すなわち，有限次元ではない］．とはいえ，無限次元の空間となると，これはもはや高等的数学に属するものである．したがって，初等的数学においては有限次元の空間のみが考察される．この場合は重要な特性，**すべての基底は同一の個数のベクトルで構成される**ことを示すことができる．

そのためには次の単純だが格好のよい結果を用いる．これはシュタイニッツの名を冠して呼ばれるが，その理由は論文 Schteinitz (1913) に現れているからである．しかし実際はグラスマンによる結果で，Grassmann (1862), Ch. 1, Section 1 で与えられた．

**Steinitz の交換補題．** もし $n$ 個のベクトルが線型空間 $V$ をスカラーの体 $\mathbb{F}$ 上で張るならば，どの $n+1$ 個のベクトルも線型独立ではない．（**したがって $n$ 個のベクトルによる基底があれば，$n$ 個よりも多くのベクトルからなる基底は存在しない．**）

**証明．** 矛盾を導くために，ベクトル $u_1, u_2, \ldots, u_n$ が体 $\mathbb{F}$ 上で $V$ を張るとし，またベクトル $v_1, v_2, \ldots, v_{n+1}$ が体 $\mathbb{F}$ 上で線型独立であると仮定しよう．考え方は $u_i$ の一つを $v_1$ で置き換え，残りの $u_i$ と $v_1$ を合わせれば $V$ を張るようにする．次にまた $u_i$ の一つを $v_2$ で置き換え，$V$ を張るという特性を保つようにする．そしてこの操作を続け，結局すべての $u_i$ を $v_1, v_2, \ldots, v_n$ で置き換える．このとき，$v_1, v_2, \ldots, v_n$ は $V$ を張るので，$v_{n+1}$ は $v_1, v_2, \ldots, v_n$ の線形結合で表され，これは $v_1, v_2, \ldots, v_{n+1}$ が線型独立であることに矛盾する．

さて，この論証企画が $m-1$ 回までうまくいったとし，$m-1$ 個の $u_i$ が

$v_1, v_2, \ldots, v_{m-1}$ で置き換えられたとしよう.そしてさらに残りの $u_i$ からもう一つを $v_m$ と入れ替えたい.(ただし $m=1$ の場合についてはまだ何も入れ替えられてはいない状態である.)ともかくも $v_1, v_2, \ldots, v_{m-1}$ と残りの $u_i$ が $V$ を張っているとする.したがって,適当な $a_1, \ldots, a_{m-1}, b_i \in \mathbb{F}$ によって

$$v_m = a_1 v_1 + a_2 v_2 + \cdots + a_{m-1} v_{m-1} + (b_i u_i \text{の形の項の和})$$

と表される.ところが $v_1, v_2, \ldots, v_m$ は $v_1, v_2, \ldots, v_{n+1}$ の一部として線型独立であるから,ある $b_j$ は $\neq 0$ でなければならない.よって $b_j$ で両辺を割って,$u_j$ は $v_1, v_2, \ldots, v_m$ と残りの $u_i$ の線形結合で表されることになり,したがって $u_j$ を $v_m$ と入れ替えてもやはり $V$ を張るベクトルの集合が得られる.

このように,交換の操作をすべての $u_1, u_2, \ldots, u_n$ が $v_1, v_2, \ldots, v_n$ と入れ替えられるまで続けることができ,上で予期したように矛盾に到達する.これで Steinitz の交換補題は証明され,したがって,有限次元の線型空間においてはすべての基底は同じ個数のベクトルで構成される. □

この結果によって線型空間の次元が定義できる.

**定義**.有限次元の線型空間 $V$ の次元は $V$ の基底を構成するベクトルの個数である.

基底と次元の概念は $\mathbb{Q}$ 上の線型空間 $\mathbb{Q}(\sqrt{2})$ でうまく説明できる.数 $1$ と $\sqrt{2}$ は $\mathbb{Q}(\sqrt{2})$ を張る.実際,$\mathbb{Q}(\sqrt{2})$ の要素は $a, b \in \mathbb{Q}$ を係数として $a + b\sqrt{2}$ の形に表される.

また $1$ と $\sqrt{2}$ は $\mathbb{Q}$ 上で線型独立である.実際,有理数 $a, b$ で少なくともその一つは $0$ でないものに対して

$$a + b\sqrt{2} = 0$$

であるならば,$a, b$ は両者とも $0$ ではなく,しかも

$$\sqrt{2} = -a/b$$

となり,$\sqrt{2}$ が無理数であることに矛盾する.

したがって,$1$ と $\sqrt{2}$ は $\mathbb{Q}(\sqrt{2})$ の $\mathbb{Q}$ 上の基底であり,それゆえ $\mathbb{Q}(\sqrt{2})$ の $\mathbb{Q}$ 上での次元は $2$ である.

## 4.7 多項式の環

高等学校では代数で**多項式**の計算に馴染むことになる．それは $x^2 - x + 1$ とか $x^3 + 3$ のような対象であって，数の場合と同じ規則のもとで足したり，引いたり，掛けたりされる．実際，「未知数」ないし「不定元」のための記号 $x$ は一つの数とまったく同じように振る舞い，それはニュートンが「普遍算術」と呼んだ種類の代数に当たる．厳密に述べようとするならば，ここで $x$ があたかも数のように振る舞うと仮定することの**整合性**を調べる必要があるだろう．これは結局は多項式の加法，減法，乗法の規則が 4.2 節で与えた環の特性を満たしていることを確かめることになる．しかしこれは，煩わしいとはいえ，お定まりの仕事としてこなすことができる．

それ以上に興味を惹かれるのは，多項式がこの環の特性以外にどの程度整数と似ているのかというところであろう．中では特に，「素な」多項式の概念，エウクレイデスのアルゴリズム，一意的素因子分解定理が挙げられる．これらの事実が示すものは，代数はニュートンが実感していたよりももっと多くを算術に倣っており，数論から他のアイデアをさらに多項式の代数に移入してみるのは興味深い．

そうしたアイデアを健全な土台の上に設置するために，まず最も興味深い多項式に絞り込んでみよう．それは**変数 $x$ についての有理数係数の多項式**が作る環 $\mathbb{Q}[x]$ である．したがって，$\mathbb{Q}[x]$ を構成する要員は

$$p(x) = a_0 + a_1 x + \cdots + a_n x^n \quad (a_0, a_1, \ldots, a_n \in \mathbb{Q})$$

の形をしている．また 0 以外の多項式については，このように表記するときには $a_n \neq 0$ であると仮定しておいてもよかろう．この場合，$n$ を多項式 $p(x)$ の**次数**と呼び，それを $\deg p$ と表す．定数の多項式は（0 を含めて）次数 0 を持っている．次数は多項式の「サイズ」を測る役割を持っている．特にこれを用いて，「素な」多項式を $\mathbb{Q}[x]$ の中の「サイズ」がそれよりも小さい多項式の積ではないものとすることができる．

**定義．** 多項式 $p(x) \in \mathbb{Q}[x]$ は，もし $p(x)$ が $\mathbb{Q}[x]$ の中で次数がそれよりも低い［定数でない］二つの多項式の積でないならば，**既約**（irreducible）であるといわ

れる．

例えば，$x^2 - 2$ は既約である．なぜなら，$\mathbb{Q}[x]$ の中でこれよりも次数が低い因子は，何らかの有理数 $a$ に対する $x - a$ と $x + a$ の定数倍に限られる．しかしそのときには $a^2 = 2$ となり，これは $\sqrt{2}$ が無理数であることと矛盾する．他方，$x^2 - 1$ は**可約**（reducible）である [，すなわち，既約でない]．実際，$x^2 - 1 = (x - 1)(x + 1)$ は次数が小さい $x - 1, x + 1 \in \mathbb{Q}[x]$ の積になっている．

多項式のためのエウクレイデスのアルゴリズムを得るためには，正整数の場合と同様に，**余り付きの除法**を行えば十分である．そこで 2.1 節を思い起こせば，正整数 $a$ と $b \neq 0$ に対し，余り付きの除法によって整数 $q$ と $r$（「商」と「余り」）が得られ，

$$a = qb + r \quad (|r| < |b|)$$

と表される．さて $\mathbb{Q}[x]$ の多項式 $a(x)$ と $b(x) \neq 0$ に対して，$\mathbb{Q}[x]$ の多項式 $q(x), r(x)$ であって，

$$a(x) = q(x)b(x) + r(x) \quad (\deg(r(x)) < \deg(b(x)))$$

となるものを探そう．こういった多項式 $q(x), r(x)$ はまさに多項式に対する「長除法」で得られる．これは場合によっては高等学校で教えられる．この算法はステヴィンの著書 Stevin (1585b) にまでさかのぼり，彼はこれから多項式に対するエウクレイデスの互除法を展開している．

この長除法を $a(x) = 2x^4 + 1$ と $b(x) = x^2 + x + 1$ によって図解しよう．考え方としては，$b(x)$ に適当な $x$ のベキの定数倍を掛けたものを $a(x)$ に加えるかそれから引き去るかして，$a(x)$ の最高ベキを次々と取り去り，残った多項式の次数が遂に $b(x)$ の次数よりも小さくなるようにすることである．そこでまず $2x^2 b(x)$ を $a(x)$ から引き去って $x^4$ の項を消す——すなわち，

$$a(x) - 2x^2 b(x) = 2x^4 + 1 - 2x^2(x^2 + x + 1) = -2x^3 - 2x^2 + 1.$$

次に，最後の多項式に $2xb(x)$ を加えて $x^3$ の項を取り去る（この場合は同時に $x^2$ の項も消えている）．すなわち，

$$a(x) - 2x^2 b(x) + 2xb(x) = -2x^3 - 2x^2 + 1 + 2x(x^2 + x + 1) = 2x + 1.$$

よって
$$a(x) - 2x^2 b(x) + 2xb(x) = 2x + 1$$
であり，
$$a(x) = (2x^2 - 2x)b(x) + 2x + 1$$
となる．したがって，$q(x) = 2x^2 - 2x$ で $r(x) = 2x + 1$ であり，確かに $\deg(r(x)) < \deg(b(x))$ となっており，求める結果が得られた．

ともかくも余り付きの除法を手にすれば，$\mathbb{Q}[x]$ における一意的素因子分解定理への残りのステップを順風を帆に受けて進んでいくことができる．

- エウクレイデスの互除法は二つの多項式 $a(x), b(x)$ の**最大公約因子**（すなわち公約因子で最大の次数を持つもの）を
$$\gcd(a(x), b(x)) = m(x)a(x) + n(x)b(x) \quad (m(x), n(x) \in \mathbb{Q}[x])$$
の形で与える．
- この gcd の表示は「素因子特性」を与える．すなわち，既約多項式 $p(x)$ が積 $a(x)b(x)$ を割り切るならば，$p(x)$ は $a(x)$ を割り切るか，さもなければ $p(x)$ は $b(x)$ を割り切る．
- 既約多項式の積への一意的分解が可能である．ただし，一意性は「定数（有理数）の因子を除いて」という意味である．

正整数の素数判定の場合と同様に，一つの多項式が既約であるかどうかを判定するのは必ずしも簡単ではない．しかし，次数が低い幾つかの興味深い場合にはそれができる．多項式の世界に「素な多項式を法とする合同」というアイデアを導入するときに何が生じるかを見るのも興味深い．すでに 4.3 節で，整数を素数 $p$ を法とする合同関係によって見ることから有限体 $\mathbb{F}_p$ へと導かれた．次節では $\mathbb{Q}[x]$ における既約多項式 $p(x)$ による合同関係はまた「有限次数の」体へと導くことを見る．

## 環 $\mathbb{R}[x]$ と $\mathbb{C}[x]$

環 $\mathbb{Q}[x]$ における素因子分解は，因子が有理数係数を持つことを要求するため

に厄介である．例えば，素因子分解

$$x^2 - 2 = (x + \sqrt{2})(x - \sqrt{2})$$

は $\mathbb{Q}[x]$ においては存在しない．なぜなら $\sqrt{2}$ は無理数であるからである．もっと一般に，$x^n - 2$ は $\mathbb{Q}[x]$ においては既約であり，$\mathbb{Q}[x]$ にはいくらでも次数が高い素因子が存在する．

しかし，係数としての数の範囲を大きくすることによって，既約多項式の範囲を単純化することができる．係数を**実数**の体系 $\mathbb{R}$ にまで広げると，既約多項式としては $x^2 + 1$ のような2次のものが含まれるが，それでもその次数は高々2にとどまる．さらに**複素数**の世界 $\mathbb{C}$ にまで係数を広げると，既約多項式はすべて1次である．この結果は**代数学の基本定理**と呼ばれるものによって示される．この定理は，$\mathbb{C}$ に係数を持つ多項式の方程式 $p(x) = 0$ が（1次以上であれば）必ず $\mathbb{C}$ 内に根を持つことを保証する．この定理についてはこの章の哲学的な雑記においてさらに検討する．その理由はこの定理は必ずしも代数の定理ではないからである．

さて，1次因子への因子分解は余り付きの除法を単純に適用して基本定理から導かれる．方程式 $p(x) = 0$ の根を $x = c$ とすれば，余り付きの除法によって

$$p(x) = q(x)(x - c) + r(x) \quad (\gcd(r) < \gcd(x - c))$$

が得られる．そこで両辺に $x = c$ を代入すれば $r(c) = 0$ であるが，$r(x)$ の次数は0, すなわち $r(x)$ は定数であるから，$r(x) = 0$ である．よって $x - c$ は $p(x)$ の因子である．また $q(x)$ の次数は $p(x)$ の次数よりも1だけ低く，この過程を $q(x)$ に施してさらに繰り返していけば，結局もとの $p(x)$ は1次の因子の積に分解される．

このように複素数係数の多項式の環 $\mathbb{C}[x]$ では可能な限り最も単純な因子分解が得られる．すなわち，すべての多項式は**1次の因子**の積に分解される．実数係数の多項式の環 $\mathbb{R}[x]$ ではそこまでは行けない．実際，上で例に挙げた多項式 $x^2 + 1$ はこれ以上分解されない．しかし，因子としては**高々次数2**までのものしかない．これはオイラーの Euler (1751) による次の便利な事実から得られる．

**もし $p(x)$ の係数が実数であれば，$p(x) = 0$ の実数でない根 $x = a + bi$ は必ず複素共役の根 $\bar{x} = a - bi$ を伴う．** 実数でない根が共役の対で現れる理由は，(4.1

節で触れたものと似通った)「対称」特性にある．すなわち，複素共役の演算は

$$\overline{c_1 + c_2} = \overline{c_1} + \overline{c_2}, \quad \overline{c_1 \cdot c_2} = \overline{c_1} \cdot \overline{c_2}$$

を満たしている．これらの特性は定義 $\overline{a + bi} = a - bi$ から容易に導かれる．

これらの特性から，もし

$$p(x) = a_0 + a_1 x + \cdots + a_n x^n$$

であれば

$$\overline{p(x)} = \overline{a_0} + \overline{a_1 x} + \cdots + \overline{a_n x^n}$$

である．よってもし $a_0, a_1, \ldots, a_n$ がすべて実数であれば，

$$\overline{p(x)} = a_0 + a_1 \overline{x} + \cdots + a_n \overline{x}^n = p(\overline{x})$$

であり，したがってもし $p(x) = 0$ であれば，$\overline{p(x)} = \overline{0} = 0$ から $p(\overline{x}) = 0$ である．これが示すべき主張であった．

共役の根 $x = a + bi$ と $x = a - bi$ は因子 $x - a - bi$ と $x - a + bi$ とに対応し，それらは実数係数の2次の因子と対応する．実際，

$$(x - a - bi)(x - a + bi) = (x - a)^2 - (bi)^2 = x^2 - 2ax + a^2 + b^2$$

である．よって $\mathbb{R}[x]$ に属する $p(x)$ は実数係数の1次ないし2次の因子に分解し，$\mathbb{R}[x]$ における既約多項式はすべて2以下の次数を持つ．ここに上での主張は証明された．

## 4.8　代数的数体

有理数係数の多項式の環 $\mathbb{Q}[x]$ に含まれる多項式 $q(x)$ と $r(x) \neq 0$ に関する商 $q(x)/r(x)$ をすべて取れば係数を $\mathbb{Q}$ に持つ**有理関数の体** $\mathbb{Q}(x)$ が得られる．そこでもし $x$ を数 $\alpha$ で置き換えれば数の体 $\mathbb{Q}(\alpha)$ が得られ，これを $\mathbb{Q}$ に $\alpha$ を**添加**した体という．すでにこの記号を先取りし，$\alpha = \sqrt{2}$ の場合に $\mathbb{Q}(\sqrt{2})$ として 4.5 節と 4.6 節で用いた．

特に $\alpha$ が**代数的数**であるとき，すなわち $\alpha$ が $p(x) \in \mathbb{Q}[x]$ に対する方程式 $p(x) = 0$ の根であるとき，体 $\mathbb{Q}(\alpha)$ はとりわけ興味深い．この場合に $\mathbb{Q}(\alpha)$ を**代数的数体**という．例えば，$\mathbb{Q}(\sqrt{2})$ の場合，$\sqrt{2}$ は方程式 $x^2 - 2 = 0$ の根であるから，これは代数的数体である．特に $\sqrt{2}$ は無理数であり，$x^2 - 2$ は $\sqrt{2}$ を根に持つ次数が最小の多項式である．

注意しなければならないのは，$\mathbb{Q}(x)$ を定義する場合に用いた商 $q(x)/r(x)$ の $x$ にそのまま $\alpha$ を代入するわけにはいかないことである．なぜなら，$r(x)$ が因子 $p(x)$ を含んでいる場合，$r(\alpha)$ はゼロになってしまうからである．この問題を避けるために，多項式についての余り付きの除法を施す．そうすれば 4.3 節で有限体 $\mathbb{F}_p$ を得たのと同じやり方で体が得られる．素数 $p$ の役割を，ここでは既約多項式 $p(x)$ が演じる．

## 多項式を法とする合同

代数的数 $\alpha$ に対しては $p(\alpha) = 0$ となる多項式 $p(x) \in \mathbb{Q}[x]$ で次数が最小のものがある．この**最小多項式**は（ゼロでない有理数倍を除けば）ただ一つ定まる．なぜなら，$q(x)$ を次数が $p(x)$ と同じである多項式で $q(\alpha) = 0$ となるものとするならば，（ゼロでない有理数を掛けて）$p(x)$ と $q(x)$ の最高次の $x$ のベキが同一の係数を持っているとしてよい．そうすれば，$p(x) - q(x)$ は $\alpha$ を根に持つ次数が $p(x)$ よりも低い多項式であり，$p(x)$ の次数の最小性と矛盾する．

しかもまた $\alpha$ に対する最小多項式 $p(x)$ は既約である．なぜなら，もし $p(x) = q(x)r(x)$ と分解されるとすると，$p(\alpha) = 0$ から $q(\alpha) = 0$ あるいは $r(\alpha) = 0$ が成り立つ．これはまた $p(x)$ の最小性と矛盾する．代数的数 $\alpha$ のための既約多項式 $p(x)$ は数体 $\mathbb{Q}(\alpha)$ を求めるための上記とは異なった，そして，もっと啓発的な方途を与えてくれる．すなわち，$\mathbb{Q}[x]$ における「$p(x)$ **を法とする合同関係**」のもとでの多項式の合同類を取る方法である．

二つの多項式 $a(x), b(x) \in \mathbb{Q}[x]$ が $p(x)$ **を法として合同**であるとは，$p(x)$ が $\mathbb{Q}[x]$ において $a(x) - b(x)$ を割り切ることであり，このとき，

$$a(x) \equiv b(x) \pmod{p(x)}$$

と表す．したがって，$a(x)$ の**同値類** $[a(x)]$ は $a(x)$ との差が $n(x)p(x)$ ($n(x) \in$

$\mathbb{Q}[x]$) であるような多項式全体から構成されている．(形式ばらなければ，この類に属する多項式は $x$ を $\alpha$ と翻訳するときに $a(x)$ と等しくなるもの，といえる．)

素数 $p$ を法とした整数の場合と同じように，既約多項式 $p(x)$ を法とした多項式の合同類は体を形成する．特に，各多項式 $a(x) \not\equiv 0$ は mod $p(x)$ での逆元を持つ．すなわち，$\mathbb{Q}[x]$ の多項式 $a^*(x)$ で

$$a(x)a^*(x) \equiv 1 \pmod{p(x)}$$

を満たすようなものである．さて，この体は何物だろうか？ そう，$\alpha$ を多項式による方程式 $p(x) = 0$ の根とするならば，$\mathbb{Q}(\alpha)$ に他ならない！ あるいは，少なくとも，$\mathbb{Q}(\alpha)$ と次の意味で「同じ構造」を持っている体である．

**数体の構成．** もし $\alpha$ が代数的数であり，その最小多項式を $p(x)$ とするとき，$\mathbb{Q}(\alpha)$ **に含まれる数は $\mathbb{Q}[x]$ における $p(x)$ を法とした多項式の合同類と 1 対 1 に対応づけられ，また和と積も対応する．**

**証明．** 対応を定めるためには $\mathbb{Q}[x]$ の**多項式** $a(x)$ に対してその値 $a(\alpha)$ が $p(x)$ を法とした合同類 $[a(x)]$ と 1 対 1 に対応することを示せば十分である．実際，一つの値の逆元 $1/a(\alpha)$ に対しても類 $[a(x)]$ の $p(x)$ を法とした逆元の類 $[a^*(x)]$ が対応するからである．

そこで，$\mathbb{Q}[x]$ の多項式 $a(x), b(x)$ に対して

$$a(\alpha) = b(\alpha) \quad \text{の必要十分条件は} \quad a(x) \equiv b(x) \pmod{p(x)}$$

であること，あるいは，$c(x) = a(x) - b(x)$ と置いて，

$$c(\alpha) = 0 \quad \text{の必要十分条件は} \quad c(x) \equiv 0 \pmod{p(x)}$$

であることを示さなければならない．もし $c(x) \equiv 0 \pmod{p(x)}$ であれば $c(x) = d(x)p(x)$ $(d(x) \in \mathbb{Q}[x])$ である．よって $p(\alpha) = 0$ であるから，

$$c(\alpha) = d(\alpha)p(\alpha) = 0$$

である．逆に，もし $c(\alpha) = 0$ であれば，$c(x)$ を余り付きの除法で $p(x)$ で割った商 $q(x)$ と余り $r(x)$ を $\mathbb{Q}[x]$ から取ってくれば，

$$c(x) = q(x)p(x) + r(x) \quad (\deg(r) < \deg(p))$$

となる。ところが $c(\alpha) = 0$ かつ $p(\alpha) = 0$ であるから，$r(\alpha) = 0$ である．よってもし $r(x)$ が多項式として 0 でなければ $p(x)$ の最小性に矛盾する．よって

$$c(x) = q(x)p(x) \quad \text{であり，したがって} \quad c(x) \equiv 0 \pmod{p(x)}$$

である．ここに，$\mathbb{Q}[x]$ の多項式に対して，その $x = \alpha$ での値と $p(x)$ を法としたその合同類とが 1 対 1 に対応することが示された．

最後に，値の和については，$[a(x)] + [b(x)] = [a(x) + b(x)]$ であることから，合同類の和と対応する．実際，値 $a(\alpha)$ と $b(\alpha)$ はそれぞれ類 $[a(x)]$ と $[b(x)]$ とに対応し，$a(\alpha) + b(\alpha)$ は $[a(x) + b(x)]$ と対応する．値の積も，$[a(x)] \cdot [b(x)] = [a(x) \cdot b(x)]$ であることから，同様に合同類の積と対応している． □

上で見た 1 対 1 の対応は和と積を保ち，合同類の体は数体 $\mathbb{Q}(\alpha)$ と「同じ構造」を持っていると述べた意味は明確になった．こういった体の間の構造の対応は**同形写像**（isomorphism, ギリシャ語の「同じ形式（isomorph）」から来ている）の例である．同形写像の概念は高等的な代数学ではいたるところに現れ，この定理においてそれが現れたのはいよいよ初等的な代数の境界に近づいてきているという兆しと見るべきかもしれない．ともかくも，上記の証明はそれでもまだ初等的であるとみなせるだろう．なぜなら，それは余り付きの除法の単純な応用の一つに他ならないからである．

また素数を法とする整数の合同類から体を構成することの類似性もなかなかのものであり，無視してしまうことはできない．整数の場合の結果が有限体であるのに対し，多項式の場合もある意味で有限である．この場合は「有限性」は次数に現れており，それは，構成された体の $\mathbb{Q}$ 上の線型空間としての次元である．

## 4.9 線型空間としての数体

代数的数 $\alpha$ によって得られる数体 $\mathbb{Q}(\alpha)$ を $\alpha$ の最小多項式 $p(x)$ を法とする多項式の合同類の体と見ることは一種の啓示ともいえる．その理由は，それが $\mathbb{Q}$ 上の線型空間としての $\mathbb{Q}(\alpha)$ の自然な基底を提示してくれるからである．

**$\mathbb{Q}(\alpha)$ の基底．** 代数的数 $\alpha$ の $\mathbb{Q}[x]$ における最小多項式 $p(x)$ の次数を $n$ とする

ならば，数の組 $1, \alpha, \alpha^2, \ldots, \alpha^{n-1}$ は $\mathbb{Q}$ 上の線型空間としての $\mathbb{Q}(\alpha)$ の基底を与える．

**証明．** この最小多項式を $p(x) = a_0 + a_1 x + \cdots + a_n x^n$ $(a_0, a_1, \ldots, a_n \in \mathbb{Q})$ とする．このとき，

1. 合同類 $[1], [x], \ldots, [x^{n-1}]$ は体 $\mathbb{Q}$ 上で線型独立である．実際，もし
$$b_0[1] + b_1[x] + \cdots + b_{n-1}[x^{n-1}] = [0] \ (b_0, b_1, \cdots, b_{n-1} \in \mathbb{Q})$$
であるとすれば，数体 $\mathbb{Q}(\alpha)$ との対応から
$$b_0 + b_1 \alpha + \cdots + b_{n-1} \alpha^{n-1} = 0$$
が得られるが，さらに $b_0, b_1, \ldots, b_{n-1}$ の中に $0$ でないものがあるとすれば，これは $p(x)$ の最小性と矛盾する．よって $b_0 = b_1 = \cdots = b_{n-1} = 0$ である．

2. 合同類 $[1], [x], \ldots, [x^{n-1}]$ は体 $\mathbb{Q}$ 上で $p(x)$ を法としたすべての合同類を張る．実際，この体は確かに無限個の合同類 $[1], [x], [x^2], \ldots$ で張られるが，またその部分集合 $[1], [x], \ldots, [x^{n-1}]$ で張られる．なぜならば，それらの線型結合は
$$[x^n] = \frac{-1}{a_n} \cdot (a_0[1] + a_1[x] + \cdots + a_{n-1}[x^{n-1}])$$
を含んでおり，それからは
$$[x^{n+1}] = \frac{-1}{a_n} \cdot (a_0[x] + a_1[x^2] + \cdots + a_{n-1}[x^n])$$
等々が得られるからである．

よって合同類 $[1], [x], \ldots, [x^{n-1}]$ は $p(x)$ を法とした合同類の体の $\mathbb{Q}$ 上での基底であり，ゆえに対応する $1, \alpha, \ldots, \alpha^{n-1}$ は体 $\mathbb{Q}(\alpha)$ の $\mathbb{Q}$ 上での基底を与える．
□

特に体 $\mathbb{Q}$ 上での線型空間 $\mathbb{Q}(\alpha)$ はどのような代数的数 $\alpha$ に対しても**有限次元**であ［り，その次元は $\alpha$ の $\mathbb{Q}$ 上の最小多項式の次数と一致す］る．これを直接証明するのは容易ではない．例えば，直接に和，積，逆数を用いることによって
$$\mathbb{Q}(\sqrt{2}) = \{a + b\sqrt{2} \mid a, b \in \mathbb{Q}\}$$

が$\mathbb{Q}$上2次元であることを示すのは良い演習問題である．しかし，例えば，$\mathbb{Q}(2^{1/5})$が$\mathbb{Q}$上5次元であることの証明を試みるのはどうかな．あるいは単に

$$\frac{1}{2^{1/5}+7\cdot 2^{3/5}-2^{4/5}}$$

を$1, 2^{1/5}, 2^{2/5}, 2^{3/5}, 2^{4/5}$の線型結合で表してみなさい．

代数的数$\alpha$による体$\mathbb{Q}(\alpha)$が$\mathbb{Q}$上で**有限次元**であるという事実の逆がある．しかし，ここでは少々易しい定理を証明するにとどめる．これとても驚くべきものである．この証明では当該の線型空間を$\mathbb{F}$で表示する．というのも，これは体でもあるからである．

**$\mathbb{Q}$上有限次元線型空間**．体$\mathbb{F}$が$\mathbb{Q}$上で有限次元であるならば，その次元を$n$とするとき，$\mathbb{F}$に属する要素はすべて代数的数であって，その次数は$n$以下である．

**証明**．体$\mathbb{F}$の要素$\alpha$に対し，$n+1$個の$\mathbb{F}$の要素$1, \alpha, \alpha^2, \ldots, \alpha^n$を考える．仮定から$\mathbb{F}$の$\mathbb{Q}$上での次元は$n$であるから，これらの元は$\mathbb{Q}$上で線型従属である．したがって，$a_0, a_1, \ldots, a_n \in \mathbb{Q}$であって，そのうちの少なくとも一つは0ではなく，しかも

$$a_0 + a_1 \alpha + \cdots + a_n \alpha^n = 0$$

となるものが存在する．これはすなわち$\alpha$が次数$\leq n$の代数的数であることを意味している． $\square$

しかもこのとき，体$\mathbb{F}$は$n$個の要素からなる$\mathbb{Q}$上の基底を持っているから，$\mathbb{F}$は$\mathbb{Q}$に$n$個の次数$\leq n$の代数的数を添加して得られる．この場合，実は**単一の数$\alpha$で次数が$n$であるものによって$\mathbb{F} = \mathbb{Q}(\alpha)$となる**という定理が知られている．このような$\alpha$を**原始的要素**という．ここではこの原始的要素定理を証明することまでは踏み込まない[2]．しかし，継続して添加することが及ぼす体の次元への影響について注目することにしよう．次の「相対的次元」についての定理があるが，これはデデキントによって Dedekind (1894), p.473 で指摘された．

**デデキントの積定理**．三つの体の列$\mathbb{E} \subseteq \mathbb{F} \subseteq \mathbb{G}$において，$\mathbb{F}$は体$\mathbb{E}$上で次元$m$を持ち，$\mathbb{G}$は体$\mathbb{F}$上で次元$n$を持つならば，$\mathbb{G}$は体$\mathbb{E}$上で次元$mn$を持つ．

---

[2] 一例として，次の演習問題を挙げておこう．有理数体$\mathbb{Q}$に$\sqrt{2}$と$\sqrt{3}$を続けて添加した体は単一の数$\sqrt{2}+\sqrt{3}$を添加した体と一致することを示せ．

**証明.** まず $u_1, u_2, \ldots, u_m$ を $\mathbb{E}$ 上での $\mathbb{F}$ の基底とすれば，$\mathbb{F}$ の要素 $f$ は $\mathbb{E}$ の要素 $e_1, e_2, \ldots, e_m$ によって

$$f = e_1 u_1 + e_2 u_2 + \cdots + e_m u_m \tag{$*$}$$

と表される．次に $v_1, v_2, \ldots, v_n$ を $\mathbb{F}$ 上での $\mathbb{G}$ の基底とすれば，$\mathbb{G}$ の要素 $g$ は $\mathbb{F}$ の要素 $f_1, f_2, \ldots, f_n$ によって

$$\begin{aligned} g &= f_1 v_1 + f_2 v_2 + \cdots + f_n v_n \\ &= (e_{11} u_1 + e_{12} u_2 + \cdots + e_{1m} u_m) v_1 + \cdots \\ &\quad + (e_{n1} u_1 + e_{n2} u_2 + \cdots + e_{nm} u_m) v_n \end{aligned}$$

と表される．ただしここでは各 $f_i$ を $(*)$ によって係数 $e_{ij} \in \mathbb{E}$ の線形結合として表した．

このように，どの $g \in \mathbb{G}$ も $u_i v_j$ による係数 $e_{ij} \in \mathbb{E}$ の線形結合として表される．これは $mn$ 個の $\mathbb{G}$ の要素 $u_i v_j$ がこの体を $\mathbb{E}$ 上で張っていることを示している．

またこれら $mn$ 個の要素は $\mathbb{E}$ 上線型独立である．実際，$e_{ij} \in \mathbb{E}$ を係数とする $u_i v_j$ の線型結合が，今度は $0$ を表しているとすれば，各 $v_j$ が現れる項をまとめて，

$$0 = (e_{11} u_1 + e_{12} u_2 + \cdots + e_{1m} u_m) v_1 + \cdots + (e_{n1} u_1 + e_{n2} u_2 + \cdots + e_{nm} u_m) v_n$$

となる．ところが $v_1, \ldots, v_n$ は $\mathbb{F}$ 上で線型独立であるから，すべての $v_j$ の係数

$$(e_{11} u_1 + e_{12} u_2 + \cdots + e_{1m} u_m), \ldots, (e_{n1} u_1 + e_{n2} u_2 + \cdots + e_{nm} u_m)$$

は $0$ である．さらに $u_1, \ldots, u_m \in \mathbb{F}$ は $\mathbb{E}$ 上で線型独立であるから，すべての $e_{ij}$ は $0$ でなければならない．

このように，$mn$ 個の $u_i v_j$ は $\mathbb{G}$ の $\mathbb{E}$ 上の基底であり，よって $\mathbb{G}$ の $\mathbb{E}$ 上の次元は $mn$ である． □

上記の諸定理は，代数的な数 $\alpha$ を体 $\mathbb{Q}(\alpha)$ に埋め込んだときにはっきりと見えてくることから，なかなか有用である．例えば，幾何における古代からの問題の

一つ（「立方体の倍積問題」）に，結局は $\sqrt[3]{2}$ が $\mathbb{Q}$ に幾つかの平方根を添加して得られるかどうかに帰着されるものがある．次章でこの答えが「否」であることを体 $\mathbb{Q}(\sqrt[3]{2})$ の次元と $\mathbb{Q}$ に幾つかの平方根を添加して得られる体の次元とを比較することによって証明する．

## 4.10 歴史的な雑記

　幾何学と数論のように，代数学も数千年にわたって知られてきた．例えば 2 次方程式はおよそ 4000 年前にバビロニアの人々によって解かれていたし，多変数の連立線型方程式はおよそ 2000 年前には中国人たちによって解かれていた．ところがその後，幾何学や数論がエウクレイデスの『原論』によって得た一般性と抽象性の水準と比べると，代数学がそこに達するまでの足取りは遅々としていた．これはおそらくギリシャ数学において数論と幾何学が分離されてしまったことにもよるのだろう．数論は整数（numbers）を扱い，幾何学はその他の大きさ（magnitudes）を扱った．特に有理的でない長さは後者に属し，数のように乗法が可能であるとは考えられなかった．おそらくはまた，適切な表記法がなかったことにも一因があった．今日では 1 行で表されてしまいそうなことも，ギリシャ語では 1 ページにおよぶ散文によって表されたことでもあるし，それがまさに方程式といった考え方によって流暢な計算だけで済むものとして受け入れられることを難しくしたのであろう．

　理由はともかく，代数学は 16 世紀に至るまで花開くことはなかった．ようやくこの世紀になってイタリアの数学者たちが 3 次と 4 次の方程式の解法を発見した．この解法はカルダーノの『偉大なる技術（*Ars magna*）』，Cardano (1545) によって公刊され，しばらくはまるで何事でも可能であるかのように思われた．

> この技術たるやあまねく人知の機微と限りある命を定められた才知の明晰性を凌駕するものであり，また人間精神の受容力への天恵であり，実に明晰なる試金石であること故に，それに身を委ねるものは何人なりとも人知の及ばざるものなきことを信ぜざるを得ず．
>
> 　　　　　　　　　　　　　　　　　　　　　　　Cardano (1545), p.8

結果から見れば，イタリア人による方程式の解法は4次の場合とボンベルリの複素数の代数の発見でその限界にまで達していた．しかしながら，それはその後の300年の間にわたって数学者を駆り立てることになった．代数は1620年代にはフェルマとデカルトによって幾何学を救い出すために駆り出され，そこから1660年代に微積分へと広がっていった（ニュートン，少し遅れてライプニッツとベルヌーイ一族，そして18世紀のオイラー）．代数からもたらされた概念的なものは大して見られないままに，単に筆算による記号計算によってこれが可能になったのである．

微積分は事実代数を凌駕し，当時の主要な代数の問題，代数学の基本定理の証明，を解決することができるまでになった．この解決は16世紀に望まれていたものとは別物であった．——もとはといえば，代数的方程式の根をその係数の言葉で表す公式が求められた．——得られた解答は，しかし，新しい形の証明，**存在証明**であった．この定理については次節でさらに述べよう．そしてその証明は10.3節で与えられる．ここでは存在証明の姿を3次方程式を例に取って図解する．

どのような3次多項式でもよいが，例えば $x^3 - x - 1$ に対しては3次曲線 $y = x^3 - x - 1$ を見る．その実数値のグラフは図4.5で与えられる．この図からは代数的にも確認することができる何かを見ることが可能である．すなわち，多項式関数 $x^3 - x - 1$ は正の大きい $x$ に対しては大きい正の値を取っており，また［絶対値の］大きい負の $x$ に対しては［絶対値の］大きい負の値を取る．さらにまた代数的に説明するにはもっと微妙であること，すなわち，この曲線の**連続性**も見て取れる．したがって，**この曲線はどこかで $x$ 軸と交わる**ことが分かるが，そこでの $x$ の値はともかくも方程式 $x^3 - x - 1 = 0$ の根を与える．

このように，代数学の基本定理は代数の**外部**[3]にある概念を取り込んでいる．すなわち**連続関数**の概念である．第6章で検討するように，連続性は微積分における基本的な概念である．もっともその重要性は実に19世紀に至るまでは的確には理解されていなかった．多くの理由から，連続性は高等的数学に属する概念

---

[3] この基本定理に対する**動機**となったものとしてもまた代数の外部から来たものがあった．それは，微積分における**有理関数を積分する**という問題である．この問題を解くには［実数係数の］多項式の因子分解が可能であることが重要であり，それが実数係数の1次ないし2次の因子に分解されることが十分であることが分かっているのだが，このことは代数学の基本定理から導かれる．

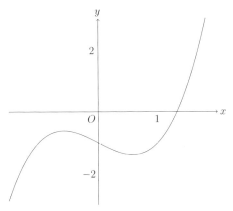

図 **4.5**　曲線 $y = x^3 - x - 1$ のグラフ.

である．曲線 $y = x^3 - x - 1$ のグラフのような場合はその見かけ上の単純性から明らかとも思われてしまうのではあるが．

　おそらく代数学の基本定理の証明で連続性の概念を用いないものが望まれるかもしれない．しかしながら，この定理がイタリア人たちが望んでいたものに届かなかったもう一つの理由がある．すでに 4.1 節で説明したのだが，イタリア人たちは「根号を用いた」解を求めていた．次数が $\leq 4$ の場合にはそれが発見されたが，次数が 5 の場合にはそれは失敗すべく運命づけられていた．なぜなら，アーベルとガロアがそれぞれ Abel (1826) と Galois (1831) で示したように，5 次の一般の方程式は根号による解法を持っていないからである．やはり 4.1 節で指摘したように，ガロアは体と群の概念を導入して根号による解法が失敗に終わる理由を説明した．また 4.3 節から，我々は体とは何であるかをすでに知っている．それならば，群とは何かを説明して根号による解法の物語をここで完結させないのはなぜだろうか？　残念なことに，実は，群の概念を定義するだけでは収まらない事柄が存在する．

1. 群の概念は環や体の概念よりも初等数学における経験からはもっと離れたところにある．後者の二つは数に関わる馴染み深い計算に要約されているが，それに比べて群の概念は「対称性」の概念に包含されており，そこでの計算は直ちに明らかになるものではない．
2. 加えるに，群の概念を知るだけでは十分でない．群の概念が根号による解法

に応用できるためにはそれなりの群の**理論**を展開する必要がある．群論の大半は初等数学からは離れたところにある．というのは，群の要素の「乗法」は一般には可換ではない．

体が初等的であり，群はおそらくそうではないと考えられる理由については，さらなる論議を次節で展開する．

ガロアの結果は当初は当時の人たちには理解されなかった．しかし 19 世紀の後半になると，何人かの数学者たち（特に数論家のリヒャルト・デデキントとレオポルト・クロネカー）には，環，体，群の抽象的な概念が数と方程式の振る舞いを的確に理解するために必要であることがはっきりと認知されるようになった．デデキントは 1877 年に次のように述べている．

> 関数の現代的な理論と同様に，計算の展開よりもむしろ基本的な特性に直結した証明を探すことが，そしてその理論を計算の結果が予測できるような方法で実際に組み上げることが好ましい．
> 
> Dedekind (1877), p.37

さらに 1920 年代には，エミー・ネーターが抽象的な視点を存分に包括する最初の代数学者となった．ただし彼女は慎み深く「それはすでにデデキントにある（Es steht schon bei Dedekind.）」と言うのが常であった．彼女の視点は学生のエミール・アルティンと B. L. ファン・デル・ヴェルデンによって取り上げられ，後者の著書『現代代数学（*Moderne Algebra*）』(1930) によって数学の主流となった．

今日では，「抽象代数」は学部生の，一般的には上級レベルでの，教科の標準的な項目となっている．さてしかし，抽象性は初等的数学の水準に属するものであろうか？ 筆者自身はそう信じている．しかし，どの程度までの抽象性がそこに属するのかは微妙な問題である．次節でこの問題をもう少し検討しよう．

## 4.11 哲学的な雑記

**無理数と虚数**

　代数的数体 $\mathbb{Q}(\alpha)$ の構成については，すでに第2章で，数 $\sqrt{2}, \sqrt{-1}, \sqrt{-2}$ などの具体的で構成的な扱い方を通し，その「算術」を学んでいる．また 2.10 節で言明したように，それらを十進無限小数とか平面上の点として見る必要はなく，単にある種の規則に従う記号として扱った．そこでの規則は体の公理と，課題となっている数の定義方程式（最小多項式が 0 に等しいと置かれたもの）であった．例えば，$\sqrt{-1}$ を記号 $z$ と置き，それが体の公理と $z^2 = -1$ を満たすものとする．そうすれば，有理数 $a, b$ に対する $a + b\sqrt{-1}$ とか $a + b\sqrt{-2}$ の計算においては，実数や複素数のすべてにわたる理論を前提する必要はまったくない．例えば，2.8 節での Pell 方程式 $x^2 - 2y^2 = 1$ の解を見つけるという目的のためには，$\sqrt{2}$ の十進無限小数を信じ込むまでもなく，記号 $\sqrt{2}$ を用いることへの正当性を得ることができる．

　さらに一般的に，一つの代数的無理数 $\alpha$ を用いたいなら，その最小多項式 $p(x) \in \mathbb{Q}$ を取って，$x$ についての $\mathbb{Q}$ 係数の多項式とそれらの $\mathrm{mod}\, p(x)$ での合同類を考えればよい．これはクロネッカーが「一般算術」と呼んだものであり，彼が「無理数は存在しない」と言ったと噂される所以(ゆえん)でもある．彼がもしそう言ったとしても，彼はそれを文字通りに意味したわけではなく，むしろ，代数的無理数を扱う場合にはそれを形式的な記号として有理数と同じように，計算で実際の有理数を扱うように扱っても構わないと言っていたのだ．実効的には，代数的数体の構成は代数的数を含む計算を「合理化する（rationalize）」．

　とはいっても，数がすべて代数的であるというわけではない．これは 9.8 節で検討する．もし円周率 $\pi$ とか自然対数の底 $e$ といった数を，そして特に**全体として**の実数を扱いたいならば，算術を超えたところにある概念を用いざるを得ない．全体としての実数の必要性——数**直線**——は第 6 章で明らかになるだろう．そしてどのようにこの直線を「実現する」のかについては第 9 章で検討されるだろう．

## *代数学の基本定理

　前節で触れたように，多項式による方程式の解の探索はいわゆる代数学の基本定理によって方向を変えることになった．この定理によれば，どのような実数係数の多項式も複素数の集合 $\mathbb{C}$ の中に根を持つ．また 4.8 節では，$p$ を有理数係数の［$\mathbb{Q}[x]$ 内で］既約な多項式とするとき，方程式 $p(x) = 0$ は $p(x)$ を法とする合同類の体の中に一つの根 $[x]$ を持つ．

　クロネッカーが論文 Kronecker (1887) で与えた後者の結果は「代数学者の代数学の基本定理」と呼べるかもしれない．というのは，それが代数的に与えられた多項式による方程式は代数的に定義された体の中に根を持つことを示しているからである．数学者の中には，この代数学者の基本定理の方を好ましく思う人たちがいる．なぜかというと，$\mathbb{R}$ とか $\mathbb{C}$ は $\mathbb{Q}$ から「代数的に」得ることはできないからである．それらの構成には代数学よりもむしろ解析学において典型的な無限過程を巻き込むからである（第 6 章を参照）．他方，既約多項式 $p(x)$ による 4.8 節の数体の構成は，真に代数的であり，それはある意味で方程式 $p(x) = 0$ の根を——この体の中の合同類 $[x]$ として——与えている．

　数学者の中にも，優れて**構成的**であるという理由から，代数学者の代数学の基本定理の方を好ましく思う人たちが少なからずいる．大雑把に言えば，ある証明が構成的であるといわれるのは，存在していると主張される対象物がそれぞれにすべてはっきりとした構成法に支えられていることを意味している．構成法が無限的であったとしても，それは 1.10 節の意味で**可能的**無限である場合に限られる．言い換えれば，ある対象物は，それが一歩一歩構成されていき，しかもその各部分が有限のステップで得られるような場合にのみ認められる．既約多項式 $p(x)$ を法とする合同類の体はこの意味で「構成」されている．実際，有理数は構成的に一覧表に書き上げられていくし，それらによって有理数係数の多項式も同様に処理することができ，等々．

　一つの証明が**非**構成的である，あるいは，「純存在」証明であるとは，その存在を証明すべき対象の構成をまったく提示しないものをいう．典型的にこれが生じるのは，証明が**実無限**に依拠する対象に関わる場合である．なぜなら，このような対象はそれ自身を一歩一歩の流儀で構成することはできないからである．集合 $\mathbb{R}$ や $\mathbb{C}$ は，第 9 章で見るように，実無限であり，したがって古典的な代数学の基

本定理は非構成的である．ただし，非構成的な証明に，そこに何か問題を起こしそうなものがあるとして異を唱える必要はない．（筆者もそうはしない.）集合$\mathbb{R}$に依拠するような証明であってもある意味で確かな前進である．第6章では連続関数についての定理の大家族が存在することを目の当たりにするだろう．そこには代数学の基本定理も含まれており，それらはとても似通った形で$\mathbb{R}$の性質に依拠している．これらの定理は初等的数学と高等的数学の間の境界の実質的な区分けを表象している．

代数学の基本定理を構成的な面から捉えようとする動きはクロネッカーの論文 Kronecker (1887) によって踏み出された．彼は「一般算術の基本定理」と彼が名づけたものでそれを置き換えることを提案した．これは「代数学者の代数学の基本定理」を含んでいる．彼の手紙 Kronecker (1886) では，彼は後年の構成主義者たちに流行することになった独断的なスタイルで語っている．

> 代数の私の取り扱い方は ... 公約因子の使用を可能なただ一つのものとするような事物にあまねく行き渡る．いわゆる代数学の基本定理はこういった事物に適用できない以上，私の新しい「一般算術の基本定理」に取って代わられる．

代数学の基本定理についてのクロネッカーの見解についてさらに知りたければ，Edwards (2007) を参照すること．

## *群論

群というのは次の公理を満たす構造のことである．これらはすでに馴染み深いだろう．

$$a(bc) = (ab)c \qquad \text{(結合則)}$$

$$a \cdot \mathbf{1} = a \qquad \text{(恒等則)}$$

$$a \cdot a^{-1} = \mathbf{1} \qquad \text{(逆元則)}$$

もちろんこれらの公理はすでに体の0でない要素の特性としての公理でお目にかかっている．しかし，体の公理のこれら以外のものがないことにより，群は広大

に展開するもっと大きい展望を有している．特に**恒等元 1** は数 1 である必要はない．

　この**群の演算**は，群の要素 $a$ と $b$ を結び合わせてここで $ab$ と表される要素を作るが，$\mathbb{Z}$ におけるように $a$ と $b$ の結合を $a+b$ と表すこともあり，この場合は恒等元は 0 と，また $a$ の逆元は $-a$ と表される．また結合律は $a+(b+c)=(a+b)+c$ と表され，$\mathbb{Z}$ では正しいことを承知している．同じく，線型空間でのベクトルの加法（と 0 ベクトルを恒等元とするもの）でもこれらは正しい．

　もう一つの例では，ここで「積」表示に戻るが，一つの集合上での自分自身への写像で逆写像を持つもの全体を集めたものがある．ただし乗法としては写像の合成（「写像を続けて施す」）が採られる．もし $f, g, h, \ldots$ がこういった写像であるならば，

$$f(gh)(x) = (fg)h(x) = f(g(h(x)))$$

が成り立つことは容易に確かめられるから，この写像の「積」は結合的である．恒等元 **1** は**恒等写像**で，$\mathbf{1}(x) = x$ で定義される．これから $f \cdot \mathbf{1} = f$ であることは明らかである．さらに $f$ の逆元 $f^{-1}$ はその**逆写像**である．これは

$$f(x) = y \quad \overset{\text{def}}{\Longleftrightarrow} \quad f^{-1}(y) = x$$

で定義（define）される．よって $f \cdot f^{-1} = \mathbf{1}$ であることは容易に確認できる．

　群の概念は環や体の概念よりも単純であると考えるかもしれない．なにせそれは少ない公理しか持っていない．しかし，実際は，逆の方が正しい．逆写像を持つ自己への写像の例はすでに警鐘を鳴らしている．果たしてあなたは何度くらい写像と写像と写像とを合成したことがあるだろうか？　それが結合的だと実感したことがあるだろうか？　群の概念の難しさにとってはその根底に潜む数学的な理由がある．しかしまずは群が歴史的にどのように出現してきたのかを考察しておこう．

　前節では，群の概念は環や体の概念よりも初等的数学からはもっと離れた位置にある，という主張がなされた．その理由は，環や体を代表するもの，すなわち $\mathbb{Z}$ や $\mathbb{Q}$，は古代から馴染まれてきており，環や体の公理は $\mathbb{Z}$ や $\mathbb{Q}$ の基本的な特性を記述しているからである．同じ特性が何らかの他の構造に対しても成り立つという事実は，まったくの儲けものとでもいうことであって，それは取りもなおさず馴染み深い計算法が他の場所でも使用できるということである．

群の概念に関しては状況は全く異なる．この概念がガロアによって認知される（そしておそらくは一世代前のラグランジュによって一瞥される）までは，馴染みのある群といえばまったくその典型から外れた**可換な**群の演算を持つもの，例えば加法のもとでの $\mathbb{Z}$ といったもの，であった．一般の多項式による方程式から生じるような，最も重要な群は可換ではない．したがって，群の公理では可換性の要求が**省かれる**必要があり，数学者たちは新たに非可換な乗法に慣れる必要が生じた．ガロアの時点まではこのような計算の経験はほとんどなく，事実今では，それが大層難しいものであることが知られるようになっている．それを証明することだってできるのだ！

非可換な乗法が難しい理由は，それがチューリング機械の操作ととても近いことにある．群の要素を $a, b, c, d, e, \ldots$ と書くとき，それらの積は $cat$ とか $dog$ のような「語（word）」である．非可換性は一般には文字の順序を入れ替えることができないこと，よって一つの「語」は，ある意味で，その整一性（integrity）を保持していることを意味している．もちろん，それには隣り合う逆文字が嵌まり込んでいるといった幾分かの乱れを伴っているかもしれない．例えば，

$$cat = cabb^{-1}t$$

といった具合に．このことから，チューリング機械の作動過程は次のように一つの群のなかで模擬化することができる．すなわち，記号の連鎖の幾つかを他の連鎖で置き換えることを許すことに対応して，語の間の有限個の等式を設定するわけである．この考え方は，機械の初期の構成（configuration）――入力，読み取りヘッドの位置，および，初期状態――をまず一つの語として記号化し，順次生じる構成の記号化の列に対応してさらに部分連鎖を設定していくことによってそれらを表現する，というものである．逆文字によって生じる混乱が多くなりすぎないように処理するには並外れた才能が必要とされるが，P. S. ノヴィコフが論文 Novikov (1955) で初めて成功を収めたのはまさに快挙と賞すべきものであった[4]．

---

[4] 逆文字を導入しないなら（この場合は**半群**と呼ばれるものが得られる）構成の記号化はそれほど難しくなく，10.2 節で実行する．これによって，なぜ非可換乗法が非可解性に繋がるのかがとても簡単に，また直接的に示される．

しかし，ひとたびそれが実行できることを知ってしまえば，停止問題の非可解性は取りもなおさず群の中での計算についての種々の問題が非可解であることを導いてしまう．特に，語の間の有限個の等式で，それらのもとで一つの与えられた語が 1 に等しいかどうかを決定するという問題が非可解となってしまうもの，を与えることができる．この「語の問題」は非可換乗法について想定できるなかでは最も簡単な問題といえそうである．そこでこれを指摘することによって改まって言うが，筆者は，群は難しいものであって環や体のように初等的ではない，と結論づける．（文字が可換であるときには対応する問題は可解である．）

# 5

## 幾　何

### あらまし

　**幾**何学は詳細に及ぶまで発展を遂げた最初の数学の分野であり，初等幾何学についての大きく苅り整えられた成果はすでにエウクレイデスの『原論』に見られる．この章の初めの幾つかの節では，エウクレイデスの幾何学への対し方が顕著に表れている様相を例示する．そこでは視覚化と論理とが魅力的に溶け合っている有り様を目の当たりにする．事実，多くの人々にとって，それは今でも数学的な論証についての惹きつけられて止むことのない例であり続けている．

　エウクレイデスの幾何学は文字通りの「手仕事」である．というのは，それは手作業の道具である**直定規**と**コンパス**を用いるものであるからである．これらの道具はエウクレイデスの幾何学の主題——直線と円——を決定するが，この主題はまた長さ，面積，角度の計測値（および時には，ピュタゴラスの定理のような，それらの間の予期せざる関連性）を包み込む．

　さらに驚くべきことは，エウクレイデスの幾何学が豊かな**代数的な**内容を持っていることである．これはエウクレイデスの知るところではなかった．というのは，ギリシャの人たちは幾何学においては数を避けていたからであり，したがって代数などに思いを馳せることなどなかったろう．それが陽光のもとに現れたのはようやく1630年頃であり，フェルマとデカルトが数と方程式を導入したことによる．この章の中ほどでは，デカルトによって発見されたことであるが，定規とコンパスによる作図と**作図可能な数**——有理数から演算 $+, -, \cdot, \div$ および $\sqrt{\ }$ で得られるもの——との間の関係を述べる．

そして最後に，エウクレイデスの現代的な化身が検討される．すなわち**内積**を持つ線型空間の**エウクレイデス幾何学**である．線型空間は直定規にまでさかのぼるエウクレイデスの幾何学の線型性を捉えており，他方で，内積はピュタゴラスの定理を携えた長さの概念を捉えている．エウクレイデスの幾何学がこれほどまでに永らえてきた理由は，おそらく，それが古代と現代の二つの世界の双方とうまく馴染むものであるからである．手作業の道具——直定規とコンパス——に見るその古代の基盤は，線型空間と内積に見るその現代における基盤とまさしく同値になっている．

## 5.1　数と幾何

現代数学においては，初等幾何学はそれを実数の上での線型代数に帰着することによって**算術化**されている．これが展開される様子は 5.3 節と 5.4 節で目の当たりにする．高等幾何学もまた算術化されているが，これには実数あるいは複素数における代数関数ないし微分可能関数が用いられる．とはいえ，ほとんどの人間にとってはやはり幾何学には視覚的に接するのが分かりやすいので，視覚的な対象を数の原生的な液体から再生し，視覚的な操作を数についての操作によって模擬する方法を見出してゆく．［平面上の］点は実数の順序対 $(x,y)$ として表示され，直線は線型方程式 $ax+by+c=0$ によって，円は 2 次方程式 $(x-a)^2+(y-b)^2=r^2$ によって表される．こういった図形の交点は一対の方程式を連立させて解いて求める．またこのような対象は対 $(x,y)$ の集合 $\mathbb{R}^2$ における線型変換によって移される．この方法によって，エウクレイデスの幾何学は数の世界における高位の概念を用いてモデル化される．

この過程は，最近の何十年かのうちに，計算機の進展のなかで再構築されてきた．数はもちろん計算機の母国語というべきものであり，計算機はその存在の初期の頃には，もっぱら数値的なデータの処理のために用いられた．その後，1970 年代になって，最初の粗い画像が計算機によって打ち出されるのを目にするようになったが，典型的には記号を大規模に配置することによって紙の長い帯の上に一つの形を打ち出すというものであった．さらに 1980 年代には画素，ピクセル × ピクセル，ごとにプログラムすることによって計算機の画面上に像を描き出

すことが始められた．当初の解像度は $(320 \times 200)$ であって，通常はさまにもならないその結果たるや，当時の何らかの数学書にある図版を見れば納得がいくだろう．グラフィックコマンドがプログラミング言語に加えられた時点では，二点間の「直線」が最もきれいに見えるようにプログラムを組むことが重大な問題であった．勾配がある直線は多かれ少なかれ階段のように見えた．

それでも解像度は次第に改善され，1990 年代には，直線はまっすぐに見え，曲線は滑らかになり，大半の画像はとても忠実に復元されるようになった．これが視覚的な計算の水門を開き，今日の世界に見られるように（特に携帯電話やタブレットの）使用者たちは主として彼らの画面上の絵によってやりとりを行うまでになっている．画面を軽く叩き，直接に画面に触れてそれを移動させたり回転させたりし，ズームアップし，ヒョイッと裏返す．計算機は数の上に構築されなければならないにもかかわらず，まるで計算機は幾何学的であるべきだと**欲する**かのようにも思われる．したがって，プログラマーは幾何学的な操作をモデルにした高度なプログラミングの考え方を開発しなければならない．

この章では数と幾何の間のやりとりが検討される．これから見ていくように，数の一般的な概念を**抜きにした**幾何学を推し進める理由が存在し，確かにエウクレイデスは数を抜きにして目をみはるような成果を挙げていた．次の二つの節では，彼の幾何学における大いなる成功例を見直してゆく．その一つは角の理論であり，いま一つは面積の理論である．とはいえ結局のところ，幾何は適合すべき数の概念を伴う方が分かりやすく，残りの節はその軌範に沿って展開される．

## 5.2 エウクレイデスの角の理論

今では角は数によって計測することになっている．まずは度数を用い，そして高等的には弧度法のラディアンによるが，特に円周率 $\pi$ という数が関わってくる．しかし，エウクレイデスは角度の単位として**直角**と角の**同等性**を採用して進む．角の同等性を決定するために彼が用意した概念的な道具は**三角形の合同**と**平行線公準**であった．実際，平行線公準はエウクレイデスの幾何学を特徴づける主要な特性であり，まずこれから始めよう．便宜的に平行線公準の一種の別形を用いるが，これはエウクレイデスのものと同値である．

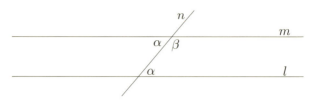

**図 5.1** 平行線公準に関わっている角.

**平行線公準**[†]. 直線 $l$ と $m$ とが平行である（すなわち，交わらない）とし，直線 $n$ がそれらと交わるとする．このとき，$n$ が $l, m$ のそれぞれと作る角で共に $n$ の同じ側にあ［って向き合ってい］るものをそれぞれ $\alpha, \beta$ とすると，和 $\alpha + \beta$ は二直角に等しい（図 5.1）．

この公理の状態では，$\beta$ と隣り合う角はやはり $\alpha$ に等しい．なぜならば，その角と $\beta$ との和もやはり二直角であるからである．このことから直ちに次の命題が得られる．

**三角形の内角の和．** 三角形の三つの内角を $\alpha, \beta, \gamma$ とするとき，それらの和 $\alpha + \beta + \gamma$ は二直角に等しい．

**証明．** 三角形 $ABC$ が与えられたとし，頂点 $A, B, C$ における内角をそれぞれ $\alpha, \beta, \gamma$ とする．さて，点 $C$ を通り，辺 $AB$ が与える直線と平行な直線を取る（図 5.2）．

このとき，平行線公準から，頂点 $C$ での角 $\gamma$ と隣接する角は角 $\alpha$ と角 $\beta$ に等しい．点 $C$ での平行線の下側の三つの角は直線角となっており，

$$\alpha + \beta + \gamma = 2\text{直角}$$

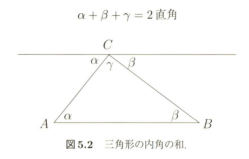

**図 5.2** 三角形の内角の和．

---

[†] 訳注：原著では "Parallel Axiom"（平行線公理）という語を用いているが，これを "Parallel Postulate"（平行線公準）と呼ぶ習わしになってきているのでそれに従った．

である．これが証明すべきことであった． □

さて，角が等しいことを確立するために合同性を用いるとしよう．関係する合同性公理は今日では SSS（三辺「side, side, side」から来ている）と呼ばれるものである．すなわち，**三角形 $ABC$ と $A'B'C'$ において，対応する辺がそれぞれ等しいならば対応する角もそれぞれ等しい**．この SSS が与える有名な定理が二等辺三角形に関するものである．

**二等辺三角形定理．** 三角形 $ABC$ において辺 $AB$ と辺 $AC$ とが等しいならば，頂点 $B$ における角と頂点 $C$ における角は等しい．

**証明．** この定理の（エウクレイデスのものとは異なる）素晴らしい証明がパッポスによって与えられている．（彼はエウクレイデスよりも数世紀あとのギリシャ人である．）

パッポスは三角形 $ABC$ が三角形 $ACB$（そう，同じ三角形であるが，裏返されたもの）と SSS によって合同であることに注目した．実際，対応する三辺

$$AB と AC, \quad AC と AB, \quad BC と CB$$

はそれぞれ等しい（図 5.3 を見よ）．

したがって，対応する頂点 $B$ と $C$ における角は等しい． □

さてこれら二つの角についての定理によってやはり角についての次の定理が証明される．

**半円上の角．** もし $AB$ が一つの円の直径であり，$C$ がその円上の別の点であれば，三角形 $ABC$ 内の $C$ における角は直角である（図 5.4）．

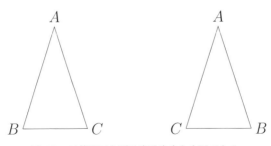

図 5.3　二等辺三角形は自分自身と合同である．

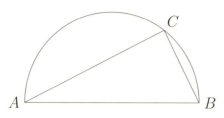

図 5.4 半円上の角.

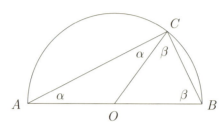

図 5.5 半円内の二等辺三角形.

**証明.** この円の中心を $O$ とし，線分 $OC$ を引く．このとき二つの二等辺三角形 $OAC$ と $OBC$ が得られる．なぜならば，（円の半径として）$OA = OB = OC$ であるからである．このとき二等辺三角形定理から図 5.5 に示されているように，等しい角が得られる．

また，三角形 $ABC$ の内角の和は 2 直角であるから，

$$\alpha + (\alpha + \beta) + \beta = 2\,\text{直角}$$

である．よって

$$\alpha + \beta = C \text{ における三角形 } ABC \text{ 内の角} = \text{直角}$$

である． □

## 5.3 面積についてのエウクレイデスの理論

言い伝えによると，およそ 500 年 BCE 頃にピュタゴラス学派において $\sqrt{2}$ の非有理性（irrationality），あるいは彼らの言葉では正方形の辺と対角線の**通約不**

能性(incommensurability) が発見された. すなわち, 正方形の辺と対角線をある長さの単位 $u$ で共に $u$ の整数倍として測ることができるような共通の長さの単位は存在しない. したがって, 正整数の概念 (concept) ——ピュタゴラス学派が持っていた**唯一**の数の概念——は幾何学に生じるすべての長さを記述するには**不十分**である. この容易ならざる発見はギリシャ数学の特別な風貌を生み出すことになった. そして**長さ**の概念が数に取って代わることになったが, しかし長さの算術はまったく限られている. 長さは加えたり引いたりはできるが, 掛け合わせることができない. [二つの長さを掛け合わせればもはや長さではなく面積になるだろう.] これは, 面積や体積をそれぞれに, また長さとは別個の種類の量 (magnitude) として扱わなければならないことを意味する. 加法や減法にとっても受容力が削減されてしまう. とりわけ, 長さと面積におけるギリシャ人の**等しさ** (equality) の概念 (concept) は入り組んだものになっている.

それでも, ともかくも, ギリシャ人たちは面積と体積の理論を初等数学で必要とされるすべてにわたって展開することができた. ここでは面積に関する理論がどのように運ばれるのかを見てみよう.

長さ $a$ と $b$ が与えられたとき, 我々現代の数学者たちは「$a$ と $b$ との積」は隣り合う辺の長さが $a$ と $b$ である長方形の面積であると言いたくなる. この長方形を**長さ $a$ と $b$ の長方形**ということにする.

しかし面積とは何ぞや? それが長さではないことは確かである. したがって, ギリシャ的な視点から言うならば, 長方形の面積といったものは, [単位の面積で測られた「数」で代表されるものでないとすれば] 長方形**それ自身**以外にはありえない (図5.6). それでもさらに, 長方形に対する**等しさの観念** (notion) は存在し, それは面積の等しさの現代的な観念と符合する. それも単に長方形の面積にとどまらず, すべての多角形の面積にも通じる. この等しさの観念は次の原則に基づいており, エウクレイデスの『原論』の第I巻では「共通概念 (common

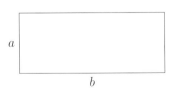

図5.6 長さ $a$ と $b$ の長方形.

notions）†」と呼ばれている．

1. 同一のものに等しいものは互いに等しい．
2. 等しいものに等しいものが加えられれば，全体は等しい．
3. 等しいものから等しいものが引かれれば，残りのものは等しい．
4. 互いに重なり合うものは互いに等しい．
5. 全体は部分よりも大きい．

公理（Notions）1, 2, 3, 4 は本質的には，もし一つのものを他のものへ同一の（「一致している」）断片を加えたり引いたりする操作を有限回にわたって施して移し替えることができるならば，それらのものは「等しい」，と言っている．これらの「公理」はすでに1.4節でピュタゴラスの定理を証明するために用いられた．公理5はここでの舞台では必要としない．なぜなら，公理1, 2, 3, 4 だけを用いて，どのような等しい面積（現代的な意味で）を持つ多角形もエウクレイデスの意味で「等しい」ことが証明できてしまうからである．

　事実としては，「面積において等しい」ことが（多角形についての）「エウクレイデスの意味で等しい」ことと同じであることは初等的な定理である．これは F. ボーヤイとゲルヴィーンによって19世紀に発見されたが，その証明は単調で長ったらしい．ここでは彼らのアイデアが初等幾何で最も重要な面積——平行四辺形と三角形の面積——にどのように適用されるかを示すことでよしとしよう．以後，「エウクレイデスの意味で等しい」という代わりに「面積において等しい」ということにする．

　まず，長さ $a$ と $b$ の長方形 $R$ が高さが $a$ で底辺が $b$ の平行四辺形 $P$ と面積において等しいことを見る．その理由は，$R$ の一辺に三角形 $T$ を加え，そのあとで $T$ と等しい三角形を得られた図形のもう一方の側から引き去れば $R$ は $P$ に移し変えられる（図5.7）．

　このように平行四辺形は同じ底辺と高さを持つ長方形に面積において等しい．また高さ $a$，底辺 $b$ の三角形は底辺 $b$，高さ $a/2$ の長方形に面積において等しい．なぜならば，その三角形の二枚の写しから底辺 $b$，高さ $a$ の平行四辺形が作られ

---

† 訳注：通常 "axioms"（「公理」ないし「共通概念」）という語が用いられ，原著の英文では "common notions" が用いられている．ここでの訳語としては単なる "notion" に対して「観念」ないし特別に「公理」を当てた．一つには "concept" に「概念」を当てたのと区別する意味もある．

5.3 面積についてのエウクレイデスの理論 · 171

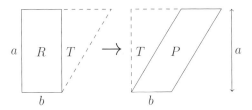

図 5.7　長方形の平行四辺形への変換.

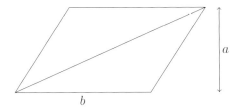

図 5.8　一つの三角形の写し二枚から平行四辺形を作る.

るからである（図 5.8）．

　等しい面積の長方形は実はエウクレイデスの意味で「等しい」から，長さ $a$ と $b$ の積 $ab$ を $a$ と $b$ の長方形として**定義する**ことができる．そして積が「等しい」ことをそれぞれの積と対応する長方形がエウクレイデスの意味で「等しい」ことだとする．そうすれば，もし $ab = cd$ であるならば，この事実を $c$ と $d$ の長方形を $a$ と $b$ の長方形に同一の断片を加えたり引き去ったりして移し替えることによって**証明する**ことができる．したがって，$ab = cd$ は，事実，長さ $a$ と $b$ の長方形が長さ $c$ と $d$ の長方形と（エウクレイデスの意味で）「等しい」ことと**同値**である．

　この（ボーヤイとゲルヴィーンの定理に依拠する）一般的な事実を知ってはいなかったが，ギリシャ人たちは幾つかの興味深い無理数の長方形が「等しい」ことを証明することが可能であった．ただし，彼らがそうしたかどうかは知られてはいない．

## $\sqrt{2} \cdot \sqrt{3} = \sqrt{6}$ の幾何学的な証明

　デデキントの著作 Dedekind (1872) によって導入された実数論の利点とされるものの一つは，$\sqrt{2} \cdot \sqrt{3} = \sqrt{6}$ のような結果の厳密な証明をもたらすことである．

実際，デデキントは彼の実数の定義によって次のように思索を巡らせている．

> 我々は未だかつて確立されたことがなかった（例えば $\sqrt{2}\cdot\sqrt{3}=\sqrt{6}$ のような）定理の証明を目の当たりにするに至った．
>
> Dedekind (1901), p.22

おそらくは $\sqrt{2}\cdot\sqrt{3}=\sqrt{6}$ はそれまでに実際に証明されたことはなかったろうが，ギリシャ人たちが同値な命題を証明することを押しとどめるものはなかった．ガードナーは Gardiner (2002), pp.181–183 で次のように指摘している．この等式を古代ギリシャ人たちが受け入れるような言葉に翻訳して証明することは可能であると．ここではこのような証明（ガードナーのものの変形版）を示そう．これはどう見ても初等的である．

ピュタゴラスの定理によって，$\sqrt{2}$ は単位正方形の対角線であり，$\sqrt{3}$ は斜辺が2で辺の一つが1の直角三角形のもう一つの辺である．したがって $\sqrt{2}$ と $\sqrt{3}$ を長さに翻訳できるから，長さ $\sqrt{2}$ と $\sqrt{3}$ の長方形に言及しても問題はない．そこで次にこの長方形を等しい断片を加えたり引き去ったりして加工し，高さが1の長方形に移す．

まず，当初の長方形を底辺 $\sqrt{3}$ に平行な直線で二分し，これを繋ぎ合わせて高さが $\sqrt{2}/2$ で底辺が $2\sqrt{3}$ の長方形を構成する（図5.9）．

これらの長方形はエウクレイデスの意味で「等しい」．

次に，この最新の長方形を平行四辺形に移そう．その左端から一辺が $\sqrt{2}/2$ の直角二等辺三角形（斜辺はピュタゴラスの定理から1である）を切り離し，それを右端に繋ぎ合わせる（図5.10）．

その結果は幅は同じで斜めの辺が1（で角度は45°）の平行四辺形になり，もちろん同じ面積を持つ．

最後に，この辺1を平行四辺形の底辺とみなし，それを同じ底辺と高さの長方

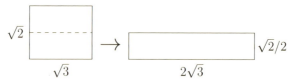

図5.9 長方形 $\sqrt{2}\times\sqrt{3}$ を高さが半分のものに移し替える．

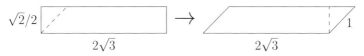

**図 5.10** 長方形を平行四辺形に移し替える.

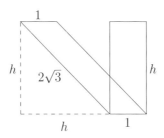

**図 5.11** 平行四辺形を底辺が 1 の長方形に移す

形に移す．これは三角形を加えたり引き去ったりすればよい（図 5.11）．もちろんこの長方形はもとの平行四辺形と同じ面積を持つ．あとは最後の長方形の高さ $h$ を見つければよい．

図 5.11 から明らかなように，$h$ は直角二等辺三角形で斜辺が $2\sqrt{3}$ であるものの一辺である．よって再びピュタゴラスの定理から，

$$h^2 + h^2 = (2\sqrt{3})^2 = 4 \times 3 = 12$$

であり，$h^2 = 6$，すなわち $h = \sqrt{6}$ である．ここに辺が $\sqrt{2}$ と $\sqrt{3}$ の長方形は辺が $\sqrt{6}$ と 1 の長方形と面積において等しいことが証明された．よって（現代の言葉によれば）$\sqrt{2} \cdot \sqrt{3} = \sqrt{6}$ である．

## 体積の概念

エウクレイデスには体積の理論があり，それは彼の面積の理論と同じように始まる．基本の個体の対象は長さ $a, b, c$ の**箱**であり，高さが $a$ で底面が $b$ と $c$ の長方形であり，すべての面は長方形である．「等しさ」は同一の断片を加えたり引き去ったりして定義される．そして一つの**平行六面体**（parallelepiped[1]），各面が

---
[1] この語はしばしば誤解され，スペルが間違えられ，誤って発音される．これは部分ごとに parallel-

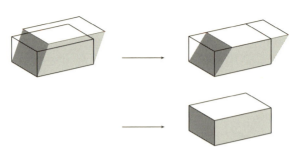

**図 5.12** ひしゃげ気味の箱を足したり引いたりして箱に移す.

平行四辺形の「ひしゃげ気味の箱」)は同じ高さ,幅,奥行きの箱と等しい(図 5.12).

次に,平行六面体を二つに切って,一つの**三角柱**は底辺は同じであるが高さが半分の箱と「等しい」ことが分かる.しかし有限個の断片を用いて行き着けるのはこれが限界である.さて**四面体**(三角錐)の場合になると,エウクレイデスはそれと「等しい」箱を見つけるために四面体を**無限個**の三角柱へと切断する[†].図 5.13 は四面体の中の二つの三角柱を示しており,図 5.14 は,最初の四面体から最初の二つの三角柱を取り除いて残った二つの四面体のそれぞれの中に,二つずつの三角柱を取り出すさらなる段取りを示している.

遥かに遅れて,マクス・デーンは Dehn (1900) においてこの無限性は避けることができないことを示した.正四面体を有限個の断片を加えたり引き去ったりし

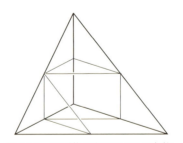

**図 5.13** 四面体の中の二つの三角柱.

---

epi-ped と読むのが助けになり,文字通り「足の上に平行(parallel upon the foot)」であって,どのように置かれても必ず上面が底面に平行であることを意味する.

[†] 訳注:しかしエウクレイデスは背理法といわゆるアルキメデスの公理を用いることによって有限回の分解過程で証明を完結している.この証明法はのちに「取り尽くし法」と名づけられた.論証の方法として整備して用いたのはエウドクソスであるとされている.

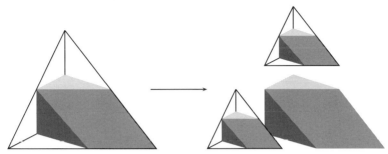

**図 5.14** 四面体の解体を継続する.

て立方体に移すことは可能でない．この驚くべき発見は体積というものが面積よりもさらに深い概念であることを示している．もし体積が（我々の考え通りに）初等数学に属するとするならば，初等数学の中に無限過程を置く場所を与える必要がある．この一連の考察のさらなる展開は次章で引き続き進められる．

## 5.4 直定規とコンパスによる作図

エウクレイデスの『原論』の命題の多くは**作図**である．すなわち，平面上の一つの図形が直線とコンパスで作図できることを主張している．これらの作図はエウクレイデスがその「公準（postulates）」（本書では公理と呼んでいる）の中に含めている二つの作図に依拠している．

1. 与えられた一点からもう一つの与えられた点への直線が引ける．
2. 与えられた点を中心として与えられた半径の円を描く．

（エウクレイデスは実際には最初の公準を二つに分解している．——与えられた二点を結ぶ**線分**が引けることと線分は直線分としていくらでも延長することができることである．——その理由は彼は無限に伸びる直線を認めていないからである．）今では直線と円を描く道具としてはそれぞれを「直定規」と「コンパス」と呼んでいる[2]．したがって，エウクレイデスの作図は**直定規とコンパスによる作**

---

[2] 直定規（straightedge）はしばしば単に定規（ruler）と呼ばれるが，これはその上に長さを測るための目盛が書かれているので間違った意味を含んでしまう．またコンパスはかつては「一対のコ

図と呼ばれる．

エウクレイデスの冒頭の命題は直定規とコンパスによる作図である．すなわち，**与えられた線分 $AB$ を底辺とする正三角形を描くこと**である．これはコンパスが単に円を描くだけではなく，さらに長さを「捕捉」して「転写」するための道具であることを如実に図解している．実際，それは一片の長さを一箇所から別の場所に移動させることを許しているからである．

この正三角形の第三の頂点 $C$ は中心がそれぞれ $A$ と $B$ で半径が $AB$ の円弧の交点として得られる（図 5.15）．そうすれば求める三角形は点 $A$ から $C$ への線分と $B$ から $C$ への線分を引いて完成される．

作図の結果が正しいことの証明は次のような観察をすればよい．

$\quad AC = AB$　なぜなら両者は共に最初の円の半径であるから，

$\quad BC = AB$　なぜなら両者は共に二番目の円の半径であるから，

よって　$AB = AC = BC.$

なぜなら，「同一のものと等しいものは互いに等しい」からである．

他の多くの初等幾何の作図はこれの変形である．

例えば，上の作図において二つの円弧のもう一つの交点を $D$ とするならば，線分 $CD$ は $AB$ と**垂直**でその中点 $P$ を通る．逆に，直線 $l$ の上の任意の点 $P$ を中心とする円を描けば，それと $l$ との交点を $A, B$ とするとき，$P$ は線分 $AB$ の中点であり，したがって $P$ を通って $l$ と垂直な直線 $m$ が作図される（図 5.16）．

さらに $m$ の垂線をを引くことによって，もとの直線 $l$ の**平行線** $n$ が作図される．平行線はエウクレイデスの幾何学にとっての基本的な概念であり，図 5.17

**図 5.15**　正三角形の作図．

---

ンパス（a pair of compasses）」と呼ばれていた．この言葉使いはもう使われなくなっているが，古い書物ではそれに出会うかもしれないので一応注意しておく．

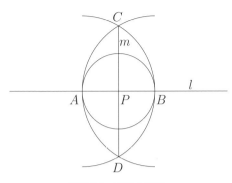

**図 5.16** 垂線の作図.

で言及される次の定理に依拠して,平行線は多くの作図にとっての鍵となっている.

**タレースの定理.** もし $OAB$ と $OA'B'$ が三角形であり,しかも $OAA'$ と $OBB'$ が直線上にあり,しかも $AB$ が $A'B'$ と平行であるならば,

$$OA/OA' = OB/OB'$$

である.

　エウクレイデスのこの定理の証明は,彼が数を避けていることから二つの比 $OA/OA'$ と $OB/OB'$ の解釈が難しいものになっていることから,とても微妙に展開されている.長さを数であると認めれば遥かに簡単に議論することができる(5.7節を参照).しかしこの定理に支えられて,算術的な演算 $+, -, \cdot, \div$ ばかりか $\sqrt{\phantom{x}}$ を取ることまでのすべてに対し,それらを模擬的に処理するための直定規とコンパスによる作図法への道が滑らかに開けていくことになる.このプログラムの最も興味深い部分は次節で実行する.しかしまずは $+$ と $-$ の演算をやっ

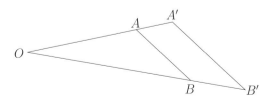

**図 5.17** タレースの定理の設定.

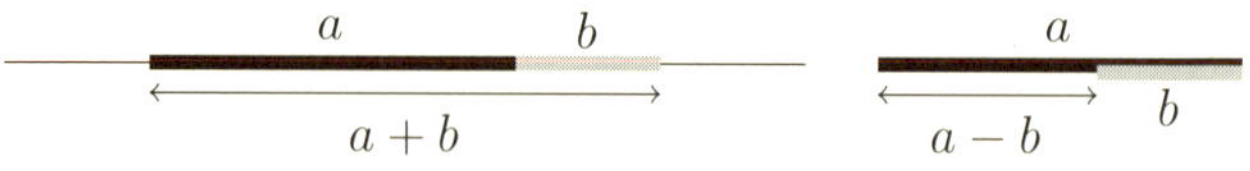

**図5.18** 長さの和と差の構成.

つけておこう．これらはエウクレイデスの視点から見ても簡単であり，タレースの定理は必要としない．

　線分 $a$ と $b$ が与えられたとき，それらの和 $a+b$ は，まず $a$ の線分を十分長い線分にまで延長しておき，次に線分 $b$ をコンパスで複写してその線分上で線分 $a$ に繋げれば得られる．同様に，もし $b$ が $a$ よりも大きくないならば，線分 $b$ をコンパスで運んで今度は $a$ の内側に両者の端点を合わせて写し込めば $a-b$ が構成できる（図 5.18）．

## 5.5 代数的な演算の幾何学的な実現

　前節の最後で見たように，長さの和や差を直線上で構成することは易しい．積とか商もまた容易に得られるのだが，作図するには平面と平行線が必要になる．また**単位の長さ**を定めておく必要がある．そうすれば，長さ $a$ が与えられたとき，どのような長さ $b$ でもそれを $a$ 倍することは，図 5.19 のようにすれば可能である．

　作図は $O$ を通る二本の直線を用いる．その一本の上に単位の長さ $1 = OB$ を取り，もう一本の上には長さ $a = OA$ を取る．そして最初の直線上に長さ $b = BB'$ を付け加える．最後に線分 $AB$ を引き，$B'$ を通るそれと平行な直線 $A'B'$ を引く．このとき，タレースの定理から $AA' = ab$ である．

　要するに，平行線は長さがそれぞれ長さ $1, b$ の線分に $a$ による**拡大**を施して長さ $a, ab$ の線分に移す．その逆方向によって，$a$ による**割り算**が得られ，よってどのような長さ $a, b$ に対しても，図 5.20 に見るように，$b/a$ を得ることができる．

　このように，今や演算 $+, -, \cdot, \div$ の幾何学的な実現がもたらされた．演算 $\sqrt{\phantom{x}}$ の実現もまた驚くほど易しいのだが，まずタレースの定理から次の帰結を引き出す必要がある．

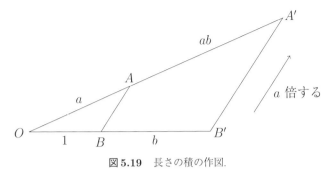

**図 5.19** 長さの積の作図.

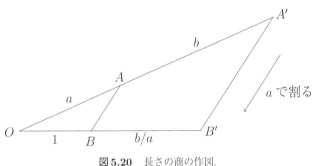

**図 5.20** 長さの商の作図.

**相似三角形の比例関係.** もし二つの三角形 $ABC$ と $A'B'C'$ において対応する角がそれぞれ等しい（すなわち，$A$ における角が $A'$ における角と等しく，等々）ならば，それらの対応する辺は比例する．すなわち，

$$\frac{AB}{A'B'} = \frac{BC}{B'C'} = \frac{CA}{C'A'}$$

が成り立っている．

**証明.** 二角形 $A'B'C'$ を移動させて $A = A'$ かつ $A, B, B'$ が同じ直線の上にあり，$A, C, C'$ がやはり一本の直線の上にあるようにする．また $A, C, C'$ がこの順序で並んでいると仮定してもよかろう．このとき，状況は図 5.21 のようになっている．（点の並び方が $A, C', C$ である場合も議論は同様に運ばれる．）

点 $C$ と $C'$ における角は等しいから，直線 $BC$ と $B'C'$ は平行である．したがってタレースの定理から，上と下の線分は比例するように分割されている．すなわち，$AB/A'B' = AC/A'C'$ である．同様に，三角形を $B$ と $B'$ が一致するよ

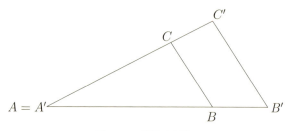

**図 5.21** 相似三角形.

うに移動すれば $BC/B'C' = BA/B'A'$ が成り立つが，$BA/B'A' = AB/A'B'$ ［かつ $AC/A'C' = CA/C'A'$］である．よって確かにすべての対応する辺の対は比例している． □

さて，長さ $l$ が与えられたときに $\sqrt{l}$ を作図するために，図 5.22 に示された作図を行う．これはエウクレイデスの『原論』，巻 VI，命題 13 で与えられている作図法である．

この図において，［点 $C$ は $AB$ を直径とする半円弧と点 $D$ における $AB$ への垂線との交点であるが，］5.2 節で見たように，三角形 $ABC$ の頂点 $A$ と $B$ におけるそれぞれの角 $\alpha, \beta$ に対して，$\alpha + \beta$ は直角である．したがって，三角形の内角の和は二直角であるから，$C$ における角は図示されているように $\alpha$ と $\beta$ に分けられている．よって二つの三角形 $ADC$ と $CDB$ は相似形である．両者の対応する辺を比べて，同じ比

$$1/h = h/l$$

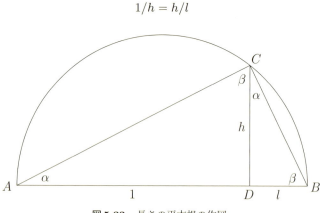

**図 5.22** 長さの平方根の作図.

が得られる．これから

$$h^2 = l, \quad \text{したがって} \quad h = \sqrt{l}$$

である．まとめれば，結局 $\sqrt{l} = CD$ は次のステップによって作図される．

1. 長さ $l$ を同じ直線上で $1$ に加えて線分 $AB$ を作る．
2. この $AB$ を二等分して直径が $AB$ である円の中心を見つける．
3. この円を描く．
4. 二本の線分 $1$ と $l$ とが接する点 $D$ において $AB$ の垂線を引く．
5. この垂線と $AB$ を直径とする円弧との交点 $C$ を定めて線分 $CD$ を描く．

## 5.6 幾何学的な作図の代数的な実現

　前節では直定規とコンパスによる作図法が代数的な演算 $+, -, \cdot, \div$ および $\sqrt{\phantom{x}}$ を含んでいることを見た．本節では，直定規とコンパスの操作が平面 $\mathbb{R}^2$ 上で翻訳されるとき，**すべての作図可能な長さが単位の長さからこれらの代数的演算によって得られる**ことを示そう．したがって，幾何学的な概念と代数学的な概念の間の同値性を得ることになり，それによって幾何学的な作図が可能であるかないかを代数によって証明することができることになる．本節の最後に作図法が存在する例を与える．

　まず座標系を用いて二つの基本的な作図法を翻訳することから始めよう．すなわち，与えられた二つの点を通る直線を引くことと，与えられた中心と半径を持つ円を描くことである．

- 二点 $(a_1, b_1), (a_2, b_2)$ が与えられたとき，これら二点を通る直線の勾配は $\frac{b_2 - b_1}{a_2 - a_1}$ であり，よってその上の点 $(x, y)$ に対しては

$$\frac{y - b_1}{x - a_1} = \frac{b_2 - b_1}{a_2 - a_1}$$

が成り立つ．この等式を標準的な形 $ax + by + c = 0$ によって表せば，係数 $a, b, c$ は与えられた座標 $a_1, b_1, a_2, b_2$ から演算 $+, -, \cdot, \div$ によって得られる．

- 点 $(a, b)$ と半径 $r$ が与えられたとき，中心が $(a, b)$ で半径が $r$ である円は方程式
$$(x - a)^2 + (y - b)^2 = r^2$$
で与えられる．よってその係数は与えられたデータから演算 $+, -, \cdot, \div$ によって得られる．

新たな点は上で作図された直線や円の交点として作図される．そこでこのようにして得られるすべての点は与えられた直線や円の係数から演算 $+, -, \cdot, \div$ および $\sqrt{\phantom{a}}$ によって得られることを示そう．

- 二本の直線 $a_1 x + b_1 y + c_1 = 0$ と $a_2 x + b_2 y + c_2 = 0$ が与えられたとき，それらの交点は連立線型方程式を $x, y$ について解くことによって得られる．これは常に演算 $+, -, \cdot, \div$ のみによって解くことができ，したがって交点の座標は $a_1, b_1, c_1, a_2, b_2, c_2$ から演算 $+, -, \cdot, \div$ によって与えられる．
- 直線 $a_1 x + b_1 y + c_1 = 0$ と円 $(x - a_2)^2 + (y - b_2)^2 = r^2$ が与えられたとき，まず前者から（もし $b_1 \neq 0$ ならば）$y$ を求め（$b_1 = 0$ ならば代わりに $x$ を求め），それを二番目の方程式に代入する．その結果，$x$ についての（あるいは $y$ についての）2 次方程式が得られ，その係数は $a_1, b_1, c_1, a_2, b_2, r$ から演算 $+, -, \cdot, \div$ によって得られる．よって2次方程式の根の公式から，$x$（あるいは $y$）が演算 $+, -, \cdot, \div$ および $\sqrt{\phantom{a}}$ によって得られる．（ここで $\sqrt{\phantom{a}}$ が必要になる．）最後に，$y$ 座標（あるいは $x$ 座標）は最初の方程式から，やはり演算 $+, -, \cdot, \div$ によって得られる．
- 二つの円 $(x - a_1)^2 + (y - b_1)^2 = r_1^2$ と $(x - a_2)^2 + (y - b_2)^2 = r_2^2$ が与えられたとき，これら二つの方程式を展開して
$$x^2 - 2a_1 x + a_1^2 + y^2 - 2b_1 y + b_1^2 = r_1^2,$$
$$x^2 - 2a_2 x + a_2^2 + y^2 - 2b_2 y + b_2^2 = r_2^2,$$
と表す．これらの差を取って $x^2$ と $y^2$ を消去すれば，線型方程式が得られ，それといずれかの円の方程式を連立させればすぐ上の場合に帰着する．

**まとめ**：新たに得られるすべての点の座標，したがって新たに得られるすべての直線や円の方程式の係数は，最初に与えられた点の座標から演算 $+, -, \cdot, \div$ お

およひ $\sqrt{}$ によって得られる．したがって，直定規とコンパスで作図されるすべての点の座標はこれらの演算によって1から得られる．逆に，座標が1から演算 $+, -, \cdot, \div$ および $\sqrt{}$ によって得られるような（こういったものを**作図可能な数**と呼ぶことができるだろう）すべての点は直定規とコンパスで作図できる．

さて約束していた例を示そう．代数を用いて作図可能であることを証明する．

## 正五角形

図 5.23 は辺の長さが1の正五角形で，求められるべき対角線の長さが $x$ であるものを示している．他の二本の対角線は幾つかの相似な三角形を創るために引かれている．正五角形の対称性から各対角線はそれと向き合っている辺と平行であることが分かり，また，幾つかの平行線によって三つの三角形 $ABC, A'BC, A'B'C'$ は図示されているように等しい角 $\alpha$ を持っており，したがってまた等しい角 $\beta$ を持っている．

したがって，二つの三角形 $A'BC$ と $ABC$ は相似であり，しかも辺 $BC$ を共有しているから，それらは実は**合同**である．このことから，図 5.24 に示されているように，長さ1の二辺を持っている．よって，すべての対角線の長さが $x$ であることから，二辺の長さ $x-1$ が求まる．

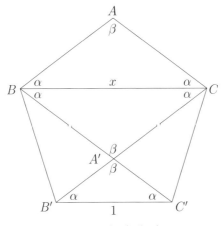

**図 5.23** 正五角形の角．

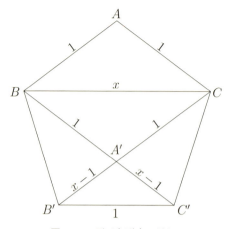

**図 5.24** 正五角形内の長さ.

実際，二つの三角形 $ABC, A'B'C'$ が相似であって，対応する辺が比例していることから，等式

$$\frac{1}{x} = \frac{x-1}{1}$$

が得られる．これは 2 次方程式 $x^2 - x - 1 = 0$ に他ならず，根として $x = \frac{1 \pm \sqrt{5}}{2}$ を持つ．このうちの正の値が問題の正五角形の対角線の長さである．これは作図可能な数であり，よって対角線を直定規とコンパスで作図できるから，二等辺三角形 $ABC$ も作図できる．したがって，その幾つかを繋ぎ合わせて，正五角形を作図することができる．

## 5.7 線型空間幾何学

この節では平面 $\mathbb{R}^2$ を単に $\mathbb{R}$ 上の線型空間として見ることにし，次の問いを立てる．エウクレイデスの幾何学のどの程度までを取り込むことができるか？ 長さの概念がないから，すべてを取り込むというわけにはいかないのは確かである．しかし，「相対的な長さ」の概念があり，線分の長さと同じ方向でそれを比べて見ることができる．そうすれば，例えばタレースの定理のような，長さの比を含めた幾つかの重要な定理を証明することができる．

ベクトル版のタレースの定理に先立って，鍵となる幾つかの概念を $\mathbb{R}^2$ のベクトルの言葉で表す必要がある．伝統的な幾何学におけるのと同様に，線分をその両端を並べて記述することにしよう．したがって $st$ は端点が $s$ と $t$ である線分を表す．

**三角形**． 一般性を失うことなく，三角形の一つの頂点は $\mathbf{0}$ であるとしてよく，他の二頂点はゼロとは異なるベクトル $u$ と $v$ である．ただし三角形がつぶれないように，$u$ と $v$ は $\mathbf{0}$ からは異なった方向を向いている必要がある．すなわち，それらは**線型独立**でなければならない：$au + bv = 0 \iff a = b = 0$.

**平行線**． もし $s$ と $t$ が $\mathbb{R}^2$ の二点であるならば，ベクトル $t - s$ は $s$ に対して相対的な $t$ の位置を代表する．特に，それは線分 $st$ の方向を与える．もし $u$ と $v$ がもう一組の二点であるとすると，線分 $uv$ が線分 $st$ と**平行**であるとは，ある実数 $c \neq 0$ であって

$$t - s = c(v - u)$$

となるものが存在することである．

**相対的な長さ**． ゼロでない実数 $a$ に対して，$\mathbf{0}$ から $au$ への線分と $\mathbf{0}$ から $u$ への線分は同じ方向にあり，$a$ を $\mathbf{0}$ から $u$ への線分の**長さ**と相対的な $\mathbf{0}$ から $au$ への線分の**長さ**と呼ぶ．

ベクトルの言葉で表されたこれらの概念によって，次の定理の証明はとても簡単になる．

**ベクトルのタレースの定理**． もし $\mathbf{0}, u, v$ が一つの三角形の頂点であり，$s$ が $\mathbf{0}u$ 上に，$t$ が $\mathbf{0}v$ 上にあり，そしてもし $st$ が $uv$ と平行であるならば，このとき $\mathbf{0}u$ の長さと相対的な $\mathbf{0}s$ の長さは $\mathbf{0}v$ の長さと相対的な $\mathbf{0}t$ の長さに等しい．

**証明**． 図 5.25 には定理の仮定がまとめられている．

ベクトル $s$ は $\mathbf{0}u$ 上にあるから，ある実数 $b \neq 0$ によって

$$s = bu$$

と表され，同様に，ある実数 $c \neq 0$ によって

$$t = cv$$

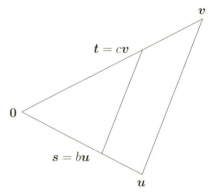

図 5.25　定理の設定.

と表される.また,$st$ が $uv$ と平行であるから,ある実数 $a \neq 0$ によって

$$t - s = cv - bu = a(v - u)$$

となっている.したがって

$$(b - a)u + (a - c)v = 0$$

であるが,$u$ と $v$ が線型独立であるから,

$$b - a = a - c = 0$$

である.よって

$$a = b = c$$

である.したがって,実際,$s = au$ かつ $t = av$ である.よって $s$ と $t$ は線分 $0u$ と $0v$ を同じ比,すなわち $a$ に割っている. □

**注意**.定理の逆を証明するのはもっと簡単である.もし $s$ と $t$ がそれぞれ線分 $0u$ と $0v$ を同じ比 $a$ に分割するならば,$st$ は $uv$ と平行である.なぜなら,この場合,$s = au$ かつ $t = av$ である.よって $t - s = a(v - u)$ であり,線分 $st$ は線分 $uv$ と平行である.

## ベクトル幾何学の他の定理

点 $\mathbf{0}$ から $\boldsymbol{u}$ への線分の上にはその**中点** $\frac{1}{2}\boldsymbol{u}$ がある．もっと一般的には $\boldsymbol{u}$ から $\boldsymbol{v}$ への線分の中点は $\frac{1}{2}(\boldsymbol{u}+\boldsymbol{v})$ である．なぜなら，

$$\frac{1}{2}(\boldsymbol{u}+\boldsymbol{v}) = \boldsymbol{u} + \frac{1}{2}(\boldsymbol{v}-\boldsymbol{u})$$

である．（「まず $\boldsymbol{u}$ へ行き，それから $\boldsymbol{v}$ の方へ半分進む．」）中点は幾何学の幾つかの定理には欠かせない．ここではまず，通常では合同関係を用いて証明される次の定理をベクトルの概念を用いてとても簡単に証明する．

**平行四辺形の対角線．** 平行四辺形の二本の対角線は互いに他を二等分する．

**証明．** 一般性を失うことなしに，平行四辺形の三つの頂点が $\mathbf{0}, \boldsymbol{u}, \boldsymbol{v}$ であるとしてよい．このとき四つ目の頂点は $\boldsymbol{u}+\boldsymbol{v}$ である．というのは，この点は向かいあう平行線の辺を作るからである．また $\mathbf{0}$ から $\boldsymbol{u}+\boldsymbol{v}$ への対角線の中点は $\frac{1}{2}(\boldsymbol{u}+\boldsymbol{v})$ であり，これはまた $\boldsymbol{u}$ から $\boldsymbol{v}$ への対角線の中点でもあった．よって二本の対角線は互いに他を二等分している． □

二つ目の例はアルキメデスの定理である．彼はこの定理を三角形の**質量の中心**に関するものと解釈した（また三角形の**重心**として知られている．図 5.26 参照）．

**中線の共通交差．** どのような三角形においても，各頂点から対辺の中点へ引いた直線（三角形の中線）は共通点を持つ．

**証明．** 三角形の頂点を $\boldsymbol{u}, \boldsymbol{v}, \boldsymbol{w}$ とすると，一本の中線は $\boldsymbol{u}$ から $\frac{1}{2}(\boldsymbol{v}+\boldsymbol{w})$ への線分である．（図 5.26 から推測して，）この線分の $\boldsymbol{u}$ から $\frac{1}{2}(\boldsymbol{v}+\boldsymbol{w})$ への 2/3 の位置

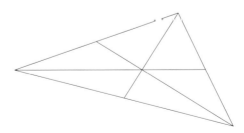

図 **5.26** 中線の共通点としての重心．

にある点を取ると，これは
$$u + \frac{2}{3}\left[\frac{1}{2}(v+w) - u\right]$$
であり，しかも
$$u + \frac{1}{3}(v + w - 2u) = \frac{1}{3}(u + v + w)$$
と等しい．この点は $u, v, w$ を等しく対称的に含んでおり，したがって他の中線に沿って，$v$ から $\frac{1}{2}(u+w)$ へ，あるいは $w$ から $\frac{1}{2}(u+v)$ へと，その長さの 2/3 を進めば**同一**の点に到達する．したがって，この点 $\frac{1}{3}(u+v+w)$ はすべての中線の上にある． □

## 5.8 内積による長さの導入

平面 $\mathbb{R}^2$ 上のベクトル $u = (a, b)$ と $v = (c, d)$ の**内積** $u \cdot v$ を
$$u \cdot v = ac + bd$$
によって定義する．特に
$$u \cdot u = a^2 + b^2$$
であり，これは，$u$ の座標による幅が $a$ で高さが $b$ の直角三角形の「斜辺」$|u|$ の平方である．したがって，この $|u|$ を $u$ の**長さ**と捉えるのが自然である．

さらに一般に，$u_1 = (x_1, y_1)$ から $u_2 = (x_2, y_2)$ への**距離**を
$$|u_2 - u_1| = \sqrt{(x_2 - x_1)^2 + (y_2 - y_1)^2}$$
によって定義するのが自然である．なぜならば，これは幅が $x_2 - x_1$ で高さが $y_2 - y_1$ である三角形に対するピュタゴラスの定理によって与えられる距離であるからである（図 5.27）．

このように，内積は，もし $u$ の長さを $|u|$,
$$|u| = \sqrt{u \cdot u}$$

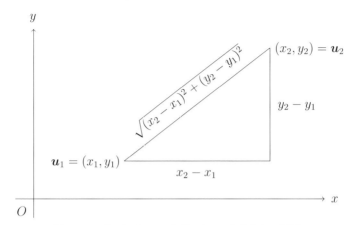

**図5.27** ピュタゴラスの定理によって与えられる距離.

によって定義するならば，エウクレイデスの概念による長さを与えてくれる．この理由から，内積を持った線型空間 $\mathbb{R}^2$ は**エウクレイデス平面**と呼ばれる[3]．

長さの概念は，原理的には，**角**の概念を定める．なぜならば，一つの三角形の内角はその辺の長さによって決定されるからである．とはいっても，角の概念はそれほど簡単ではない．——次章では，角についての幾つかの基本的な問題に答えるためには微積分が必要となることを見る．——そこでまず，エウクレイデスのように，最も重要な角として**直角**を取り上げることにしよう．

同じ長さのベクトル $\boldsymbol{u}$ と $\boldsymbol{v}$ が直角を作る，あるいは，直交するのは，$\boldsymbol{u} = (a, b)$ とすれば $\boldsymbol{v} = (\pm 1)(-b, a)$ の場合と一致する．これは図5.28 からも見て取れるであろう．このことから，**ベクトル $\boldsymbol{u}$ と $\boldsymbol{v}$ が直交するための必要十分条件**は

$$\boldsymbol{u} \cdot \boldsymbol{v} = 0$$

であることが分かる．なぜなら，どちらかのベクトルをそのスカラー倍で取り替えても内積の値が0であることに変わりはない．

この判定条件によって直交性に関する多くの定理は単純な代数的な計算によっ

---

[3] 一般の次元 $n$ のエウクレイデス空間もこの内積を自然に $\mathbb{R}^n$ へと拡張することによってそのままに定義される．すなわち，$(a_1, a_2, \ldots, a_n) \cdot (b_1, b_2, \ldots, b_n) = a_1 b_1 + a_2 b_2 + \cdots + a_n b_n$ とする．ピュタゴラスの定理の $\mathbb{R}^n$ への自然な拡張もまた存在し，この内積によるものと同じ長さの概念を与える．

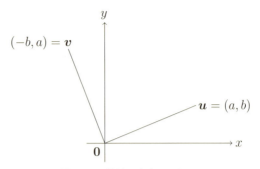

**図 5.28** 等長の直交ベクトル.

て証明される．こういった計算は内積に対する次のような規則のもとで行われるが，それらは定義から容易に確認されるであろう．（ここでもまた，これらの規則が通常の算術の規則と類似していることに注目しよう．）

$$\boldsymbol{u} \cdot \boldsymbol{v} = \boldsymbol{v} \cdot \boldsymbol{u},$$
$$\boldsymbol{u} \cdot (\boldsymbol{v} + \boldsymbol{w}) = \boldsymbol{u} \cdot \boldsymbol{v} + \boldsymbol{u} \cdot \boldsymbol{w},$$
$$(a\boldsymbol{u}) \cdot \boldsymbol{v} = \boldsymbol{u} \cdot (a\boldsymbol{v}) = a(\boldsymbol{u} \cdot \boldsymbol{v}).$$

まず，ピュタゴラスの定理がエウクレイデス平面上で完全に一般的に成り立つことを確認しよう．

**ベクトル版ピュタゴラスの定理．** もし $\boldsymbol{u}, \boldsymbol{v}, \boldsymbol{w}$ が直角三角形の頂点で，$\boldsymbol{v}$ での角が直角であるならば，等式

$$|\boldsymbol{v} - \boldsymbol{u}|^2 + |\boldsymbol{w} - \boldsymbol{v}|^2 = |\boldsymbol{u} - \boldsymbol{w}|^2$$

が成り立つ．

**証明．** 一般性を失うことなく，$\boldsymbol{v} = \boldsymbol{0}$ であるとしてよい．このとき直交性から，$\boldsymbol{u} \cdot \boldsymbol{w} = 0$ である．そして（図 5.29 から），

$$|\boldsymbol{u}|^2 + |\boldsymbol{w}|^2 = |\boldsymbol{u} - \boldsymbol{w}|^2$$

を示せばよい．

実際，$\boldsymbol{u} \cdot \boldsymbol{w} = 0$ であるから，

5.8 内積による長さの導入 · 191

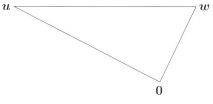

図 5.29 直角三角形.

$$|u-w|^2 = (u-w)\cdot(u-w)$$
$$= u\cdot u + w\cdot w - 2u\cdot w$$
$$= |u|^2 + |w|^2$$

である. □

また 5.2 節の半円内の角についての定理も簡単な計算で示される.

**半円内の角.** もし $u$ と $-u$ を中心が $0$ である円の直径の二つの端点とし, さらにもし $v$ を円周上にあるそれらの間の点とするならば, このとき $v$ から $u$ と $-u$ への二つの方向は直交する.

**証明.** 点 $v$ からの二つの方向 $v-u$ と $v+u$ の内積を考察しよう. このとき, $|v|$ と $|u|$ は共にこの円の半径であるから,

$$(v-u)\cdot(v+u) = v\cdot v - u\cdot u = |v|^2 - |u|^2 = 0$$

である. よって $v-u$ と $v+u$ は直交する. □

最後に, まだ本書では証明していない定理に対処しよう. これを伝統的な幾何学的方法で証明するのは難しいが, 内積を用いるととても簡単である.

**垂線の共通交差** 三角形の各頂点から対辺に下ろした垂線 (その高さ) は共通点を持つ.

**証明.** 三角形の頂点を $u, v, w$ とし, 頂点 $u$ と $v$ からの対辺への垂線の交点を原点 $0$ であるとしよう (図 5.30). このとき, $0$ から $u$ への方向は対辺の方向 $w-v$ と直交しているから,

$$u\cdot(w-v) = 0, \quad \text{すなわち} \quad u\cdot v = u\cdot w$$

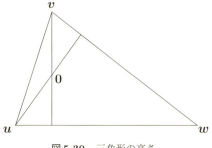

**図 5.30** 三角形の高さ.

である.同様に,$\mathbf{0}$ から $\boldsymbol{v}$ への方向に対して,

$$\boldsymbol{v}\cdot(\boldsymbol{w}-\boldsymbol{u})=0, \quad \text{すなわち} \quad \boldsymbol{u}\cdot\boldsymbol{v}=\boldsymbol{v}\cdot\boldsymbol{w}$$

が得られる.これら二つの等式の差を取れば,

$$0=\boldsymbol{u}\cdot\boldsymbol{w}-\boldsymbol{v}\cdot\boldsymbol{w}=\boldsymbol{w}\cdot(\boldsymbol{u}-\boldsymbol{v})$$

が得られるから,$\boldsymbol{w}$ から $\mathbf{0}$ を通る直線は $\boldsymbol{u}$ から $\boldsymbol{v}$ への直線と直交している.よって $\mathbf{0}$ はやはり $\boldsymbol{w}$ から対辺への垂線上にある.よって $\mathbf{0}$ は定理の三本の垂線の共有点である. □

## 5.9 作図可能な数体

線型空間には幾何学において占めるもう一つの役割がある.それは直定規とコンパスによる作図可能な数とそうでないものとの間の識別である.古典的な例としては $\sqrt[3]{2}$ がある.この数は古代の問題である**立方体の体積倍増問題**,与えられた立方体の体積の 2 倍の体積を持つ立方体を構成せよという問題に関連して現れる.与えられた立方体の一辺の長さを 1 とすれば,この問題は数 $\sqrt[3]{2}$ を作図せよということになる.許される作図のための道具は直定規とコンパスであるから,これは結局,5.6 節で見たように,数 $\sqrt[3]{2}$ を数 1 から演算 $+,-,\cdot,\div$ と $\sqrt{\phantom{x}}$ によって構成することに帰着される.

これらの演算によって構成される数 $\alpha$ が与えられたとき,有理数体 $\mathbb{Q}$ に $\alpha$ を添加した体 $\mathbb{Q}(\alpha)$ を考察することが有効になる.すでに 4.9 節で見たように,$\mathbb{Q}(\alpha)$

は $\mathbb{Q}$ 上の線型空間であり,その次元は $\alpha$ の**次数**と等しい.したがって,4.9節のデデキントの積定理によって,この次元は作図可能な数 $\alpha$ に対しては厳しく制限されている.それは2のベキでなくてはならない.なぜそうなるのかを一つの例によってはっきりさせよう.

作図可能な数 $\alpha = \sqrt{1+\sqrt{3}}$ を考える.体 $\mathbb{Q}(\alpha)$ はうまい具合に $\mathbb{Q}$ から二段階で構成される.初めの段階では $\sqrt{3}$ を $\mathbb{Q}$ に添加して $\mathbb{F} = \mathbb{Q}(\sqrt{3})$ を構成する.このとき,$\sqrt{3}$ は2次の無理数であるから,$\mathbb{F}$ の $\mathbb{Q}$ 上での次元は2である.第二の段階は $\mathbb{F}$ に数 $1+\sqrt{3}$ の平方根を添加することである.数 $\alpha = \sqrt{1+\sqrt{3}}$ は $\mathbb{F}$ には含まれておらず,したがって $\mathbb{F}(\alpha)$ は $\mathbb{F}$ の拡大体である.そして $\alpha$ は方程式 $x^2 - (1+\sqrt{3}) = 0$ を満たし,$1+\sqrt{3}$ は $\mathbb{F}$ に含まれている.よって $\alpha$ は $\mathbb{F}$ 上で2次であり,$\mathbb{F}(\alpha)$ の $\mathbb{F}$ 上での次元は2である.また $\alpha^2 = 1+\sqrt{3}$ であるから,$\mathbb{Q}(\alpha) = \mathbb{F}(\alpha)$ である.すべてを合わせれば,$\mathbb{F}$ は $\mathbb{Q}$ 上で2次元であり,$\mathbb{Q}(\alpha)$ は $\mathbb{F}$ 上で2次元である.したがって,デデキントの積定理から,$\mathbb{Q}(\alpha)$ の $\mathbb{Q}$ 上での次元は $2 \cdot 2 = 4$ である.

もし $\alpha$ がどのような作図可能な数であるとしても,上記と同様に,$\mathbb{Q}(\alpha)$ は $\mathbb{Q}$ から初めて順次幾つかの平方根を添加していって構成される.このとき,一つ一つの体の構成は2次元の拡大であるから,デデキントの積定理によって,**作図可能などのような数 $\alpha$ に対しても,$\mathbb{Q}(\alpha)$ の $\mathbb{Q}$ の上での次元は2のベキであること**が結論される.

さて,今や $\sqrt[3]{2}$ は作図可能な数でないことは次の結果から決定的である.

**$\sqrt[3]{2}$ の次数.** $\sqrt[3]{2}$ の $\mathbb{Q}$ 上での次数は3である.

**証明.** 数 $\sqrt[3]{2}$ は方程式 $x^3 - 2 = 0$ を満たす.したがって,多項式 $p(x) = x^3 - 2$ は $\mathbb{Q}$ 上で既約であることを示せばよい.もしそうでないとすれば,$p(x)$ は $\mathbb{Q}$ に係数を持ち,次数が3よりも低い因子を持つ.よってその一つは1次である.それが整数 $m, n$ によって $x - m/n$ と表されているとして一般性を失わない.このとき,$p(m/n) = 0$ であるから $\frac{m^3}{n^3} - 2 = 0$,すなわち,$2n^3 = m^3$ である.これは素因数分解の一意性と矛盾する.なぜなら,因数2の個数が左辺と右辺とでは異なるからである.実際,$m^3$ においてはその個数は $m$ における因数2の個数の3倍,すなわち,3の倍数であるが,他方,$2n^3$ においてはその個数は $n^3$ にあらわれる個数である3の倍数に1を**加えた**ものである.したがって結局 $p(x)$ は

$\mathbb{Q}$ 上で既約でなければならない. □

このように $\sqrt[3]{2}$ は作図可能な数ではない. したがって, 立方体の倍積問題は直定規とコンパスでは回答可能でない. この古代の問題の否定的な解決はヴァンツェルによって論文 Wantzel (1837) で初めて提示されたが, 何とこの問題が最初に提示されてから 2000 年以上が経っていた！ ヴァンツェルは同時にもう一つの古代の問題の**角の三等分**についても否定的な解決を与えた.

この三等分問題は一般の角を直定規とコンパスによる作図で三等分するという問題である[4]. もしこのような作図が可能であると仮定すると, 当然正三角形に現れる角 $\pi/3$ を三等分して $\pi/9$ が作図できることになる (5.4 節).

しかしそうなら, 角 $\pi/9$ の直角三角形で斜辺が 1 のものが, したがってその一辺の長さ $\cos\frac{\pi}{9}$ という数が直定規とコンパスで作図可能である. ところが, $x = \cos\frac{\pi}{9}$ は方程式

$$8x^3 - 6x - 1 = 0$$

を満たすことを示すことができる. この 3 次多項式 $8x^3 - 6x - 1$ は実際 $\mathbb{Q}$ 上で既約であるのだが, その証明は上で扱った $x^3 - 2$ の場合ほど容易ではない. これができてしまえば, 数 $\cos\frac{\pi}{9}$ の次数は 3 であることが分かり, したがってそれは作図可能ではない. よって, 角の三等分問題は直定規とコンパスで解くことはできない.

## 5.10 歴史的な雑記

エウクレイデスの『原論』は時を問わず最も大きい影響力を持つ本であり, 20 世紀に至るまで一貫した幾何学的な傾向を数学に与えた. 20 世紀が終わろうとするまで, 学生たちは『原論』様式の数学的な証明に導かれ, 2000 年を超えて生き続けてきたやり方に異議を唱えるのは実際に難しい. とはいえ, 今やエウクレイデスの幾何学は代数的な描写（内積を持った線型空間）を与えられることが知られるようになり, 幾何学に対する視点を与えるもう一つの「目」を持つように

---

[4] 一般の角を直定規とコンパスで**二等分**する作図は可能である. これは 5.4 節で与えられた線分の二等分のための方策から容易に導かれる.

なっており，また確かにそれを用いるべきでもある．この新しい視点がどのように現れるに至ったのかを見るために，初等幾何の歴史を振り返る．

エウクレイデスの幾何学は，5.2 節と 5.4 節で図解したように，その視覚的な直感と論理と驚きとの組み合わせによって，時代を通して思想家たちを喜ばせてきた．エウクレイデスが語っているもの（点，直線，面積）は視覚化することができるし，ほんの幾つかしかない公理から豊富な定理が続々と導かれることに心を打たれる．そして証明によって——たとえ結論が意外なものであったとしても——**納得させられる**．おそらく最大の驚きはあのピュタゴラスの定理である．三角形の辺の長さがその平方を通して関係づけられるなどと誰が予期しただろう？

ピュタゴラスの定理は，時の流れを経るうちに定理から定義へと変化してはいるものの，エウクレイデスの幾何学とその後裔(こうえい)たちを貫き通して鳴り響いている（エウクレイデス空間では内積の定義によって実質的には成り立っている）．古代ギリシャ人たちにとっては，ピュタゴラスの定理は $\sqrt{2}$ へと，そして非有理的な長さの招かざる発見へと先導するものであった．上記の 5.3 節で指摘したように，彼らは，長さは一般的には数でなく，数のようには掛け合わすことができないものである，との結論を下した．その代わりに，二つの長さの「積」は長方形であり，積の等しさは切ったり組み合わせ直したりして示すべきものとなった．これは入り組んだものになったが，それでも，面積の理論は興味深いものとして成功を収めるに至った．とはいえ，5.4 節で注意したように，さらに体積の理論において成功を収めるためには，体積を**無限**に多くの断片に切り分ける必要に迫られた．

一つ強調しておかなければならないことがある．それは『原論』の主題となっているものが幾何だけにはとどまらず，数論（巻 VII から IX の素数と可除性），および，実数の萌芽的な理論（巻 V）も含まれていることであり，任意の長さどうしがそれらの有理数による近似によって比較されている．幾何学における後の進展は，特にデカルトの論述 Descartes (1637) とヒルベルトの著作 Hilbert (1899) を合わせてそれを見れば，『原論』にあるそれら三つの主題を統一された全体という形に融合させるべく展開してきたようにも思われる．

エウクレイデス以降の幾何学における最初の大きい概念上の進展は，フェルマとデカルトによる 1620 年代の座標系と代数の導入であった．これら二人の数

学者たちは独立に同じアイデアにたどり着いていたものと思われる．例えば，二人とも次数 2 の方程式による曲線が円錐曲線（楕円，パラボラ（放物線），双曲線）であることを発見していた．このように，彼らは幾何と代数を一体化したばかりか，エウクレイデスの幾何学とアポロニオスの『円錐曲線論』（『原論』の何十年かあとに書かれた）をも一体化した．それにとどまらず，彼らは**代数幾何学**のための舞台の設定を果たしたのである．代数幾何学では任意に高い次数の曲線を考えることができることにもなった．ほどなく微積分が出現すると，次数が 3 ないしそれよりも高い代数曲線が接線と面積を求めるための新しい技法に対する実験問題を提供した．

しかし，代数と微積分は単に新しい幾何学的な対象を提供したことにとどまってはいない．それらはまたエウクレイデスの幾何学に新しい光を投げかけた．デカルトの初期の歩みの中の一つは長さを掛け合わせるというタブーを打ち破ることであった．彼はこれを，5.5 節と 5.6 節で述べたように，長さの積，商，および平方根の構成のための相似三角形を用いる手法によって達成した．そしてデカルトは，直定規とコンパスで作図可能な数に代数的な描写を与えることによって，5.9 節で与えられたような**非作図可能性**に対する 19 世紀の証明への道を切り開いた．

デカルトはそれでも，「点」を数の順序対 $(x, y)$ としたり，「直線」を 1 次方程式を満たす点の集まりとしたり，等々によって幾何学のための新しい基盤を創ろうとしたわけではなかった．彼はエウクレイデスが表示していたままに点や直線を取り上げ，幾何の問題を代数の助けによってもっと簡単に解こうと思った．（時として，実際に，彼は幾何の助けを借りて代数的な方程式を解こうと試みた．）幾何学のための新しい基盤についての問題意識は，**非エウクレイデス的な**幾何学が 1820 年代にエウクレイデス的幾何学に挑戦をした時点になって初めて浮かび上がった．非エウクレイデス的幾何学については次の小節でさらに言及する．非エウクレイデス的幾何学による挑戦は当初は注目されはしなかった．というのは，こういった幾何学は仮説的であり，ほとんどの数学者たちは真面目に取り上げなかったからである．これは，ベルトラーミが論文 Beltrami (1868) において，ガウスとリーマンの幾つかのアイデアをもとにして非エウクレイデス的幾何学の**モデル**を構築したときに，一気に変化した．これによって非エウクレイデス的幾何学の公理はエウクレイデス的幾何学の公理と同じく無矛盾で整合的であることが

示されたのであった.

　ベルトラーミの発見は大激震であり, エウクレイデス的幾何学が長く保持してきた数学の基盤としての地位を揺り動かしてしまった. それは**算術化**への立場, 幾何学に替えて実数を含む算術を数学の基盤とするプログラム, を強めることになった. 算術化は微積分ではすでに進行しつつあった. そしてデカルトのお陰で, 算術はエウクレイデス的幾何学の既成の基盤となっていた. ベルトラーミのモデルは幾何学における算術化の勝利を完成させるものであった. というのは, 彼のモデルはまた実数と微積分に立脚していたからである.

　やがて幾何学は算術化されて今日に至っており, エウクレイデス的「空間」も非エウクレイデス的「空間」も共に, 局所的には $\mathbb{R}^n$ に似ているが「曲率」を持った**多様体**という大いなる多様性の中に位置づけられた. 中では, エウクレイデス的幾何学は, そのいずれの点においても曲率がゼロであるものとして, 幾分特権的な地位を占めている. この意味で, エウクレイデス的幾何学は最も簡単な幾何学であり, ベルトラーミの非エウクレイデス的空間はそのどの点においても曲率が一定で (負で) あるものとして, それに次いで最も簡単なものである. 曲がった空間の現代的な幾何学においてはエウクレイデス的空間は各点における**接空間**として特殊な位置づけを得ている. 曲がった多様体はその各点で接空間を持っており, その単純な構造 (特に, 線型空間としての本性) を利用して, しばしばそれが利用されている.

　幾何学を実数論に基づいて構築することによってすべて万々歳ということであるのだが, それでは, 実数なるものは総体としていかに首尾よく理解されているのだろうか？　**その基礎づけはどうなっているのだろう？**　ヒルベルトは Hilbert (1899) においてこの問題を提起し, 彼は興味ある答えを得た. 実数は幾何学に基礎を置いている！　より正確に述べれば, 実数はエウクレイデス的幾何学の「完成版」で基礎づけされる. ヒルベルトはエウクレイデスの公理を完備させるという計画に 1890 年代に船出することになる. その第一歩はエウクレイデスの証明において欠損している幾つかのステップを埋めることを目標に挙げた. この計画が進むにつれ, 彼は加法と乗法がまったく予期していなかった道筋で彼の公理系から生じてくることに気づいた. 体の概念に完全に幾何学的な基盤を与えることができる. これについては 5.11 節を参照されたい. そして, 直線には切れ目がないことを保証する公理を一つ追加することによって, 彼は $\mathbb{R}$ の通常の

特性を持った完備な「数直線」を取り込むことができた．

## *非エウクレイデス幾何学

1820年代にヤーノシュ・ボーヤイ[5]とニコライ・ロバチェフスキーは独立にエウクレイデス幾何学のライバルにあたる幾何学を展開した．それは**非エウクレイデス幾何学**と呼ばれているもので，平行線公準以外のすべてのエウクレイデス幾何学の公準を満たすものであった．平行線公準は他の公準とは異なった特徴を持っており，それ以外の公準は有限的な作図ないし「実験」の実行を想定できるような内容を記述していた．

1. 二点が与えらたとき，それらの間に線分を引く．
2. 与えられた線分を与えられた距離だけ延長する．
3. 与えられた中心と半径を持つ円を描く．
4. 二つの直角は等しい（すなわち，一つを他に重なるように移動させることが可能である）．

他方，平行線公準は無限定に待ち続ける必要がある実験を要求していた．

5. 二直線 $l, m$ が与えられ，もう一本の直線 $n$ が $l$ と $m$ と交わって作る内部の角の和が二直角よりも小さいならば，直線 $l$ と $m$ は，**もしいくらでも延長されるならば**，交わるであろう（図5.31）．

図 5.31　交わるとされる二直線．

---

[5] ボーヤイ–ゲルヴィーンの定理のボーヤイの息子である．

## 5.10 歴史的な雑記

エウクレイデスの時代から，数学者たちはこの平行線公準については不満を抱いており，別のもっと作図的な公準からそれを証明しようと試みてきた．最も断固たる試みはサッケーリによる長大な著作 Saccheri (1733) によって繰り広げられた．彼は，もし二直線 $l, m$ が離れていくことなく，しかも交わらないならば，それらは無限遠で共通の垂線を持つということまでを示した．サッケーリはこれが「直線の本性とは相容れない」ものだと考えた．しかしそれは矛盾ではないのだ．実際，直線がちょうどこのように振る舞うような幾何学が存在する．

ボーヤイとロバチェフスキーはエウクレイデスの公準 1 から 4 に加えて次の公準 $5'$ のもとで，それらから導かれる定理の大いなる一貫した総体を創り上げた．

$5'$. 二直線 $l, m$ で，それらは交わらず，しかももう一本の直線 $n$ が $l$ と $m$ と交わって作る内部の角の和が二直角よりも小さいものが存在する．

彼らの結果は結局 Lobachevsky (1829) と Bolyai (1832) によって公刊された．（後者はボーヤイの父親の著作の付録として公刊された．）彼らはこの公準の系から矛盾が生じないことを発見し，ベルトラーミは論文 Beltrami (1868) によってそこには矛盾が存在しないことを示した．彼の方法は「点」，「直線」，「角」という語をうまく翻訳すれば公準 1, 2, 3, 4, $5'$ のすべてが満たされることを示すものであった．（このような翻訳の一つをドでスケッチする．）このようにして，エウクレイデスの幾何学は好敵手を得，「点」，「直線」，「距離」，「角」という語をどのように翻訳するべきかが問題として浮上した．

すでに見たように，エウクレイデスの公準はいわゆるデカルト座標の幾何において既成の翻訳を得ていた．「点」は実数の順序対 $(x, y)$ であり，「直線」は $ax + by + c = 0$ という形の方程式を満たす点からなっており，$(x_1, y_1)$ と $(x_2, y_2)$ の間の「距離」は $\sqrt{(x_2 - x_1)^2 + (y_2 - y_1)^2}$ に等しい．

ボーヤイとロバチェフスキーの公準に対しては，ベルトラーミは幾つかの優雅な翻訳を，幾分か入り組んでいると認めざるを得ない「距離」の概念とともに見出していた．最も単純なものはおそらく**半平面モデル**である．それは

- 「点」は上半平面上の点，すなわち，対 $(x, y)$ で $y > 0$ であるもの，
- 「直線」は $x$ 軸上に中心を持つ上半平面上の開半円と開半直線 $\{(x, y) \mid x = a, y > 0\}$ であり，

- 二点 $P$ と $Q$ の間の距離は $P$ と $Q$ を結ぶ「線分」上での $\sqrt{dx^2+dy^2}/y$ の積分である.

このモデルにおける「角」は，結局，交差する二本の曲線の間の通常の角，すなわち，そこでの二本の接線の角，であることに落ち着く．このことから非エウクレイデス幾何学に生じる，図 5.32 に見られるような，幾つかの美しい絵が得られる．この絵は非エウクレイデス的な距離の意味で「合同な」三角形による半平面の埋め尽くし（タイリング）を示している．特に，これらの三角形はいずれも角 $\pi/2, \pi/3, \pi/7$ を持っている．これらが合同であることから，非エウクレイデス的な距離についての感覚が得られる．例えば，$x$ 軸は［上半平面内の点からは］無限に遠く離れている．——これから $x$ 軸がなぜこのモデルには含まれていないかについて説明がつく．——そしておそらく，「直線」がその端点を結ぶ最短の通り道であることが，一本の通り道が通過する三角形の個数を数えることによって距離を評価すれば，納得される．

また，このモデルにおいて平行線公準が成り立たないことも明らかである．例えば，図 5.32 の中央のまっすぐ上へ伸びている「直線」と最も左の点を通って右

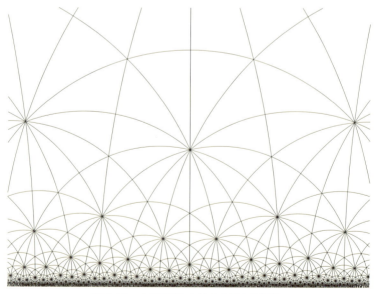

図 5.32　上半平面における合同な三角形.

へ伸びる七本の「直線」を見てみよう．これらの直線のうちの何本かは中央の直線とは交わっていない．

## *線型空間幾何学

　グラスマンの数学の基礎に対する大いなる貢献は，1.9 節で指摘したように，彼の『算術教本（*Lehrbuch der Arithmetik*）』，Grassmann (1861) のみにとどまるものではなかった．最初に挙げられるのは彼の『線型拡大論（*Die lineare Ausdehnungslehre*）』，Grassmann (1844) であり，ここで彼はエウクレイデス幾何学を線型空間によって基礎づけた．この『線型拡大論』も不運な『算術教本』と同様にまったく理解を得ることはなかった．それを論評した唯一の人物はグラスマン自身であり，事実上売れることがなかった初版は出版社によって廃棄された．この『線型拡大論』に関する物語，その生い立ちからその後の騒ぎまでのすべてはグラスマンの伝記 Petsche (2009) に書かれている．

　グラスマンは，極度に斬新な入り組んだアイデアを説明するにあたって，彼自身の研究に関する極端に不明瞭なスタイルと言葉遣いが災いして，いわばまったく無視される羽目に陥った．『線型拡大論』は**外積**[6]を伴った実 $n$ 次元線型空間の考察であった．いくらか単純な**内積**の概念は，グラスマンの観点からは，外積の支流にあった——彼はこれを『線型拡大論　第 II 巻』に盛り込もうと計画していた．当然ながら，第 I 巻の失敗のあと，第 II 巻は見捨てられてしまった．

　こういった事情から，幾何学へのグラスマンの寄与は失われてしかるべきものとなってしまった——もし幸運の素晴らしい微笑みがなかったならば．ところが 1846 年にライプツィヒにあるヤブロフスキー科学会はグラスマンにしか答える用意がない問題についてのエッセイ賞を募ることになった．それは「記号幾何学」についてのライプニツの素描的なアイデアを発展させることが課題であった．（この賞の狙いはライプニツの生誕 200 年を記念するためのものであった．）グラスマンの論述 Grassmann (1847) は順当に賞を獲得した．これは彼の 1844 年の線型空間論の改訂版である——ただし理論の中心には内積とその幾何学的な翻

---

[6] 本書では外積の概念は定義しないが，それは，行列式の概念を支え，当時は「行列式論」と呼ばれたものの中心にあり，現今の線型代数学ではさほど中心的ではないもの，の根底にある．

訳が置かれていた．彼は，その内積の定義がピュタゴラスの定理に動機づけられていることに加えて，一度定義されてしまえば，すべての幾何学的な定理はそれから純然たる代数によって導かれる，と指摘していた．

かなり明快に書かれていたにもかかわらず，グラスマンのエッセイは一夜のうち大成功を収めるといったものではなかった．そうではなかったが，彼のアイデアは新版の『拡大論（*Die Ausdehnungslehre*）』，Grassmann (1862) を正当化するに足るだけの運動量を集約しており，それは他の数学者たちによって次第に採用されるようになっていった．ペアノはグラスマンのアイデアを高く評価した最初の数学者の一人であり，彼に触発されて実線型空間の最初の公理系を創り上げて著書 Peano (1888) の 72 節に盛り込んだ．クラインは著書『高い立場から見た初等数学』，Klein (1909) において，グラスマンの幾何学を 3 次元に制限してより多くの読者に広めた．クラインは内積に触れてはいたが，彼の視点からのグラスマン数学は主として行列式に依拠しており，面積と体積のための便利な公式を与えている．

## 5.11 哲学的な雑記

### *非エウクレイデス幾何学

本書では筆者は非エウクレイデス幾何学がエウクレイデス幾何学よりももっと高等的であるという判断を下してきた．この主張を支持するような歴史的な理由はたっぷりとある．なにせ非エウクレイデス幾何学はエウクレイデスのあと2000 年以上も経ってから発見されたものである．非エウクレイデス幾何学における「点」と「直線」はエウクレイデス的な対象によってモデル化された．よってそれらはそれら自身において高等的であるというわけではないのだが，非エウクレイデス的距離の概念は確かに高等的である．

これを見るための一つの方法は非エウクレイデス的平面の一部を $\mathbb{R}^3$ の中の局面 $S$ の一部に距離が保たれるように写すことである．そして訊ねてみよう．どれほど $S$ は単純なのであろうか？　さて，最も単純と思われる $S$ は図 5.33 に示されたトランペットの形をした曲面であり，**擬球面**として知られている．これは，

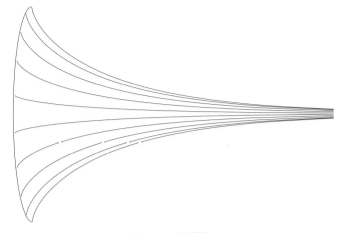

**図 5.33** 擬球面.

方程式

$$x = \ln \frac{1 + \sqrt{1-y^2}}{y} - \sqrt{1-y^2}$$

で与えられる**追跡線**（tractrix）を $x$ 軸の周りに回転させたものである.

この式はすでに十分に複雑であるが，概念的な入り組み具合はもっと大きい．非エウクレイデス的平面のほんの一部を $\mathbb{R}^3$ の中の曲面の小さい一部と比べるのは可能である．というのは，非エウクレイデス的平面の完全な全体となると，それは $\mathbb{R}^3$ の中に滑らかに「納まる」ものではないからである．これはヒルベルトの Hilbert (1901) で証明された．例えば，擬球面は非エウクレイデス的平面のほんの薄い楔形の部分を表しており，その刃にあたるところは二本の非エウクレイデス的直線で無限遠点で互いに近づく．これら二本の刃は一緒に集まって，図 5.33 に示されているような先細りの筒を形成する．

これに対して，エウクレイデス幾何の場合のモデルは $\mathbb{R}^3$ の中の最も単純な曲面である——そう，平面だ[7]！

---

[7] 一枚の双曲面を $\mathbb{R}^3$ の中のエウクレイデス的拘束服に押し込めるのは公正ではないと思われるかもしれない．エウクレイデス的平面ももし非エウクレイデス的空間の中に押し込めばやはり見栄えは悪くなるかもしれないのでは？　実は，こうはなっていない．ベルトラーミは，エウクレイデス的平面が非エウクレイデス的空間の中に美しく収まることを示しており，それは「無限遠点を中心とする球面」になる．

## *数と幾何

さてここで『幾何学の基礎』，Hilbert (1899) の諸公理に戻り，それらが数と幾何の間の関係について何を語るのかを見よう．ヒルベルトの公理系はおそらく直線についてのエウクレイデスの概念を捉えている（ただし，『原論』巻Vで探求されたものよりも精緻な構造を含めて）．したがって，エウクレイデスの公理系のデカルト型「モデル」$\mathbb{R}^2$ が与えられたとして，ヒルベルトはエウクレイデス幾何学［の直線］が体 $\mathbb{R}$ と本質的には**同値**であることを示した．しかしながら，代数学者たちや論理学者たちは現在では幾何学において $\mathbb{R}$ 全体を用いるのをむしろ控えることを選び，作図可能な数の集合で十分であると指摘する．なぜなら，エウクレイデス幾何学は単に直定規とコンパスによる作図から生じる点のみを「見る」からである．そうすれば代数的に定義された点の集合で済ませることができ，それは，「実」無限の $\mathbb{R}$ に対して，「可能的」無限のみにとどまる．論理学者たちはまた作図可能な数の理論を，その「整合性の強度」が $\mathbb{R}$ の理論のものよりも弱いことからも，好ましく思う．

すなわち，作図可能な数の理論の整合性（およびまたエウクレイデスの公理系の整合性）を証明する方が $\mathbb{R}$ の理論の整合性（およびまたヒルベルトの公理系の整合性）を証明することよりも易しくなる，というわけである．

## *幾何と「逆数学」

最近の何十年間で，数理論理学者たちは**逆数学**と呼ばれる分野を発展させてきた．その動機はフリードマンの論述 Friedman (1975) において次のように述べられている．

> ある定理が適正な公理系から証明されるとき，その公理系はその定理から証明することができる．

論理学者たちが理解しているところでは，逆数学は主として実数についての定理に関係している（9.9 節参照）．しかしながら，もし逆数学をもっと広く「適正な公理系（right axioms）」の探求として捉えるならば，逆数学はエウクレイデスから始まった．

彼は平行線公準をピュタゴラスの定理を証明するための適正な公理であると見ていたし，おそらくその逆——ピュタゴラスの定理は（彼のその他の公準と合わせて）平行線公準を証明する——と見ていた．エウクレイデス幾何学の他の多くの定理，タレースの定理や一つの三角形の内角の和が π であるという定理に関しても同じことが言える．これらの定理はすべてそれぞれが平行線公準と同値である．したがって，この公準はそれらの定理を証明するための「適正な公理」である．

このこととか，逆数学におけるその他の研究を定式化するために，数学の何らかの領域についての最も基本的で明白な仮定を含む**基礎理論**を一つ選ぶ．もちろんこの場合，この基礎理論においては興味深いがそれほど明らかではないような定理を証明することはできない，といったことが生じるのを期待してのことである．そしてそのときに，その定理を証明するための「適正な」公理ないし公理系を探す．そしてもしある公理が，基礎理論の仮定のみを用いてその定理を導くとともにその逆も可能であるときに，その公理は「適正な」ものであると判断される．

エウクレイデスは基礎理論として現在では**中立幾何学**[†]（neutral geometry）として知られているものを採って始めた．それは点，直線，三角形の合同についての基礎仮定を含んでいるが，平行線公準は含んで**いない**．彼は平行線公準を導入するまでにできる限りの定理を証明した——この平行線公準の使用は，平行四辺形の面積についての定理や究極にはピュタゴラスの定理を証明するまでは避けられている．彼はまたタレースの定理の証明にも，三角形の内角の和が π であることの証明にも平行線公準を用いている．今では，逆に，これらの定理のいずれを取っても，それから平行線公準が中立幾何学の中で示されることが知られている．したがって，後者は前者の諸定理を証明するための「適正な」公理である．

中立幾何学はまた非エウクレイデス幾何学の基礎理論でもある．というのは，非エウクレイデス幾何学が中立幾何学に「非エウクレイデス的平行線公準」を加えることによって得られているからである．これは，与えられた直線に対して与

---

[†] 訳注：ヤーノシュ・ボーヤイ以来「絶対幾何学」（Absolute Geometry）と呼ばれてきた．これが誤解——すべての幾何学がこれを前提すると思わせること——を生じかねないとして，各種の「平行線公準」に対して「中立」であることから，"Neutral Geometry" と呼ぶことが提唱されており，本書では著者の用語を尊重してそのままに「中立幾何学」を採用する．

えられた点を通る平行線が一本よりも多く存在することを主張する.

グラスマンによる実線型空間の理論も，すでに見たように，エウクレイデス幾何学の基礎理論として採用できる．これは中立幾何学の基礎理論とはまったく異なっており，実線型空間ではエウクレイデスの平行線公準も，したがってまたタレースの定理も**成立している**．そうではあるが，この新しい基礎理論は十分に強いわけではなく，ピュタゴラスの定理を証明できないばかりか，また角については何事も語ることができない．実線型空間の理論に関しては，ピュタゴラスの定理を証明するための「適正な」公理は内積の存在である．なぜなら，逆転させて，ピュタゴラスの定理を用いて距離を，したがって，角とコサインを，それからさらに内積を，公式

$$\boldsymbol{u} \cdot \boldsymbol{v} = |\boldsymbol{u}| \cdot |\boldsymbol{v}| \cos \theta$$

によって定義できるからである.

これは実線型空間の理論にまた別の公理を付け加える可能性を呼び起こす．すでに習うべき先例として，中立幾何学に別の平行線公準を加えて非エウクレイデス幾何学を得ている．事実，単に異なる種類の内積の存在を主張することによってそれが可能になる．グラスマンによって導入された内積は現在では**正定値の内積**と呼ばれるものであり，$\boldsymbol{u} \cdot \boldsymbol{u} = 0$ となるのは $\boldsymbol{u} = \boldsymbol{0}$ である場合に限るという特性によって特徴づけられる.

非正定値内積もまったく自然に生じる．おそらく最も有名なのは線型空間 $\mathbb{R}^4$ におけるもので，**ミンコフスキー空間**を定義するものであり，ミンコフスキーによって Minkowski (1908) において導入された．この空間 $\mathbb{R}^4$ の典型的なベクトルを $\boldsymbol{u} = (w, x, y, z)$ と表すとき，ミンコフスキー内積は

$$\boldsymbol{u}_1 \cdot \boldsymbol{u}_2 = -w_1 w_2 + x_1 x_2 + y_1 y_2 + z_1 z_2$$

で与えられる．特にミンコフスキー空間のベクトル $\boldsymbol{u}$ の長さ $|\boldsymbol{u}|$ は

$$|\boldsymbol{u}|^2 = \boldsymbol{u} \cdot \boldsymbol{u} = -w^2 + x^2 + y^2 + z^2$$

で与えられ，したがって，$\boldsymbol{u}$ がゼロでなくても $|\boldsymbol{u}|$ がゼロになることが実際に生じる.

ミンコフスキー空間はアインシュタインの**特殊相対性理論**の幾何学的モデルとして有名である．このモデルにおいては，それが**平坦時空**として知られているよ

うに，$x, y, z$ は通常の 3 次元空間の座標であり，$w$ は，$t$ を時間とし，$c$ を光の速さとしたときに $w = ct$ によって与えられる．ミンコフスキーが論述 Minkowski (1908) において述べているように，

> 私が諸氏の前に提示しようと思っている空間と時間に関する視点は実験物理学の土壌から湧き上がってきたものであり，そこにこそその威力を保持するものである．それらは急進的である．そこからは，空間そのもの，および，時間そのものは，単なる影の中に消えて行くべく運命づけられており，単にその二者の一種の合同体のみが独立した実態を保持するであろう．

疑うべくもなく，相対性理論は非正定値内積を地図上に書き記し，それを古代からの距離の概念と同じように実体的で重要であるものとして位置づける．しかし実際のところ，このような内積はすでに数学者たちによって考察されていたものであり，その一つとしてはポアンカレによって Poincaré (1881) において非エウクレイデス幾何学のモデル——いわゆる**双曲面モデル**（hyperboloid model）——において持ち込まれている．

双曲面がどこに出現するのかを見るために，ベクトル $\boldsymbol{u} = (w, x, y)$ で一つの時間座標 $w$ と二つの空間座標 $x, y$ を持つ 3 次元ミンコフスキー空間を考えよう．この空間では $|\boldsymbol{u}|^2 = -w^2 + x^2 + y^2$ であるが，その中で「虚の直径の球面」

$$\{\boldsymbol{u} \mid |\boldsymbol{u}| = \sqrt{-1}\} = \{(w, x, y) \mid -w^2 + x^2 + y^2 = -1\}$$

を考えよう．この「球面」[8] は $\mathbb{R}^3$ における点 $(w, x, y)$ であって

$$w^2 - x^2 - y^2 = 1$$

であるようなものから成り立っている．すなわち，$(w, y)$ 平面の双曲線 $w^2 - y^2 = 1$ を $w$ 軸の周りに回転させて得られる曲面である．この双曲面のどちらかの一枚の上での「距離」をミンコフスキー距離として採用するならば，これは非エウク

---

[8] ミンコフスキー空間が開発される遥か以前，ないし，非エウクレイデス幾何学さえ開発される以前に，ランベルトは Lambert (1766) において「虚の直径の球面」の幾何学について思索を巡らせた．特に，彼はこのような球面——それは本質的には非エウクレイデス的平行線公準を満たすものである——においては三角形の内角の和は $\pi$ よりも小さくなるだろうと推測した．

図 5.34　双曲面モデルの三角形のモザイク．

レイデス平面のもう一つのモデルであることが分かる．非エウクレイデス平面の他のモデルと同じように，距離の計算は少なからず煩わしいのでここでは詳細は省略する．その代わりに，図 5.34 を提供しよう．これはベルリン自由大学のコンラド・ポルティエールによる図の白黒版である．ここでは図 5.32 の三角形の敷き詰めモザイクが双曲面モデルではどのように見えるかが示されている．（この図はまたそれを双曲面モデルのもう一つ——**等角円盤**（conformal disk）——と関連づけている．このモデルは双曲面モデルと図 5.32 の上半平面モデルとの一種の仲介役である．）

　ミンコフスキー空間と非エウクレイデス的平面とのこの優美な関係は Ryan (1986) のような非エウクレイデス幾何学を扱った幾つかの教科書めいたもので用いられてきた．正定値の内積の存在が実線型空間の基礎定理上でエウクレイデス幾何学を展開するための「適正な公理」であるのとちょうど同じように，ミンコフスキー内積の存在は非エウクレイデス幾何学を展開するための「適正な公理」である．


## *射影幾何学

　もう一つの素晴らしい「適正な」公理はエウクレイデスの数百年後にパッポ

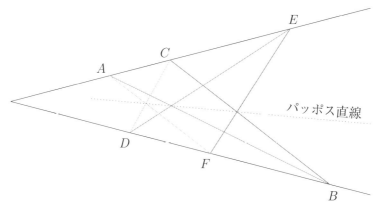

**図 5.35** パッポス配置.

スによって発見された定理である．パッポスは彼の定理をエウクレイデス幾何学の一部であるとみなしていたが，実はそれはそこには属していなかった．それはエウクレイデス的な定理で長さや角には触れないようなものの典型とは異なっており，したがって，それの属すべき家はこれらの概念を含まないもう一つの幾何学である．定理の主張は次のようなものであり，図 5.35 に示された配置に基づいている．

**パッポスの定理．** もし $A, B, C, D, E, F$ が平面上の点であり，交互に二本の直線上にあるならば，それぞれ二組の線分 $AB$ と $DE$，$BC$ と $EF$，および，$CD$ と $FA$ の交点は一本の直線上にある．

このパッポスの定理には長さの概念を用いたエウクレイデス的な**証明**と，座標を用いた直線を定義する 1 次方程式を利用する証明が知られている．しかし，定理の主張に「ふさわしい」概念のみを用いた証明は知られていないように思われる．定理には点と直線，および，点が直線上にあることだけが現れる．パッポスの定理にふさわしい構成は平面の**射影幾何学**であり，これは長さや角を考慮せずに平面上の点と直線の振る舞いを捉えようとする幾何学である．射影幾何学では，点と直線の配置は，もし一方を他方の上に射影することができるならば，同じであるとみなされる．射影はもちろん長さや角を変えてしまうこともあり得る．しかし直線がまっすぐであることはそのまま保たれるし，点が直線の上にあることもまた然りである．

射影的平面幾何学の公理を求めようとすれば，次の事柄はすぐに思いつくだろう．

1. 二点は必ずただ一本の直線に属する．
2. 二本の直線は必ずただ一点のみを共有する．
3. 四点で，そのうちのどの三点も同一の直線には属さないようなものが存在する．

最初の公理はエウクレイデスのものでもある．二番目のものは平行線の場合にはエウクレイデス幾何とは合致しない．しかし射影幾何学では，たとえ平行線でもそれらが――「地平線」上で――交わるように射影される．三番目の公理は，単に直線だけではなく，実際に「平面」が存在することを保証する．しかし，これらの単純な公理系はとても弱く，パッポスの定理を証明するには十分でないことを証明することができる．ではあるが，これらに点や直線についての他の公理を加えていって自然な基礎理論を構成することができる．

　パッポスの定理を証明するための「適正な公理」は何であろうか？　その答えはパッポスの定理それ自身に他ならない．パッポスの定理に拠るならば，「点」と「直線」が位置する抽象的な平面に**座標**を与えることができ，しかも座標は全体として4.3節で定義された**体**を構成する．このようにパッポスの定理から完全武装した幾何学が立ち出るのだ！　このパッポスの公理（今それをこう呼ぶべきである）は一つの体による座標系の存在を証明するための適正な公理である．なぜならば，このような座標系はパッポスの公理の証明を可能にするからである．上で指摘したように，これは直線を定義する1次方程式を解くことによってなされる．体の特性は連立1次方程式を解くことによって二本の直線の交点を見出すことを可能にし，そして幾つかの交点が一本の直線上にあることの確認を可能にする．

　座標による幾何学への対し方を逆転させるというアイデアはフォン・シュタウトの著書 von Staudt (1847) によって始まり，彼はパッポスの公理を用いて一本の直線上の点の加法と乗法を定義した．ヒルベルトはこのアイデアを Hilbert (1899) において拡張し，座標全体が一つの体を構成することを証明したが，彼はもう一つの射影的公理，いわゆる**デザルグの定理**を仮定しなければならなかった．この定理は 1640 年頃に発見されていた．（大雑把に言えば，パッポスの公理

は加法と乗法が可換であることを容易に導くが，他方デザルグの定理はそれらが結合的であることを簡単に導く.）パッポスの定理とデザルグの定理がどれほど長く親しまれてきたのかを考えてみると，実に驚くべきことであるが，ようやくヘセンベルクが論文 Hessenberg (1905) においてデザルグの定理がパッポスの定理から導かれることを発見した．したがって，パッポスの公理は単独で平面の体による座標化と**同値**になる．

パッポスの定理のこの逆転はまた代数についての何か注目すべきものを伝えてくれている．体の九つの公理は四つの幾何学的な公理――三つの射影平面の公理とパッポス！――から導かれる．

# 6

# 微積分

## あらまし

　微積分 (calculus) はエウクレイデスとアルキメデスの仕事の中にその源泉をさかのぼることができる．彼らはある種の面積や体積を求めるにあたって無限和を用いた．この章では最も簡単な種類の無限和，**幾何級数**を調べることから始める．これはのちに他の無限級数を生成するような種子のようなものとして再登場する．

　今日知られている微積分──無限過程から生じるものを**計算する** (calculating) 方法──は曲線の接線を計算することから始まった．この計算法を $y = x^n$ の形の曲線に施し，逆にその結果をこういう風な曲線の下の部分の面積を見つけるために用いる．接線と面積を求めることは**微分法**と**積分法**の計算として定式化され，両者が互いの逆演算であるという関係は**微積分の基本定理**として定式化される．

　しかし微分法が知られている関数の枠の外へは出ていかないのに対して，積分法はしばしばその枠の外へと導く．例えば対数関数や三角関数は有理関数から積分によって生じてくる．さらにこれらからは，有理関数や代数関数との組み合わせを通して，**初等関数**と呼ばれる大きい類が得られ，すべての有理関数は初等関数の形で積分されることになる．

　この結果から，初等関数のみが取り扱われるような**初等微積分**なるものがあってもおかしくないと思われるかもしれない．残念ながら，この限定的な微積分でさえ完全には「初等的」な範囲にとどまるものではない．幾つかの直感的には明

らかな事実の中には証明が困難なものが残ってしまう．例えば，導関数がゼロになる関数が定数関数であることもその一つである．このことから，微積分においてはある程度のもっともらしい結果を証明することがないままに前提するか，さもなくば，ときには高等的数学の中へと一線を越えなければならなくなる．

この章では，その一線がどこにあるかをはっきりさせるためにも，ときにはそれを越えることを選んでいる．高等的な論議とか仮定を含んでいる節には星印 ($*$) を付けてある．

## 6.1 幾何級数

> どのような距離を通り抜けるにもその前に
> その半分の距離を通り抜けなければならず，
> これら半分の距離なるものは無限の個数だけある．
>
> アリストテレス，『自然学』，263a5

最も簡単で最も自然な幾何級数はアリストテレスによって上記のように（かなり簡潔に）記述された状況から生じる．すなわち，目的地の半分を行く，というものである．道程の中点ではまだ残りの道程の半分（全道程の四分の一）を進まなければならず，そのあとではその半分（全道程の八分の一）を，等々．したがって全道程は

$$\frac{1}{2}+\frac{1}{4}+\frac{1}{8}+\frac{1}{16}+\cdots$$

という形の分数の和になる．この総和，各項が直前の項の半分であるもの，は**無限幾何級数**の一例である．しかももちろん無限個が必要で，どの有限の段階でもいくらかは目的地に届いていない．

しかしながら，目的地よりも手前のどの位置であっても，ある有限の段階でそれを通過する．なぜなら，残りの距離はいくらでも小さくなるからである．よってこの無限和は全道程よりも小さくはなれない．言い換えれば，

$$\frac{1}{2}+\frac{1}{4}+\frac{1}{8}+\frac{1}{16}+\cdots=1$$

である．

　この例のような無限過程は微積分の核心であり，本書ではこういったものを避けようとはしない．それでも，この無限和の意味は有限和

$$S_n = \frac{1}{2} + \frac{1}{4} + \frac{1}{8} + \cdots + \frac{1}{2^n}$$

と比べることによって明確にすることができる．この和については

$$2S_n = 1 + \frac{1}{2} + \frac{1}{4} + \frac{1}{8} + \cdots + \frac{1}{2^{n-1}}$$

は明らかである．よって $S_n$ の表示を $2S_n$ の表示から引けば

$$S_n = 1 - \frac{1}{2^n}$$

が得られる．この $\frac{1}{2^n}$ は [$n$ を大きくして] いくらでも好きなだけ小さくできるから，この式から，当初の無限級数の始めの $n$ 項を取ることによっていくらでも好きなだけ 1 に近づくようにできる．よってこの無限和に対する値は 1 以外にはありえない．

　この形の議論——無限和に替えて任意の（arbitrary）有限和を考察すること——は後に**取り尽し法**と呼ばれるようになった．というのは，その問題に関して可能とみなされる答えのうちの一つを除くすべてを排除するからである．もう一つの例は，すでに 1.5 節で紹介したが，パラボラ（放物線）の切片の面積のアルキメデスによる決定に見られる．アルキメデスはこの切片の面積が三角形の無限和

$$1 + \frac{1}{4} + \frac{1}{4^2} + \frac{1}{4^3} + \cdots$$

によって「取り尽くされる」ことを発見した．この級数の和は 4/3 であり，これは有限和

$$S_n = 1 + \frac{1}{4} + \frac{1}{4^2} + \frac{1}{4^3} + \cdots + \frac{1}{4^n}$$

を観察することから分かる．これに 4 を掛ければ

$$4S_n = 4 + 1 + \frac{1}{4} + \frac{1}{4^2} + \frac{1}{4^3} + \cdots + \frac{1}{4^{n-1}}$$

が得られ，これから $S_n$ とその級数表示をそれぞれ両辺から引けば

$$3S_n = 4 - \frac{1}{4^n}$$

となる．よって

$$S_n = \frac{4}{3} - \frac{1}{3 \cdot 4^n}$$

である．これから有限和 $S_n$ は $4/3$ よりも小さい．他方，$\frac{1}{3 \cdot 4^n}$ は任意に小さくできるから，$S_n$ の値は $4/3$ よりも小さいどのような数よりも大きくなる．したがって「取り尽し法」によって求めるベキ無限和は $4/3$ である．

一般的な幾何級数は

$$a + ar + ar^2 + ar^3 + \cdots$$

という形をしており，まず有限和

$$S_n = a + ar + ar^2 + ar^3 + \cdots + ar^n$$

を検討することによって完全に把握される．まず $r$ を掛けて，それを自分自身から引けば，

$$(1-r)S_n = a - ar^{n+1}$$

が得られ，もし $r \neq 1$ であれば，両辺を $1-r$ で割って，

$$S_n = \frac{a - ar^{n+1}}{1-r}$$

が得られる．（そして，もちろん，もし $r = 1$ のときは，$S_n = a + a + \cdots + a = (n+1)a$ であり，これは $n$ が増加すればすべての限界を超えてしまう．）

上記の例でなぜ $r$ が小さい値であったのかは今や明らかであろう．**項 $ar^{n+1}$ は $|r|<1$ の場合に限って小さくなる**．もし $|r| \geq 1$ であれば，このときは無限和は意味をなさない．もし $|r| < 1$ であれば，$|ar^{n+1}|$ はいくらでも好きなだけ小さくなり，この無限和は和を持って

$$a + ar + ar^2 + ar^3 + \cdots = \frac{a}{1-r}$$

となる．

## 関数の幾何級数展開

無限幾何級数についての公式の重要な特別の事例は

$$\frac{1}{1+x} = 1 - x + x^2 - x^3 + \cdots, \qquad (a=1, r=-x \text{ の場合})$$

$$\frac{1}{1+x^2} = 1 - x^2 + x^4 - x^6 + \cdots, \qquad (a=1, r=-x^2 \text{ の場合})$$

であろう．上で見た $r$ に対する制限から，これらの公式は $|x|<1$ の場合に有効である．こういった $x$ の値に対して，これらの公式はそれぞれ**関数 $\frac{1}{1+x}$ と $\frac{1}{1+x^2}$ のベキ級数展開**と呼ばれる．簡単な有限の表示 $\frac{1}{1+x}$ を無限の表示 $1-x+x^2-x^3+\cdots$ で置き換えてみるのは随分と馬鹿げていると思われもするが，しかし関数 $\frac{1}{1+x}$ そのものよりもベキ $x, x^2, x^3, \ldots$ の方が扱いやすいことがある．実際，本章の目標は，**初等関数** $e^x, \sin x, \cos x$ **を $x$ のベキを通して理解**を図っていくことにある．

これはニュートンによって1665年頃に展開された微積分へのアプローチであり，今日でも最善の初等的な方途であり続けている．微積分はまったく初等的な主題であると言い切れないことは正しいし，取り分けても無限級数の意味については微妙な問題がある．それでも，ここで扱おうとする微積分の一部に対しては，そのような問題も容易に答えることができるだろうし，そうでなくとも少し手間をかけさえすればまずまずの答えによって正当化される．そのような問題については話の展開に応じて指摘することにし，それらが考察の流れを脱線させないようにしよう．

## 6.2 接線と微分法

まず $x$ のベキの検討を $y=x^n$ のグラフを見ることによって始めよう．図6.1は始めの幾つかの例，$y=x$, $y=x^2$, $y=x^3$, $y=x^4$ を示している．これらのそれぞれに対して，基本的な幾何学上の問題で $y=x$ の場合を除けば明らかではないものがある．グラフ上の与えられた点における接線をどのようにして見つけるか？ この問題には，まず曲線上の二点の間の弦を見つけるというもっと簡単な問題を調べることから，答えが得られる．

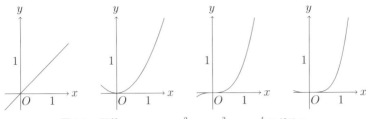

**図 6.1** 関数 $y=x, y=x^2, y=x^3, y\neq x^4$ のグラフ.

パラボラ $y = x^2$ への点 $P = (1,1)$ における接線を求める方法を図解する.このために,図 6.2 に示されているように,点 $P$ とその近くにある点[1] $Q = (1+\Delta x, (1+\Delta x)^2)$ との間の弦を考える.

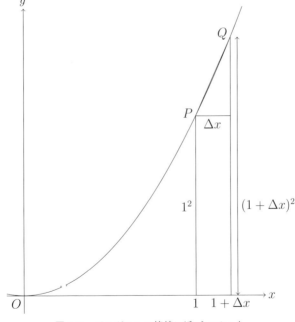

**図 6.2** パラボラへの接線に近づいていく.

---

[1] この近くの点への水平方向の距離を $\Delta x$ と表す.というのは,それは $x$ 方向での**差**(difference)の最初の文字 d のギリシャ文字 $\Delta$ [大文字] によって表示されるからである.この記号法は現在の状況では不必要に気取っているようにも見えるが,あとの状況に合わせており,ここで馴染んでおくのも悪くはないだろう.

この $\Delta x$ が $0$ に近づくに従って,点 $Q$ は $P$ に近づき,$P$ と $Q$ を通る直線は問題の接線に近づく.実際,直線 $PQ$ の勾配は,それを次のように $\Delta x$ によって表せば明らかなように,$\Delta x$ が $0$ に近づけば $2$ に近づいていく.

$$
\begin{aligned}
PQ \text{ の勾配} &= \frac{y \text{ の値の変化}}{x \text{ の値の変化}} \\
&= \frac{(1+\Delta x)^2 - 1^2}{(1+\Delta x) - 1} \\
&= \frac{1^2 + 2\Delta x + (\Delta x)^2 - 1^2}{\Delta x} \\
&= \frac{2\Delta x + (\Delta x)^2}{\Delta x} \\
&= 2 + \Delta x.
\end{aligned}
$$

同じような計算によって,$y = x^2$ の上の一般の点 $P = (x, x^2)$ における接線の勾配を,近くの点 $Q = (x+\Delta x, (x+\Delta x)^2)$ への勾配によって計算すれば,

$$
\begin{aligned}
PQ \text{ の勾配} &= \frac{(x+\Delta x)^2 - x^2}{(x+\Delta x) - x} \\
&= \frac{x^2 + 2x\Delta x + (\Delta x)^2 - x^2}{\Delta x} = \frac{2x\Delta x + (\Delta x)^2}{\Delta x} \\
&= 2x + \Delta x
\end{aligned}
$$

となっており,これは $\Delta x$ が $0$ に近づけば $2x$ に近づいていく.よって求める勾配は $2x$ となる.

同じ方法は $y = x^3$ にも,またもっと高い $x$ のベキにも通用するが,計算はもっと長くなる.例えば,$y = x^3$ については,典型的な点 $P = (x, x^3)$ からその近くの点 $Q = (x+\Delta x, (x+\Delta x)^3)$ への勾配は

$$
\begin{aligned}
\frac{(x+\Delta x)^3 - x^3}{(x+\Delta x) - x} &= \frac{x^3 + 3x^2 \cdot \Delta x + 3x \cdot (\Delta x)^2 + (\Delta x)^3 - x^3}{\Delta x} \\
&= 3x^2 + 3x\Delta x + (\Delta x)^2
\end{aligned}
$$

である.よって $\Delta x$ が $0$ に近づくにつれて,項 $3x\Delta x$ も $(\Delta x)^2$ も共に $0$ に近づくから,直線 $PQ$ の勾配は $3x^2$ に近づく.

同様な計算によって

$$y = x^4 \text{ の } (x, x^4) \text{ における接線の勾配は } 4x^3 \text{ に等しく,}$$
$$y = x^5 \text{ の } (x, x^5) \text{ における接線の勾配は } 5x^4 \text{ に等しく,}$$
$$\cdots\cdots$$
$$y = x^n \text{ の } (x, x^n) \text{ における接線の勾配は } nx^{n-1} \text{ に等しい.}$$

任意の正整数 $n$ に対して計算をするための最も直接的な方法は 1.6 節の二項定理を用いることであり,それによれば

$$(x+\Delta x)^n = x^n + nx^{n-1}\cdot\Delta x + \frac{n(n-1)}{2}x^{n-2}\cdot(\Delta x)^2 + \cdots + (\Delta x)^n$$

である.どのような $x$ の値に対しても,曲線 $y = x^n$ への接線の勾配を与える関数 $nx^{n-1}$ を $x^n$ の**導関数**と呼び,次の定理が得られる.

**関数 $x^n$ の導関数.** 正整数 $n$ に対する $x^n$ の導関数は $nx^{n-1}$ に等しい. □

当面は必要になる導関数しか現れないが,この先で用いるためにもっと一般的な定義を与えておこう.

**定義.** 関数 $f$ が(変数 $x$ が値を取るある領域で)**微分可能**であるというのは,もし $f$ が定義されている領域の各 $x$ に対して $\Delta x$ が $0$ に近づくに従って

$$\frac{f(x+\Delta x) - f(x)}{\Delta x}$$

が必ず確定的な値 $f'(x)$ に近づいていくことをいう.またこのとき,関数 $f'(x)$ を $f(x)$ の**導関数**という.

特に,もし $x = a$ において $f'(a)$ が存在するときに $f$ は $x = a$ で微分可能であるという.一つの関数が何らかの点において微分可能でないことはよくあることである.例えば,関数 $f(x) = |x|$ は $x = 0$ では微分可能ではない.なぜなら,原点 $O$ からグラフの正の側の各点への勾配は $+1$ であるのに対して,原点 $O$ からグラフの負の側の各点への勾配は $-1$ である.よってすべての勾配が近づいていくような共通の値は存在しない(図 6.3).

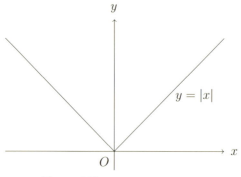

**図 6.3** 関数 $f(x) = |x|$ のグラフ.

一方，$f'(x)$ が存在するとき，それを $\Delta x$ が 0 に近づくときの $\frac{f(x+\Delta x)-f(x)}{\Delta x}$ の**極限**と呼び，この主張を簡潔に

$$f'(x) = \lim_{\Delta x \to 0} \frac{f(x + \Delta x) - f(x)}{\Delta x}$$

と表す．またここでは記号 → を「近づく」を表すために導入している．さらに進めて，「近づいていく」とか「極限」の概念を定義することもできるのだが，ここではそうしない．というのも，主として，**どの**値が近づかれているのかがはっきりしている場合が扱われるからである．例えば，$\Delta x$ が 0 に近づくときに $2 + \Delta x$ が 2 に近づいていくことは——前節で［自然数 $n$ がいくらでも大きくなるときに］$1 - \frac{1}{2^n}$ が 1 に近づいていくこととまったく同様に——明らかである．初等的な微積分では，極限は通常これらのようにはっきりとしており，したがって，極限概念をより深く説明してみても，さらにはっきりとさせることにはならない．そうした踏み込みについては高等的な微積分学まで待つのがよかろう．ただし，高等的な微積分学も，この先で見ていくように，初等的な微積分からはそれほど離れているわけではない．

さらに極限がはっきりしている例として，関数 $f(x) = \frac{1}{x}$ を検討しよう．この場合は

$$\frac{f(x + \Delta x) - f(x)}{\Delta x} = \frac{1}{\Delta x}\left(\frac{1}{x + \Delta x} - \frac{1}{x}\right)$$

$$= \frac{1}{\Delta x} \cdot \frac{x - (x + \Delta x)}{(x + \Delta x)x} = \frac{-1}{(x + \Delta x)x}$$

であるから，

$$f'(x) = \lim_{\Delta x \to 0} \frac{-1}{(x + \Delta x)x} = \frac{-1}{x^2}$$

である．これから，うまい具合に，上の $x^n$ の導関数に対する公式が $n = -1$ に対してもまた正しいことが分かる．事実としては，この公式はすべての実数 $n$ に対して成り立つが，この結果は本書では必要でない．

## 導関数の概念についての他の事例

上記の $\frac{f(x+\Delta x)-f(x)}{\Delta x}$ のような表記や，その極限は，幾何学ばかりではなく，量が変化していく状況でその**変化の度合い**を測りたいときにはどこででも生じる．例えば，水平距離に対する高さの変化の割合は勾配であるし，もう一つの例としては，時間に応じた位置の変化の割合は**速さ**である．

ある対象物の速さは近接した時刻 $t + \Delta t$ と $t$ とにおけるその位置 $p(t + \Delta t)$ と $p(t)$ を測定することによって推定される．このことからこれらの時刻の間での平均速度は

$$\frac{\text{移動した距離}}{\text{かかった時間}} = \frac{p(t + \Delta t) - p(t)}{\Delta t}$$

であり，瞬間 $t$ における速度はこの表示の $\Delta t \to 0$ の場合の極限である．すなわち，

$$\text{時刻 } t \text{ での速度} = p'(t) = \lim_{\Delta t \to 0} \frac{p(t + \Delta t) - p(t)}{\Delta t}$$

である．

同様に，**加速度**は速度が時刻に対応して変化する割合である．このことから，加速度は速度の導関数であり，ここに位置の **2 階**導関数（「導関数の導関数」）が現れる．この位置の 2 階導関数はどこか難解な概念にも思えるが，これは感じることができるのだ！　ニュートンの運動の第二法則によれば，加速度は**力**として知覚され，自動車が出発したり急に止まったりするときに体感される．後に見る

ように，関数 $e^x, \sin x, \cos x$ はすべて何階にまでも及ぶ導関数を持っており，それらはすべて重要である．

## 6.3 導関数を計算する

　名は体を表すというが，微積分（calculus）は計算（calculation）のためのシステムである．その最初の大いなる成功は導関数の計算であって，それは次のような事実に負っている．すなわち，最も単純な関数の導関数は明らかであり，導関数が分かっているような関数をそれなりに妥当に組み合わせた関数の導関数を計算する単純な規則がある．微積分の成功へのもう一つの寄与はライプニツによる記号法であって，それは上記の分数の極限の計算における導関数の概念を反映している．関数 $f(x)$ を $y = f(x)$ と置くとき，

$$f'(x) = \frac{dy}{dx}$$

と書くのがしばしば有用になる．この $\frac{dy}{dx}$ は分数 $\frac{\Delta y}{\Delta x}$ の極限であるから，それはしばしば一つの分数のように振る舞い，そのことが微分法の規則を覚えやすくしているし，導きやすくしている．

　微分の操作を $\frac{d}{dx}$ と記述するのもまた便利である．というのは，これは関数表示に自然に左から適用される（例の $'$ 記号はそうでない）．例えば，

$$\frac{d}{dx} x^2 = 2x$$

と書くことができる．

　最も簡単な関数は**定数**関数 $f(x) = k$ であり，その導関数は 0 であるし，**恒等**関数 $f(x) = x$ もまた簡単で，その導関数は 1 である．これらから，他の多くの関数の導関数が次の規則によって得られる．

- 微分可能な関数 $u$ と $v$ の和，差，積，商の導関数は

$$\frac{d}{dx}(u+v) = \frac{du}{dx} + \frac{dv}{dx}, \quad \frac{d}{dx}(u-v) = \frac{du}{dx} - \frac{dv}{dx},$$

$$\frac{d}{dx}(u \cdot v) = u\frac{dv}{dx} + v\frac{du}{dx}, \quad \frac{d}{dx}\left(\frac{u}{v}\right) = \frac{v\frac{du}{dx} - u\frac{dv}{dx}}{v^2}, \quad (ただし v \neq 0)$$

によって得られる．

- もし $\frac{dy}{dx}$ が関数 $y = f(x)$ の導関数で，$\frac{dy}{dx} \neq 0$ であれば，その逆関数 $x = f^{-1}(y)$ の導関数は $\frac{dx}{dy} = \frac{1}{\frac{dy}{dx}}$ で与えられる．

- もし $z = f(y)$ が（$y$ についての）導関数 $\frac{dz}{dy}$ を持ち，$y = g(x)$ が（$x$ についての）導関数 $\frac{dy}{dx}$ を持つならば，$z = f(g(x))$ は $x$ についての導関数を持ち，それは $\frac{dz}{dx} = \frac{dz}{dy} \cdot \frac{dy}{dx}$ で与えられる（**連鎖律**）．

あとの方の二つの規則は記号 $\frac{dy}{dx}$ が適切であることを示しており，$\frac{dy}{dx}$ が分数のように振る舞っている．これは驚くほどのことではない．というのも，$\frac{dy}{dx}$ は実際の分数 $\frac{\Delta y}{\Delta x}$ の極限[2]である．実際に，これらの規則の証明は基本的には分数の操作を，分母が 0 にならないように気を配りながら，うまく極限に移行させて行われる．極限におけるもう一つの重要な題材として次を上げる．

**微分可能な関数の連続性．** もし $y = f(x)$ が $x = a$ で微分可能であるならば，$f(x)$ は $x = a$ で連続である．すなわち，$x \to a$ のとき，$f(x) \to f(a)$ である．

**証明．** 導関数の $x = a$ における値は

$$\lim_{x \to a} \frac{f(x) - f(a)}{x - a}$$

である．この分母については $x \to a$ のとき $x - a \to 0$ であるから，分数の極限が存在するためには分子も同時に 0 に近づかなければならない．すなわち，$x \to a$ のとき $f(x) \to f(a)$ である． □

この結果を応用する前に，連続性の概念を穏やかにここに滑り込ませて照明を当てておこう．

**定義．** 関数 $f$ は，もし $x \to a$ のとき $f(x) \to f(a)$ であるならば，$x = a$ で**連続である**といわれる．また，もし $f$ がある領域のすべての点 $x$ で連続であるならば，$f$ はその領域で**連続である**といわれる．

---
[2] 哲学者ジョージ・バークリの言によれば，$dx$ と $dy$ は「切り離された量の亡霊である．」

ここで微分法の**乗法規則**

$$\frac{d}{dx}(u \cdot v) = u\frac{dv}{dx} + v\frac{du}{dx}$$

を示すために分数,極限,および,連続性を当てはめて図解しよう.定義によれば,左辺は $x \to a$ のときの商

$$\frac{u(x+\Delta x) \cdot v(x+\Delta x) - u(x) \cdot v(x)}{\Delta x}$$

の極限である.この分数の中で $\frac{\Delta u}{\Delta x}$ と $\frac{\Delta v}{\Delta x}$ を作り出すために,分子から項 $u(x+\Delta x) \cdot v(x)$ を引いてから加えれば,

$$\frac{u(x+\Delta x) \cdot v(x+\Delta x) - u(x+\Delta x) \cdot v(x) + u(x+\Delta x) \cdot v(x) - u(x) \cdot v(x)}{\Delta x}$$
$$= u(x+\Delta x)\frac{v(x+\Delta x) - v(x)}{\Delta x} + v(x)\frac{u(x+\Delta x) - u(x)}{\Delta x}$$
$$= u(x+\Delta x)\frac{\Delta v}{\Delta x} + v(x)\frac{\Delta u}{\Delta x}$$

が得られる.最後に $\Delta x \to 0$ とすれば,微分可能な関数 $u$ の連続性から $u(x+\Delta x) \to u(x)$ であるので,上の最後の式の極限として $u(x)\frac{dv}{dx} + v(x)\frac{du}{dx}$ が得られる.

定数と恒等関数から $+, -, \cdot, \div$ を施して得られる関数は有理関数という関数の大きい類を形成する.その中には,例えば,

$$x^2, \quad 3x^2, \quad 1+3x^2, \quad \frac{x}{1+3x^2}, \quad x^3 - \frac{x}{1+3x^2}, \quad \cdots$$

などが含まれ,これらすべては導関数の $+, -, \cdot, \div$ に対する規則によって微分することが可能である.

逆関数に対する規則によって $\sqrt{x}$ のような代数関数の微分も可能である.関数 $y = f(x) = x^2$ が導関数

$$\frac{dy}{dx} = 2x$$

を持っていることは分かっており，したがって逆関数 $x = \sqrt{y}$ の ($y$ についての) 導関数 $\frac{dx}{dy}$ は

$$\frac{dx}{dy} = \frac{1}{\frac{dy}{dx}} = \frac{1}{2x} = \frac{1}{2\sqrt{y}} = \frac{1}{2}y^{-1/2}$$

である．そこで変数を $x$ と読み替えることによって

$$\frac{d}{dx}x^{1/2} = \frac{1}{2}x^{-1/2}$$

が得られるから，すでに $n$ が正整数である場合に観察していた規則 $\frac{d}{dx}x^n = nx^{n-1}$ がこの $n = 1/2$ の場合にも確認されたことになる．

## *導関数についての一つの難問

上記の題材はすべて，筆者の見解としては，初等的な微積分としての資格を持っている．基本的には初等的な代数に時として極限の概念が持ち込まれたものである．しかしながら，この題材からまったく異なった特質をもった問題が生じてくる．**もし $f(x)$ が導関数 $0$ を持つならば，果たして $f(x)$ は定数であるだろうか？**

答えは，明らかにその通り！であると思われる．関数は，その値の変化の**比率**がゼロであるときに，どうやって値を変化させられるのか？ だが，この言たるやおそらくは我々を当惑に導く．なぜならば，関数の導関数と関数自身の値の全体とをどのように結びつけるのかは明らかで**ない**からである．この問題は高等微積分学についての典型的な問題のおそらく最も単純な例である．ここで問われているのは，一つの「局所的な」仮定（各点での勾配 $= 0$）から出発して一つの「大域的な」結論（いたるところで定数の関数）にいかに達するかである．

仮定 $f'(x) = 0$ は個々の点の近くで $f$ がどのように振る舞うかということだけを告げるという意味で「局所的」である．各点 $P$ で接線が水平であるが，他の点 $Q$ への弦 $PQ$ はそうである必要はない．言えることのすべては $Q \to P$ に従って $PQ$ の勾配が $\to 0$ であることである．結局はこの仮定は十分に働いてくれるのだが，「$f(x) = $ 定数」という大域的な結果を引き出すためには（筆者の見解としては）**高等的な**論議が必要とされる．それをここで見る．

**ゼロ導関数定理.** もし $f'(x) = 0$ が一つの区間の各点で成り立つならば, $f(x)$ はその区間上で定数である.

**証明.** 微分可能な曲線 $y = f(x)$ が異なる高さの二点 $A, B$ を持つとしよう. この「大域的な勾配」を $A$ と $B$ の間の点 $P$ での接線の「局所的な勾配」へと凝縮させよう. この点 $P$ は**反復二分法**と呼ばれる無限過程によって見つけられる.

図 6.4 に示されているように, $A = (a, f(a)), B = (b, f(b))$ とし, $AB$ の勾配 $= 1$ であるとしよう. (必要なら $f$ を適当に定数倍する.)

まず区間 $I_1 = [a, b] = \{x \mid a \leq x \leq b\}$ を $x = \frac{a+b}{2}$ で二等分し, $C = \left(\frac{a+b}{2}, f\left(\frac{a+b}{2}\right)\right)$ とする. このとき, 図 6.4 から明らかなように, 弦 $AC$ と弦 $CB$ の少なくとも一つの勾配は $\geq 1$ である. そこで大きい方の勾配に対応する $I_1$ の半分の区間を $I_2$ とする. (もし両方の半分の区間上で勾配が同じであるならば, 紛れることがないように左半分の区間を取る.) そしてこの過程を $I_2$ の上で繰り返す.

このようにして入れ子状態になった区間の無限列

$$[a, b] = I_1 \supseteq I_2 \supseteq I_3 \supseteq \cdots$$

が得られ, 各区間は直前の区間の半分になっている. しかも各区間上ではその両

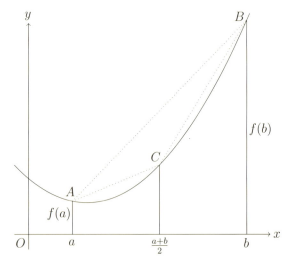

**図 6.4** $A$ から $B$ への「大域的勾配」を有する曲線.

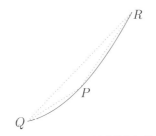

**図 6.5** $P$ における局所的な勾配.

端の上にある曲線上の二点の左から右への勾配は $\geq 1$ である.さて,**これらの区間のすべてに含まれる点 $P$ がちょうど一つだけ確定する**.そして,その構成法から,点 $P$ はいくらでも近い曲線上の二点 $Q$ と $R$ との間にあり,勾配 $QR$ は $\geq 1$ である(図6.5).なぜなら,$Q, R$ として十分短い区間 $I_k$ の両端の $x$ に対応する点 $(x, f(x))$ を取ればよい.

これから,点 $P$ はそのいくらでも近くの曲線上の点($Q$ または $R$)で $P$ からの弦の勾配が $\geq 1$ であるものを持っている.したがって,($f(x)$ が微分可能であるという仮定から存在が保障されている)$P$ における曲線の接線の勾配はやはり $\geq 1$ である.

以上によって,もし $f$ が微分可能で曲線 $y = f(x)$ がゼロでない勾配を持つならば,この曲線の接線でゼロでない勾配を持つものが必ず存在する.このことから,逆に,もし接線が必ずゼロの勾配を持つならば,この曲線上のどのような二点の間の勾配もやはりゼロである.すなわち,$f(x)$ は定数である. □

この議論の高等な相貌は入れ子状態になった区間の無限列を構成することと,それらが一点を共有するという前提にある.これらは実数の体系 $\mathbb{R}$ の構造——特記すれば,いわゆるその**完備性**——と強く結びついており,それについては歴史的雑記と哲学的雑記においてさらに論議する.

## 6.4 曲線で囲われた面積

曲線についてのもう一つの問題は,接線を見つけることよりももっと古いもので,それが囲む面積に関するものである.すでに1.5節ではこの問題に対する最

初の重要な貢献を見た．アルキメデスによるパラボラの切片の面積の決定である．彼の解答はパラボラの切片を三角形で「取り尽くす」という秀逸なる方法に基づいていた．しかしこのアイデアは曲線 $y = x^3, y = x^4$ 等々に適用できるといった保証はない．ようやく17世紀に入って微積分がこの問題に勝利を収め，これらの曲線によって囲われた面積を単純で統一的な方法で決定した．この解決法は次節で紹介される．

ひとまずは，それほど透明性に富んではいない例——双曲線 $y = \frac{1}{x}$ によって囲まれた面積——を提示しよう．その理由は，面積の概念は接線の概念よりももっと深いものであり，この例が思いのほかの洞察を与えてくれるからである．ここでは曲線 $y = \frac{1}{x}$ と $x$ 軸と $x = 1$ と $x = a > 1$ を通る二本の垂線が囲む面積を考察する．この面積を「$y = \frac{1}{x}$ の下の $x = 1$ と $x = a$ との間の」面積ということにしよう（図6.6の灰色の部分）．この曲線による面積を上と下とから長方形の一群を用いて分かっている面積で近似することによって定義する（図6.7）．

上からと下からの近似の差は，図6.7において曲線が通る小さな白い長方形の和である．この差は長方形の幅を十分に狭くすることによっていくらでも小さくできる．したがって，上側の長方形の一群であれ，下側の一群であれ，いずれによっても曲線で囲われた面積を近似できる．

しかしながら，例えば，1から $a$ までの区間を $n$ 等分して得られる下側の長方形の一群を用いたとしても，その総和の極限となりそうなはっきりとした数値は見えてこない——たとえ幾何学的には極限があることは明確であったとしても．その理由は $y = \frac{1}{x}$ の下の $x = 1$ と $x = a$ との間の面積は $a$ の関数として本書では未だ考察したことがないものであるからである．それは実のところ**自然対数**関

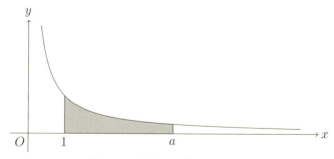

図6.6　双曲線 $y = \frac{1}{x}$ の下の面積．

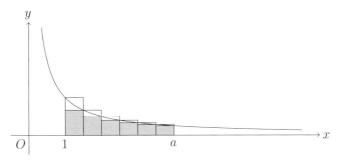

**図 6.7** 面積を長方形によって近似する．

数 $\ln a$ であり，積を和に変える次のような特徴的な性質

$$\ln ab = \ln a + \ln b$$

によって最もよく知られている．

対数関数のこの特性はその曲線による面積を長方形の一群を用いて近似することによって容易に証明される．まず図 6.8 を考察しよう．これは $y = \frac{1}{x}$ の下の $x = 1$ と $x = a$ との間の面積と $x = b$ と $x = ab$ との間の面積とを比較している．

議論を簡単にするために $b > a$ であるように取っており，また 1 から $a$ までの区間と $b$ から $ab$ までの区間を四等分してある．もしこれらの区間が共に $n$ 等分されている場合でもきっかり同じ議論が適用される．この曲線が $y = \frac{1}{x}$ であることに注意すれば $b$ と $ab$ の間の各長方形の高さは 1 と $a$ の間の対応する長方形の高さに $1/b$ を掛けたものである．しかし $b$ と $ab$ の間の各長方形の幅は 1 と $a$ の間の対応する長方形の幅に $b$ を掛けたものである．したがって，**両方の一群の長**

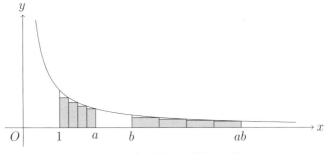

**図 6.8** 対数の乗法的な性質の証明．

方形の面積をそれぞれに足し合わせたものは等しい．

これはどのような正整数 $n$ に対しても 1 から $a$ までの区間と $b$ から $ab$ までの区間が共に $n$ 等分された場合には正しい．そして $n$ を無限に大きくしていけば，これらの等しい和はそれぞれに曲線の下の面積に近づいていく．したがって，

$$1 \text{ から } a \text{ までの } y = \frac{1}{x} \text{ の下の面積}$$
$$= b \text{ から } ab \text{ までの } y = \frac{1}{x} \text{ の下の面積}$$

である．この等式の左辺は，自然対数関数 ln の定義から $\ln a$ である．また右辺は $\ln ab - \ln b$（1 から $ab$ までの面積から 1 から $b$ までの面積を引いたもの）である．よって得られた等式

$$\ln a = \ln ab - \ln b$$

から上で主張した等式

$$\ln ab = \ln a + \ln b$$

が導かれた．

## 自然界における対数関数

等式 $\ln ab = \ln a + \ln b$ から $\ln(a^n) = n \ln a$ が得られる．よって対数関数 ln は，$a$ が定数であるとき，$n$ についての関数 $a^n$ の指数的な増加を $n \ln a$ の線型的な増加へと「押し下げる」．驚くべきことに，自然界における多くの指数的な量の増加は我々には線型的に増大するように感知され，これらの量に対する我々の尺度の単位は本質的にはそういった量の対数である．この線型的な感知に関する専門用語さえある．それは精神物理学のヴェーバー - フェヒナーの法則である．

例えば，音の**高低**の自然な尺度は一秒あたりの振動数であるが，我々の耳は高低を**オクターヴ**（ないしは一音ないし半音といったオクターヴの細分）で測る．しかし 1 オクターヴ分だけ音の高さを上げることは振動数を **2 倍**することに対応し，$n$ オクターヴ分だけ音の高さを上げることは振動数を $2^n$ **倍**することに対応する．

音の強さ，ないし強度についても同様である．強度は，ワットといった力の単位で測るのが自然である．しかし**デシベル**で測る方が我々が音の強さを感知する仕組みにうまく対応している．ある音の強さに 10 デシベルを加えることはその力を 10 倍することに対応している．

光の明るさについてもまた同様である．星の明るさは**等級**と呼ばれる尺度によって測られる．ただし明るさが減少するにつれてこの等級の数は増加する．例えば，天空で最も明るい恒星であるシリウスは $-1.46$ 等級であり，その次に明るいカノープスは $-0.72$ 等星，そしてオリオン座で最も明るいリゲルは $0.12$ 等星である．これらよりも明るい星は惑星の金星であり，その等級は最も明るいときには $-4.6$ である．この尺度による逆方向の端あたりにはスバル（プレアデス星団）の通常で見ることができる七つの星の等級 $2.86$ から $5$ がある．等級 $6$ が典型的なヒトの視覚の限界である．等級の尺度が $5$ だけ増加するというのは光の強さでは比率で $100$ 倍分だけ減少することに相当する．

最後の例として，おそらく最もよく知られているのが**リヒター尺度**による地震の強度である．最も強い地震の規模は $9$ であり，ヒトがようやく感じ得るのはこの尺度でマグニチュード $2$ 程度の弱さである．とはいえ，リヒターの尺度でマグニチュードが $1$ 上がることは力においては $30$ 倍の増加に対応する！

さて，次のどちらの方が驚くべきことなのだろうか：自然界で生じる現象が指数的な規模にわたって変化する傾向にあることか，もしくは，ヒトの感覚がそういった現象を線型的な尺度に押し下げることができることか．

## 6.5 曲線 $y = x^n$ の下の面積

前節での面積に対する接し方——それを上下から長方形の一群によって近似すること——はパラボラ $y = x^2$ や $y = x^n$ の形の他の曲線に対しては特にうまくいく．この様子を $y = x^2$ に限って示すが，ここでのアイデアは少しの手直しで他の正整数のベキにも適用できる．曲線 $y = t^2$ の下の $t = 0$ から $t = x$ までの間の面積を見つけるための秘策は $x$ を変化させることである．そうすれば面積は $x$ の関数になり，それを微分することができる（これが $y$ を $t$ の関数として考えて——**面積を $x$ の関数とする**理由である）．そしてこうすることによってこの面積

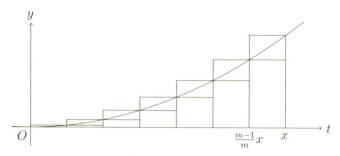

**図 6.9** 曲線 $y = t^2$ の下の面積の上からと下からの近似.

関数が何であるかを的確に見ることができる.

図 6.9 はパラボラに対する上からと下からの近似を 0 から $x$ までの区間を $m$ 等分するときの場合について示している.

上の長方形と下のそれとの差が最大であるのは $\frac{m-1}{m}x$ と $x$ との間であり,そこでの高さの差は

$$x^2 - \left(\frac{m-1}{m}x\right)^2 = x^2\left(1 - \frac{m^2 - 2m + 1}{m^2}\right) = x^2 \cdot \frac{2m-1}{m^2}$$

である.また各長方形の幅は $1/m$ であるから,最後の二つの長方形の面積の差は $\frac{2m-1}{m^3}x^2$ である.さらに,全部で $m$ 個の長方形があるから,この曲線の下の面積の上からと下からの近似の差は高々 $\frac{2m-1}{m^2}x^2$ である.これは $m$ が増加するにつれて 0 に近づいていく.よって,$y = t^2$ の下の面積の $t = 0$ と $t = x$ の間の**面積**は的確に定義されており,これを area($x$) と表そう(図 6.10).

また図 6.10 では $x$ と $x + \Delta x$ の間の余分の長方形が示されている.これは関数

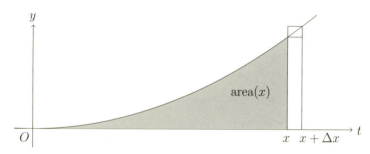

**図 6.10** 変数 $x$ の関数としての面積.

area$(x)$ の $x$ についての**導関数**を見つけるためのものである．さて，

$$\frac{d}{dx}\text{area}(x) = \lim_{\Delta x \to 0} \frac{\text{area}(x + \Delta x) - \text{area}(x)}{\Delta x}$$

であった．分子の area$(x + \Delta x) -$ area$(x)$ は関数 $y = t^2$ の下の $t = x$ と $t = x + \Delta x$ の間の面積である．この区間では曲線 $y = t^2$ の高さは $x^2$ と $(x + \Delta x)^2$ の間にある．よって曲線の下の面積と下と上の長方形の面積との比較によって不等式

$$x^2 \cdot \Delta x \leq \text{area}(x + \Delta x) - \text{area}(x) \leq (x + \Delta x)^2 \cdot \Delta x$$

が得られる．そこで $\Delta x$ で割って，

$$x^2 \leq \frac{\text{area}(x + \Delta x) - \text{area}(x)}{\Delta x} \leq (x + \Delta x)^2$$

が成り立つ．この不等式の両端は $\Delta x \to 0$ のときに共に $x^2$ に近づくから，

$$\frac{d}{dx}\text{area}(x) = \lim_{\Delta x \to 0} \frac{\text{area}(x + \Delta x) - \text{area}(x)}{\Delta x} = x^2$$

である．

このように，area$(x)$ はその導関数が $x^2$ である関数である．一方，このような関数としてはすでに $\frac{1}{3}x^3$ が知られている．実際，6.3 節の導関数のための規則から，

$$\frac{d}{dx}\left(\frac{1}{3}x^3\right) = \frac{1}{3}\frac{d}{dx}x^3 = \frac{1}{3} \cdot 3x^2 = x^2$$

である．ところが，**これ以外の関数で導関数が $x^2$ であるものは，定数 $k$ に対する $\frac{1}{3}x^3 + k$ のみである**．なぜなら，6.3 節のゼロ導関数定理から，同じ導関数 $x^2$ を持つ二つの関数の差はゼロ導関数を持ち，よって定数であるからである．

また明らかに $x = 0$ に対しては area$(x) = 0$ であるから，正しい面積関数は $\frac{1}{3}x^3$ でなければならない．したがって，結論として，次の定理が示された．

**曲線 $y = t^2$ の下の面積．**曲線 $y = t^2$ の下の $t = 0$ と $t = x$ の間の面積は適正に定義され，$\frac{1}{3}x^3$ に等しい．      □

まったく同様な議論により，すでに承知している事実 $\frac{d}{dx}x^n = (n+1)x^{n-1}$ を用いて，

**曲線 $y = t^n$ の下の面積．** 正整数 $n$ に対する曲線 $y = t^n$ の下の $t = 0$ と $t = x$ の間の面積は適正に定義され，$\frac{1}{n+1}x^{n+1}$ に等しい． □

　難しいゼロ導関数定理を用いるのを避けてこれらの面積を求めることもできるが，その代わりに上と下の長方形の和のためのぴったりした公式を見つけるのにかなりの代数を用いることが求められる．これは $n$ が増加すればするほど難しくなり，どの場合でもこれらの証明の本当に重要な洞察，面積を求めることはある意味で導関数を求めることの**逆**であること，を見えなくしてしまう．この洞察はやってみるだけの価値がある．というのも，それが基本定理へと導いてくれるからである．

## 6.6　*微積分の基本定理

　曲線の下の面積に関するアイデアは**積分**の概念によって微積分（calculus）に取り込まれた．積分については幾つかの概念があるが，本書では初等的な微積分として最も単純な**リーマン積分**のみが扱われ，連続関数に対してのみ適用される．

　区間 $t = a$ から $t = b$ までの間で連続な関数 $y = f(t)$ が与えられたとき，$f$ の $a$ から $b$ までの積分は

$$\int_a^b f(t)dt$$

と表され，前節で幾つかの関数 $f$ に対して「曲線 $y = f(t)$ の下の面積」として定義されたものと同様に定義される．すなわち，区間 $[a, b]$ を有限個の区間に細分し，それぞれの部分区間上に $f$ のグラフを上からと下からとで近似する長方形を立ち上げる（図 6.11）．

　もし上からと下からの近似の差をいくらでも小さくすることができるならば，（$\mathbb{R}$ の完備性によって）両者の間にただ一つの数が存在し，この数が積分 $\int_a^b f(t)dt$ の値である．

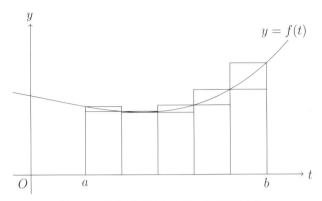

**図 6.11** 積分 $\int_a^b f(t)dt$ を長方形で近似する．

うまい具合に，連続関数に対しては，上からと下からの近似の差をいくらでも小さくすることができる．しかしこれを証明するとなると，それは 6.3 節のゼロ導関数定理の証明とよく似ていて，微妙な事柄になる．（実際，証明の中核はそこで用いられた反復二分法と呼ばれる無限過程である．）この理由から，連続関数に対するリーマン積分の存在の証明は高等的な微積分学に属する．

しかしながら，もしこの積分が存在するという妥当と思われる仮定を置いてしまえば，この積分関数を微分することは，前節で特殊な面積関数を微分したのとまったく同じように実行できる．そうすれば次の定理が得られる．

**微積分の基本定理．** もし関数 $f$ が区間 $[a,b]$ 上で連続であるならば，$x$ についての関数

$$F(x) = \int_a^x f(t)dt$$

は微分可能で，$F'(x) = f(x)$ である[†]． □

---

[†] 訳注：今までは「面積」を用いて直感に訴え，明確に言明されてはいなかったが，この定理の場合，$f$ がもっと長い区間 $[c,b]$ $(c < a)$ 上で連続であるならば，$c \leq x < a$ であるような $x$ に対しては $\int_a^x f(t)dt = -\int_x^a f(t)dt$ と定義すればこの基本定理が成り立つ．実際，$\int_x^a f(t)dt = \int_c^a f(t)dt - \int_c^x f(t)dt$ であり，$\int_c^a f(t)dt$ は定数であるから，両辺に $\frac{d}{dx}$ を作用させて $\frac{d}{dx}\int_x^a f(t)dt = -\frac{d}{dx}\int_c^x f(t)dt = -f(x)$ である．例えば，単純に定数関数 $f(t) = 1$ で $a = 0$ の場合を見れば，この場合は $f(t) = 1$ も $F(x)$ も共にいくらでも長い閉区間上で定義されている．したがって，逆にこの基本定理を基準にするならば，上の $\int_a^x f(t)dt = -\int_x^a f(t)dt$ と定義することが正当化される．また次の小節の $\ln x = \int_1^x \frac{dt}{t}$ についても $0 < x < 1$ に対

この基本定理は，関数 $f(x)$ を導関数に持つ関数 $G(x)$ が分かっているときには，積分で定義された関数 $F(x)$ を（ちょうど前節で面積関数に対してやったのとまったく同じように）決定することに用いることができる．この場合も，ゼロ導関数定理によって，$F(x)$ は $G(x)$ と定数の差しかない．

基本定理はまた，その導関数がすでに知られている導関数の中に**ない**場合にも有用である（例えば，関数 $\ln x = \int_1^x dt/t$ は代数関数ではない）．この場合，基本定理を，積分によって定義された関数をどのように微分するかを伝える新しい導関数の規則，と見なすことができる．これを他の導関数の規則と組み合わせれば，微分できる関数の類を大幅に広げることができる．

次の小節では，対数関数と指数関数についての基本的な事実が，導関数についての規則を $\ln x = \int_1^x dt/t$ とその逆関数に適用することによって，どのように示されるかを見る．

## 対数関数と指数関数

関数 $u = \ln x = \int_1^x \frac{dt}{t}$ について，微積分の基本定理は

$$\frac{du}{dx} = \frac{1}{x}$$

を与える．一方，$u = \ln x$ の逆関数は $\exp$（**指数関数**）と呼ばれ，$x = \exp u$ と表される．さらに逆関数の導関数についての規則（6.3節）によって

$$\frac{dx}{du} = \frac{1}{\frac{du}{dx}} = x$$

である．

これはすなわち，$\frac{d}{du}\exp(u) = \exp(u)$ であり，exp は**自分自身の導関数と等しい**という目覚ましい特性を持っている．この特性は，あとで指摘するように，重要な「現実」との繋がりの鍵となっている．しかしまずは指数関数についてしっ

---

しては $\int_1^x \frac{dt}{t} = -\int_x^1 \frac{dt}{t} (< 0)$ と定義することによって微積分の基本定理が成り立つ．特に $\ln ab = \ln a + \ln b$ において $b = a^{-1}$ の場合を見れば，$\ln 1 = 0$ と合わせて，$0 < x < 1$ に対して $\ln x < 0$ であることが要求される．

かりと把握する必要がある．特に，なぜこれが「指数」関数と呼ばれるのかを理解することが肝要である．

すでに 6.4 節で見ていたように，関数 ln は特性 $\ln ab = \ln a + \ln b$ を持っている．これを exp に反映させればどうなるか？ さて，

もし $\ln a = A$ ならば，$\exp(A) = a$ であり，
もし $\ln b = B$ ならば，$\exp(B) = b$ であり，
もし $\ln ab = C$ ならば，$\exp(C) = ab = \exp(A)\exp(B)$ であり，
しかも $C = A + B$ である．
よって $\exp(A + B) = \exp(A)\exp(B)$ である．

これは通常**指数法則**として

$$e^{A+B} = e^A e^B$$

と書かれている．実際，$\exp(u)$ を $e^u$ の定義とすることも可能である．

そうすれば，$\exp(u)$ はある数 $e$ をベキ $u$ にまで持ち上げたものである．しかし $e$ とは何物であるのか？ そう，$e = e^1 = \exp(1)$ であるから，もし等式

$$\ln x = \int_1^x \frac{dt}{t}$$

において $x = \exp(1) = e$ とするならば，ln と exp は互いに他の逆関数であるから，

$$1 = \int_1^e \frac{dt}{t}$$

が得られ，よって $\ln(\exp(1)) = 1$ である．言い換えれば，$e$ は $y = \frac{1}{t}$ の下の 1 から $e$ の間の面積が 1 に等しくなる数である（図 6.12）．この解釈から，数 $e$ はおよそ 2.718 であり，したがって，$e^u$ は事実「指数的に」増大する．それも，例えば，$2^u$ よりも速く大きくなっていく†．

指数的な増大（ないし減衰）の割合は自然界においては量の増大率がそのサイズに比例するところではどこにでも生じている．例えば，生活空間とか食糧の供給に関して束縛がない状況が続くならば，個体群はその個体の総数に比例して増

---

† 訳注：上の ln と exp が互いに他の逆関数である関係と $\exp(u) = e^u$, $e > 2$ からも，$0 < x < 1$ の場合は $u = \ln x < 0$ でなければならないことが結論される．

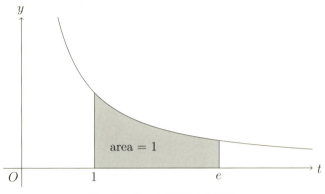

**図 6.12** 数 $e$ の幾何学的な解釈.

大する．もし $p(t)$ を時刻 $t$ における個体数とすれば，その増加率 $\frac{d}{dt}p(t)$ は（正の）定数 $b$ を $p(t)$ 自身に掛けたものである．よって解として，何らかの定数 $a$ によって

$$p(t) = ae^{bt}$$

が得られる．なぜなら，$\frac{d}{dt}e^t = e^t$ で［あり，導関数の規則を駆使して，まず $\frac{d}{dt}e^{bt} = be^{bt}$ であるから

$$\frac{d}{dt}\frac{p(t)}{e^{bt}} = \frac{\frac{d}{dt}p(t)\cdot e^{bt} - p(t)\cdot\frac{d}{dt}e^{bt}}{(e^{bt})^2} = 0$$

となり，よってゼロ導関数定理から $\frac{p(t)}{e^{bt}}$ は定数で］ある．

これは悲劇的な等式である．どうしてかというと，宇宙の幾何学は，それがほぼエウクレイデス幾何学であると仮定すれば，個体総数の増加を比率にして $t^3$ の定数倍（すなわち，一定の速度で膨張する球体の体積に比例する）よりも速くなることを妨げるからである．（ただし，非エウクレイデス幾何学においては指数的な増大が維持される．図 5.32 の三角形の爆発的な増加を見よ．）

## 6.7 対数関数のベキ級数表示

自然対数の定義は

## 6.7 対数関数のベキ級数表示

$$\ln x = \int_1^x \frac{dt}{t}$$

であるが,これは微積分の初期にまでさかのぼる.メルカトールはその著書 ⟨*Logarithmotechnia*⟩, Mercator (1668) において,幾何級数を巧みに用いて対数関数を $x$ の無限ベキ級数として次のように表示した.

$$\ln(1+x) = x - \frac{x^2}{2} + \frac{x^3}{3} - \frac{x^4}{4} + \cdots \quad (|x| < 1).$$

この公式への考察の流れは次のようなものである.

まず定義式の $x$ を $x+1$ に置き換えて $\ln(x+1) = \int_1^{x+1} \frac{dt}{t}$ とし,さらに $t$ を $t+1$ で置き換えて

$$\ln(x+1) = \int_0^x \frac{dt}{t+1}$$
$$= \int_0^x (1 - t + t^2 - t^3 + \cdots) dt$$

を得るが,これは 6.1 節から $|x| < 1$ であるときに有効である.そこでおそらくは,

$$\int_0^x (1 - t + t^2 - t^3 + \cdots) dt = \int_0^x 1 dt - \int_0^x t dt + \int_0^x t^2 dt - \int_0^x t^3 dt + \cdots$$

であるとして,6.5 節から $\int_0^x t^n dt = \frac{x^{n+1}}{n+1}$ であるから,最終的に

$$\ln(1+x) = x - \frac{x^2}{2} + \frac{x^3}{3} - \frac{x^4}{4} + \cdots \quad (|x| < 1)$$

が得られる.しかし,ここで無限和の積分が各項の積分の無限和であると考えているが,実は無限和の積分についてはまだ何も知ってはいない.初等微積分ではこのような問題は適当に取り繕うのが常であるが,この場合には問題は初等的に解決される.

実は $\frac{1}{1+t}$ の無限和は,$\pm t^{n+1}$ 以降の無限和をまとめ,**有限和として**

$$\frac{1}{1+t} = 1 - t + t^2 - t^3 + \cdots \pm t^n \mp \frac{t^{n+1}}{1+t}$$

と表すことができる．なぜなら

$$t^{n+1} - t^{n+2} + t^{n+3} - \cdots = t^{n+1}(1 - t + t^2 - \cdots) = \frac{t^{n+1}}{1+t}$$

であるからである．そして積分の定義から容易に分かるように，二つの関数の和（したがってどのような有限の個数の関数の和）の積分は各項の関数の積分の和に等しい．

したがって，

$$\int_0^x \frac{dt}{1+t} = \int_0^x \left(1 - t + t^2 - t^3 + \cdots \pm t^n \mp \frac{t^{n+1}}{1+t}\right) dt$$
$$= x - \frac{x^2}{2} + \frac{x^3}{3} - \cdots \pm \frac{x^{n+1}}{n+1} \mp \int_0^x \frac{t^{n+1}}{1+t} dt \qquad (*)$$

である．最後の項の積分 $\int_0^x \frac{t^{n+1}}{1+t} dt$ のはっきりとした値は分からないものの，それが $n$ が大きくなるに従って $0$ に近づくことを示せば十分である．確かに，もし $t \geq 0$ であれば $1 + t \geq 1$ である．よって $0 \leq x < 1$ であれば，$n$ が増加するに従って

$$0 \leq \int_0^x \frac{t^{n+1}}{1+t} dt \leq \int_0^x t^{n+1} dt = \frac{x^{n+2}}{n+2} \to 0$$

である．しかしまた，もし $x \leq 0$ であるならば，積分が存在するためには，当然 $x > -1$ であり，このときは $x > -1 + \delta$ となる十分に小さい $\delta > 0$ を取れば $t$ は $0$ から $x > -1 + \delta$ まで減少してゆく．よってこのとき，$1 + t > \delta$ であり，また $(-t)^{n+1} \geq 0$ である．しかも，

$$\int_0^x \frac{t^{n+1}}{1+t} dt = -\int_x^0 \frac{t^{n+1}}{1+t} dt = (-1)^{n+2} \int_x^0 \frac{(-t)^{n+1}}{1+t} dt$$

であり，

$$0 \leq \int_x^0 \frac{(-t)^{n+1}}{1+t} dt \leq \frac{1}{\delta} \int_x^0 (-t)^{n+1} dt = -\frac{(-1)^{n+1}}{\delta} \int_0^x t^{n+1} dt$$

であり，$-1 < x < 0$ であるから $n$ が増加するに従って

$$\int_0^x t^{n+1} dt = \frac{x^{n+2}}{n+2} \to 0$$

である†．したがって，$-1 < x \leq 0$ である場合も

$$\int_0^x \frac{t^{n+1}}{1+t} dt \to 0$$

である．以上から $(*)$ の表示によって，$|x| < 1$ であるときに $n$ が増加するに従って

$$x - \frac{x^2}{2} + \frac{x^3}{3} - \cdots \pm \frac{x^{n+1}}{n+1} \to \int_0^x \frac{dt}{1+t} = \ln(1+x)$$

となると結論づけられる．これはすなわち，

$$\ln(1+x) = x - \frac{x^2}{2} + \frac{x^3}{3} - \frac{x^4}{4} + \cdots \quad (|x| < 1) \qquad (**)$$

を意味している．ここで示した $\int_0^x \frac{t^{n+1}}{1+t} dt \to 0$ の注意深い証明は単になんとかやってのけたというだけではなく，さらなるご褒美をもたらしてくれる．すなわち，**この証明は $x = 1$ のときにも有効である**（なぜならこの場合は $x^{n+1} = 1$ であるからである）．よって公式 $(**)$ は $x = 1$ のときにも有効であり，注目に値する公式

$$\ln 2 = 1 - \frac{1}{2} + \frac{1}{3} - \frac{1}{4} + \cdots$$

を与える．

## 第 $n$ 項で止めた場合の誤差

関数 $\ln(1+x)$ に対する級数 $(**)$ のありがたい特性は，それが欲しいだけの精度で対数を計算するための易しい方途を与えてくれることである．なぜなら，もし $0 < x \leq 1$ であるならば，この級数を $n$ 項目までで切ってしまうときの誤差が第 $(n+1)$ 項よりも絶対値において小さいからである．

---

† 訳注：本書では積分 $\int_0^x f(t)dt$ $(f(t) \geq 0)$ を単に「曲線 $y = f(t)$ の下の $t = 0$ から $t = x$ までの面積」として定義しており，ここでもさらに $x < 0$ の場合の積分を $\int_0^x f(t)dt = -\int_x^0 f(t)dt$ とすれば微積分の基本定理が成り立つ（上記**微積分の基本定理**に対する脚注を参照）．よって（少し手直しした）ここでの議論の本質の，$n$ が増加するに従って $\int_0^x \frac{t^{n+1}}{1+t} dt \to 0$ であること，はいずれにせよ正しい．

この理由を見るために，まず，$0 < x \le 1$ であれば，

$$x > \frac{x^2}{2} > \frac{x^3}{3} > \frac{x^4}{4} > \cdots$$

が成り立つことに注意しよう[†]．このことから，部分和の列

$$x,$$
$$x - \frac{x^2}{2},$$
$$x - \frac{x^2}{2} + \frac{x^3}{3},$$
$$x - \frac{x^2}{2} + \frac{x^3}{3} - \frac{x^4}{4},$$
$$\vdots$$

はそれらの値において上下に振動する――最後の項が＋記号を持てば上に，最後の項が－記号を持てば下に．そして，各項のサイズは順次小さくなっているから，振動の幅も順次小さくなってゆく．このことから，級数の和［を有限項で切って評価していくならば，それ］は常に最後の高い値と最後の低い値との間に位置することになる．言い換えれば，考察している対数の本当の値と $n$ 項目までの和との差の大きさが常に $(n+1)$ 項目の大きさで抑えられている．図 6.13 においては $x = 1$ の場合の振動が図解されている．

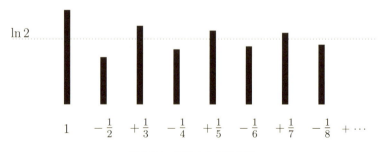

**図 6.13** 振動する級数の和．

---

[†] 訳注：これは $\frac{x^{n+1}}{n+1}$ が直前の $\frac{x^n}{n}$ に $x \cdot \frac{n}{n+1} < 1$ を掛ければ得られることから明らかである．

特に，$0 < x \leq 1$ のとき，$\ln(1+x)$ の $x$ による近似の誤差は $\frac{x^2}{2}$ よりも小さい．この誤差の評価はのちに 10.7 節で用いられる．

## 対数関数に対するもう一つのベキ級数

関数 $\ln(1+x)$ に対して $|x| < 1$ の範囲での簡単で有効なうまいベキ級数が得られた．しかしこの級数は $x > 1$ においてはまったく有効で**ない**．例えば，$x = 2$ に対しては級数

$$2 - \frac{2^2}{2} + \frac{2^3}{3} - \frac{2^4}{4} + \cdots$$

が得られるが，この無限和は意味をなさない．なぜならば，$n$ 番目の項 $\pm \frac{2^n}{n}$ はすべての限界を超えて成長し，最初の $n$ 項の和は大きい負の値と大きい正の値の間を激しく振動する．

どのような正の数の対数に対しても有効な級数を得るために，級数

$$\ln(1+x) = x - \frac{x^2}{2} + \frac{x^3}{3} - \frac{x^4}{4} + \cdots$$

においてその $x$ を $-x$ で置き換えた級数

$$\ln(1-x) = -x - \frac{x^2}{2} - \frac{x^3}{3} - \frac{x^4}{4} - \cdots$$

を組み合わせる．もちろん後者も $|x| < 1$ の範囲で有効である．前者から後者を引いて

$$\ln \frac{1+x}{1-x} = \ln(1+x) - \ln(1-x) = 2 \left( x + \frac{x^3}{3} + \frac{x^5}{5} + \frac{x^7}{7} + \cdots \right)$$

が得られる．

この $\ln \frac{1+x}{1-x}$ に対する級数もやはり $|x| < 1$ の範囲でしか有効でないが，$x$ が $-1$ と $1$ の間を動くとき，$\frac{1+x}{1-x}$ の値は**すべての正の数値**を取ることができる．例えば，

もし $2 = \frac{1+x}{1-x}$ なら，$2 - 2x = 1 + x$ であり，
よって $1 = 3x$ から $x = \frac{1}{3}$ である．

したがって,
$$\ln 2 = 2\left(\frac{1}{3} + \frac{1}{3}\frac{1}{3^3} + \frac{1}{5}\frac{1}{3^5} + \frac{1}{7}\frac{1}{3^7} + \cdots\right)$$
である.この級数は $\ln 2$ を計算するために有効である.明示されている最初の四項だけを取れば,値として $0.69313\ldots$ が得られ,正しい値 $\ln 2 = 0.69314\ldots$ とは小数点以下四桁まで一致している.

## *指数関数のベキ級数表示

自然対数に対するメルカトール級数はニュートンにより Newton (1671) で再発見されていた.ニュートンはそのアイデアをさらに進め,逆関数(指数関数であるが,このときはまだ名前を付けられていなかった)に対するベキ級数を発見した.彼は
$$y = x - \frac{x^2}{2} + \frac{x^3}{3} - \frac{x^4}{4} + \cdots$$
と置き,驚異的な計算力をもって,この $x$ についての等式を**解いて**,
$$x = y + \frac{y^2}{2} + \frac{y^3}{6} + \frac{y^4}{24} + \frac{y^5}{120} + \cdots$$
を得た.そして彼は $n$ 番目の項が $\frac{y^n}{n!}$ であることを正しく推定し,
$$x = \frac{y}{1!} + \frac{y^2}{2!} + \frac{y^3}{3!} + \frac{y^4}{4!} + \frac{y^5}{5!} + \cdots$$
と表した.これは今でいう関数 $e^y - 1$ である.

指数関数のベキ級数を見つけるもっと簡単な方法が幾つかあるが,こういった方法は(ニュートンの方法ももちろんそうであるように)その正当化にはいくらかの高等的微積分学を必要とする.

まず $e^x$ がベキ級数によって
$$e^x = a_0 + a_1 x + a_2 x^2 + a_3 x^3 + \cdots$$
と表されると**仮定**し,**さらに**これが項ごとに微分可能であるとする.このとき係数 $a_0, a_1, a_2, a_3, \ldots$ は,順次繰り返してこの等式を微分し,$\frac{d}{dx}e^x = e^x$ を用い,

## 6.7 対数関数のベキ級数表示

$x = 0$ と置いて求められる.まず微分する前に,$x = 0$ と置いて,

$$1 = a_0 + 0 + 0 + 0 + \cdots$$

が得られ,$a_0 = 1$ である.最初の導関数から

$$e^x = a_1 + 2 \cdot a_2 x + 3 \cdot a_3 x^2 + 4 \cdot a_4 x^3 + \cdots$$

が得られるから,$x = 0$ と置いて

$$1 = a_1$$

が得られる.さらにもう一度微分して

$$e^x = 2 \cdot a_2 + 3 \cdot 2 \cdot a_3 x + 4 \cdot 3 \cdot a_4 x^2 + \cdots$$

を得て,$x = 0$ から

$$1 = 2 \cdot a_2, \quad よって \quad a_2 = \frac{1}{2}$$

である.三回目の微分によって

$$e^x = 3 \cdot 2 \cdot a_3 + 4 \cdot 3 \cdot 2 \cdot a_4 x + \cdots$$

を得たあと,$x = 0$ として

$$1 = 3 \cdot 2 \cdot a_3, \quad よって \quad a_3 = \frac{1}{3 \cdot 2}$$

となる.ここまでくれば,同様の経過を続けて,$a_4 = \frac{1}{4 \cdot 3 \cdot 2}, a_5 = \frac{1}{5 \cdot 4 \cdot 3 \cdot 2}, \ldots$ であることは明らかであろう.したがって,

$$e^x = 1 + \frac{x}{1!} + \frac{x^2}{2!} + \frac{x^3}{3!} + \frac{x^4}{4!} + \frac{x^5}{5!} + \cdots$$

が得られる.特に $x = 1$ とすれば,今度は

$$e = 1 + \frac{1}{1!} + \frac{1}{2!} + \frac{1}{3!} + \frac{1}{4!} + \frac{1}{5!} + \cdots$$

が得られる．

**注意**． このベキ級数を発見してしまえば，振り返って，これを指数関数の**定義**にすることができる．

$$\exp(x) = 1 + \frac{x}{1!} + \frac{x^2}{2!} + \frac{x^3}{3!} + \frac{x^4}{4!} + \frac{x^5}{5!} + \cdots.$$

この無限和が $x$ のすべての値に対して存在することを証明するのは容易である．実際，ある点から先の項の大きさが幾何級数 $\frac{1}{2} + \frac{1}{2^2} + \frac{1}{2^3} + \cdots$ の項よりも小さいことを示せばよい（次の小節の例を参照）．しかしこの級数が項別に微分してよいことを，したがって $\frac{d}{dx} \exp(x) = \exp(x)$ を証明する方がもっと難しい．これには連続の概念の高等的な展開，**一様**連続性と呼ばれる概念，を巻き込むことになり，通常，高等的な微積分学の授業に先送りされる．

## 数 $e$ が無理数であること

級数表示 $e = 1 + \frac{1}{1!} + \frac{1}{2!} + \frac{1}{3!} + \frac{1}{4!} + \frac{1}{5!} + \cdots$ は計算に向いている．というのは，その項の大きさは速く減少するからである．この急速な減少はまた理論的にも価値がある．実際，これを用いて $e$ が無理数であることが証明される（これはジョゼフ・フーリエによるもので1815年頃のものである）．

**数 $e$ の無理性**． 数 $e$ はどのような有理数 $m/n$（$m, n$ は共に正整数）とも等しくはない．

**証明**． 逆に

$$\frac{m}{n} = 1 + \frac{1}{1!} + \frac{1}{2!} + \frac{1}{3!} + \cdots + \frac{1}{n!} + \cdots$$

であると仮定しよう．[もちろん，$m, n$ は正整数であるとする．] この両辺に $n!$ を掛ければ

$$m \cdot (n-1)! = n! + \frac{n!}{1!} + \frac{n!}{2!} + \frac{n!}{3!} + \cdots + \frac{n!}{n!}$$
$$+ \frac{1}{n+1} + \frac{1}{(n+1)(n+2)} + \frac{1}{(n+1)(n+2)(n+3)} + \cdots$$

$$= \text{整数} + \frac{1}{n+1} + \frac{1}{(n+1)(n+2)}$$
$$+ \frac{1}{(n+1)(n+2)(n+3)} + \cdots$$

である．この等式の左辺もまた整数であるから，結局

$$\frac{1}{n+1} + \frac{1}{(n+1)(n+2)} + \frac{1}{(n+1)(n+2)(n+3)} + \cdots$$

も整数である．しかしながら，もとの有理数の分母は正整数 $n \geq 1$ であるから，

$$\frac{1}{n+1} + \frac{1}{(n+1)(n+2)} + \frac{1}{(n+1)(n+2)(n+3)} + \cdots$$
$$< \frac{1}{2} + \frac{1}{2^2} + \frac{1}{2^3} + \cdots = 1$$

であり，正の数 $\frac{1}{n+1} + \frac{1}{(n+1)(n+2)} + \frac{1}{(n+1)(n+2)(n+3)} + \cdots$ は整数で**ない**ことになる．これは矛盾であり，よって $e = m/n$ という仮定は誤っている． □

## 6.8　*関数 arctan と円周率 $\pi$

微積分は幾何学においてはまったく初等的な水準でも必要とされる．例えば，それは，円関数 $\sin, \cos, \tan$ の理解のためとか，数 $\pi$ の計算のためとかに必要である．どのように微積分が幾何学に寄与するかを図解するために，$\pi$ に対する最も単純だと思われる表示

$$\frac{\pi}{4} = 1 - \frac{1}{3} + \frac{1}{5} - \frac{1}{7} + \cdots$$

を取り上げることにしよう．この表示は $\tan$ の逆関数 arctan のベキ級数

$$\arctan x = x - \frac{x^3}{3} + \frac{x^5}{5} - \frac{x^7}{7} + \cdots$$

から得られる表示である．そこでまずこれを示そう．

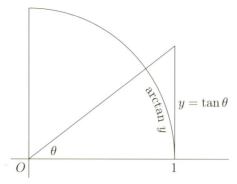

**図 6.14** 振動する級数の和.

まず $y = \tan\theta$ を，図 6.14 に示されたように，直角三角形で水平方向の辺が 1 で角が $\theta$ であるものの垂直の辺と見る．したがって，$y = \tan\theta$ は単位円の垂直な接線（tangent）に沿って測られる．その逆関数 $\theta = \arctan y$ がこのように呼ばれる理由は $\theta$ が角 $\theta$ によって張られる単位円上の弧（arc）の長さでもあるからである．

そこで $\frac{d}{dy}\arctan y = \frac{d\theta}{dy}$ を計算しよう．そのために垂直な接線上の高さ $y$ の微小な増分 $\Delta y$ が引き起こす角 $\theta$ の微小な増分 $\Delta\theta$ に対して比 $\frac{\Delta\theta}{\Delta y}$ を評価する（図 6.15）．

ピュタゴラスの定理から，図 6.15 において，$OB = \sqrt{1+y^2}$ であり，角 $\Delta\theta$ によって引き起こされた半径 $\sqrt{1+y^2}$ の弧長 $A'B$ は $\Delta\theta\sqrt{1+y^2}$ である．この弧

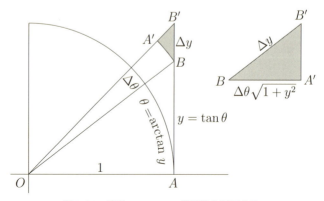

**図 6.15** 関数 $\arctan y$ の導関数を評価する.

長は $\Delta\theta \to 0$ のとき,直線分に近づいていき,$BA'B'$ は三角形 $OAB$ と相似な直角三角形に近づいてゆく.したがって,$BA'B'$ の(斜辺と底辺に対応する)辺 $\Delta y$ と $\Delta\theta\sqrt{1+y^2}$ の比は $\sqrt{1+y^2}$ に近づいてゆく.よって,$\Delta\theta \to 0$ のとき,

$$\frac{\Delta\theta}{\Delta y} \to \frac{1}{1+y^2}$$

である.言い換えれば,

$$\frac{d}{dy}\arctan y = \frac{d\theta}{dy} = \frac{1}{1+y^2}$$

である.

このことから,両辺を積分し,$\arctan 0 = 0$ とゼロ導関数定理を用いて,

$$\arctan x = \int_0^x \frac{dy}{1+y^2}$$

が得られる.さてそこで 6.3 節の幾何級数の定理から等式

$$\frac{1}{1+y^2} = 1 - y^2 + y^4 - y^6 + \cdots \quad (|y| < 1)$$

を持ち込む.これを積分して,$|x| < 1$ のとき,

$$\begin{aligned}
\arctan x &= \int_0^x (1 - y^2 + y^4 - y^6 + \cdots) dy \\
&= \int_0^x 1\, dy - \int_0^x y^2\, dy + \int_0^x y^4\, dy - \int_0^x y^6\, dy + \cdots \\
&= x - \frac{x^3}{3} + \frac{x^5}{5} - \frac{x^7}{7} + \cdots
\end{aligned}$$

となる.最初のステップ——無限和の積分を積分の無限和に入れ替えること——を正当化するためには,6.7 節で行ったのと同様の過程を踏めばよい.すなわち,**有限**級数

$$\frac{1}{1+y^2} = 1 - y^2 + y^4 - \cdots \pm y^{2n} \mp \frac{y^{2n+2}}{1+y^2}$$

を用い，$n$ が増加していくときに $\int_0^x \frac{y^{2n+2}}{1+y^2} dy \to 0$ であることを示せばよい．

この厳密性に富む議論はやはりもう一つの利点をもたらす．すなわち，**この有限級数は $y=1$ に対しても有効である**．よって結論として，

$$\arctan x = x - \frac{x^3}{3} + \frac{x^5}{5} - \frac{x^7}{7} + \cdots$$

は $x=1$ のときも有効である．このことから，見事な公式

$$\frac{\pi}{4} = \arctan 1 = 1 - \frac{1}{3} + \frac{1}{5} - \frac{1}{7} + \cdots$$

が得られる．

## 6.9 初等関数

この章は微分ができる関数に注目して始められた．定数関数と恒等関数から出発し，導関数が知られている関数の $+, -, \cdot, \div$ で結合されたものの微分法によって，たちまちすべての有理関数に到達した．次いで逆関数と合成関数に対する二つの規則によって，多くの代数関数，例えば $\sqrt{x}, \sqrt{1+x^2}, \sqrt[3]{1+x^4}, \ldots$ などへと進んだ．最後に微積分の基本定理

$$\frac{d}{dx} \int_a^x f(t) dt = f(x)$$

によって積分で定義された関数を微分することが可能になり，新しい関数

$$\ln x = \int_1^x \frac{dt}{t} \quad \text{および} \quad \arctan x = \int_0^x \frac{dt}{1+t^2}$$

にまで到達した．

この最後の二つの関数と有理関数から逆関数，合成関数，および有理的な演算 $+, -, \cdot, \div$ によって得られる関数を**初等関数**と呼ぶ．これら $\ln$ と $\arctan$ で止まるのはかなり気まぐれであるような印象――多くの他の関数も代数関数の積分として定義することができるから――を与えるかもしれない．しかしここで止まるのが初等的微積分にとって適正であるとするそれなりの理由がある．

主な理由は，代数学の基本定理を前提とすれば，**すべての有理関数の積分は** ln **ないし** arctan **に帰着される**からである．この理由を見るために，まず，$t$ についての有理関数は多項式の商 $p(t)/q(t)$ として表されることを思い出しておこう．次に，代数学の基本定理から，多項式 $q(t)$ は実数係数の 1 次ないし 2 次の因子

$$at + b \quad \text{または} \quad ct^2 + dt + e \quad (ac \neq 0)$$

の積として表される．そうすれば，**部分分数**の代数的な手法によって（例えば 7.3 節を参照），$p(t)/q(t)$ を

$$\frac{A}{at+b} \quad \text{および} \quad \frac{Bt+C}{ct^2+dt+e}$$

の形の項の和として表すことができる．そこでもう少しだけ易しい変換を施せば，結局 $p(t)/q(t)$ の積分は $\frac{1}{t}$ と $\frac{1}{1+t^2}$ の積分に帰着され，ln と arctan の組み合わせによって表される．このように，**すべての有理関数の積分は** ln **ないし** arctan **に帰着される**．

この結果が示すところは，初等関数は，その見かけにもかかわらず，気まぐれなものではないことである．この結論を補強するために，arctan 関数から得られる初等関数に注目してみよう．明らかに，その中には逆関数である $\tan\theta$ が含まれる．それのみならず，cos や sin といった円関数も含まれる．次の小節で正弦 (sine)，余弦 (cosine)，正接 (tangent) の各関数を引き出すことにする．その理由をさらに加えるならば，それらは数論や幾何学と美しく関連しているのだ．

## 円の上の有理点

ピュタゴラスの定理以来，**ピュタゴラスの三つ組**に興味が寄せられてきた．これは正整数の三つ組 $(a, b, c)$ で $a^2 + b^2 = c^2$ を満たすものである．最も簡単なピュタゴラスの三つ組は $(3, 4, 5)$ であり，これに $(5, 12, 13), (7, 24, 25), (8, 15, 17)$ が続く．特殊なピュタゴラスの三つ組はヨーロッパの古代，中東，インド，中国で知られていた．300 BCE の頃には，エウクレイデス（『原論』，巻 X，命題 28 に続く補題）はピュタゴラスの三つ組のすべてを網羅する次の表示を見つけていた：

$$a = (p^2 - q^2)r, \quad b = 2pqr, \quad c = (p^2 + q^2)r,$$

ただし $p, q, r$ はすべての正整数を動く.

数世紀ののちには，ディオファントスはこういった三つ組を見つけるという問題を有理数についての問題に移した．これは**単位円上の有理点を見つけること**と見ることができる．なぜなら，もし $a^2 + b^2 = c^2$ であるならば，

$$\left(\frac{a}{c}\right)^2 + \left(\frac{b}{c}\right)^2 = 1$$

であり，$(a, b, c)$ は円 $x^2 + y^2 = 1$ 上の有理点 $\left(\frac{a}{c}, \frac{b}{c}\right)$ と対応するからである．ピュタゴラスの三つ組のこのような見方は意義深く，これによってその探索に幾何と代数による道案内が可能になる（図 6.16 を参照）．

もし点 $P$ が有理数による座標を持つならば，$Q$ から $P$ への勾配 $t$ は有理数である（なぜなら「水平距離」と「垂直高」は共に有理数であるから）．逆に，もし直線 $PQ$ が有理数の勾配を持つならば，$P$ を 1 次式

$$y = t(x + 1) \qquad \text{（}PQ\text{ の方程式）}$$

と 2 次式

$$x^2 + y^2 = 1 \qquad \text{（単位円の方程式）}$$

を連立させて $P$ を求めることができる．この場合，これら二つの方程式の係数は有理数であるから，それらの共通解は $x$ についての有理数係数の 2 次方程式であ

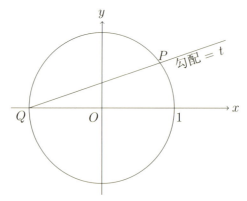

**図 6.16** 単位円上の有理点 $P$.

る．しかも（$Q$ に対する）解 $x = -1$ を持っているから，（$P$ の $x$ 座標を与える）もう一つの解も有理数でなければならない．実際にこの二番目の解を求めよう．

式 $x^2 + y^2 = 1$ に $y = t(x+1)$ を代入すれば，2 次方程式

$$x^2 + t^2(x+1)^2 = 1$$

すなわち，

$$(1+t^2)x^2 + 2t^2 x + t^2 - 1 = 0$$

が得られる．2 次方程式の根の公式によって二根は

$$\begin{aligned}
x &= \frac{-2t^2 \pm \sqrt{(2t^2)^2 - 4(1+t^2)(t^2-1)}}{2(1+t^2)} \\
&= \frac{-2t^2 \pm \sqrt{4t^4 - 4(t^4-1)}}{2(1+t^2)} \\
&= \frac{-2t^2 \pm 2}{2(1+t^2)} \\
&= -1, \ \frac{1-t^2}{1+t^2}
\end{aligned}$$

である．よって $Q$ に対する根 $x = -1$ と $P$ の $x$ 座標としての $x = \frac{1-t^2}{1+t^2}$ が確認された．これから $PQ$ の方程式によって $P$ の $y$ 座標が

$$y = t(x+1) = t\left(\frac{1-t^2+1+t^2}{1+t^2}\right) = \frac{2t}{1+t^2}$$

として決定される．

このように，**単位円 $x^2 + y^2 = 1$ 上の有理点は $(-1, 0)$ と，$t$ が有理数のすべてにわたって走るときの $\left(\frac{1-t^2}{1+t^2}, \frac{2t}{1+t^2}\right)$ である**．

例えば $t = \frac{1}{2}$ の場合は点 $\left(\frac{3}{5}, \frac{4}{5}\right)$ が得られ，対応するピュタゴラスの三つ組は $(3r, 4r, 5r)$, ただし $r$ は正整数である．

もし $t$ が有理数であるという制限を外しても，$P$ の座標の計算にはまったく差はなく，

$$x = \frac{1-t^2}{1+t^2}, \quad y = \frac{2t}{1+t^2}$$

が得られる．しかし今度はこの公式は，正弦，余弦，正接のそれぞれの関数について，それらと単位円との関係から興味深い事柄を告げてくれる．

**正弦と余弦についての公式．** もし $t = \tan \frac{\theta}{2}$ であるならば，

$$\cos\theta = \frac{1-t^2}{1+t^2}, \quad \sin\theta = \frac{2t}{1+t^2}$$

である．

**証明．** 図 6.17 において，角が図の通りであることが示されれば，これらの公式は明らかである．もし直線 $OP$ と $x$ 軸との角を $\theta$ とおけば，$P = (\cos\theta, \sin\theta)$ であることは正弦と余弦の定義から明らかである．

また，直線 $QP$ の角が $\theta/2$ であることは，三角形 $OPQ$ が二等辺三角形であり，$P$ と $Q$ における角が等しいことと三角形の内角の和が $\pi$ に等しいことから，すぐに導かれる．

したがって，$PQ$ の勾配 $t$ は $\tan\frac{\theta}{2}$ であり，よって

$$\left( \frac{1-t^2}{1+t^2}, \frac{2t}{1+t^2} \right) = (\cos\theta, \sin\theta)$$

であるから，求める結果が得られた． □

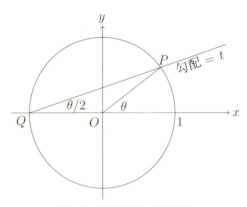

**図 6.17** 単位円上の有理点 $P$．

## 6.10 歴史的な雑記

> しばしば私が思い至る事実は，
> 学生たちが解析学を学ぼうとするときに
> その進展を阻む難しさの大半は次のことどもから引き起こされる．
> 彼らは通常の代数をほとんど理解していないにもかかわらず，
> それでも難しさがさらに募るこの技芸を試みようとする．
> このことから彼らはその外辺に留まらざるを得ず，さらに加えて，
> 彼らは習熟していかねばならないはずの無限の概念についての
> 幾つかの奇妙な考えを受け入れてしまっている．
>
> オイラー，Euler (1748a), 序文

### 微積分の基礎

我々が承知しているところでは，大学の水準での微積分の大半は17世紀終盤から18世紀初期における熱狂的な活動のなかで生み出された．その時期の前後にわたり，微積分を支える——今では**解析学**（analysis）と呼んでいる微積分（calculus）の基礎に横たわる——無限過程についてのこだわりがあった．無限過程についてはすでに古代ギリシャにおいてもこだわりを持って意識されており，ギリシャ人たちは無限を可能な限り避けようとして取り尽し法を生み出した．（たしかにそれは**実**無限を避けている．）すでに6.1節で見たように，アルキメデスは取り尽し法をパラボラの切片を決定するために用いた．彼はそれによって「任意に大きい」が無限ではない個数の三角形を用いることによって，パラボラの切片の面積が内接する最も大きい三角形の面積の4/3であると結論づけた．

17世紀の数学者たちはエウクレイデスやアルキメデスから十分に学んでおり，必要なら取り尽し法に帰着できることを前提とした．しかしホイヘンスは Huygens (1659), p.337 で次のような注意を与えている．

> 数学者たちは，幾何学における発見について（その量たるや日々増加し続け，途轍もない個数の命題を展開するこの科学の時代に積み重なり続くと思われる量になろう），もしそれらが古代人たちのやり方に従った厳密な形式によって提示され続けるならば，それらのすべてを読むに足

る時間など十分には取れなくなってしまうだろう．

微積分が**原則的には**「古代人たちのやり方で」提示され得るという発想は1659年という，数学者たちがまだ個々人で曲線を研究していた時点では，真実であったのかもしれない．しかしニュートンやライプニツが微積分（caliculus）を，あたかも任意の公式に適用され得るような，まったくの**計算**（calculation）の手法としてしまって以降は，厳密性の問題はさらに鋭さを増していった．

　微積分がこのように一般的になったとき，自然に発せられる問いは，関数とは何か？　連続関数とは何か？　それは微分可能な関数と同じものか？　などであろうか．ニュートンは，連続的な動きを契機として関数を考えていたのだが，連続関数は同時に積分可能でかつ微分可能であると考えた．現在定義されている連続性によるならば，連続関数は（有界な閉区間上では）積分可能であるが，あるものは**いたるところで微分不可能**である．これらの結果は19世紀に至って連続関数が定義されるまでは知られようもなかった．その定義の基礎はボルツァーノの著作 Bolzano (1817) やコーシーの論文 Cauchy (1821) によって敷かれたが，連続関数の特性についておそらくは厳密ではなく，ようやくデデキントが実数の連続体 $\mathbb{R}$ の定義を1858年（出版は1872年）に与えてからのことであった．非エウクレイデス幾何が発見されて以降では，5.10節で指摘したように，それによって幾何学と解析学の算術化への後押しが始まった．

　実数 $\mathbb{R}$ の定義が（カントール，ムレ，および，ヴァイエルシュトラスらがデデキントとほぼ同じころに $\mathbb{R}$ の同値な定義を発表して）最終的に手に入ることになり，微積分はヴァイエルシュトラスによって1870年代に健全な基礎の上に置かれた．それでも，微積分の19世紀における基礎が最善のものであるかどうかと問いかけることもできる（そしておそらくは決して答えを見つけることができない）だろうが，提案された代替物のほとんどは同じ結果をもたらし，注目すべきほどには単純化されていない．

## 微積分に向けての学生の準備

　今までも指摘してきたように，微積分の基礎には高等的なアイデア，特に無限に関するものが関わってくる．これはこの問題が十分に展開されるよりも以前か

ら長きにわたって実感されてきた．そして数学者たちは，学生たちに微積分のための**準備を促す**ような適切で興味が持てるような題材を，彼らを無限への挑戦のすべてに一気に晒してしまうことがないように，うまく組み立てようと試みてきた．こういった流れにある最も輝かしく魅力的な著作はオイラーの『無限解析入門 （*Introductio in analysin infinitorum*）』，Euler (1748) であった．

極めて簡潔に述べるならば，オイラーの信じるところは，微積分のための準備にとって最善のものは無限級数の学習である．彼はこう信じるに足るしっかりした理由を持っていた．すでに見てきたように，無限幾何級数は，表立ってはいないとしても，エウクレイデスやアルキメデスによって用いられていた．よって無限級数は微積分よりも遥か昔に用いられていた．歴史からもう一点を拾いあげるならば，オレームによる寄与 Oresme (1350) がある．彼は**調和級数**と呼ばれている級数

$$\frac{1}{2}+\frac{1}{3}+\frac{1}{4}+\frac{1}{5}+\cdots$$

が，その各項はゼロに近づくにもかかわらず有限の和を持たない，という重要な発見をした．彼の証明は，項を次のようなグループに集めることによる．

$$\frac{1}{2}+\left(\frac{1}{3}+\frac{1}{4}\right)+\left(\frac{1}{5}+\frac{1}{6}+\frac{1}{7}+\frac{1}{8}\right)$$
$$+\left(\frac{1}{9}+\frac{1}{10}+\frac{1}{11}+\frac{1}{12}+\frac{1}{13}+\frac{1}{14}+\frac{1}{15}+\frac{1}{16}\right)+\cdots.$$

各グループはその直前のものよりも二倍の個数の項からなっている．しかも次の不等式は見やすい．

$$\frac{1}{3}+\frac{1}{4}>\frac{2}{4}=\frac{1}{2}$$
$$\frac{1}{5}+\frac{1}{6}+\frac{1}{7}+\frac{1}{8}>\frac{4}{8}=\frac{1}{2}$$
$$\frac{1}{9}+\frac{1}{10}+\frac{1}{11}+\frac{1}{12}+\frac{1}{13}+\frac{1}{14}+\frac{1}{15}+\frac{1}{16}>\frac{8}{16}=\frac{1}{2},$$

等々．よって，無限個ある各グループ内の和はすべて $\geq \frac{1}{2}$ であり，したがって，元の級数の和はすべての限界を超えて大きくなっていく．オレームのこの発見は無限級数の和が何かそれ自身の機微を持っていることの最初の印であった．

オイラーには知られていなかったし，またヨーロッパの他の誰にも 19 世紀に至るまでは知られていなかったが，微積分以前に無限級数が調べられていたことを示すような実に見栄えがする一群の結果が残されている．これらの結果は 1350 年から 1425 年頃にかけて生きたインド人の数学者マーダヴァによるものであり，現代的に表せば次の結果を含んでいる．

$$\sin x = x - \frac{x^3}{3!} + \frac{x^5}{5!} - \frac{x^7}{7!} + \cdots$$

$$\cos x = 1 - \frac{x^2}{2!} + \frac{x^4}{4!} - \frac{x^6}{6!} + \cdots$$

$$\arctan x = x - \frac{x^3}{3} + \frac{x^5}{5} - \frac{x^7}{7} + \cdots.$$

この最後の等式からは有名な $\pi$ に対する公式が $x = 1$ を代入して得られる．すなわち，

$$\frac{\pi}{4} = 1 - \frac{1}{3} + \frac{1}{5} - \frac{1}{7} + \cdots.$$

インド人数学者たちによるこういった発見については最近まではほとんど知られていなかったのだが，これらの結果に関するさらなる情報については Plofker (2009) を参照されたい．

最後に，微積分の黎明(れいめい)の直前にはウォリスが次の発見を Wallis (1655) によって発表している．

$$\frac{\pi}{2} = \frac{2 \cdot 2}{1 \cdot 3} \cdot \frac{4 \cdot 4}{3 \cdot 5} \cdot \frac{6 \cdot 6}{5 \cdot 7} \cdot \frac{8 \cdot 8}{7 \cdot 9} \cdots.$$

そして彼の同僚のブラウンカー卿(きょう)は似通った神秘的な結果

$$\frac{\pi}{4} = \cfrac{1}{1 + \cfrac{1^2}{2 + \cfrac{3^2}{2 + \cfrac{5^2}{2 + \cfrac{7^2}{2 + \cfrac{9^2}{2 + \cdots}}}}}}$$

を得た．

オイラーの成果の一つは $\pi$ に関するこれら三つの公式がどのように関連しているかを解き明かしたことである．これらの級数と連分数の間の関係は10.9節で解明される．

このようにオイラーは，無限級数および幾つかの同様な無限過程が微積分に乗り出す前に探検されてしかるべき豊かな分野であるとするに足る理由を持っていた．上記の結果は，他のオイラー自身による多くの結果とともに，すべて彼の本に実際に現れている．もちろん，オイラーは，今日においては，無限級数に関してのかつてなく最も輝かしく創造的な巨匠であると考えられており，したがって，彼の『無限解析入門』が見込みのある微積分の学生が必要とするものを遥かに超えていることは驚くに当たらない．ともかくも，彼がやってのけたことには驚嘆ただこれあるばかりである．

例えば，正弦，余弦，および指数関数のベキ級数を比べて，彼は公式

$$e^{i\theta} = \cos\theta + i\sin\theta$$

を発見し，その奇跡ともいえる特別な場合として

$$e^{i\pi} = -1$$

を得た．そして幾何級数を一つに掛け合わせて，$s > 1$ のときに次を得た．

$$\left(\frac{1}{1-2^{-s}}\right)\left(\frac{1}{1-3^{-s}}\right)\left(\frac{1}{1-5^{-s}}\right)\cdots\left(\frac{1}{1-p^{-s}}\right)\cdots$$

$$= \frac{1}{1^s} + \frac{1}{2^s} + \frac{1}{3^s} + \frac{1}{4^s} + \frac{1}{5^s} + \cdots.$$

ただし最初の積表示では $p$ はすべての素数を走る．この指数についての $s > 1$ という条件は第二の級数（いわゆる $s$ の**ゼータ関数**）が有限の和をもつことを保証するためにある．もし $s = 1$ ならば，この和はオレームの結果から無限に大きくなる．しかしこの事実さえもまた利用することができる．もし素数が有限個しか存在しないとするならば，左辺は**有限**の値であり，よって矛盾する．したがって，ここに次の事実の新しい証明が得られた．素数は無数に存在する！

この結果はオイラーの公式から生じる素数についての結果の豊穣の角（cornucopia）†のほんの最初のものである．

## ハーディの『純粋数学教程』における幾何級数

> 実のところ私は試験において，何人かの将来の一級合格者たちを含む10人余りの志願者たちに，級数 $1 + x + x^2 + \cdots$ の和を求めよと問うたが，彼らから受け取った答案のどの一つをとっても実質的に価値のないものはなく——そしてまた捻られた曲線の曲率と捩れに関連した難しい問題を解くのにとても長けた者たちについても同様であった．
>
> ハーディ，Hardy (1908), p.vi

慎ましい幾何級数を本章の多くにとっての基礎として用いてきたが，それ自身が拠って立つ基礎にある事実は極限，それも $|x| < 1$ の場合に $n \to \infty$ ならば $x^n \to 0$ であることである．初心者にとっては，この事実は十分に明らかであり，微積分の基礎についての記念碑的なコーシーとかジョルダンの著書，Cauchy (1821) や Jordan (1887) においても，これは前提とされている．ところが，ハーディは，彼の有名な『純粋数学教程（*Course of Pure Mathematics*）』，Hardy (1908) において，これをもっと深く探る価値があると考えた．というのも，学生たちに対する彼の希いは次のように述べられていた．

---

† 訳注：ギリシャ神話において幼少のゼウスに授乳したと伝えられるヤギの角のことであり，豊かさの象徴としてそのなかに花や果物や穀類を盛って描かれる．

これらの事柄に関連する厳密な思考は彼らの意識における通常の数学的な習慣の肝要な部品になるだろう．この確信こそが私をして，それほどまでに多くのページを極限とそれ関連する最も初等的なアイデアに割かせしめた所以(ゆえん)であり，それほどまでに念入りに例を組み上げてそれらを図解し，通常の幾何級数を超えて進展することのない 50 ページをも費やす章を書かせるのである．

Hardy (1908), p.vii

そんなわけでハーディは幾何級数についての彼の論議を極限に関する基本的な諸性質を扱った長い章に埋め込んだ．これらの中には $\mathbb{R}$ の完備性（次節を参照）による増大数列の幾つかの特性が含まれている．ところが，$|x| < 1$ の場合に $n \to \infty$ ならば $x^n \to 0$ であるという事実は初等的なやり方で証明される．

ハーディは二つの証明を提供している．簡単な方（筆者の考えでのことだが）は，$0 < x < 1$ として

$$x = \frac{1}{1+h} \quad (h > 0)$$

と表す．さて $(1+h)^n \geq 1 + nh$ は二項展開定理から得られる．（これはまた直接に $n$ に関する数学的帰納法でも証明できる．）これから，$n \to \infty$ ならば $nh \to \infty$ であるから，やはり $(1+h)^n \to \infty$ が得られ，したがって

$$x^n = \frac{1}{(1+h)^n} \to 0$$

である．

## 6.11 哲学的な雑記

初等的な微積分と高等的な微積分学との間の一線は典型的には異なった二通りのやり方で引かれる．

1. 上の 6.9 節の初等関数を超えた関数を考察することによって．
   これは通常さらに複雑な積分から生じ，したがって，有理関数の積分のみに

限定することによってそのような関数を除外できる．これは，6.9 節でも説明したように，初等的なものと高等的なものの間に線を引くのにとても自然な位置を与える．

2. 実数，連続関数，微分可能性といった基本的な概念の踏み込んだ考察，すなわち，**解析学**を考察することによって．

したがって微積分と解析学の間に一線がある．しかしこの線を引くのは難しい．事実，6.3 節で見たように，定数関数がゼロ導関数を持つという初等的な定理は反面で難しい逆——どうやら一線の高等的な側にある——を持っている．このような場合には（そして解析学においてはこういった例が沢山あるのだが）他の側に何があるのかを覗き見る必要がある．

そこでここでは解析学を始めるにあたっての幾つかの鍵となる論点についての幾つかの注意を挙げておく．

## *実数 $\mathbb{R}$ の完備性

解析学のどこにあっても実数の体系 $\mathbb{R}$ は直線の良いモデルであることを承知しておく必要がある．特に，$\mathbb{R}$ は「切れ目なし」という性質を持たなければならない．これによって直線上のそれぞれの点のすべてに対応する実数があることになる．実数 $\mathbb{R}$ のこの特性は**完備性**と呼ばれる．この概念を精緻に提示する方法としては次に見る二つの同値なものがある．その二番目のものは，6.3 節でゼロ導関数定理を証明する際にすでに用いた閉区間の入れ子の列に関わる．このアイデアはボルツァーノにさかのぼり，7.9 節でいわゆる**ボルツァーノ‐ヴァイエルシュトラスの定理**として再登場することになる．

**最小上界特性．** どのような有界な集合 $S$ も最小上界を持つ．すなわち，ある数 $l$ で，$S$ に属するどの数よりも $\leq l$ であるが，もし $k < l$ であれば $k <$ となる $S$ の数が存在する，という性質を持つものがある．

**入れ子閉区間特性．** もし閉区間の列

$$I_n = [a_n, b_n] = \{x \in \mathbb{R} \mid a_n \leq x \leq b_n\} \quad (n = 1, 2, 3, \ldots)$$

が $I_1 \supseteq I_2 \supseteq I_3 \supseteq \cdots$ を満たしているならば，すべての $I_1, I_2, I_3, \ldots$ に含まれる

数 $x$ が存在する.

この特性は，明らかであると思われるような点の存在についての多くの定理，一例としては**中間値の定理**の証明に必要とされる．この定理は，ある区間上で連続関数が負の値と正の値の両方を取るならば，必ずどこかでゼロを値として取る，というものである．

実数の体系 $\mathbb{R}$ の完備性を保証するような定義はまずデデキントによって1858年に与えられた．その定義は有理数の集合を介したすごく簡単なものであったが，それはまたとても深みを持つものであった．なぜなら，それは数に関する「実無限」を定義するものであったからである．無限が関わってくるという理由から，この定義は論理学についての第9章にまで延期される．実数の注意深い検討が本当に初等的であり得るかどうかについては疑問が生じる．なぜなら，無限についての注意深い検討は初等的ではないからである．しかし少なくとも論理学の観点からそれに近づくことが可能である．

## *連続性

連続性の概念は $\mathbb{R}$ の完備性と，それもとても微妙に関連している．直感的には，関数 $f$ はもしそのグラフ $y = f(x)$ に，$\mathbb{R}$ の揺れ動く入れ子閉区間列に見るように，「切れ目がない」ならば連続である．しかしこの直感を精密にしようとすると，不運なことに，「切れ目がないこと」をとても間接的に表現しなければならない．解析学での通常のやり方は，まず $f$ が一つの**点 $x = a$ で連続**であることが何たるのかを述べる．これを6.3節では，$x \to a$ であるときに $f(x) \to f(a)$ である，と定義した．言い換えれば，$x$ を十分に $a$ の近くに（距離 $\delta$ 以内に）取りさえすれば，$f(x)$ は必ず好きなだけ $f(a)$ に（どのような距離 $\varepsilon$ が与えられていてもそれよりも）近づくようにできる，ということである．

さらに，関数 $f$ が連続であることを，それが定義された（必ずしも $\mathbb{R}$ 全体でとは限らない）領域の**すべての点で**連続であることである，と定義する．そのグラフに切れ目がないことはこの定義から，一部を中間値の定理によって表現されて，**導かれる**．

連続関数の定義はボルツァーノが（中間値の定理の証明を試みた）著作 Bolzano

(1817) とコーシーの Cauchy (1821) の中で与えられた．しかしながら，連続関数が期待された性質を持つことは，1858 年にデデキントが実数の定義を与えて $\mathbb{R}$ の完備性が得られるまでは証明することができなかった．連続的なグラフが切れ目を持たないことの証明などは誰も期待のしようがなかった．ようやく $\mathbb{R}$ それ自身に切れ目がないことが証明されるまでは！

連続性と $\mathbb{R}$ の完備性との間の緊密な関係が与えられれば，連続性が初等的な概念であるとは誰とても期待できないだろう．これは連続性に関するもう二つの観察からも納得がいく．

1. 連続性[3] の幾つかの定義の間の同値性を証明するためには**選出公理**——高等的な集合論の公理——が必要とされる．（選出公理についてはさらに 9.10 節を参照すること．）
2. 構成主義の数学者たちの一派は不連続関数は的確には定義されないと信じている．

筆者としては，ほとんどの数学者たちと同様に，構成主義者の観点は極端であると考えるが，構成主義者たちは数学に対する「炭鉱のカナリア」の役割を果たしていると確信している．もし構成主義者が概念や定理に対して疑いを持つならば，それは深いアイデアの兆しである．構成主義者たちを悩ませる概念はおそらく高等的数学に属している．

連続性が高等的な概念であるというもう一つの兆しは G. H. ハーディの有名な本『純粋数学教程』, Hardy (1941) に現れている．その第 8 版の p.185 では，彼は上記の連続性の定義を動機づけるために次のように主張している．

> すべての $x$ の値に対する連続性を定義することが可能になるように，我々はまず $x$ の特定のそれぞれの値に対する連続性を定義しなければならない．

---

[3] とても自然な定義の一つが傑出した解析学の著書 Abbott (2001) で取り上げられているのでここでそれを紹介しておこう．関数 $f$ が $x = a$ で連続であるとは，もし数列 $a_1, a_2, a_3, \ldots$ で $n \to \infty$ であるときに $a_n \to a$ であるようなものすべてに対して，$f(a_n) \to f(a)$ であることをいう．この定義（「点列的連続性」）が 6.3 節で与えられたものと同値であることを証明するにはいわゆる**可算選出公理**が必要である．

これは至極もっともらしく聞こえるが，しかし正しくはない．ハウスドルフは Hausdorff (1914), p.361 で**開集合**によって連続性への随分一般的な捉え方を導入した．例えば $\mathbb{R}$ における開集合は開区間の合併集合である．ただし，開区間は $(a,b) = \{x \in \mathbb{R} \mid a < x < b\}$ の形の集合である．ハウスドルフは関数 $f$ が**その定義域のすべての点で**連続であるということを，$f$ の値域の中の各開集合が $f$ の定義域の中の何らかの開集合の $f$ による像であること，として定義した[4]．ハーディは当時の指導的な解析学者の一人であったから，彼が連続性に関してこういった判断をしてしまったということは，すなわち，連続性はまさしく高等的な概念の一つであるに相違ない！

---

[4] これは現今での連続性の標準的な定義である．解析学ではそうでないとしても，位相数学においては確かなことである．

# 7

## 組合せ

### あらまし

組合せ論は「有限」,「離散的」,「数え上げ」といったような用語によって記述されることが多い．こういった場合，それを算術と区別するのは難しい．いずれも有限集合論のようにも見えるが，この点では組合せ論はもっと分かりやすく，集合と要素の帰属関係や集合どうしの包含といった低レベルな集合概念をしばしば用いる．算術の鍵となる概念——加法，乗法，およびそれらの代数的な構造——はいくらか高いレベルにあると思われる．というのも，それらは集合論的な用語ではそれほど簡単には表されないからである（しかし第9章で見るように，そうすることは**可能**である）．

このように見てみると組合せ論は算術よりも初等的な一つの分野として浮かび上がり，数学の他の部分をそこにある組合せ的な内容を同定することによって明確化するといった潜在能力を持っている．このあたりがこの章で提示される主要な事柄である．まず算術における組合せ的な内容を提示したあと，（長くはなるが）幾何学に移る．

幾何学における組合せ的な内容の発見——**1752年のオイラーによる多面体公式**——こそがトポロジーという今日では広大に展開した分野へと導くことになったが，そこでは組合せ論が極限や連続性といった解析学のアイデアを得て最終的にその総力を糾合している．最も初等的な概念に関わるトポロジーの一部——**グラフ理論**——は今や組合せ論のなかで最も大きい部位を占めるまでになっている．

解析学それ自身も興味深い組合せ的な内容を持っている．無限過程を調べるという主題に合致するように，解析学における組合せ論はそれ自身も無限へと広がるのだが，それでもやはり啓発的である．無限グラフ理論の最も単純な定理，**ケーニヒの無限性補題**はボルツァーノ‐ヴァイエルシュトラスの定理に潜む組合せ的な内容を表現している．後者の定理は，有限グラフ理論からの**シュペルナーの補題**と組み合わさることによって，**ブロウウェルの不動点定理**を証明する．このトポロジーの有名な定理はその組合せ論的な内容が明らかにされるまではとても難しいものであると考えられていた．

## 7.1 素数の無限性

素数が無限に存在することに対して，紛れもなく組合せ論的な彩りをまとった新しい証明がトゥエの論文 Thue (1897) によって与えられた．

**素数の無限性．無限に多くの素数が存在する．**

**証明．** ここでは 2.3 節で指摘された結果，正整数 $n > 1$ は必ず素因数の積に分解される，を前提とする．さて（矛盾を引き出すために）単に $k$ 個しか素数がないと仮定し，それらを $2, 3, \ldots, p$ とする．このとき素因数分解によってすべての正整数 $n > 1$ は，整数 $a_1, a_2, \ldots, a_k \geq 0$ によって

$$n = 2^{a_1} 3^{a_2} \cdots p^{a_k}$$

と表される．もし $n < 2^m$ であるならば，明らかに $a_1, a_2, \ldots, a_k < m$ である．しかし $k$ 個の正整数 $a_i < m$ の列の個数は，各 $a_i$ が $m$ 個の異なる値 $0, 1, \ldots, m-1$ のいずれかを取るから，ちょうど $m^k$ である．ところが $k$ は定められた数であるから，十分大きい $m$ に対しては $m^k < 2^m$，あるいはさらに $m^k < 2^{m-1}$ にもなる．これは，十分大きい $m$ に対してはすべての正整数 $n < 2^m$ に対応して $n = 2^{a_1} 3^{a_2} \cdots p^{a_k}$ と表すに足るだけの数列 $a_1, a_2, \ldots, a_k$ が存在しないことを示している．よって矛盾が生じた． □

この証明は組合せを記述するためにしばしば用いられる「数え上げ」の有り方を図解している．この場合は，ある個数の定められた素数の限られたベキの積と

して表される正整数が幾つあるかを数え，このような積の個数が正整数の個数に追いつくほどには増大しないことを結論づけている．もう少し精緻にいうならば，$m$ よりも小さい指数だけでは2進表示で $m$ 桁よりも少ない数のすべてを表示しきれない．

## 7.2 二項係数とフェルマの小定理

フェルマは今風には $a^{p-1} \equiv 1 \pmod{p}$ と表される定理を二項係数に関わる考察から発見したものと思われる．この定理の歴史についてはヴェイユの著書 Weil (1984) を参照されたい．フェルマは初めは同値な命題 $a^p \equiv a \pmod{p}$ を証明した．この形だと命題は**すべての整数 $a$ に対して**正しい．これは二項定理から次のように得ることができる．

**フェルマ版フェルマの小定理.** もし $p$ が素数であり，$a$ が自然数ならば，

$$a^p \equiv a \pmod{p}$$

である．

**証明.** 特に $a=0$ と $a=1$ のときは明らかであるから，$a=2$ の場合を考えよう．二項定理から

$$2^p = (1+1)^p = 1 + \binom{p}{1} + \binom{p}{2} + \cdots + \binom{p}{p-1} + 1 \qquad (*)$$

である．また，1.6 節でやったような二項係数の組合せ的な解釈から，

$$\binom{p}{k} = \frac{p(p-1)\cdots(p-k+1)}{k!}$$

であった．ところが $\binom{p}{k}$ は整数であるから，$k!$ に現れる因数はすべて分子を割らなければならない．しかし $k<p$ であり $p$ は素数であるから，分母の因数は $p$

を割らない.よって $k=1,2,\ldots,p-1$ のすべての場合に $p$ は $\binom{p}{k}$ を割る.したがって $(*)$ から
$$2^p \equiv 1+1 = 2 \pmod{p}$$
である.

さて,数学的帰納法にのせるために $a^p \equiv a$ が $a=n$ の場合に証明されたと仮定しよう.このとき,$a=n+1$ に対してもこれが正しい.なぜなら,

$$\begin{aligned}
(n+1)^p &= n^p + \binom{p}{1}n^{p-1} + \cdots \\
&\quad + \binom{p}{p-1}n + 1 \quad \text{再び二項定理により,} \\
&\equiv n^p + 1 \pmod{p} \quad p \text{ は } \binom{p}{k} \text{ を割るから,} \\
&\equiv n + 1 \pmod{p} \quad \text{数学的帰納法の仮定から.}
\end{aligned}$$

このように数学的帰納法によって $a^p \equiv a \pmod{p}$ がすべての自然数 $a$ に対して成り立つことが証明された.(したがってすべての負の整数に対しても成り立っている.なぜなら,それらは $\bmod p$ で何らかの自然数と合同であるからである.)
□

組合せがこの証明にもたらしたものは単に公式
$$\binom{n}{k} = \frac{n(n-1)\cdots(n-k+1)}{k!}$$

にとどまらず,その ($n$ 個の中から $k$ 個を選ぶ仕方の個数としての) 解釈にもあり,それは $\frac{n(n-1)\cdots(n-k+1)}{k!}$ が整数であることを明示している.この後者の証明を整除性についての便宜的な議論で書き上げようとするととても難しくなる.事実,Gauss (1801), 127 項では,ガウスは,「現在まで,知られている限りでは,誰もそれを直接的に証明してはいない」から,純粋に数論による証明を敢えて煩しさを避けることなく実行している.今日でも,この定理の「最善の」証明は,数論ではなく,組合せ論が担っていることは明白であると思われる.定理の主張

が含んでいる事象の外部からアイデアを輸入することによってその証明を簡略化するといった手法が知られているが，これはその早い時期の例である．

## 7.3 生成関数

組合せ論はしばしば新しいやり方で数列を作り出すのだが，これらの数列を通常の算術や代数で記述するのはそれなりの挑戦になる．組合せ論と代数とを一緒にして取り扱うための強力な技術はいわゆる**生成関数**の方法である．この方法を二つの例，二項係数の列とフィボナッチ数列によって図解する．

### 二項係数

自然数 $n$ に対してすでに二項係数 $\binom{n}{k}$ を定義した．これはまた $n$ 個の中から $k$ 個を選ぶ仕方の個数に等しい．しかも 1.6 節で見たように，これらの数は $(a+b)^n$ を展開したときに現れる係数である（これから「二項係数」という名前が来ている）．さて，統一性をもたせるために，二変数 $a$ と $b$ よりもむしろ一変数 $x$ を用いた設定に少しだけ変更しておこう．すなわち，数列

$$\binom{n}{0}, \binom{n}{1}, \binom{n}{2}, \ldots, \binom{n}{n}$$

を多項式

$$\binom{n}{0} + \binom{n}{1}x + \binom{n}{2}x^2 + \cdots + \binom{n}{n}x^n$$

に組み込む．

すでに二項定理によって，この多項式はもっと引き締まった形

$$(1+x)^n$$

によって表される．この引き締まった表示を用いれば，二項係数に関する幾つかの特性を容易に証明することができる．例えば，有名なパスカルの三角形を構成

する性質
$$\binom{n}{k} = \binom{n-1}{k-1} + \binom{n-1}{k}$$
が次のように簡単に示される．すなわち

$$(1+x)^n = 1 \cdot (1+x)^{n-1} + x \cdot (1+x)^{n-1}$$

と書きさえすればよい．これは本質的には 1.6 節で行ったことである．しかもこれは数の列を代数的に簡単な生成関数にまとめ上げることのご利益を明確に図示している．次の例は無限数列に対しても生成関数が存在し得ることを示している．

## フィボナッチ数列

彼の『算板の書（*Liber abaci*）』，Fibonacci (1202) でフィボナッチは数列

$$0, 1, 1, 2, 3, 5, 8, 13, 21, 34, 55, 89, 144, 233, 377, 610, 987, 1597, 2584, \ldots$$

を導入した．これは，第三項以降は，直前の二項の和となっている．作り話を「採用」して語り伝えられているところでは，彼はこれらの数の列が生じるような状況（「ウサギ問題」）を発案した．しかし本当のところは，この数列は，『算板の書』の目的を保つために用意されたアラビア数字についての練習問題であった．

どうであれ，フィボナッチ数列は，どのように足し算をするかが学ばれて以来，数学者たちを魅了し続けてきた．足し算を繰り返し続けるというこの単純な過程は驚くほど入り組んだ得体のしれない数列を創っていく．特に，$n$ 番目の項のための公式はまったく捕まえようがなく，500 年にわたって発見されなかった．そして，驚嘆すべきことに，その公式は無理数 $\sqrt{5}$ を取り込んでいた．

この公式は，おそらく独立に，ダニエル・ベルヌーイの論文 Daniel Bernoulli (1728) とド・モアヴルの著書 de Moivre (1730) で発表された．さらには，彼らの証明は同じアイデアに基づいていた．それはフィボナッチ数の生成関数を見つけて見事に処理するものであった．まず

$$F(x) = 0 \cdot 1 + 1 \cdot x + 1 \cdot x^2 + 2 \cdot x^3 + 3 \cdot x^4 + 5 \cdot x^5 + 8 \cdot x^6 + 13 \cdot x^7 + \cdots$$

と置き，これを調べるために，再帰的（帰納的）に次の記号をフィボナッチ数に導入する．

$$F_0 = 0, \quad F_1 = 1, \quad F_n = F_{n-1} + F_{n-2} \quad (n \geq 2).$$

そうすればフィボナッチ生成関数は

$$F(x) = F_0 + F_1 x + F_2 x^2 + F_3 x^3 + \cdots$$

と書き表される．まず $F(x)$ を $xF(x)$ と $x^2 F(x)$ と比較すると，

$$xF(x) = \quad F_0 x + F_1 x^2 + F_2 x^3 + \cdots + F_{n-1} x^n + \cdots,$$
$$x^2 F(x) = \qquad\quad F_0 x^2 + F_1 x^3 + \cdots + F_{n-2} x^n + \cdots,$$

であるから，$xF(x)$ と $x^2 F(x)$ を $F(x)$ から引く．このとき，$F_0 = 0, F_1 = 1$ および $F_n - F_{n-1} - F_{n-2} = 0$ であるから，

$$(1 - x - x^2)F(x) = F_0 + (F_1 - F_0)x + \cdots + (F_n - F_{n-1} - F_{n-2})x^n + \cdots$$
$$= x$$

が得られる．したがって，

$$F(x) = \frac{x}{1 - x - x^2}.$$

**$F_n$ の公式．** $F(x)$ の級数表示における $x^n$ の係数は

$$F_n = \frac{1}{\sqrt{5}}\left[\left(\frac{1+\sqrt{5}}{2}\right)^n - \left(\frac{1-\sqrt{5}}{2}\right)^n\right]$$

である．

**証明．** 等式 $F(x) = \frac{x}{1-x-x^2}$ から情報を引き出すために右辺の分母を $1-x-x^2 = 0$ の根を用いて1次の項の積に分解する．2次方程式の根の公式から，それらは

$$x = -\frac{1-\sqrt{5}}{2}, \quad -\frac{1+\sqrt{5}}{2}$$

であり，さらに $(1-\sqrt{5})(1+\sqrt{5}) = -4$ であるから，

$$x = \frac{2}{1+\sqrt{5}}, \quad \frac{2}{1-\sqrt{5}}$$

である．よって因子分解

$$1 - x - x^2 = \left(1 - \frac{1+\sqrt{5}}{2}x\right)\left(1 - \frac{1-\sqrt{5}}{2}x\right)$$

が得られる．そこで次に

$$\frac{x}{1-x-x^2} = \frac{x}{\left(1 - \frac{1+\sqrt{5}}{2}x\right)\left(1 - \frac{1-\sqrt{5}}{2}x\right)} = \frac{A}{1 - \frac{1+\sqrt{5}}{2}x} + \frac{B}{1 - \frac{1-\sqrt{5}}{2}x}$$

と置き，最後の項を通分して係数を比べれば，$A = -B = \frac{1}{\sqrt{5}}$ であることが分かる．これで**部分分数**展開

$$F(x) = \frac{x}{1-x-x^2} = \frac{1}{\sqrt{5}}\left(\frac{1}{1 - \frac{1+\sqrt{5}}{2}x} - \frac{1}{1 - \frac{1-\sqrt{5}}{2}x}\right)$$

が得られた．最後に，分数 $\frac{1}{1-\frac{1+\sqrt{5}}{2}x}$ と $\frac{1}{1-\frac{1-\sqrt{5}}{2}x}$ のそれぞれを

$$\frac{1}{1-a} = 1 + a + a^2 + a^3 + \cdots$$

を用いて幾何級数に展開する．そうすれば，$F(x)$ の定義による $x^n$ の係数 $F_n$ は

$$F_n = \frac{1}{\sqrt{5}}\left[\left(\frac{1+\sqrt{5}}{2}\right)^n - \left(\frac{1-\sqrt{5}}{2}\right)^n\right]$$

と表されることが分かる． □

## 7.4 グラフ理論

グラフはおそらく最も単純な有限の**幾何学的な**対象である．確かにグラフ理論は組合せ論の中でも最も視覚的な部分であり，幾何学的な意識を持った数学者

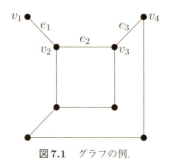

**図 7.1** グラフの例.

たちに最も近づきやすいものである．図 7.1 はグラフの例を通常提示される仕方で示している．

この図において $v_1, v_2, v_3, v_4$ で示された点はグラフの**頂点**の幾つかであり，$e_1, e_2, e_3$ と記された線分は**辺**の幾つかで，また列 $v_1, e_1, v_2, e_2, v_3, e_3, v_4$ は**道**の例である．この道は重複するような頂点を一つも含んでいないから**単純**であると呼ばれる．グラフの公式な定義は次のようになる．

**定義**．（有限）**グラフ**（graph）$G$ はその**頂点**（vertex）と呼ばれる対象 $v_i$ の有限集合と，**辺**（edge）と呼ばれる対 $e_k = \{v_i, v_j\}$ ($v_i \neq v_j$) の集合から構成される．

このように，原則としてグラフの頂点は，例えば自然数のような，どのような種類の数学的な対象であってもよい．実際には，平面や空間の点として頂点を捉える．また辺は頂点の対 $\{v_i, v_j\}$（その「端点」）によって完全に決定される．それでも実際には辺をその二点 $v_i$ と $v_j$ とを繋ぐ曲線として見る．ただし端点が一致するような辺は認めない．

また同一のグラフに対して多くの異なった図形がそれを表示することがある．頂点の位置（異なった頂点は異なった位置にある限り）と辺の長さや形は本質的でない．これは展開される「幾何学」が実際に**トポロジー**であることを意味する．特にグラフ理論，およびトポロジー全般における重要な概念の一つは，道である．すでのこの概念を図 7.1 で図示しており，それ（および関係する概念）を次のように定式化する．

**定義**．グラフ $G$ における**道**（path）は $G$ の頂点と辺の列で次のような形をしている：

$$v_1 e_1 v_2 e_2 v_3 \cdots v_n e_n v_{n+1}$$

であって，各 $e_i$ は $e_i = \{v_i, v_{i+1}\}$ である．道が**閉じている**とは $v_1 = v_{n+1}$ であることを意味し，また**単純**であるとはどの頂点も，$v_1 = v_{n+1}$ である場合以外には，重複して現れることがないことをいう．最後に，$G$ が**連結している**（connected）というのは，そのすべての二つの頂点がいずれかの道に現れることをいう．

実際には主として連結しているグラフを考察するが，その理由としては，すべてのグラフは連結したグラフ（その「連結成分」という）を集めたものになっており，それらを別々に検討することができるからである．

最後に，頂点の**結合価**（valency）［もしくは**次数**（degree）］の概念を定義しよう．この用語は化学においてそのように呼ばれる概念と似ているからである．

**定義．**グラフ $G$ の頂点 $v$ の結合価は $G$ の辺で $v$ を端点として持つものの個数である．

例えば，図 7.1 では

$$\text{valency}(v_1) = 1,$$
$$\text{valency}(v_2) = 3,$$
$$\text{valency}(v_3) = 3,$$

である．この結合価は組合せ論の文献によっては**次数**と呼ばれることがしばしばあるのだが，筆者は「結合価」の方が断然好ましいと思う．なぜなら，これは数学では他にはまったく用いられておらず，他方「次数」は過剰なまでに多用されているからである．結合価の概念はグラフ理論の最初の定理に現れる．

**結合価の総和．**どのようなグラフにおいても，その頂点における結合価の総和は偶数である．

**証明．**結合価の総和は辺からの寄与の総和である．各辺の総和に対する寄与は 2 であり，よって結合価の総和は偶数である． □

この節を終えるにあたって，幾つかの特に美しいグラフの図を紹介しよう（図 7.2）．これらは**正多面体**グラフであって，正多面体を平面に射影したものである．正多面体については 7.6 節でさらに触れ，それらがただ 5 種類しかないことのグラフ理論的な証明を提供する．

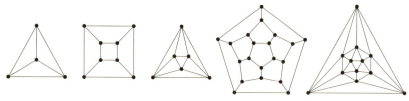

図 **7.2** 正多面体のグラフ.

## 7.5 木（tree）

ここでいう**木**（tree）は閉じている単純な道を持たない連結したグラフを意味する．幾つかの例が図 7.3 に与えられている．

そう，確かに，これらのグラフは木には見えない——いくらかは?!

木は単純な閉じている道を含んでいないので，それを平面上に辺が互いを横切ることのないように描くことが可能である．直感的には，一時に一本ずつ辺を足していって木の絵を組み上げていくことを思い描けばよい．各辺は一つの新しい頂点へと（さもなくば単純な閉じている道ができてしまうだろう）導いていき，すでに書かれた辺を横切ることなく仕上がる．次の結果の助けによってこの直感は正当化され，また，確かに一時に一本ずつ辺を足していって木の絵を組み上げるための過程へと導いてくれる．

**木における結合価．** どのような木でも 2 個以上の頂点を持っていれば，結合価が 1 の頂点を必ず 1 個は持っている．

**証明．** まず木 $T$ の頂点 $v_1$ をどれでもよいから一つ選ぶ．もし $v_1$ が結合価 1 を持つなら，それでよい．もしそうでなければ，$v_1$ から出ている辺 $e_1$ を取り，そのもう一つの端点 $v_2$ を取る．もしこの $v_2$ の結合価が 1 でなければ，そこから出ている $e_1$ 以外の辺 $e_2$ をたどってその端点 $v_3$ を得る．これを繰り返して $T$ の道

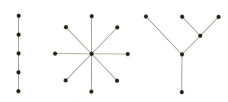

図 **7.3** 幾つかの木.

$v_1 e_1 v_2 e_2 \cdots$ が得られる．さて $T$ は有限で，閉じている道を持たないから，道 $v_1 e_1 v_2 e_2 \cdots$ は一つの頂点で行き詰まり，この最終の頂点の結合価は 1 である．

（そしてまた，もし $v_1$ の結合価が 1 でなければ，上での過程によってもう一つの頂点で結合価が 1 のものにたどり着く．すなわち，もし $v_1$ の結合価が $>1$ であれば，そこから出る辺 $e_1' \neq e_1$ を取って結合価が 1 の第二の頂点に到着する．よって，いずれにせよ，木には少なくとも結合価が 1 の頂点が 2 個以上あることになる．）  □

あるグラフにおいて，ひとたび結合価が 1 の頂点 $v$ が見つかれば，それとそこから出ている唯一の辺 $e$ を取り去っても，このグラフの連結性を損なうことはない．したがって，そのグラフが木であれば，得られた結果もまた木である．よってこの操作を繰り返せば，木は必ずただ一つの頂点のみにまで縮約される．そこでこの操作を逆転させてたどれば，この木を一時に一本の辺を付け加えることによって組み上げることができる．この理由から，木は**平面的**グラフ（planar gragh）と呼ばれる．次節でこの平面的グラフをさらに検討するが，木はこの検討の基礎になっている．というのは次の定理があるからである．

**木の特性数**．もし木が $V$ 個の頂点と $E$ 個の辺を持っていれば，

$$V - E = 1$$

である．

**証明**．これは最も小さい木については正しい．実際，それは 1 個の頂点を持つだけで辺を持たないからである．また，それに 1 個の頂点 $v$ と辺 $e$ を付け加えても，やはりこの等式は正しい．ところが，木は必ず一時に 1 個の頂点と 1 個の辺を付け加えることによって組み上げることができるから，どのような木においても $V - E = 1$ は正しい．  □

この不変量 $1 = V - E$ を木の**オイラー指標**と呼ぶことがある．このアイデアは平面上のグラフのオイラー指標にまで展開され，それはオイラーが 1752 年に発見した多面体のオイラー指標と関係している．これらのアイデアがどのようにうまく組み合わさっているかは次節で説明される．

## 7.6 平面的グラフ

この節ではグラフを平面上に辺が互いに交わらないように「描く」ことが何を意味するのかをはっきりとさせる．例えば図 7.4 に示された二つの絵を区別したい．

両者は同じグラフを見たものであると認知され，それらの頂点と辺は立方体の頂点と辺とに対応している．しかし最初のものはこれらの頂点と辺が平面に**埋め込まれている**ものであり，それも異なる点は異なる点に対応している．これはまた**平面グラフ**と呼ばれる．二番目のものは平面グラフではない．というのは，二つの（辺が交わっている）場合においては立方体の辺の上の二つの異なった点が平面の同一の点に移されている．

立方体グラフはとても自然に平面上に埋め込める．どうしてかというと，射影する点を的確に選ぶならば，立方体を平面上へ射影することができるからである．これはまたどうして平面立方体グラフがまっすぐな辺を持っているかを説明している．事実として正しいのであるが，もしグラフを平面に埋め込むことができるならば，辺がまっすぐになるような埋め込みが必ず存在する．しかしこの事実を証明するとなると遠回りになってしまうので省略する．その代わりに，埋め込まれた辺は**多角形的**（polygonal）である，すなわち，［いわゆる折れ線として］有限個の線分からなる単純な道である，と仮定する†．（どのみち単純な連結している閉じた道は多角形に移されるわけであるから，この程度は認めてもよいだろう．）

**定義．** **平面グラフ** $G$ とは，その頂点はすべて $\mathbb{R}^2$ の点であり，その辺は多角形的

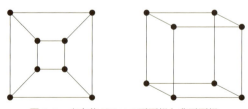

図 7.4　立方体グラフの平面視と非平面視．

---

† 訳注：ただし，多角形的辺はあくまでも辺であって，その上にある頂点は両端の二つの頂点に限られる．

道であってそれらは共通の端点でのみ交わるものをいう．

平面グラフが他のグラフの「映像」であるという概念を捉えるためには**グラフ同型**という概念が必要である．

**定義．** グラフ $G$ と $G'$ が**同型**であるのは，$G$ の頂点 $v_i$ と $G'$ の頂点 $v'_i$ との間の 1 対 1 の対応 $v_i \leftrightarrow v'_i$ があり，しかも $\{v_i, v_j\}$ が $G$ の辺であるための必要十分条件は $\{v'_i, v'_j\}$ が $G'$ の辺であることである．

今は具体的なグラフであってその辺は線分ないし多角形的道であるものを考察しており，「辺 $\{v_i, v_j\}$」は線分ないし多角形的道であってその端点が $v_i$ と $v_j$ であるものと解釈されるべきである．この解釈のもとで，図 7.4 の二つのグラフは同型であり，それらの頂点の間には幾つかの適合する対応がある．

さて，最後に，**平面的であること**（planarity）を定義することができる．

**定義．** グラフ $G$ が**平面的**（planar）であるとは，$G$ が一つの平面グラフ $G'$ と同型であることを意味する．

空間 $\mathbb{R}^3$ の中の点と線分とで自然に実現される多くのグラフは事実平面的である．最も有名な例は正多面体のグラフであり（図 7.5），それらはすべて 1 対 1 に平面上に射影される．その中の一つは立方体で，その平面グラフはすでに図 7.4 で示された．さらに，それらのすべてに対する平面グラフは図 7.2 で示してある．

比べて見やすいように，図 7.6 としてそれらすべての平面グラフを再録する．

エウクレイデスは『原論』（巻 XII，命題 28）で，正多面体がこれら五種類で尽くされることを示したが，そのために $n$ 角形の内角の総和が $(n-2)\pi$ であることを用いた．（これは 5.2 節の三角形の内角の総和が $\pi$ であることから簡単に示される．[実際，一つの頂点からその両側の頂点を除く $n-3$ 個の頂点へ対角線を引けば $n-2$ 個の三角形に分割される．]）このことから，もし多角形が正則であるならば，それぞれの角は等しく $\frac{n-2}{n}\pi$ である．さらに多面体が正則であるな

**図 7.5** 五つの正多面体（Wikimedia Commons からの画像）．

図 7.6 正多面体の平面グラフ．

らば，一つの頂点の周りに集まっている多角形の個数を $m$ とすると，その頂点の周りに集まっている角の総和が $< 2\pi$ であることから，次の場合しかあり得ないことが従う．すなわち，

$$n = 3, \quad m = 3, 4, 5, \qquad \text{(正四面体，正八面体，正十二面体)}$$

$$n = 4, \quad m = 3, \qquad \text{(正六面体（立方体）)}$$

$$n = 5, \quad m = 3, \qquad \text{(正二十面体)}$$

である．このように，知られている五つの正多面体が存在することができるもののすべてである．

興味深いことに，上記の $m$ と $n$ の値だけが可能なもののすべてであることを示すには，実はエウクレイデス幾何学の概念は必要でない．それは純粋にグラフ理論から，平面グラフの基本定理によって導かれるものの一例でもある．

## 7.7 オイラーの多面体公式

オイラーは，多面体において，その頂点，辺，面の個数をそれぞれ $V, E, F$ とするときに特性数 $2 = V - E + F$ を持つことを発見し，Euler (1752) で公表した．例えば，正六面体では $V - E + F = 8 - 12 + 6 = 2$ であり，正四面体では $V - E + F = 4 - 6 + 4 = 2$ である．この定理はより一般的に，連結した平面グラフに対して「辺」と「面」の概念を的確に用いれば成り立ち，ここではより一般的な内容でそれを証明する．平面グラフに対するこの定理の特別な場合は 7.5 節で証明した木についての結果である．この場合は $V - E = 1$ であり，すぐに見るように，木に対しては $F = 1$ である．実際，一般の等式 $V - E + F = 2$ を

特別な場合である木に帰着させる.

**オイラーの平面グラフ公式.** もし $G$ が連結した平面グラフで $V$ 個の頂点と $E$ 個の辺と $F$ 個の面を持っていれば,

$$V - E + F = 2$$

である.

　この「面」はもちろん, 多面体の面, ないしは, 多面体を射影した結果である平面上の多角形に特殊化される. 任意の連結した平面グラフ $G$ に対しては, その「面」は $\mathbb{R}^2 - G$ の連結成分であり, ここで点 $u$ と $v$ とが同じ連結成分に属しているというのは, それらが $\mathbb{R}^2$ の中の $G$ とは交わらない道で繋がっている場合であるとする. 特に, もし $G$ が木であれば, $G$ は1個の面しか持たない. なぜなら, $G$ 上にはない2点はこの木と交わらない道で繋がるからである. 例えば図7.7を参照すること.

　もう一つの重要な例は $G$ が単純な多角形の場合である. この場合は, $G$ の「内部」と「外部」とに対応する**二つ**の面を持っている. この公式の証明を進めるにあたって, 面についてのこれら二つの場合を前提とするが, それらについては次の小節でも触れることにする.

**オイラーの平面グラフ公式の証明.** 連結した平面グラフ $G$ が与えられたとし, その頂点, 辺, 面の個数をそれぞれ $V, E, F$ とする. もし $G$ が木であるなら, 7.5節によって $V - E = 1$ であり, また上記によって $F = 1$ であるから, すでに公式は得られている.

　もし $G$ が木ではないとすると, $G$ は単純な閉じた道 $p$ を有している. この $p$ から一つの辺 $e$ を（その両端点を残したまま）取り除いても, 得られるグラフは連

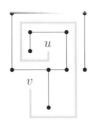

図 **7.7**　木の外の点を連結させる.

結している.なぜなら,辺 $e$ の二つの端点は道 $p$ の残された部分によって連結されているからである.

また $e$ が取り除かれたとき,

- V は変化していない.なぜなら,$e$ を取り除くときにはその端点は残しておくからである.
- E は 1 減少する.
- F は 1 減少する.なぜなら,辺 $e$ の両側の面(それらは $p$ が単純な閉じた道であるとする仮定から異なっている)は $e$ を取り除いたグラフでは一つの面になるからである.

このように,単純な閉じた道から辺を一つ取り除いても $V - E + F$ は変わらないし,また $G$ の残りの部分の連結性は損なわれない.よってこの処置を繰り返すことができる.

しかしこの処置によって単純な閉じた道の個数は 1 減少する.よってこの処置を有限回施せば最終的に木に至る.この場合は問題の公式は成立しており,よって等しいままに受け継がれてきたもとのグラフについても $V - E + F = 2$ は確認された. □

この公式 $V - E + F = 2$ は,特に,凸多面体にも適用される(なぜなら,このような多面体は,どの面でもよいからその真ん中のすぐ外の点を取れば,そこから $\mathbb{R}^2$ へ射影することができるからである).そしてもっと一般的に,グラフが平面的であるようなどの多面体にも適用される.直感的に話すならば,これらの多面体は「穴」を持たない多面体である.これらに対するこの結果を Euler (1752) に因んで,**オイラーの多面体公式**と呼ぶ.

ここでこの公式を用いて,図 7.5 にある五種類が正多面体のすべてであることを組合せ論の感覚で証明しよう.すなわち,定数 $m, n$ に対し,各頂点を $m$ 個の面が取り巻いており,各面が $n$ 個の辺を持っているような多面体はそれら五種類に限ることを示す.

**正多面体の数え上げ.** もし多面体において,各頂点を $m$ 個の面が取り巻いており,各面が $n$ 個の辺を持っているならば,可能な $(m, n)$ の組み合わせは

$$(3,3), \quad (3,4), \quad (4,3), \quad (3,5), \quad (5,3)$$

の五種類である．

**証明．** この多面体の頂点，辺，面の個数をそれぞれ $V, E, F$ とする．どの面も $n$ 個の辺を持っているから，
$$E = nF/2$$
である．なぜなら，各辺はちょうど 2 個の面によって共有されているからである．同様に
$$V = nF/m$$
である．なぜなら，各頂点はちょうど $m$ 個の面によって共有されているからである．これらの表示を $V - E + F = 2$ に代入すれば，
$$2 = \frac{nF}{m} - \frac{nF}{2} + F = F \cdot \left(\frac{n}{m} - \frac{n}{2} + 1\right) = F \cdot \frac{2n - mn + 2m}{2m}$$
であり，したがって，
$$F = \frac{4m}{2m + 2n - mn}$$
である．

まず $F$ は正でなければならないから，
$$2m + 2n - mn > 0,$$
あるいは，書き換えて
$$mn - 2m - 2n < 0 \tag{$*$}$$
である．さて $mn - 2m - 2n + 4 = (m-2)(n-2)$ である．そこで $(*)$ の両辺に 4 を加えて，
$$(m-2)(n-2) < 4$$
が得られる．また，多面体は少なくとも 3 個の辺を持っているから $n \geq 3$ であり，また多面体の頂点では少なくとも 3 個の面が接触しているから $m \geq 3$ である．したがって，
$$(m-2)(n-2) < 4, \quad m \geq 3, \quad n \geq 3 \tag{$**$}$$

をすべて満たすような整数 $m, n$ を決定すればよい．この $(**)$ は簡単な場合分けによって容易に解くことができ，結局

$$(m, n) = (3, 3), (3, 4), (4, 3), (3, 5), (5, 3)$$

であることが分かる． □

逆に，これらの対 $(m, n)$ のすべての値に対して，図 7.6 に見るように，平面グラフが実際に存在する．これによって，前節で予告したように，エウクレイデスの『原論』，巻 XII，命題 28 の組合せ論におけるアナロジーが与えられた．興味深いことに，これらの多面体ないし平面グラフを実際に構成することが，実は，二つの定理のそれぞれにおいてのさらに難しい部分である．しかし，平面グラフのほうが正多面体よりも簡単に扱える．

## *木と多角形の面の個数

英国の数学者 G. H. ハーディについての物語がある．それは次のようなものである（おそらくは作り話であろうが，それでもどこか琴線に触れる[1]）．

> ある講義の途中で，ハーディは「自明であるが，…」と言い出したものの，自分自身で検討し始めた．しばらくそのまま黙り込んでいたあと，彼は講義室を出ていき，廊下を行ったり来たりしていた．ものの 15 分も経つと，彼は講義に立ち戻って「そう，それは自明**である**．」といって講義を先へ進めた．

実は木と多角形の面の個数に関しては似たような苦境に立たされる．それは自明であるようで，注意して眺めると有限個の単純なステップを踏んで構成することによって証明もできる．とはいえ，それは**直ちに**自明であるというわけではない．長い時間考え込んだ後でその自明さが見えてくる．筆者の心情としては，これは初等的というよりはむしろ「高等的」である．

**木の面の個数．** 木の平面グラフは面を一つだけ持っている．

---

[1] とてもよく似たアルティンの講義での出来事の目撃情報が本 Ostermann and Wanner (2012), p.7 にある．

**証明.** さて $T$ を平面グラフで木であるとする．よって $T$ の頂点は $\mathbb{R}^2$ の点であり，$T$ の辺は $\mathbb{R}^2$ 上の単純な多角形的道であって共通の端点でのみ他と繋がっている．そこで $T$ の多角形的な道のすべての尖った角の点を新たに $T$ の頂点として追加することによって，$T$ を新たな平面木 $T^*$ と見直せば，$T^*$ の辺はすべて線分である．

この $T^*$ がただ一つの面を持つことを証明するには，$\mathbb{R}^2$ 上の二点 $u, v$ で $T^*$ 上にはないものに対し，それらが必ず $T^*$ とは交わらない多角形的道で繋がれることを示せば十分である．このために，$T^*$ の $\varepsilon$-**近傍** $N_\varepsilon(T^*)$，すなわち，$T^*$ からの距離が $\varepsilon > 0$ よりも小さいすべての点の集合，を構成し，しかも特に $\varepsilon$ を十分に小さく取って，$N_\varepsilon(T^*)$ は自分自身とも，また当然 $T^*$ とも交差しないようにし，さらに $u, v$ が $N_\varepsilon(T^*)$ には含まれないようにする．図 7.8 は一つの例を示している．

この $N_\varepsilon(T^*)$ の境界線は単純な閉曲線であるが，これは $T^*$ を 7.5 節で記述されたように一回に 1 個の辺を付け加えていくやり方で $T^*$ を組み立て，それにつれて $N_\varepsilon(T^*)$ を順次組み立てれば了解される．最初，$T^*$ が頂点ただ一つであるときは，$N_\varepsilon(T^*)$ は半径 $\varepsilon$ の円で囲まれている．各辺が加えられるに従って，行って帰る「スウィッチバックの道」が直前の境界線に付け加わり，よって境界線は単純曲線である．等々．

最後に，$u$ と $v$ とを連結するために，まず $u$ と $v$ のそれぞれから直線を伸ばして最初にこの境界線にぶつかる点をそれぞれ $u'$ と $v'$ とし，これら $u', v'$ の間の境界線の一部分を最初の $u$ と $u'$，$v$ と $v'$ とを繋ぐ線分に接続させればよい．（厳

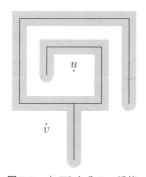

**図 7.8** 木 $T^*$ とその $\varepsilon$-近傍．

密に言うならば，この道は多角形的ではないかもしれない．なぜなら，それは小さい円の弧を含んでいるかもしれないからである．しかしこういった弧は$T^*$を避けて多角形的な道によって置き換えられる．) □

この証明が高等的である兆しは$\varepsilon > 0$を「十分小さく」選ぶという作業にある．これは解析とトポロジーに見られる典型的な論議である．同じアイデアは多角形グラフが2個の面を持つことの証明にも現れるが，しかしそこではさらなる要因が必要になる——「小さな」ステップを続けていって道を「変形させる」というアイデアである．

**多角形の面の個数**[2]．平面多角形グラフは面を二つ持つ．

**証明．** 多角形$P$が与えられたとし，その辺の一つを$e$とする．この辺を（端点は残して）$P$から取り除いて得られるグラフを$P - e$としよう．このとき$P - e$は木であり，したがって直前の証明から$P$上にない（したがって$P - e$上にない）二点$u, v$は多角形的であって$P - e$とは交わらない道$p$で繋がれる．

もちろん，この$u$から$v$への道$p$は辺$e$と交わるかもしれない．しかし，$p$に対して小さい変形を次々に施して，それを$p^{(1)}, p^{(2)}, \ldots, p^{(k)} = q$と変形していき，隣り合う交点を一時に二点ずつ除去して変形された道が$P - e$から少しだけ離れるようにすることができる．このようにして，最終的に得られる交点の個数は0か1であるようになる．図7.9は$p^{(i)}$から$p^{(i+1)}$への変形が$e$に近いところでどのようになされるかを示している．

辺$e$と1点のみで交差する道を$e$と交わらない道へと変形することはできない．なぜなら，各変形は**二つの隣り合う交点**によって（すなわち，$p^{(i)}$のどの辺

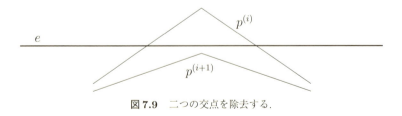

**図7.9** 二つの交点を除去する．

---

[2] この定理はまた多角形に対する**ジョルダン曲線定理**として知られており，もっと難しいジョルダンの定理 (1887)，すなわち，平面上の単純閉曲線は平面を二つの領域に分ける，の特別な場合である．

も$e$と同じ向きにならないように，そしてまた$p^{(i)}$の頂点が$P-e$に触れないように確かめながら）施すことができるからである．

さてそこで，$a,b$を$P$上にはない二点で，辺$e$とただ一度だけ交わる道で繋がれているとしよう．明らかにこれらの二点を$e$にいくらでも近いように選ぶことができる．そうすれば，$P$上にない点$w$に対しては，次の可能性のうちのただ一つだけが生じる．

1. 点$w$は$e$と交わらない道で$a$と繋がれる．
2. 点$w$は$e$と交わらない道で$b$と繋がれる．

実際，少なくとも一つの可能性がある．なぜなら，$w$から$a$と$b$への道で（必要なら上の操作を施して）どちらも$e$と一回しか交わらないとすると，$a$から$b$への（$w$を経由する）道で$e$と二回しか交わらないものが存在することになり，これは不可能であるからである．さらにこれら二つの可能性が同時に生じるとすると，$w$を経由する$a$から$b$への道は$e$とまったく交わらない．よってこれも不可能である．

したがって，$P$は平面を二つの領域，一つは$e$とは交わらないで$a$と繋がる（$P$上にはない）点全体であり，もう一つは同様に$b$と繋がる（$P$上にはない）点の全体である． □

この証明にある，高等的な，もう一つの内容というのは，一つの経過措置を「十分に小さい」ステップに分けて一つのステップで生じ得る変化を最小化する（ここでは，交点の個数の変化を$\pm 2$にする）というアイデアである．これもまたトポロジーにおける典型的な議論である．

## 7.8 非平面的グラフ

オイラーの平面グラフ公式の驚くべき力は，それをグラフが**非平面的**であることの証明に用いることによっても発揮される．二つの有名なグラフが図7.10で示されている．

左側にあるものは**五頂点上の完全グラフ**$K_5$と呼ばれている．これはその五つ

図 7.10 二つの非平面的グラフ.

の頂点と共に異なる頂点のすべての対を繋ぐ十の辺を持っている．右側のものは **3 個の頂点からなる二つの集合上の完全 2 部グラフ $K_{3,3}$** と呼ばれる．これは最初の集合の三つの各頂点から二番目の集合の三つの各頂点への辺をすべて含んでいる．この $K_{3,3}$ はときには「ユーティリティーグラフ」と呼ばれるが，これは次のパズルにおけるその役割から来ている．三軒の家と三つのユーティリティー（ガス，水，電気）が与えられたとき，果たしてそれぞれの家にそれぞれのユーティリティーを導線を交差させないで繋ぐことが可能であるか？

これら $K_5$ と $K_{3,3}$ を平面上で辺が交差しないように描こうとしても必ず失敗するだろう——しかしすべての可能な辺の設置が網羅されたかどうかを把握するのはなかなか難しい．ここでオイラーの平面グラフ公式がすべての疑念を払拭してくれる．

**$K_5$ と $K_{3,3}$ の非平面性．** グラフ $K_5$ と $K_{3,3}$ はいずれも平面的グラフではない．

**証明．** まず（矛盾を目指して）$K_5$ の平面版が存在するとしてみよう．この $K_5$ については $V = 5, E = 10$ であり，$K_5$ の平面版では，オイラーの平面グラフ公式から，

$$5 - 10 + F = 2$$

でなければならない．

したがって，$F = 7$ である．しかしそれぞれの面は少なくとも 3 個の辺を持ち，各辺はちょうど 2 面によって共有されるから，$F = 7$ からは

$$E \geq 3F/2 = 3 \cdot 7/2 > 10$$

となり，$E = 10$ と矛盾する．よって $K_5$ は平面的グラフではない．

次にまた（矛盾を目指して）$K_{3,3}$ の平面版が存在するとしてみよう．グラフ $K_{3,3}$ においては $V = 6, E = 9$ であり，$K_{3,3}$ の平面版の面の個数 $F$ は，やはりオ

イラーの平面グラフ公式から,

$$6 - 9 + F = 2$$

を満たさなければならない.

よって $F = 5$ である. さて $K_{3,3}$ は**三角形を一つも含まない**. なぜなら, もし二つの頂点 $a, b$ が共にもう一つの頂点 $c$ と繋がっているならば, $a$ と $b$ は同一の三頂点の集合に属しており, よって $a$ と $b$ を繋ぐ辺はない. したがって, $K_{3,3}$ の平面版の面はいずれも少なくとも 4 個の辺を持っており, よって $F = 5$ から

$$E \geq 4F/2 = 4 \cdot 5/2 > 9$$

となって $E = 9$ と矛盾する. よって $K_{3,3}$ は平面的グラフではない. □

## 7.9 *ケーニヒの無限性補題

グラフ理論の最初の著書であるケーニヒの『有限と無限のグラフ理論 (*Theorie der endlichen und unendlichen Graphen*)』, König (1936) はすでに無限グラフの重要性を認知していた. その中で, ケーニヒは無限グラフについての一つの基本定理を証明しており, それは同時に解析学に散在していた多くの定理の組合せ理論的な内容を抽出したものである.

**ケーニヒの無限性補題.** 無限に多くの頂点を持つ木で各頂点の結合価がすべて有限であるものは無限に伸びた単純な道を持つ.

証明に入る前に注意しておくと, 無限の木の定義は頂点の集合が無限であることを除けは有限の木の定義とまったく同じである. また補題にある有限の結合価という条件は必要であることも注意しておく. これがなければ, 図 7.11 で示された反例がある.

この木においては無限個の頂点があり, 任意の長さを持つ道が存在するが, どの単純な道も長さは有限である. これは先端の頂点 $v_0$ 結合価が無限大であることから生じている.

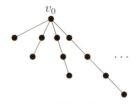

**図 7.11** 無限に伸びる単純な道を持たない無限の木.

**ケーニヒの無限性補題の証明.** さて $T$ を無限個の頂点 $v_0, v_1, v_2, \ldots$ を持つ木とし，さらにどの頂点の結合価も有限であるとする．この $T$ は連結しているから，$v_0$ から出ている有限個の辺の少なくともどれか一つは**それ自身**無限個の $T$ の頂点へと繋がっている．このような辺の一つ $\{v_0, v_i\}$ を（例えば最も小さい $i$ を選んで）単純な道 $p$ の最初の辺として取る．

次に頂点 $v_i$ において同じことを繰り返す．すなわち，$v_i$ から出ている有限個の辺のうち，$\{v_0, v_i\}$ 以外で，それと共に無限個の $T$ の頂点へと繋がっているものがある．そのような辺 $\{v_i, v_j\}$（もし特定したければそのような中で最小の $j$）を $p$ の二番目の辺として選ぶ．

この手順を $v_j$ で繰り返すことができ，それを限りなく続けることができる．このようにして異なる頂点の無限列 $v_0, v_i, v_j, \ldots$ でそれぞれが直前の頂点と辺で繋がっているものが得られ，よってこのようにして選ばれた道 $p$ は $T$ の中の無限の単純な道である[†]． □

この証明のおおもとには補題そのものよりももっと簡単な組合せ的な原理，**無限鳩の巣原理**がある．この原理は，もし無限に多い対象物が有限個の箱（鳩の巣）に収められていれば，少なくともどれか一つの箱には無限に多くの対象物が入っている，と主張する．この無限鳩の巣原理は初等数学にとても近いところにある——しかし筆者の見解では，その外に位置する．解析学の幾つかの重要な定理が同様な流れで証明され，それらは一般的には高等的であるとみなされている．次の小節で一つの例を与える．

---

[†] 訳注：一般には見過ごされがちであるが，実はここで無限列が得られるかどうかについて微妙な論点がある．果たして**無限公理**に加えて**（可算）選択公理**といった原理的なものが必要であるかどうかである．「いくらでも長い有限列が存在すること」と「無限列が存在すること」の間には差がある．しかしこの論点は明らかに高等的数学に属する．

## *ボルツァーノ‐ヴァイエルシュトラスの定理

ケーニヒの無限性補題の特別な場合であるが，$T$ が図 7.12 の**無限二分岐木**の部分木である場合は，解析学の多くの証明の組合せ的な真髄であるといえる．

典型的には，木の中の無限の道よりはむしろ，実数の集合の**集積点**を求めるわけであるが，そのおおもとにあるアイデアは同じである．

**定義．** もし $S$ が実数の無限集合である場合，実数 $l$ が $S$ の**集積点**であるとは，$l$ のいくらでも近くに $S$ に含まれる数が存在することをいう．

極限についての最も単純な定理で，しかもケーニヒの無限性補題に本質的に最も近いものは，次の定理である．

**ボルツァーノ‐ヴァイエルシュトラスの定理．** もし $S$ が単位閉区間 $[0,1] = \{x \mid 0 \leq x \leq 1\}$ の点の無限集合であるならば，$S$ は必ず集積点を持つ．

**証明．** このような無限集合 $S$ が与えられたとき，閉区間 $[0,1]$ の半分のどちらかは $S$ の要素を無限に含んでいる．それを $I_1$ とする．（ただし両方の端点を含めることにして，6.3 節で定義されたように，$I_1$ を**閉区間**とする．[また半分の区間の両方が無限個の $S$ の要素を含んでいるときは，はっきりとさせるために左半分の

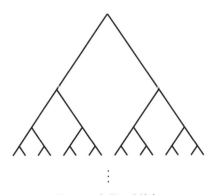

図 **7.12** 無限二分岐木．

閉区間を取る．］）そこでまた $I_1$ にこの操作を繰り返す．

すなわち，閉区間 $I_1$ は無限に多くの $S$ の点を含んでいるから，それを半分にした区間のどちらかは無限に多くの $S$ の点を含んでいる．そこでその両端の点を含めた（場合によって左側）半分の閉区間を $I_2$ とする．このとき，$I_2$ はまた無限に多くの $S$ の点を含んでいる閉区間である．

このようにして入れ子になった閉区間の無限列

$$[0,1] = I_0 \supset I_1 \supset I_2 \supset \cdots$$

が得られ[†]，それぞれの $I_j$ は無限に多くの $S$ の点を含んでいる．また，各閉区間の長さはその直前の閉区間の長さの半分でである．よって $\mathbb{R}$ の完備性から，それらのすべてに含まれる，しかもただ一つの点 $l$ が存在する．この $l$ は $S$ の集積点である．なぜなら，これらの区間の両方の端点は $l$ にいくらでも近づき，しかも各区間は（無限に多くの）$S$ の点を含んでいるからである．　　□

この証明はその背後で $I_0 = [0,1]$ の無限の二分岐の「部分区間の木」と関わっており，$I_0$ が頂上にある頂点である．そしてその左と右の半分の閉区間が $I_0$ のすぐ下の二頂点であり，以下同様に続いていく（図 7.13 を参照）．

証明の中で $S$ の点を無限に多く含む部分区間の部分木 $T$ を考察した．鳩の巣原理からその部分木は無限であることが導かれる．したがって，ケーニヒの無限

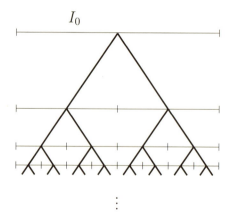

**図 7.13**　部分区間の無限二分岐木．

---

[†] 訳注：ここでも無限列が得られるかどうかについて微妙な論点がある．

性補題から，$T$ は無限単純道を含んでいる．**最も左にある**このような道は［上の証明の］入れ子になった閉区間の列 $I_0 \supset I_1 \supset I_2 \supset \cdots$ であって，集積点 $l$ へと導くものである．

　ボルツァーノ-ヴァイエルシュトラスの定理は 2 次元，および，さらに高い次元の場合に容易に一般化される．例えば平面では，四角形とか三角形の中の無限個の点の集合は集積点を持つ．証明は同様に，その部分域を有限個に（例えば四分割に）次々と繰り返し区分けし，しかもその区分けされたものがいくらでも小さくなるようにすることによって，繰り返し鳩の巣原理を適用して与えられる．次の節では，三角形に対するボルツァーノ-ヴァイエルシュトラスの定理を初等的な（有限）グラフの定理と組み合わせ，どのようにトポロジーの有名な定理を証明するかを示そう．

## 7.10　シュペルナーの補題

　シュペルナーの補題は標識付きの頂点を持つグラフについての驚くほど単純な結果である．彼は論文 Sperner (1928) において，連続写像のもとでの次元の普遍性に関するブロウウェルの定理にこの補題の考案による新しい証明を与えた．この補題はまた Brouwer (1910) における連続写像に関する有名なブロウウェルの**不動点定理**の証明にも用いられる．ここではこの補題を用いてグラフの無限列を通して極限過程を統制し，平面上でのブロウウェルの不動点定理を証明する．（3 次元ないし 4 次元に対する同様な証明もある.）

　この補題の平面的な場合に対応するものは，三角形 $v_1 v_2 v_3$ を部分三角形に細分し，ある規則に従ってそれらの頂点に $1, 2, 3$ による標識づけをすることによって得られるグラフに関係する．図 7.14 は次の規則に従って標識づけされたこのような細分の一例を示している．

1. 頂点 $v_1, v_2, v_3$ はそれぞれ $1, 2, 3$ と標識づけされる．
2. 辺 $v_1 v_2$ の上にある頂点は 1 または 2 と標識づけされる．
3. 辺 $v_2 v_3$ の上にある頂点は 2 または 3 と標識づけされる．
4. 辺 $v_3 v_1$ の上にある頂点は 3 または 1 と標識づけされる．

294 ・ 第7章 組合せ

**シュペルナーの補題.** もし三角形 $v_1v_2v_3$ が細分されて上の規則によって標識づけされるならば，少なくとも一つの部分三角形の頂点には三種類のすべての標識が付けられる．

**証明．** 三角形 $v_1v_2v_3$ の細分が与えられたとき，次のような頂点と辺を持つグラフ $G$ を作る．

- 頂点は各三角形の内部に一つ置かれることとし，またさらに一つの頂点 $v_0$ が三角形 $v_1v_2v_3$ の外部の領域に置かれる．
- このように置かれる頂点 $u,v$ を結ぶ辺は，$u$ と $v$ が（もとの細分の）辺 $e$ でその頂点が 1 と 2 とで標識づけされたものを挟んで反対側にある場合に与えられる．この場合は辺 $uv$ は辺 $e$ と交わる．

図 7.14 で与えられた三角形の細分においては，$G$ の辺は図 7.15 で太い灰色の線分で表されている（そして $G$ の頂点はこれらの線分の端点である）．

特に，三角形 $v_1v_2v_3$ の外の頂点 $v_0$ から引かれる辺はおおもとの辺 $v_1v_2$ の部分辺とのみ交わる．なぜなら，これらだけが 1 と 2 で標識づけされた端点を持ち得るからである．また，このような部分辺は**奇数個**ある．なぜなら，標識の変化はそれらの両端で生じ，奇数個の変化でなければならない——そうでなければ $v_1$ と $v_2$ の標識は同じになってしまう．結果として，$v_0$ **の結合価は奇数である**．

グラフ $G$ の他の頂点 $u$ については結合価は次のうちの一つである．

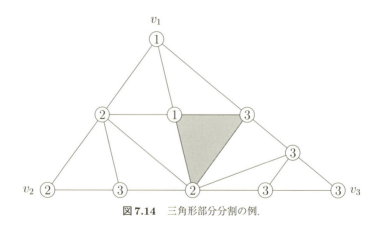

**図 7.14** 三角形部分分割の例．

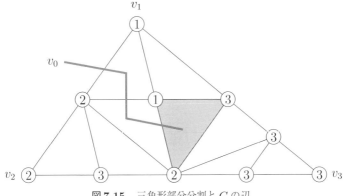

図 **7.15** 三角形部分分割と $G$ の辺.

- 0 であるのは $u$ が部分三角形でその頂点が標識 $1,2$ の一つを欠いているものの中にある.
- 1 であるのは $u$ が部分三角形でその頂点が標識 $1,2,3$ のすべてを持っているものの中にある.
- 2 であるのは $u$ が部分三角形でその頂点が標識 $1,2$ のみを持っているものの中にある（この場合，二つの辺が両方の標識を持っているからである）.

さて，7.4 節の結合価についての定理により，結合価の総数は偶数である．よって $G$ **は奇数の結合価を持つ頂点を偶数個持たなければならない**．頂点 $v_0$ 以外では，奇数の結合価を持っている頂点は結合価 1 を持っているものだけである——すなわち，標識 $1,2,3$ のすべてを持っている部分三角形の内部にあるものである．よってこのような部分三角形の個数は奇数であり，したがって**ゼロではない**．□

## *ブラウウェルの不動点定理

この小節ではシュペルナーの補題を平面上の連続関数についての定理に応用する．この応用をできる限り容易にするために，その関数は一つの正三角形を自分自身の内部に写すと仮定するが，用いられている議論は平面上の多くの区域，例えば円盤の場合に移すことができる．

**ブラウウェルの不動点定理**．もし $f$ が正三角形からそれ自身の中への連続写像で

あるならば，この三角形の中の点 $p$ で $f(p) = p$ となるものが存在する．

**証明．** 便宜的に $\mathbb{R}^3$ 内の正三角形 $T$ を頂点 $v_1 = (1,0,0), v_2 = (0,1,0), v_3 = (0,0,1)$ として取る．この三角形の美しさは，その点の座標を $\boldsymbol{x} = (x_1, x_2, x_3)$ とするとき，

$$0 \leq x_1, x_2, x_3 \leq 1 \quad \text{かつ} \quad x_1 + x_2 + x_3 = 1$$

となり，またこのような点の全体がちょうど $T$ であることである．したがって，$f(\boldsymbol{x}) = (f(\boldsymbol{x})_1, f(\boldsymbol{x})_2, f(\boldsymbol{x})_3)$ とし，またもし $f$ が不動点をまったく持たないと仮定すれば，$f$ は少なくともどれか一つの座標において減少している．すなわち，$T$ の各点 $\boldsymbol{x}$ に対し，

$$f(\boldsymbol{x})_1 < x_1, \quad \text{または} \quad f(\boldsymbol{x})_2 < x_2, \quad \text{または} \quad f(\boldsymbol{x})_3 < x_3,$$

のいずれかが成り立つ[†]．そこで $T$ の点 $\boldsymbol{x}$ の標識として $f(\boldsymbol{x})_i < x_i$ となる**最小の** $i$ を対応させる．

このとき，次の条件が成立する．

1. 頂点 $v_1, v_2, v_3$ はそれぞれ標識 $1, 2, 3$ を持つ．例えば，$v_1 = 1$ であり，仮定から $f(v_1) \neq v_1$ であるから，$f(\boldsymbol{x})_1 < x_1$ である．
2. 辺 $v_1 v_2$ の上にある頂点は標識 $1$ または $2$ を持つ．なぜなら，その点については座標 $x_3 = 0$ であるからである．
3. 辺 $v_2 v_3$ の上にある頂点は，同様の理由から，標識 $2$ または $3$ を持つ．
4. 辺 $v_3 v_1$ の上にある頂点は，同様の理由から，標識 $3$ または $1$ を持つ．

したがって，頂点に対するこの標識づけはシュペルナーの補題の条件を満たしている．

さて $T$ を図 7.16 で提示されている方法を（無限に）進めて細分することにしよう．このとき，シュペルナーの補題によって，各細分は頂点を $1, 2, 3$ と標識づけされた部分三角形を含んでいる．これらの三角形は任意に小さくなり，しかもそれらの頂点の全体は $T$ の無限部分集合を構成する．よって 7.9 節のボルツァーノ-ヴァイエルシュトラスの定理から，この集合は集積点 $p$ を持つ．

---

[†] 訳注：まず $f(\boldsymbol{x})$ が $T$ に属することから $f(\boldsymbol{x}) = (f(\boldsymbol{x})_1, f(\boldsymbol{x})_2, f(\boldsymbol{x})_3)$ とするとき $f(\boldsymbol{x})_1 + f(\boldsymbol{x})_2 + f(\boldsymbol{x})_3 = 1$ が成り立つ．よって $(x_1 - f(\boldsymbol{x})_1) + (x_2 - f(\boldsymbol{x})_2) + (x_3 - f(\boldsymbol{x})_3) = 0$ が得られる．これに注意すれば，この条件が得られる．

 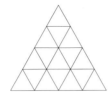  ...

**図 7.16** いくらでも細かくなる $T$ の細分.

これから，点 $\boldsymbol{p} = (p_1, p_2, p_3)$ の近傍が必ず頂点を $1, 2, 3$ と標識づけされた部分三角形を含んでいる．さて，もし $\boldsymbol{p}$ の標識が，例えば 1 であるならば，

$$f(\boldsymbol{p})_1 < p_1 \quad \text{で，しかも，} \quad f(\boldsymbol{p})_2 > p_2 \quad \text{または} \quad f(\boldsymbol{p})_3 > p_3$$

となっている．ところが，$f$ は連続写像であるから，$\boldsymbol{p}$ に十分近い点 $\boldsymbol{q} = (q_1, q_2, q_3)$ に対しても条件

$$f(\boldsymbol{q})_1 < q_1 \quad \text{で，しかも，} \quad f(\boldsymbol{q})_2 > q_2 \quad \text{または} \quad f(\boldsymbol{q})_3 > q_3$$

が成り立っている．よってこのとき，$\boldsymbol{q}$ もまた標識 1 を持っている．これは $\boldsymbol{p}$ のいくらでも近くにそれぞれ $1, 2, 3$ と標識づけされた点があることに矛盾する．(そしてもし $\boldsymbol{p}$ が 2 または 3 と標識づけされたとしても同様に矛盾する．)

この矛盾は当初に，$f$ は不動点を持たない，と仮定したことが誤りであることを示している． □

## 7.11 歴史的な雑記

### パスカルの三角形

パスカルの三角形は組合せ論の歴史においてピュタゴラスの定理が幾何学の歴史に占めるのと似通った地位を占めている．それはとても古いものであり，幾つかの文化において独立に発見されており，以来組合せ論における基礎の一つになっている．

インドでは，おそらくは 200 BCE あたりにはすでに文芸的な構文に関するピンガーラの著述において認知されていたものと思われる．すなわち二項係数は長

音節と短音節の組合せの数を数える中で浮かび上がっている．後には，そのアイデアはインドの数学者たちによって取り上げられ，そしてイスラム世界には 11 世紀にビールーニーによって伝えられた．

　中国では，二項係数は彼らの代数的な枠組みの中で $(a+b)^n$ の展開式の係数として発見された．中世の中国の数学者たちはこのような展開式を多項式による方程式の数値解を求める洗練された方法の中で用いた——この方法は西洋ではかなり遅れて，ホーナーが 1819 年に発見して以来，**ホーナー法**として知られるようになった．朱世傑の著書『四元玉鑑』，Zhu Shijie (1303) におけるパスカルの三角形の写真が本書の 1.6 節で示されているが，これは中国数学が開花していたその時代に残されたものである．

　イタリアでは，パスカルの三角形は時として「タルターリアの三角形」として知られ，これは（三次方程式の解法の発見者の一人である）ニッコロ・タルターリアによる発見に起因している．タルターリアは，彼が言うところでは，「1523 年の四旬節（Lent）の最初の日にヴェローナで」それを発見した．彼はその三角形を結局は遅れて Tartaglia (1556) によって発表し，そこに 12 行までを記載した．その発表に先立って，この三角形はドイツでミハエル・シュティーフェルによって再発見され，Michael Stifel (1544) で公刊された．

　ブレーズ・パスカル自身は算術的三角形についての論述を 1654 年に著した（Pascal (1654) 参照）が，おそらくはこの三角形についてはミニム会のマラン・メルセンヌから習った．このように，パスカルはどう見てもこの三角形の発見者ではない．とはいえ，彼の論述『算術三角形』はこの主題についての彼の抜きん出た取り扱いによって新天地を切り開いた．またこの著述では数学的帰納法による初めての近代的な証明が与えられており，また二項係数が初めて確率論に応用された．

　次の章では確率論における二項係数の役割と，その基本的な重要性をさらに検証する．

## グラフ理論

　グラフ理論は，オイラーを得て始まったというものの，20 世紀に至るまでは

数学的な論題としてはその外辺部に留まっていた．オイラーの多面体公式は例外とするものの，この理論の影響はほとんど数学の他の分野には及んではいなかった．もちろん，トポロジーの分野は，オイラーの公式に強く鼓舞されて，20世紀の初期には急速にグラフ理論を追い越し，あるトポロジー研究者たちはグラフ理論を「トポロジーの貧民街」として見下すような高みにまで達していた．このグラフ理論の初期の歴史はビグズ等による人を引き込む著書『グラフ理論 1736–1936』，Biggs et al. (1976) に詳しい．

しかしながら，この本が出る頃には，グラフ理論は尊敬を受けるに足るような新時代へと歩を進めていた．1976年の画期的な出来事は**四色問題**の証明であった．1852年来の解かれざる問題に決着がついたのだ．最小限の色で地図を塗り分けることは当初はグラフ理論が簡単に処理できるはずの庶民受けが良さそうなパズルの一つであった．実際ケンプは論文 Kempe (1879) で四色が十分であるとの証明を提示し，それが十年以上にわたって認められていた．任務完了．ところがヒーウッドが論文 Heawood (1890) によってケンプの証明の穴を指摘し，その修正を試みたものの，五色あれば十分であるというところまでしか届かなかった．

彼らの幻想は打ち砕かれ，グラフ理論家とかトポロジストたちは四色で十分であるという厳密な証明の探求へと長く困難な道を歩み始めた．

この探求は1976年に終了したのだが，論戦が絶えたわけではなかった．アッペルとハーケンは共著の報告 Appel and Haken (1976) で証明を与えたが，それには，個別の多くの場合分けについての1000コンピュータ時間を超える計算を必要とする予期されていなかった長い検討が関わっていた．数学者たちは愕然とせざるを得なかった．それは，この証明にその内容への見通しが欠けていたことと，計算機による処理にまったく依拠していたことによる．このような証明には，プログラムの作成に入り込んでいるかもしれないエラーの可能性があり得る以上，信頼を置くわけにはいかないと感じられた．また，この証明には**何故に**定理が正しいのかを理解させる要素がほとんど見られなかった．

プログラムの作成に潜在しているかもしれないエラーの可能性は今では実質的には除去されている．これはジョルジュ・ゴンティエが2005年に書き上げたこの定理の「コンピュータによる検証可能な」証明に負う．内容を見通せるような証明が可能であるかどうかについてはまだ知られていない．しかしこの現状はお

そらくは四色定理の神秘性を高めている．グラフ理論は人知が及びそうもない定理を含むということになってしまうのだろうか？

1970年代にはまた，グラフ理論の多くのアルゴリズム的な問題が，別の理由によって，難しいものであることが分かってきた．それらはNP完全であるのだ．よく知られたものの中の三指に挙げられるものを次に挙げる．

**ハミルトン路**．与えられた有限グラフ $G$ に対して，すべての頂点をただ一度だけ通るような「路」（path，連結した辺の列）を $G$ が含むかどうかを判定せよ．

**巡回セールスマン**．与えられた有限グラフ $G$ に対して，その辺に整数の「長さ」という値が付与され，また一つの整数 $L$ が指定されたとき，すべての頂点を含むような路でその長さが $< L$ であるようなものが存在するかどうかを判定せよ．

**頂点の三色塗り分け**．与えられた有限グラフ $G$ に対して，各頂点を辺の両端の色が異なるように三色で塗り分けることができるかどうかを判定せよ．

鍵を握るもう一つの問題——ある意味で**これこそ**グラフ理論の基本問題——は，二つのグラフが「同じ」であるかどうか，すなわち7.6節の意味で**同型**であるかどうかを判定せよ，というものである．

**グラフの同型性**．二つのグラフ $G, G'$ が与えられたとき，$G$ が $G'$ と同型であるかどうかを判定せよ．

この問題がPに属するかどうかは知られていない．またこれがNP完全であるかどうかも知られていない．

これらの問題によって，グラフ理論は計算論と切り離せないものとなっており，またそれゆえに，それは今日の数学の基礎的なところに位置している．

## 7.12　哲学的な雑記

### *組合せ論と算術

パスカルの三角形を定義する加法特性は加法の反復によって二項係数の一行全

体を計算しやすくしている．ヨーロッパでのいわゆるパスカルの三角形を研究した最初の人たちはこのような計算法を歓迎し，$\binom{n}{k}$ についてのタルターリアによる $n = 12$ までの一覧表やメルセンヌによる $n = 25$ までの表に見られるように，計算に勤しんだ．

個々の二項係数を計算するならば 1.6 節で得られた公式

$$\binom{n}{k} = \frac{n(n-1)(n-2)\cdots(n-k+1)}{k!} \qquad (*)$$

があるが，この場合はさらに乗法と除法が必要になる．実際問題として，二項係数はその定義から整数であるのだから，この公式 (∗) は算術的な定理

$$k! \text{ は } n(n-1)(n-2)\cdots(n-k+1) \text{ を割り切る} \qquad (**)$$

ことを表している．このように表現されてみれば，加法，乗法，除法に関わる定理として，$\binom{n}{k}$ が整数であることは決して明らかではない．

事実，ガウスは Gauss (1801), 127 項で (∗∗) に純粋に算術的な大嵐さながらの怒涛の証明を与えた．ディリクレもまた Dirichlet (1863), §15 で純粋に算術的な証明を与えようとして悪戦苦闘している．このように，算術の難しい定理も組合せ論の易しい定理であり得る．言い方を変えれば，組合せ論的な視点から見れば算術がさらに初等的になり得る．組合せ論が算術を単純化するようなこういった類の少々高等的な例をもう一つ 10.1 節で紹介する．

これが示唆するように，算術と組合せ論の両者を統一的に視野に入れれば——すなわち数に関するのと同じく有限集合に関する理由づけを許すならば——確かに得られるものがある．事実，有限集合論自身が数についての理由づけの能力を有している．これについては第 9 章で説明しよう．

## *離散的か連続的か？

果たして物理的な世界は離散的なのか連続的なのか？　組合せ論の人たちは現代物理学の歴史——原子の発見以降——を引用するのを好むようである．すなわち，それは，世界が基本的には離散的であって数学は基本的には組合せ論的であ

るべきである，と実証しているのだとする．それはそうであるとしたうえで，連続性の信奉者はそれでも，組合せ論がどのように連続的な構造の内部を見通すような視野を与えているのかを賞味することができる．シュペルナーの補題によるブロウウェルの不動点定理の証明は離散の数学と連続の数学の間の共同作業の素晴らしい例である．

このような例は，本来連続関数の理論であるトポロジーで普通にお目にかかることなのだが，歴史的には組合せ論の枝葉末節に属する．オイラーの多面体公式は最初は離散的な対象，有限個の頂点で決定される「多面体」に対して証明された．多面体の「辺」は単に頂点の対として，またその「面」は（「面の境界の道」としての）辺の列として見ることができる．しかしながら，この公式は球面と連続的に1対1に対応する曲面に対しても正しい．ただし，「辺」は曲面上の任意の連続した弧で端点以外では交わらないものであり，「面」は曲面から辺を取り除くことによって得られる［連結した］断片である．潜在する曲線群の複合体として曲面が与えられたとき，オイラーの公式 $V - E + F = 2$ は，その離散的な先行者の導きがなければ，まずもって見抜かれることなどあり得なかったろう．

もちろん，今日の代数的トポロジー全体としての広大な分野は，その存在を，とりわけても輝ける例としてオイラーの多面体公式が挙げられるように，先駆者「組合せトポロジー」が設営してきた要因に負っている．ポアンカレは代数的トポロジーの主題を驚くほど長大な論文 Poincaré (1895) によって創出した．その中で彼は離散的構造についての幾つかの定理から連続的構造についての結論を大胆に描いて見せた．ポアンカレはある連続的な多様体には一つの組合せ的な構造が付与され得ることを証明しようと試みた．しかしポアンカレの結論のすべてが正当化されるまでには，例えばブロウウェルのような他の数学者たちの20年にもわたる仕事の積み重ねが必要とされた．

## *無限グラフ理論

ケーニヒの無限性補題は，すでに7.9節と7.10節で見たように，解析学とトポロジーにおける幾つかの重要な構造物の基礎となっている．さらに一般的には，ケーニヒ自身も論文 König (1927) で述べているように，それは有限であるもの

から無限であるものにたどり着く理由づけの方法である．彼が例示するところでは，**もしすべての平面的グラフが四色で塗り分けられるなら，すべての無限グラフについてもそれは正しい．**これは当時はまだ解かれていなかった四色問題との関連に対するものであった．この地図の塗り分け問題は，与えられた地図$M$のそれぞれの領域に一つの頂点を取り，二つの頂点を，もしそれらが属する領域が$M$において共通の境界線で隣り合っているときに辺で繋ぐことによって，グラフの頂点の塗り分け問題に移し変えられる．結果として得られるグラフ$G$は，平面上に辺が交わらないように描かれるから平面的であり，そして$G$の頂点が四色で塗り分けられるための必要十分条件は$M$の領域がそのようにできることである．

一枚の地図の例とそれに対応するグラフが図7.17で与えられている．頂点の数字は対応する地図の領域の色を代表している．

有限から無限への移行は次のように行われる．頂点が$v_1, v_2, v_3, \ldots$の平面的無限グラフ$G$が与えられたとき，頂上に位置する頂点$v_0$を持つ無限木$T$が，この頂点の下に順次頂点$v_1, v_2, v_3, \ldots$のそれぞれに四色に対応した標識$1, 2, 3, 4$を付けた**レベル**を配置していくことで構成される．この目的は$G$の四色による塗り分けのすべての可能性を$T$の頂点を四色で塗り分けることによって表示することである．木$T$の最初の三段のレベルが図7.18で与えられている．各頂点はその下に繋がれた四つの頂点を持っているから，それは有限の結合価を持っている．図7.18の太線の辺の道は$v_1$が色2を持ち，$v_2$が色1を持つような塗り分けを表している．

次に**この木$T$の剪定**を行う．そのやり方は，最初の$n$番目のレベルまでの頂点$v_1, v_2, \ldots, v_n$の色分けのうちで適切でない道，すなわち，二つの隣り合って

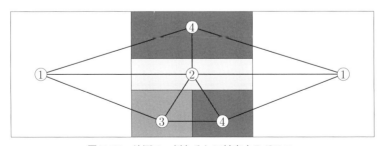

**図7.17** 地図の一例とそれに対応するグラフ．

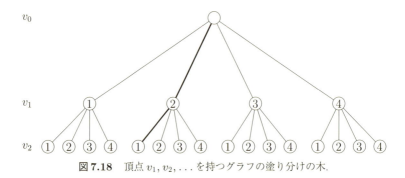

**図 7.18** 頂点 $v_1, v_2, \ldots$ を持つグラフの塗り分けの木.

繋がっている頂点に同じ色が与えられているもの，を順次止めてしまう．この剪定を施したあとも**木はまだ無限である**．なぜなら，仮定から，有限個の頂点 $v_1, v_2, \ldots, v_n$ を持つ有限グラフは適切な塗り分けを持っているからである．したがって，ケーニヒの無限性補題から，剪定された木には無限の道が存在する．この道は無限グラフ $G$ の適切な四色による塗り分けの存在を示している．

　最近の何十年かで，論理学者たちはケーニヒの無限性補題が数学的な理由づけの一つの基本的な原理であることを示してきた．何故にそうであるのかについては 9.9 節でさらにはっきりと説明される．

# 8

~

# 確　率

## あらまし

　　　率論は組合せ論と似て大きい分野であり，その方法も多くが数えられ，主
**確** 題となる事柄は豊かな多様性を有している．ではあるが，確率論が初等的
なところから高等的なものへと進化する様子を見たいなら，ただ一つの問題を追
いさえすればよい．それには $n$ 個のコイン投げがもたらすものを記述することで
ある．まず実験的な仕組み，**ゴールトン板**（Galton board）から始めよう．これ
は穏当な $n$ の値に対する $n$ 個のコイン投げの結果を収集して表示するものであ
り，**二項確率分布**を物理的に実現するものである．ただしこの名前は $n$ 個のコイ
ンを投げたときに $k$ 個が表の面になる確率が $\binom{n}{k}$ に比例することから来ている．

　次に，反復コイン投げに関わる最も簡単な問題，**賭博師の破産**問題を解く．こ
れは組合せ論においてもまた興味ある方法，**再帰関係**に関わっている．

　続いて，コイン投げを**ランダムウォーク**の視点から見る．ここでは表（head）
の回数から裏（tail）の回数を引いた数が直線に沿って——各試行ごとに，表が
出るたびに $+1$，裏が出るたびに $-1$ 　「歩む」．そして，$n$ 回の試行を続ける
場合に，この数が，絶対値において平均的には $\leq \sqrt{n}$ であることを代数学によっ
て示す．この $\sqrt{n}$ は大きい $n$ に対してはかなり小さいから，この結果が示唆する
ところは，一つの「大数の法則」，すなわち，表が出るのはおそらく試行の回数
の「ほぼ半数」を占めるということである．この法則の精密な命題は，**平均値**，
**分散**，**偏差値**の概念を用いて，8.4 節で証明される．

最後に 8.1 節で導入した二項分布に戻る．一応 8.5 節では，証明抜きではあるが，二項係数 $\binom{n}{k}$ を $k$ の関数と見るときの「形」が $n$ を増加させる場合にどのように曲線 $y = e^{-x^2}$ に近づくかが議論される．このように確率論は，特に $n \to \infty$ のときの極限概念に依拠する点で解析学に似ている．これは，解析学が絵模様に入り込んでくるときに一般に見せる高等確率論の有り様の明白な兆候である．

## 8.1 確率と組合せ

組合せ論の「数える」という側面は有限確率論において非常に有用である．そこでは一つの出来事の確率が，望ましい場合の個数を数え上げてすべての場合の個数と比較することによって見出される．例えば，2個のサイコロを投げたときに出た目の和が12になる確率は1/36である．なぜなら，（両方の目が共に6であるという）1件の好ましい場合に対して総数としては36通りの場合があるからである．他方，出た目の和が8になる確率は5/36である．なぜなら，合計で5件の好ましい場合があるからである．すなわち，一方のサイコロの目と他方の目の合計が8になるのは $2+6$, $3+5$, $4+4$, $5+3$, $6+2$ の5通りの場合があるからである．ただし，それぞれの和の表示において，最初の数字が一番目のサイコロの目であり，二番目の数字が二番目のサイコロの目である．

もっと洗練された数え方にはしばしば二項係数が絡んでくる．一つの例——「得点の問題」あるいは賭け金の分配——をすでに 1.7 節で取り上げた．もう一つの例は，確率に関する強烈な視覚的印象を与える，いわゆる**ゴールトン板** (Galton board) である（図 8.1 は一つの簡略化されたモデルを示している）．筆者はこの仕掛けをボストンの科学博物館で1960年代の遅くに初めて目にした．おおもとのサンプルはフランシス・ゴールトン卿 (Sir Francis Galton) 自身によって1873年に設計されたもので，ロンドンのユニヴァーシティー・カレッジにある．この仕掛けは板に釘が果樹園の木のように規則的に打ち付けられたものである．この板は釘が格子模様を描くように垂直に立てられており，いくつもの玉が頂点の釘に落とされ，釘に当たっては左や右にランダムに跳ねながら落ちていく．左や右への跳ね具合は同じ確度であると前提され，玉は最下段の釘の列

8.1 確率と組合せ · 307

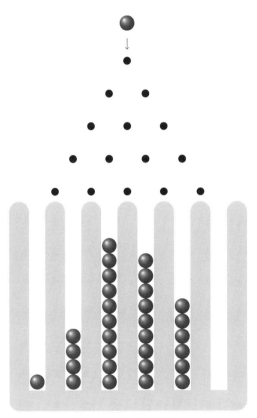

図 8.1　ゴールトン板.

の下に受け口を持つ容器内に落ちるが，それぞれの容器に導くような道の個数に比例した確率に従う．

さて $n$ 番目の行の $k$ 番目の釘へ導く道の個数はまさしく $\binom{n}{k}$ に他ならない．これは数学的帰納法によって見ることができる．実際，まず1行目にあるただ一つの釘への道はただ一つである．そして，どの釘 $p$ に対しても，$p$ への道の個数は $p$ のすぐ上の左または右の釘への道の個数の和である（なぜなら，球はこれらの釘に弾かれることによってのみ釘 $p$ に当たるからである）．ところがこれは正しく「パスカルの三角形」を生成する規則に他ならない．したがって，その道の個数は二項係数そのものである．図 8.2 は最初の幾つかの行にある釘にそれに至る道の個数を記したものである．

以上から，もし $n$ 個の容器が $n-1$ 番目の行の空きの下に（左側の「空き」と右側の「空き」を含めて）設置されているならば，このときは容器 $k$ への道の個数は $\binom{n}{k}$ である．したがって，容器 $k$ の中に玉が落ちる確率は $\binom{n}{k}$ に比例する．

この確率の分布——容器 $k$ に入る確率が $\binom{n}{k}$ に比例するもの——は**二項分布**と呼ばれる．この分布は，結果が多数のランダムな要因に依拠するような多くの状況において，驚くほど高い精度で見出される．例えば，成人女性の身長とか，大学進学適正試験 SAT（Scholastic Aptitude Test）における学生の得点などは，共に二項分布に近いものに従っている．このように，二項係数は確率論においても組合せ論におけるのと同様に基本的である．

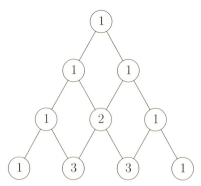

**図 8.2** それぞれの釘への道の個数．

## 8.2 賭博師の破産

その起因からも当然のことながら,確率論には賭け事に動機を持つ多くの問題がある.やはり組合せ的にも興味深いのが**賭博師の破産**問題である.この問題の単純なものの一つは次のように与えられる.一人の賭博者が一つのコインを投げた結果に対して毎回 1 ドルを賭け,彼の手持ちが 0 ドルないしは 100 ドルになるまで続けるとする.もし $n$ ドルの元手で始めるときに,彼が破産する確率はいくらであるか?

元手 $n$ ドルで始めたときにこの賭博者が破産する確率を $P(n)$ と表す.したがって,$P$ の値については,まず

$$P(0) = 1 \quad \text{および} \quad P(100) = 0$$

である.さらに $P(k)$ が $P(k-1)$ と $P(k+1)$ にどのように関係しているのかを述べることができる.すなわち,手持ちの $k$ ドルは次には同じ確率で $k+1$ ドルになるか $k-1$ ドルになるかのどちらかであるから,

$$P(k) = \frac{P(k+1) + P(k-1)}{2} \qquad (*)$$

である.

さて,$(*)$ は**線型回帰関係**の一例であり,解を得るための標準的な手法が知られている.(読者はこの手法を信頼してよいだろう.というのも,得られる結果は別途独立したやり方で確認される.申し添えれば,この方法は解を**推定する**ためのものであり,得られた結果はそのあとで正しいことが証明される.)

1. まずこの回帰関係に $P(n) = x^n$ を代入し,得られた多項式による方程式をどのような $x$ の値が満たすかを見る.関係式 $(*)$ から

$$x^k = \frac{x^{k+1} + x^{k-1}}{2}$$

が得られ,よって,

$$2x^k = x^{k+1} + x^{k-1}.$$

そこで両辺を $x^{k-1}$ で割れば，
$$x^2 - 2x + 1 = 0$$
となるから，重根 $x = 1$ が得られる．

2. 重根の場合は，二番目の解として $P(n) = nx^n$ の値を取る．よって $(*)$ の二つの解 $P(n) = 1^n = 1$ と $P(n) = n1^n = n$ が得られる．
3. この回帰関係は線型であるから，一つの解の定数倍も，二つの解の和もまた解になる．ここでは，$(*)$ の解として
$$P(n) = a + bn \quad (a と b は定数)$$
が得られる．
4. 知られている $P(n)$ の値を代入して二つの定数を決定する．この場合，$P(0) = 1$ によって $a = 1$ を得，さらに $P(100) = 0$ から $b = -1/100$ を得る．

このようにして $P(n) = 1 - \frac{n}{100}$ が得られ，この解が既知の値と回帰関係 $(*)$ を実際に満たしていることを確認する． □

**注意．** この線型回帰関係に対する方法は $n$ 番目のフィボナッチ数 $F_n$ に対する公式を見出すためのもう一つの方法を与えてくれる．この公式はすでに 7.3 節において生成関数の助けを借りて求めておいた．

数列 $F_n$ の二つの値と回帰関係はすでに知られている．すなわち，
$$F_0 = 0, \quad F_1 = 1, \quad F_{k+2} = F_{k+1} + F_k.$$

上の方法を用いて，まず $F_n = x^n$ と置いて回帰関係の解を求める．これを回帰関係式に代入し，
$$x^{k+2} = x^{k+1} + x^k$$
が得られるから，方程式
$$x^2 - x - 1 = 0$$
が得られ，その根として
$$x = \frac{1 \pm \sqrt{5}}{2}$$

が得られる．

したがって，$F_{k+2} = F_{k+1} + F_k$ の一般解は

$$F_n = a\left(\frac{1+\sqrt{5}}{2}\right)^n + b\left(\frac{1-\sqrt{5}}{2}\right)^n$$

である．そこで $F_0 = 0$ と $F_1 = 1$ を用いて $a$ と $b$ を求めて，以前と同様の結果，すなわち

$$F_n = \frac{1}{\sqrt{5}}\left[\left(\frac{1+\sqrt{5}}{2}\right)^n - \left(\frac{1-\sqrt{5}}{2}\right)^n\right]$$

が見つけられる．

## 8.3 ランダムウォーク

数学と物理学に共通して見られる過程に**ランダムウォーク**がある．これは歩幅あるいは方向においてまったく統制されていない（ランダムな）歩みの列をいう．この節では最も簡単な場合，歩みはすべて一歩の長さが1であるが，直線上に沿った進行の方向が無作為（ランダム）であるもの，すなわち，ランダムに正または負であるもの，を調べる．この場合は，まっとうなコインを投げ続けるなかでの（表が出る回数から裏が出る回数を引いた値の）数の動向のモデルでもある．というのは，この差が $+1$ の，または，$-1$ の変化をするのが等しく起こり得るからである．

基本的な問題は次のようになる：$n$ 回のランダムウォークの歩みで到達した地点までの原点からの距離について，期待される値はいかほどになっているであろうか？　本の直線に沿っての歩み　**1次元ランダムウォーク**　については，それに関連する問題に解答を与えるのは容易である．

**ランダムウォークの期待される到達点の距離の平方．**一歩が単位の長さである1次元ランダムウォークにおいて，$n$ 回の歩みのあとの原点 $O$ からの距離の平方の平均値は $n$ である．

**証明．**ランダムウォークの $n$ 回の歩みをそれぞれ $s_1, s_2, \ldots, s_n$ とする．ここで

$s_i = \pm 1$ であり，またこれらすべての歩みの最終的な到達点は $s_1 + s_2 + \cdots + s_n$ である．この最終地点の $O$ からの距離 $|s_1 + s_2 + \cdots + s_n|$ を求めるために，その平方

$$(s_1 + s_2 + \cdots + s_n)^2 = s_1^2 + s_2^2 + \cdots + s_n^2 + (i \neq j \text{ のすべての } s_i s_j \text{ の和})$$

を考察する．この到達距離の平方の**期待値**は，値 $s_i = \pm 1$ の長さ $n$ の列のすべてにわたる $(s_1 + s_2 + \cdots + s_n)^2$ の平均値である．なぜなら，こういった列のいずれもが等しく起こり得るからである．

この平均値を求めるために，

$$(s_1 + s_2 + \cdots + s_n)^2 = s_1^2 + s_2^2 + \cdots + s_n^2 + (i < j \text{ のすべての } 2s_i s_j \text{ の和})$$

の値を $2^n$ 個の値の列 $(s_1, s_2, \ldots, s_n)$ のすべてにわたって足し合わせる．このとき，$s_i = \pm 1, s_j = \pm 1$ であり，$i \neq j$ である $s_i s_j$ の値は $s_i$ と $s_j$ が同じ符号のときに $1$ になり，異なる符号のときに $-1$ になる．これら二つの可能性は値の列 $(s_1, s_2, \ldots, s_n)$ 全体では等しく生じる．よって $s_i s_j$ の値は打ち消し合い，結局 $s_1^2 + s_2^2 + \cdots + s_n^2$ の平均値を求めればよい．この和は，もちろん $s_i$ の符号にはよらず，$s_1^2 + s_2^2 + \cdots + s_n^2 = n$ であり，よってその平均値はやはり $n$ に等しい．

したがって $(s_1 + s_2 + \cdots + s_n)^2$ の値の期待値は $n$ である． □

ところが，残念なことに，到達地点の $O$ からの距離 $|s_1 + s_2 + \cdots + s_n|$ の平均値はその平方の平均値の平方根 $\sqrt{n}$ **ではない**．例えば，二歩のランダムウォークの到達距離の平均値は $1$ であって $\sqrt{2}$ ではない．なぜなら，到達距離が $2$ の歩みが $2$ 個と到達距離が $0$ の歩みが $2$ 個あるからである．しかしながら，到達距離の平均値が $\sqrt{n}$ で**抑えられる**ことは証明できる．事実，次の不等式が成り立つ．

**平均値と平方．** もし $x_1, x_2, \ldots, x_k \geq 0$ であるならば，$x_i^2$ の平均値は $x_i$ の平均値の平方よりも大きいか等しい．

**証明．** 証明すべきことは

$$\frac{x_1^2 + x_2^2 + \cdots + x_k^2}{k} \geq \left(\frac{x_1 + x_2 + \cdots + x_k}{k}\right)^2,$$

あるいは，同値の

$$k(x_1^2 + x_2^2 + \cdots + x_k^2) - (x_1 + x_2 + \cdots + x_k)^2 \geq 0$$

である．さて，

$$k(x_1^2 + x_2^2 + \cdots + x_k^2) - (x_1 + x_2 + \cdots + x_k)^2$$
$$= k(x_1^2 + x_2^2 + \cdots + x_k^2) - [x_1^2 + x_2^2 + \cdots + x_k^2 + (i \neq j \text{ すべての } x_i x_j \text{ の和})]$$
$$= (k-1)(x_1^2 + x_2^2 + \cdots + x_k^2) - (i \neq j \text{ のすべての } x_i x_j \text{ の和})$$
$$= (k-1)(x_1^2 + x_2^2 + \cdots + x_k^2) - (i < j \text{ のすべての } 2x_i x_j \text{ の和})$$
$$= (i < j \text{ のすべての } (x_i^2 + x_j^2) \text{ の和}) - (i < j \text{ のすべての } 2x_i x_j \text{ の和})$$

（なぜなら $i < j$ の項 $(x_i^2 + x_j^2)$ の総和はそれぞれの $x_i^2$ を $k-1$ 個含む．
すなわち，それは自分自身と異なる $k-1$ 個の添字と対になっている．）

$$= (i < j \text{ のすべての添字にわたる } x_i^2 - 2x_i x_j + x_j^2 \text{ の和})$$
$$= (i < j \text{ のすべての添字にわたる } (x_i - x_j)^2 \text{ の和})$$
$$\geq 0. \quad (\text{求められるべき結果．}) \qquad \square$$

さてコイン投げの系列に戻ろう．この定理を，$n$ 回のコイン投げの列 $s_1, s_2, \ldots, s_n$ において，表が出る回数と裏が出る回数の差 $[x_i = |s_1 + \cdots + s_n|, k = 2^n]$ に適用すると，その期待される数値は（符号を無視したとき）高々 $\sqrt{n}$ であることを示している．大きい $n$ の値に対しては，$\sqrt{n}$ の値は $n$ と比べれば小さいから，これが，期待される表が出る回数はすべてのコイン投げの回数の「およそ半分」であるということの精密な意味である．これはいわゆる**大数の法則**の弱い形である．この結果は以下の二つの節でさらに強化される．

# 8.4 平均値，分散，標準偏差

前節の計算は確率論の幾つかの重要な概念を光の中に浮かび上がらせる．この $n$ 回の歩みの 1 次元ランダムウォーク $s_1, s_2, \ldots, s_n$ で，各 $s_i = \pm 1$ であるものは総数で $2^n$ 個あるから，それらは，各 $s_i$ がそれぞれに値 $+1$ ないし $-1$ を取っていくことによって，$2^n$ 通りの移動

$$s_1 + s_2 + \cdots + s_n$$

を与える．これらの $2^n$ 通りの可能な歩みにわたる平均値は，もちろん 0 である．

この平均値は**平均変位**（mean displacement）と呼ばれる．

平均変位は，一組の歩みの結果における到達点の $O$ からの距離を見ようとする場合には何も語らないが，そのためには

$$|s_1 + s_2 + \cdots + s_n|$$

の値の平均値が必要となる．この平均値そのものに対する公式は見出せなかったが，

$$(s_1 + s_2 + \cdots + s_n)^2$$

の値の平均値が $n$ であることは示すことができた．この平均値は，変位が平均からどれほど幅広く分散しているのかを見る尺度を与えており，**分散**と呼ばれる．実は，分散の平方根（この場合は $\sqrt{n}$ ）は**標準偏差**と呼ばれる．そして前節の平均値と平方を結びつける不等式は

$$|s_1 + s_2 + \cdots + s_n| \text{ の平均値 } \leq \text{ 標準偏差} \sqrt{n}$$

を与える．

これらの概念は実数の列 $x_1, x_2, \ldots, x_k$ に対して次のように一般化される．

**定義**．実数の列 $x_1, x_2, \ldots, x_k$ の**平均値** $\mu$ は

$$\mu = \frac{x_1 + x_2 + \cdots + x_k}{k}$$

で与えられる．また**分散** $\sigma^2$ は

$$\sigma^2 = \frac{(x_1 - \mu)^2 + (x_2 - \mu)^2 + \cdots + (x_k - \mu)^2}{k}$$

で与えられる．さらに**標準偏差** $\sigma$ は

$$\sigma = \sqrt{\frac{(x_1 - \mu)^2 + (x_2 - \mu)^2 + \cdots + (x_k - \mu)^2}{k}}$$

で与えられる．

ある値 $x_i$ が平均から離れている確率を一つの標準偏差よりももっと多くのものによって評価するとても簡単な不等式がある．この不等式を述べるために，記

号 $P(x_i)$ によって $x_i$ が生じる確率を表す.といっても,ここでは $P(x_i) = 1/k$ である場合(すなわち,$k$ 回の同じ確度で生じる現象の結果として $x_i$ が得られる場合,例えば,$k = 2^n$ のすべてに対する $n$ 回のランダムウォーク $w_i$ の変位のような場合)のみを取り上げる.この場合は,

$$\sigma^2 = \frac{(x_1 - \mu)^2 + (x_2 - \mu)^2 + \cdots + (x_k - \mu)^2}{k}$$
$$= (x_1 - \mu)^2 P(x_1) + (x_2 - \mu)^2 P(x_2) + \cdots + (x_k - \mu)^2 P(x_k)$$

と表される.

**チェビシェフの不等式.** もし $x$ が数列 $x_1, x_2, \ldots, x_k$ に現れる数で,この数列の平均値が $\mu$,分散が $\sigma^2$ であり,さらにもし $t > \sigma$ であるならば,$|x - \mu| \geq t$ である確率について,不等式

$$\text{prob}(|x - \mu| \geq t) \leq \frac{\sigma^2}{t^2}$$

が成り立つ.

**証明.** いま $x$ が値 $x_i$ を取る確率 $P(x_i)$ が与えられているとして,

$\text{prob}(|x - \mu| \geq t)$

$= (|x_i - \mu| \geq t$ であるような項 $P(x_i)$ の和)

$\leq (|x_i - \mu| \geq t$ であるような項 $\dfrac{(x_i - \mu)^2}{t^2} P(x_i)$ の和)

なぜなら,$|x_i - \mu| \geq t$ なら $\dfrac{(x_i - \mu)^2}{t^2} \geq 1$ であるから,

$\leq \dfrac{\sigma^2}{t^2}$

なぜなら,$\sigma^2 = (x_1 - \mu)^2 P(x_1) + (x_2 - \mu)^2 P(x_2) + \cdots + (x_k - \mu)^2 P(x_k)$.
□

上記において,絶対値記号を取り除くために条件 $|x_i - \mu| \geq t$ の平方を取ったことを通して分散が証明の中に現れたことに注意すること.

そこで $x_i$ が $i$ 番目の $n$ 回のランダムウォークにおける変位である例に戻ろう．この場合は $\mu = 0, \sigma = \sqrt{n}$ であった．チェビシェフの不等式によれば，一組のランダムウォークで到達する最終地点の $O$ からの距離，すなわち，このウォークの長さが，$t > \sigma$ に対して，$\geq t$ であるような確率は $\leq \sigma^2/t^2$ である．

したがって，$n = 100$ のウォークに対しては，$\sigma = 10$ であり，

$$\text{長さが} \geq 20 = 2\sigma \text{のウォークの確率は} \leq \sigma^2/(2\sigma)^2 = 1/4,$$
$$\text{長さが} \geq 30 = 3\sigma \text{のウォークの確率は} \leq \sigma^2/(3\sigma)^2 = 1/9,$$
$$\text{長さが} \geq 40 = 4\sigma \text{のウォークの確率は} \leq \sigma^2/(4\sigma)^2 = 1/16,$$

である．さらに，$n = 10000$ の歩みに対しては，$\sigma = 100$ であり，

$$\text{長さが} \geq 200 = 2\sigma \text{のウォークの確率は} \leq \sigma^2/(2\sigma)^2 = 1/4,$$
$$\text{長さが} \geq 300 = 3\sigma \text{のウォークの確率は} \leq \sigma^2/(3\sigma)^2 = 1/9,$$
$$\text{長さが} \geq 400 = 4\sigma \text{のウォークの確率は} \leq \sigma^2/(4\sigma)^2 = 1/16,$$

である．これはより精緻な「大数の法則」を示唆しており，この考え方を，「最も多くの」ランダムウォークは「小さい」長さを持っている，というようにまとめることが可能である．この考え方は次の節で追求しよう．

## ランダムウォークとコイン投げに対する大数の法則

ランダムウォークで歩数 $n$ を持つもの全体に対しては $\sigma = \sqrt{n}$ であるから，長さが $\geq m\sigma = m\sqrt{n}$ であるようなウォークの確率は，チェビシェフの不等式から，$\leq 1/m^2$ である．よって，どのように与えられた正の $\varepsilon$ に対しても，$m$ を適当に大きく選べば，この確率が $\varepsilon$ よりも小さくなるようにできる．実際，$m > 1/\sqrt{\varepsilon}$ に取ればよい．そしてこのとき，もしウォークの全歩数 $n$ が適当に大きければ，長さ $m\sqrt{n}$ を歩数 $n$ で割ったものは任意に与えられた小さい正数 $\delta$ よりも小さくなる．実際，$n > m^2/\delta^2$ が成り立てばよい．

さてもしこのランダムウォークが，コイン投げの繰り返しから，表が出れば直線に沿って $+1$ だけ一歩移動し，裏が出れば $-1$ だけ一歩移動するもの，として与えられているならば，長さ $m\sqrt{n}$ を歩数 $n$ で割ったものを $\delta$ よりも小さくす

ることは，表が出る回数と裏が出る回数の差を $\delta n$ よりも小さくすることと同値である．したがってこの場合，表の割合と $1/2$ との差は $\delta/2$ よりも小さくなる[†]．以上をまとめて，次が得られる．

**コイン投げに対する大数の法則．** 与えられた $\varepsilon > 0$ と $\delta > 0$ に対して，数 $N$ で次のようなものが存在する．コイン投げの $n$ 回の繰り返しにおいて，$n > N$ であるならば，表が出る割合の $1/2$ との差が $\delta$ よりも大きくなる確率は $\varepsilon$ よりも小さい． □

これは「弱い」形の大数の法則と呼ばれている．というのは，同じ方向性を持ったより強い結果が多く存在するからである．しかしながら，この例は次のような考え方の芽を与えている．もし一つの出来事が達成される確率が $p$ であるならば，次のような期待が精密な意味のもとで証明されるだろう：「大規模に行われる」試行のうちの成功の割合はおそらく $p$ に「近い」だろう．

## 8.5 *ベル（鐘形）曲線

大数の法則は確率論における**極限過程**の重要性を示している．大きい回数の試行の正味の結果（例えばコイン投げの試行の列において表が出る割合といったもの）がそれに応じた意味で極限へ向かうことを期待させるし，またその証明もできる．もっと見応えのある例としては，確率の全体的な**分布**の状況（すなわち，$n$ 回のコイン投げにおいて表が $k$ 回出る確率のすべての $k$ にわたる考察）は試行回数が無限に向かうときに連続的な分布に向かっていく傾向が見られる．これは二項係数 $\binom{n}{k}$ の $n$ が大きい値，例えば $n = 100$ のときにも観察される（図 8.3）．

この場合は 8.1 節で紹介したゴールトン板の数学的なモデルに当たる．二項係数のグラフがベル（鐘）の形状の連続的な曲線に近づくのは明らかであろう．この曲線は，座標軸の目盛が適切に選ばれれば，事実，図 8.4 に示された曲線 $y = e^{-x^2}$ と同じ形をしている．この曲線によって代表される確率分布は**正規分布**と呼ばれる．

---

[†] 訳注：表の回数を $h$ とすると裏の回数は $n - h$ であり，両者の差は $h - (n - h) = 2h - n$ である．よって $|2h - n| < \delta n$ は，両辺を $2n$ で割って，$|h/n - 1/2| < \delta/2$ と同値である．

318 · 第 8 章 確率

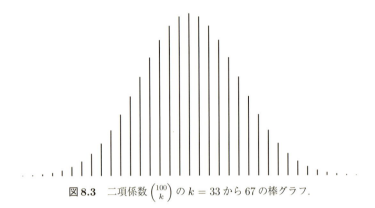

図 **8.3** 二項係数 $\binom{100}{k}$ の $k=33$ から $67$ の棒グラフ．

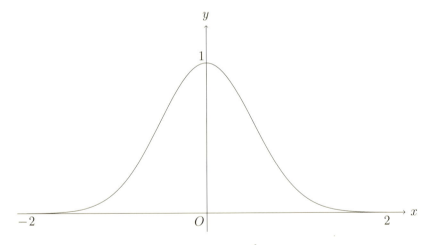

図 **8.4** ベル曲線 $y = e^{-x^2}$ のグラフ．

8.5 *ベル（鐘形）曲線 · 319

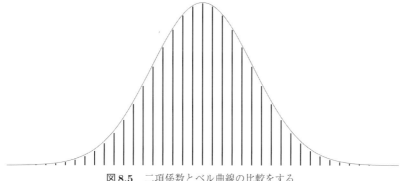

図 8.5 二項係数とベル曲線の比較をする．

問題の二つの図形は，図 8.5 で比べられており，この曲線が $n = 100$ のときの二項分布といかにうまく適合しているかを示している．

二項係数のグラフが $y = e^{-x^2}$ のグラフに素晴らしいまでに収束することはド・モアヴルによって発見され，de Moivre (1738) で発表された．

この結果のさらに正確な説明は次のようになる．

**二項分布の収束．** 二項係数 $\binom{n}{k}$ のグラフは，高さの最大値を 1 とし，その曲線の下の面積を 1 とするように目盛を設定すれば，$n \to \infty$ のときに

$$y = \frac{1}{\sqrt{\pi}} e^{-x^2}$$

に近づいていく． □

証明はとても巧妙であり，初等的だとは考えられないから，詳細の記述は行わない．しかし，それはそれぞれに独自に興味を惹く二つの事実と関係しており，しかもそれらは共に初等的な世界にとても近いところにある．後述の 10.7 節で二番目の事実（ウォリスの積）は二項分布が $\frac{1}{\sqrt{\pi}} e^{-x^2}$ への収束を確立するのに実際十分であることを示す．

1. 漸近公式

$$n! \sim A\sqrt{n} \left(\frac{n}{e}\right)^n$$

が成り立ち，これは $n \to \infty$ のときに

$$\frac{n!}{\sqrt{n}\left(\frac{n}{e}\right)^n} \to 定数 A$$

であることを意味している．この公式はド・モアヴルによって発見され，二項係数 $\binom{n}{k} = \frac{n!}{k!(n-k)!}$ を $n \to \infty$ のときに近似するために用いられた．

2. **ウォリスの積**

$$\frac{4}{\pi} = \frac{3 \cdot 3 \cdot 5 \cdot 5 \cdot 7 \cdot 7 \cdots}{2 \cdot 4 \cdot 4 \cdot 6 \cdot 6 \cdot 8 \cdots}$$

はウォリスによって発見され，Wallis (1655) で発表された．この公式はスターリングの著書 Stirling (1730) によって $n!$ のためのド・モアヴルの公式の定数 $A$ を見つけるために用いられた．その結果の

$$n! \sim \sqrt{2\pi n}\left(\frac{n}{e}\right)^n$$

はスターリングの公式として知られている．

この驚くべき公式は，幾何学が数 $\pi$ を自家薬籠中のものとしているわけではないことを示している！　この数は等しく確率論（ばかりか，組合せ論と算術）にも属している．

## 8.6　歴史的な雑記

確率論は，何世紀も前のこと，まず賭け事と結びついていたが，賭け事自身と同じように古いというわけではなかった．賭け事の方はサイコロやカードのゲームでの多様な結果から確率についての直感を発展させた──しばしばとても正確であった──のだが，確率に関する**理論**となると，1500 年頃まではまったく存在していなかった．この背景には，間違いなく，賭け事師たちの間に見られる迷信とでもいうものがあった．例えば，コインの表が続いて出たあとでは裏が出やすいだろうといった確信があった．こういった迷信は明らかに確率についての科学的な理論などを封じ込めてしまうのに大いに働いた．しかし科学者たちでさえ「偶然」の「法則」というようなものがあることに疑念を感じていただろう．これら二つの概念が両立するとは思えない．

8.6 歴史的な雑記 · 321

　最初の確率計算の幾つかは16世紀にイタリア人代数学者ジロラーモ・カルダーノよってなされた．彼は偶然のゲームについての著作『偶然のゲームについての本（Liber de ludo aleae）』を1550年頃に書いたが，これは1663年までは出版されなかった．その中で彼は幾つかの初等的な組合せを用いてそこからの帰結を数値化した．もちろん同程度の蓋然性を前提としており，理論的な確率の計算を正しく行った嚆矢となった．しかしまた彼は幾つかの間違いも犯し，「得点の問題」（終えることができなかったゲームの賭け金の分配）を解くことはできなかった．この問題はパチオーリによって Pacioli (1494) で初めて提起された．有名な数学者ではなかったが，パチオーリは経理から魔術に至るまでの主題について重要な寄与を果たした．彼は素晴らしい数学関連の肖像画に納まったが（図8.6），これはジャコポ・デ・バルバーリが描いたとされている．

　すでに 1.7 節で触れたが，パスカルが得点の問題を Pascal (1654) において二項係数の助けを借りて解いた．彼はこの問題をフェルマとの往復書簡の中で議論している．明らかにフェルマも独立にその解答を知っており，また二項係数を数

図 8.6　ルカ・パチオーリの肖像画，1496年頃．

論における問題を解くために用いていた（7.2 節を参照）．おそらくは得点の問題を自分自身で解いていたと思われるもう一人を挙げればオランダの数学者クリスティアーン・ホイヘンスである．彼はその体系的な取り扱いを 1657 年に出版された自分の著作『偶然のゲームにおける計算（De ratiociniis in aleae lido）』に盛り込んだ．この本で，彼は多くの有限確率論の問題を正しく解いており，そのなかには賭け師の破産問題に関する大仕事が含まれている（彼の 5 番目の問題）．ホイヘンスの本の出版によって，初等的な有限確率論がついに真っ当な基礎を得ることとなった．

ホイヘンスの本はヤコブ・ベルヌーイにとっての出発点であった．彼はそれを注釈を付けて復刻して自分の本『予想の技法（Ars conjectandi）』の最初の部分に据えた．ベルヌーイはこの本が出版されるのを待たずに 1705 年に死去し，それは最終的には彼の甥のニコラウス・ベルヌーイによって編集されて Bernoulli (1713) として印刷され，世に出た．その注釈はホイヘンスのアイデアをかなり展開させ，二項分布を記載して二項係数についての幾つかの結果を証明していたが，これによって大数の法則への道筋が整えられた．ヤコブ・ベルヌーイはこの法則を『予想の技法』の第 4 部で証明し，それを自分の「黄金色の定理」と呼んだ．彼はそれがどれほど重要であるかを認識しており，その理由を，一つの出来事の確率を，十分大きい回数の試行を行うことによって，いくらでも正確に，また任意の確かさで**推論する**ことを可能にするとしている（現在では彼の功績を讃えてこうした多数の試行を**ベルヌーイ試行**と呼んでいる）．

一つの例（これは事実ベルヌーイの時代に初めて調べられた）は新生児が男児である確率である．1629 年から 1710 年の間のロンドン市での出生記録がベルヌーイ試行として男児誕生の場合の推定調査に用いられた．その結果によると，男児対女児の誕生の比は 18 対 17 に非常に近かった．したがって，新生児が男児である確率は 1/2 **よりも大きい**ようであると結論づけられた．大数の法則は今日統計学として知られているものの始まりでもあった．しかしヤコブ・ベルヌーイの法則に欠けていたものは，本当の確率に迫っていることを保証するためには**どれほど多くの**試行が必要であるかという的確な推定であった．彼は幾つかの推定値を見つけていたが，それらは大きすぎて実用には向かなかった．そういったわけで，彼の発見の最も重要な部分は（多くの試行によって成功裏に推定されて本当の確率となる）極限の**存在**であり，その計算法ではなかった．利用可能な大数

## 8.6 歴史的な雑記 · 323

の法則への次の一歩は，ド・モアヴルによってなされた．

アブラハム・ド・モアヴルは 1682 年から 1684 年の間のフランスでの学生時代に初めて確率論に出会った．彼が 16 歳の頃である．彼はソーミュールで論理学を学んでいたが，自分でホイヘンスの本を手に取り，その後 1684 年にパリに移ってからはさらに数学を学ぶようになった．フランスのプロテスタントたちが 1685 年のナントの勅令の廃止によって多くの権利を失ったときに彼の学習が打ち切られ，1687 年にユグノー難民としてロンドンに移った．

ロンドンではド・モアヴルは指導的な数学者達の一人になった——ニュートンの友人であり，王立協会の会員であった——が，彼は大学での職を得られず，個人教師として生計を立てなければならなかった．彼は多くの時間を幾つかのコーヒーハウスで過ごし，そこでいくらかの指導教授を行い，お金のためにチェスをやり，賭博者たちからの質問に答えた．彼の確率論に関する重要な本『偶然の教理 (*The Doctrine of Chances*)』はまず 1718 年に出版され，増補版は 1738 年と 1756 年に出版された（ただし最後の版の出版は 1754 年の彼の死去のあとになされた）．この 1756 年版は彼の定理，二項係数のグラフの極限が適切に目盛を設定された「ベル曲線」$y = e^{-x^2}$ に収束すること，が含まれていた．彼はこの結果をまず私費出版された de Moivre (1733) で発表したが，1756 年版ではさらなる改善が施されていた．本書の第 10 章で初等的数学の限界を超えた幾つかの結果を例示する際に，ド・モアヴルの定理が 8.5 節で指摘したスターリングの定理やウォリスの定理とどのように関係しているかについてさらに述べることになる．

二項係数から関数 $e^{-x^2}$ に移る過程で，ド・モアヴルは**解析的**な確率論への決定的な動向を示した——この理論は微積分の概念と手法に依拠している．二項係数を（得点の問題を解くにあたって行うように）**加える**代わりに，ベル曲線の切片の**面積**を算出するのだが，これは与えられた値 $a$ と $b$ との間の積分 $\int_a^b e^{-x^2} dx$ を計算することに帰される．これは難しい問題である．というのは，$e^{-x^2}$ は初等関数の導関数ではないからである．果たしてこの積分の難しさによるものであるのか，当時の数学の周辺部に位置していたものに起源を持っていたことによるのかは筆者には判断できないが，しかしド・モアヴルのこの素晴らしい発見は，ついにガウスの Gauss (1812) やラプラスの Laplace (1812) において拡張され，新しい証明を与えられた．しかしそれまでは，知られることがないままに眠って

いた．ガウスとラプラスの高名さに与って，確率論と，特に正規分布は他の数学者達の注目を集めることになった．しかし，その分いささか不当な扱いを受けることにもなった．今では正規分布はド・モアヴルの名前に因むことなく「ガウスの」という冠を付けられている．

現今の視点からすれば，ド・モアヴルの極限定理はいわゆる**中心極限定理**の初版と見ることができる．この後者に至るまでの進化は20世紀まで続いた．事実，この定理はポリャによってPólya (1920)において初めて「中心」と呼称されるが，その理由は，それが確率論と統計学において中心的な役割を担っていることによる．この中心極限定理の歴史については，まるまる一冊の本Fischer (2011)がそれに当てられている．

## 8.7 哲学的な雑記

確率概念の意味については哲学者たちの間で随分と議論されてきたが，本書では幾つかの簡単な出来事についてそれらが等しく起こり得ると言い放ち，より複雑な出来事については，好ましい場合の個数のすべての場合の個数に対する比としてその確率を計算することで満足してきた．例えば，コイン投げの場合では表(H)ないし裏(T)が同じように起こり得ると（対称性，または「まっとうなコイン」と定義することによって）述べてきた．このことから，コインが二回投げられるときには，四通りの結果 HH, HT, TH, TT が同じように起こり得て，したがってきっかり一回だけ表が出るのは二つの場合であるから，ちょうど一回だけ表が出る確率は $2/4 = 1/2$ であるとした．

このように，本書の目的にとっては，確率は好ましい場合の個数とすべての場合の個数とを数えることに帰着され，これは組合せ論の問題になる．

哲学的な数学者にとって最も興味を惹かれる問題の一つに，「大きいこと」と「近いこと」を定義するという問題がある．例えば大数の法則は，コイン投げの試行を「大きい」回数だけ続けることとするならば，表が出る割合はそのような「ほとんどの」試行に対して $1/2$ に「近い」，と述べることだとされている．このような考え方を精密にすることは，実際には，「$1/n$ は $n$ が大きくなればゼロに

近づく」ことが何を意味するかを精密にするために微積分で**極限**の概念を定義することと同じところに行き着く.

このように, 有限確率論と微積分は極限の概念についての興味を分かち合い, 極限概念に習熟することに関しては, 確率論は一部の学生たちにとってはむしろよりよい理由を与える. いずれにしても, 二つの全く異なった意味合いで極限概念が生じてくることはその事例を初等的数学に含めることを後押しする.

初等確率論の限界を少しだけ超えてコイン投げの**無限回**の系列を考察すれば, その地平線上にある高等的な概念を覗き見ることができる. そこで**無限回**続いて表が出る現象を考えてみよう. この出来事は**起こりうる**ものではあるが, ある意味で「無限に起こりそうにない.」これを正確に表現するために, 無限回続いて表が出る事象は**確率ゼロ**を持っている, という. このように, 無限確率論においては, 確率ゼロというのは不可能を意味するわけではなく, 単に無限に起こりそうにないことを表す. 確率ゼロの事象のもう一つの例が次のように与えられる. ここに無限に鋭いダート (投げ矢) があり, それを投げれば平面上のただ一点に当たるとする. もしこのダートを無作為に投げれば, それが原点に当たることは起こりうるが, しかしこれが起こる**確率**はゼロである.

このダートを手にするときに, もう一つの疑問が生じる. このダートが有理点, すなわち, 点 $(p,q)$ で $p$ も $q$ も有理数であるようなもの, に当たる確率は何か? この確率もやはりゼロであることになるのであるが, その理由は第 9 章で議論しよう. もっと一般的に, 単位の正方形の集合 $\{(x,y) \mid 0 \leq x \leq 1, 0 \leq y \leq 1\}$ に含まれる任意の集合 $S$ にこのダートを投げるとしよう. 単位の正方形の面積は 1 であるから, $S$ の点に当たる確率はちょうど $S$ の面積になる. もし $S$ が単位の正方形の中の有理点全体の集合とすると, この $S$ の面積がゼロであることは数学的には正しい. これが, なぜこの特定の $S$ の点に当たる確率がゼロであるのかに対する理由である

一般に, 一つの集合に含まれる点に当たる確率について語ろうとすると, 点の集合の面積ないし**測度** (measure) の一般的な概念が必要となる. (測度の概念はまた高等的な微積分学にとっても, 複雑化した関数を積分するために必要となる. というのは, 関数の積分はそのグラフの下の領域の面積に等しいからである.) さらに上記のダーツが $S$ に当たる確率を語ることが意味を持っているかどうかを問わなければならない. なぜなら, 「$S$ の面積」は意味を持っていないか

もしれないからである．単位の正方形のすべての部分集合が意味のある面積を持つかどうかという問題は集合論と無限についての深い問題へと導き，それは**優れて高等的な数学**である．

# 9

## 論理学

### あらまし

　証明は，したがって論理は数学にとって本質的であるが，数学で用いられる論理は幾つかの特徴的な面を持っている．最も簡単な論理，**命題論理**は文章の真理値について，三つの言葉「および」(AND)，「または」(OR)，そして「でない」(NOT) に対するその効果を検討する．この論理は古典的な数学的記述を持っていることが分かるが，それは単に2を法とする（mod 2 の）算術であり，0 と 1 をそれぞれ「誤っている」と「正しい」を代表していると見る．

　しかし命題論理は数学にとっては十分な表現力を持っていない．そこでそれは，変数，量記号（「すべての $x$ に対して」と「一つの $x$ がある」），および，特性と関係のための記号を導入して拡充されなければならない．このようにして得られる論理——**述語論理**——によって数学がどのように表現され得るのかを，数学に対する幾つかの重要な公理系へと歩を進める前に，まず大雑把に検討する．

　さて，こういった公理系の最初のものは**ペアノの算術** PA である．これは算術がほとんど完全に数学的帰納法に基づいて記述されるという発見から成長した．この名前が与えられている数学上の証明方法は少なくともエウクレイデスにまでさかのぼることができる．そこで，数学的帰納法が初等数学に属すると前提するならば，PA を「初等的数学」をよく近似するものとみなすことができる．

　だとすれば，何が初等的で**ない**のかを見るためには，PA の拡大を検討するこ

とになる．こういった最初のものは ZF 集合論[†] である．PA を有限集合の一つの理論として作り直すことによって，ZF を PA に無限集合の存在を主張する公理を付け加えたものとみなすことができる．このように，いささか乱暴ではあるが，高等的数学を PA に無限を加えたものであると言うこともできる．

さらに洗練された見方として，**逆数学**と呼ばれるものがあり，これによって高等的数学の低水準の部位が明確に同定される．逆数学で用いられる体系の一つの $ACA_0$ は，しばしば初等的数学の境界線の近くに見受けられる二つの定理，$\mathbb{R}$ の完備性とボルツァーノ‐ヴァイエルシュトラスの定理の立ち位置を定める．

## 9.1　命題論理

論理の最も簡単な部分，**命題論理**と呼ばれているもの，は複合的な命題の真理値を，それを構成する部分である**原子命題**と呼ばれるものの真理値から見出すことに関わる．その原子命題を $p, q, r, \ldots$ と表すとき，複合的な命題の例は $p$ AND $q$，$p$ OR $q$，および NOT $p$ である．最初は，複合的なものとして AND，OR，および，NOT を用いて構成されるもののみを扱う．したがって，例えば，

命題 (NOT $p$) OR ($q$ AND $r$) は，
もし $p$ が正しく，$q$ が誤っており，$r$ が正しいならば，正しいか？

という問いに答えたい．このような問題には**真理表**を用いることによって機械的に答えることができる．この表は $p$ AND $q$，$p$ OR $q$，および，NOT $p$ の値を $p$ と $q$ に対する可能なすべての値に対応して与えてくれる．したがって，「正しい」を 1 で，「誤っている」を 0 で表すならば，求められる真理表は次のようになる．

| $p$ | $q$ | $p$ AND $q$ |
|---|---|---|
| 0 | 0 | 0 |
| 0 | 1 | 0 |
| 1 | 0 | 0 |
| 1 | 1 | 1 |

| $p$ | $q$ | $p$ OR $q$ |
|---|---|---|
| 0 | 0 | 0 |
| 0 | 1 | 1 |
| 1 | 0 | 1 |
| 1 | 1 | 1 |

| $p$ | NOT $p$ |
|---|---|
| 0 | 1 |
| 1 | 0 |

---

[†] 訳注：Zermelo-Fraenkel Set Theory である．

これらはまた mod 2 の算術における関数,$pq$,$pq+p+q$,$p+1$ のそれぞれに対応する表でもある.関数 $pq$ が $p$ AND $q$ と,そして $p+1$ が NOT $p$ と同じ値を取ることは明らかであるし,$pq+p+q$ が $p$ OR $q$ と同じ値を取ることも簡単に計算できる.このように,AND,OR,および,NOT を用いて構成される命題の真理値はいずれも mod 2 の算術における計算に帰着される.特に,

$$p=1,\ q=0,\ r=1 \text{ のときの } \quad (\text{NOT } p) \text{ OR } (q \text{ AND } r)$$

の値を得ることは,

$$p=1,\ q=0,\ r=1 \text{ のときの } \quad (p+1) \text{ OR } qr = (p+1)qr + (p+1) + qr$$

の値を計算することに他ならない.そこで右辺に $p, q, r$ の値を代入すれば,

$$(1+1)0 \cdot 1 + (1+1) + 0 \cdot 1 = 0 + 0 + 0 = 0$$

であるから,結論として,$p$ が正しく,$q$ が誤っており,$r$ が正しいならば,(NOT $p$) OR ($q$ AND $r$) は誤りである.この例は,遥かに適用力を持つ原理,**論理は算術化できる**ことの単純な場合を図解している.

しかしここで直ちにすべての理由づけを mod 2 の算術によって置き換えることはしない.言葉 AND,OR,および,NOT は概して加法や乗法よりももっと分かりやすい.例えば,係数や値が 0 か 1 であるような**すべての関数**は AND,OR,および,NOT による項によって表すことができる.一つの例がその理由を示してくれるだろう.関数 $F(p,q,r)$ が次のような値の表を持っているとしよう.

| $p$ | $q$ | $r$ | $F(p,q,r)$ |
|---|---|---|---|
| 0 | 0 | 0 | 0 |
| 0 | 0 | 1 | 1 |
| 0 | 1 | 0 | 1 |
| 0 | 1 | 1 | 0 |
| 1 | 0 | 0 | 0 |
| 1 | 0 | 1 | 0 |
| 1 | 1 | 0 | 1 |
| 1 | 1 | 1 | 0 |

この表は $F(p,q,r)$ がちょうど三つの行 $2,3,7$ で与えられる場合に限って正しいと言っている．すなわち，

(NOT $p$) AND (NOT $q$) AND $r$
OR
(NOT $p$) AND $q$ AND (NOT $r$)
OR
$p$ AND $q$ AND (NOT $r$).

よって $F(p,q,r)$ は関数 AND，OR，および，NOT のこれらの合成と等しい．

同様な議論は係数と値が 0 または 1 であるような関数——いわゆる**ブール関数**——のすべてに適用される．こういった関数 $F$ は特別なブール関数 AND，OR，および，NOT の合成であり，このような合成表示の一つは $F$ の真理表の幾つかの行から直接に読み取られる．このことから，$F$ はまた mod 2 の加法と乗法から複合されるのだが，この結果を直接に見ることは容易ではない．

## 記号体系

基本的な AND，OR，および，NOT を略記するためにそれぞれ $\wedge, \vee$，および，$\neg$ を用いると便利である．記号 $\wedge$ と $\vee$ は集合の共通部分と合併の記号 $\cap$ と $\cup$ との類推から選ばれ，またそれらが AND と OR の間の重要な関係——**双対性**（duality）と呼ばれるもの——を反映しているからである．ただし，通常の言語においてはそうなってはいない．

記号 $\wedge, \vee$ と $\neg$ の間の双対性の例は次の二つ等式に見られる．

$$\neg(p \wedge q) = (\neg p) \vee (\neg q),$$
$$\neg(p \vee q) = (\neg p) \wedge (\neg q).$$

これらは両者ともすべての $p$ と $q$ の値に対して正しい．したがって，ブール関数の間の等式を取り，$\wedge$ と $\vee$ を取り替えて，もう一つのブール関数の間の等式を得ることができる．これは非常に一般的な状況において正しく，したがって

ANDとORはある種の交換可能性を持っており，これらの記号はそれを反映している．

もう一つの重要なブール関数でそれ自身の記号を持つものは含意関数「もし$p$ならば$q$である」であり，これは$p \Rightarrow q$と書かれる．この関数の真理表は

| $p$ | $q$ | $p \Rightarrow q$ |
|---|---|---|
| 0 | 0 | 1 |
| 0 | 1 | 1 |
| 1 | 0 | 0 |
| 1 | 1 | 1 |

である．この$p \Rightarrow q$が$(\neg p) \vee q$と同じブール関数であることは容易に確認できる．

これと関連する関数は「$p$の必要十分条件は$q$である」，あるいは，$(p \Rightarrow q) \wedge (q \Rightarrow p)$である．この関数は$p \Leftrightarrow q$と書かれ，その真理表は

| $p$ | $q$ | $p \Leftrightarrow q$ |
|---|---|---|
| 0 | 0 | 1 |
| 0 | 1 | 0 |
| 1 | 0 | 0 |
| 1 | 1 | 1 |

である．この$p \Leftrightarrow q$は，mod 2の算術におけるブール関数$p + q + 1$と同じであることに注意しておく．

## 9.2 トートロジー，恒等式，充足可能性

論理学においては特に**必然的論理式**（valid formula），すなわち，変数のすべての値に対して正しい論理式に興味を惹かれる．命題論理における必然的論理式は**トートロジー**（tautology）として知られている．簡単なトートロジーの例としては，$p \vee \neg p$が挙げられる．これは$p$のすべての値（0または1）に対して値

1 を持つ．算術では同様に**恒等式**——変数のすべての値に対して成り立つような等式——に興味が持たれる．トートロジーは明らかに mod 2 の算術における恒等式と対応する．例えば，$p \vee \neg p$ は恒等式 $p \vee \neg p = 1$ に対応し，これは mod 2 の算術における加法と乗法の言葉では

$$p(p+1) + p + (p+1) = 1,$$

あるいは，もっと簡単に同値な恒等式 $p(p+1) = 0$ によって表される．

真理表は，変数 $p, q, r, \ldots$ のどのような値に対しても，どのような論理式 $f(p, q, r, \ldots)$ が取る値でも計算可能にしてくれる．したがって，$f(p, q, r, \ldots)$ がトートロジーであるかどうかは，単に変数 $p, q, r, \ldots$ が取り得るすべての値を代入することによって判定される．もし $n$ 個の変数があるならば，列 $p, q, r, \ldots$ に対して $2^n$ 個の値があり，したがって，この問題は有限で，よって解くことが可能である．この解答は，原理的には単純であるが，実行するにあたっては，$n$ のまったく小さい値，例えば $n = 50$ に対しても，$2^n$ は実行不可能なほど大きい．このように，$f(p, q, r, \ldots)$ がトートロジーであるかどうかを判定するにあたっては，この論理式がせいぜい二行に収まるほどであっても，実行不可能であるかもしれない．

トートロジーを見分ける問題に対して実行可能であるような解答があるかどうかについてはまだ知られてはいない．ただしここでの解答は，大まかにいって論理式 $f$ の長さと比較できるほどの時間で結論が得られるようなものが考えられている．事実としては，**充足可能性問題**，すなわち，いかなる論理式 $f$ に対しても変数 $p, q, r, \ldots$ の**ある**値に対して $f(p, q, r, \ldots) = 1$ となるかどうかの判定を下すという問題，に対しても，実行可能な解答が存在するかどうかさえ知られていない．後者の問題については，$p, q, r, \ldots$ のどのような特定の値に対しても $f(p, q, r, \ldots)$ の値の（真理表による）計算は実行可能であるだけに，苛立ちを覚えることになる．しかし充足可能性を**確認する**ことでさえ，満足させてくれる変数の値を「幸運にも言い当てる」ような魔術まがいの能力を前提として初めて実行可能であると思われる．

充足可能性についての難しさは驚異的である．特に，mod 2 の加法と乗法についての問題として見る場合，それは十分に分かっていると思ってしまいかねない．しかし，3.6 節で見たように，mod 2 の算術は見かけほどには易しくはない．

## 9.2 トートロジー，恒等式，充足可能性 · 333

多変数の多項式が mod 2 の算術において解を持つかどうかを判定することは NP 問題であり，P に属するかどうかは知られてはいない．実際，3.10 節で観察したように，mod 2 の多項式による方程式の解を見つけることは，どのような NP 問題と比べても同程度に難しい——それは **NP 完全**である——のであって，**すべての NP 問題が P に入っているのでない限り**，多項式時間内での解を持てない．

この予期されなかった難しさは数学の大きく刈り整えられていた全域についての再評価を余儀なくさせてきた．数学の多くの分野における多くの問題は充足可能性問題と同じような NP 特性を持っていることが分かっている．

- この種の問題は無限に多くの問いからなっており，それらの各々に対して有限時間内での解答方法がある．
- 一つの問題で長さ $n$ のものの肯定的な答え（もし存在するとして）を確認するのに必要な時間は「短い」，すなわち，それが $n$ の多項式（典型的には $n^2$ ないし $n^3$）で抑えられている．
- しかし一つでも肯定的な答えを見つけるのにかかる時間は一般には長い——その問いの長さに比べて指数関数的に長い．

充足可能性問題はこれらの特性を持っている．なぜなら，

- 無限に多くの論理式 $f(p, q, r, \ldots)$ があり，真理表による方法はその一つ一つの充足可能性に対するテストを可能にしている．
- 変数 $p, q, r, \ldots$ の値がどのように与えられても，それに対する $f(p, q, r, \ldots)$ の値をこの論理式の長さとおおむね同じぐらいの時間内で見出せる．
- しかし $n$ 変数 $p, q, r, \ldots$ の $2^n$ 組の値のすべてをテストして満足するものを見つけなければならないかもしれない——しかも $n$ は論理式の長さとおおむね同じぐらい大きくなり得る．

トートロジーを検知することは充足可能性を検知することとちょうど同じ程度に難しいと思われる．なぜなら，$p, q, r, \ldots$ の値の，単に一つではなくて，**すべての組が当の論理式を満たすことを確認しなければならない**からである．どちらにせよ，真理表の方法は $f(p, q, r, \ldots)$ がトートロジーであることを見出すためのすっきりとした方法であるとは思われない．というのは，その方法では $p, q, r, \ldots$ の値を，$f(p, q, r, \ldots)$ の構造や意味を検討しないままに，機械的に代

入するものであるからである.願わくば,トートロジーを見つけ出すだけではなく,それを数学的な形で**証明する**ような方法——例えば,$p \vee (\neg p)$ のような幾つかの明らかなトートロジーから出発して,何か自然なやり方でトートロジーを**演繹していく**といった方途——を見つけたいものである.

こういった方途はなくはない.実際に10.8節で紹介する.しかしながら,残念にも,この方法は実質上は真理表の方法での最悪の場合よりも速いとはいえない.このように論理の最も簡単な形でさえ幾つかの深い神秘をその内に孕んでいるように思われる.

## 9.3 特性,関係,量化子

命題論理は論理学に欠くことができない部分である——そしてまた自明なものではない——しかしこと数学にとってはそれが十分に表現力を具えているというわけにはいかない.命題論理の変数は単に二つの値,誤りおよび真実(あるいは,0と1)しか取ることができないのに対して,数学においては変数としては数であるとか,点であるとか,集合であるとか,等々の値を取ることができるものが要求される.

加えて,$x$ の**特性**とか $x$ と $y$ の間の(ないしは3個あるいはもっと多くの変数の間の)**関係**とかについて語りたくなる.このことからもっと表現力に富んだ形の論理,**述語論理**と呼ばれるもの,が要求される.「述語」は特性や関係にもなり得るし,それはまた記号によって次のように表記される.

$$P(x) \quad (\text{「}x\text{は特性}P\text{を持つ」と読む}),\text{あるいは},$$
$$R(x,y) \quad (\text{「}x\text{と}y\text{は関係}R\text{にある」と読む}).$$

したがって,「$x$ は素数である」というのは特性の一例であり,また「$x < y$」は関係の一例である.ただし注意すべきことは,論理式「$x$ は素数である」も「$x < y$」も真実でも誤りでもない.なぜなら,それらの変数は異なる値を取ってもかまわないからである.論理式は変数に値を代入することによって真理値を獲得する——例えば,「4は素数である」は誤りである.——あるいはまた変数を**量**

化子（quantifier）

$$\forall x \quad (\text{「すべての } x \text{ に対して」}),$$
$$\exists x \quad (\text{「一つの } x \text{ が存在する」})$$

によって束縛することで真理値を得る．例えば，$x$ と $y$ が自然数全体にわたるとき，

$$\forall x(x \text{ は素数である}) \quad \text{は誤りであり，}$$
$$\exists x(x \text{ は素数である}) \quad \text{は正しく，}$$
$$\forall x \exists y(x < y) \quad \text{は正しい．}$$

（この最後の論理式は「すべての $x$ に対して $y$ であって $x < y$ を満たすものがある」と読む．）

　これらの例からも読み取れるが，述語論理の言語は典型的な数学の主張を簡便に表現することができる．事実，この言語は数学の**すべて**を表現するに足るだけの論証的な柔軟性を持っている．（もしこの言語が等号＝と関数を表す記号を含むように高められれば，これはさらにやりやすくなる．）以下の幾つかの節で算術と集合論の特徴的な場合を論議することにする．

　量化子に気づくことによって，それらなしではすっきりとしない極限や連続性といった概念がどれほどに透明性を得るのかを見るのは実に衝撃的である．事実，微積分（解析学）の基礎は量化子に適正に注意を払うことによってのみ明らかにされるとさえいえるかもしれない．

　一例として，「大きい」とか「小さい」といった曖昧な概念を取り上げてみよう．直感からは $1/n$ は $n$ が「大きい」ときに「小さい」のだが，実際は「大きいこと」というような特性は存在しない．もし一つの自然数 $n$ が「大きい」ならば，確かに $n-1$ もまた「大きい」のだが，これからは**すべて**の自然数が「大きい」という馬鹿げた結論が出てしまう．本当に言いたいことは，「$n$ が大きい $\Rightarrow 1/n$ は小さい」というのは，$n$ を十分に大きく取って $1/n$ を好きなだけ小さくできる，ということである．これでもまだ十分に正確ではないが，かなり前進している．そこで，$1/n$ をあらかじめどのように指定された $\varepsilon(>0)$ よりも小さくするには，$\varepsilon$ によって定まる適当な $N$ よりも $n$ を大きく取ればよい，と言えばもっとはっきりする．量化子 $\forall$ と $\exists$ を用いれば，この $\varepsilon$ と $N$ についての言明は

$$\forall(\varepsilon>0)\exists N(n>N \Rightarrow 0\leq 1/n<\varepsilon)$$

と引き締まった形で表現される．(この主張を**証明する**ためには，$N$ として $1/\varepsilon$ よりも大きい最初の整数を取ればよい．)

解析学からの主張で量化子の助けを借りて精緻に書き上げられる幾つかの例をここに挙げておこう．

1. 数列 $a_1, a_2, a_3, \ldots$ は極限 $l$ を持つ．

$$\forall(\varepsilon>0)\exists N(n>N \Rightarrow |a_n-l|<\varepsilon).$$

2. 関数 $f$ は $x=a$ で連続である．

$$\forall(\varepsilon>0)\exists\delta(|x-a|<\delta \Rightarrow |f(x)-f(a)|<\varepsilon).$$

3. 関数 $f$ は $a\leq x\leq b$ である $x$ で連続である．

$$\forall x\forall x'\forall(\varepsilon>0)\exists\delta(a\leq x, x'\leq b \text{ および}$$
$$|x-x'|<\delta \Rightarrow |f(x)-f(x')|<\varepsilon).$$

4. 関数 $f$ は $a\leq x\leq b$ である $x$ に対して一様に連続である．

$$\forall(\varepsilon>0)\exists(\delta>0)\forall x\forall x'(a\leq x, x'\leq b \text{ および}$$
$$|x-x'|<\delta \Rightarrow |f(x)-f(x')|<\varepsilon).$$

連続性の概念が 1820 年頃に精緻に定義されたあと，さらに数十年を経て，ようやく一様連続性がまったく異なった概念であることが実感された．例えば，$f(x)=1/x$ は $0<x\leq 1$ で連続であるが，この範囲では一様連続**ではない**．実際，与えられた $\varepsilon>0$ に対して，$\delta>0$ であって $|x-x'|<\delta$ なら必ず $\left|\frac{1}{x}-\frac{1}{x'}\right|<\varepsilon$ であることを保証するようなものは存在しない．どのように $\delta$ を (例えば $\delta=1/1000$ に) 選んでも，$\left|\frac{1}{x}-\frac{1}{x+\delta}\right|$ は $x$ が 0 に近づけばいくらでも大きくなる．

連続性と一様連続性との区別ができなかったことの理由としては，その一部に量化子の接頭辞 $\forall\varepsilon\exists\delta\forall x\forall x'$ を把握するのが難しかったことが挙げられる．それを口にすることでさえ幾らかの考えを巡らすことになる．通常は「すべての $\varepsilon$ に

対して次のような δ が存在してすべての $x$ と $x'$ に対して，…」と言う．人間にとって，例えば ∀∃∀∃⋯ と ∃∀∃∀⋯ のような，量化子の**交換**を把握することは心理学的に困難を伴うように思われる．わざわざ作ってみる文を除けば，数学においては量化子の接頭辞として ∀∃∀ よりももっと悪いものを持ち出すことはほとんどない．

量化子の存在は述語論理における必然的論理式をすべて見つけ出すことを明らかに困難にしている．命題論理とは異なって，それぞれの論理式は今や無限に多くの翻訳を持っており，可能であるすべての翻訳を単純に調べ挙げることはできない．それでも，ともかくも，トートロジーを数学的に証明する方法は述語論理のすべての必然的論理式を証明する方法にまで拡張することができる．このような方法の一つを，ただしその成功はケーニヒの無限性補題に依拠するのだが，10.8 節で与える．

## 9.4 数学的帰納法

すでに 2.1 節で指摘したように，エウクレイデスは数学的帰納法を「降下法」という形で用いて，素因数分解の存在やエウクレイデスのアルゴリズムが終結することの証明を与えた．降下法はこれら二つの場合では自然な形の論法である．なぜなら，それが自然な形で正整数の降下列を生み出すからである．他の場合では，「上昇法」がもっと自然である．例えば，パスカルの三角形における整数は，小さい数 1 から始まって一つの行の隣り合う数を加えて次の行の新しい数を形成しながら，より大きい数へと成長する．そこでは特性を証明するにあたって，数学的帰納法の上昇型を用いるのが自然であり，パスカルは彼の論説『算術的三角形』，Pascal (1654) で的確にこれを実行した．

パスカルの証明は決して数学的帰納法の上昇型を用いた最初のものというわけではない——もっと早期のレヴィ・ベン・ゲルソンの著作 Levi Ben Gershon (1321) がある——のだが，パスカルの証明はとても見事で明瞭であり，その構造についてはまったく疑問を挟む余地はない．ある基本の整数値 $b$（通常は 0 または 1）以上のすべての整数 $n$ に対して特性 $P(n)$ が成立することを証明するためには，次の二つの命題を証明すれば十分である．

**基本ステップ.** 基本値 $n = b$ に対して $P(n)$ が成立する.

**帰納法ステップ.** もし $P(k)$ が成立するならば，$P(k+1)$ も成立する.

それ以降の数世紀にわたって，数学的帰納法は，上昇型と降下型の両方が，数論における標準的な道具になった．しかしながら，それはこの分野における基礎の一角を担うものであると認められていたわけではなかった．19世紀の中頃になっても，ディリクレのような卓越した数論家でさえ，加法や乗法の基本的な特性，$a+b=b+a$ や $ab=ba$ を正当化するためには幾何学的直感に依った．

そしてグラスマンが著書 Grassmann (1861) において目覚ましい展開を与えた．加法関数や乗法関数を**定義する**ことが可能で，それらの基本的な特性は数学的帰納法[1]によって**証明される**ものであるとした．このように，数学的帰納法は算術において大層基本的なものである．

単に**後者関数**（successor function）$S(n)$ の存在を前提することによって，加法関数 + は再帰的に

$$m + 0 = m, \quad m + S(k) = S(m+k)$$

によって定義される．最初の等式は $m+n$ をすべての $m$ と $n=0$ に対して定義する．二番目の等式は $m+n$ を，$m+n$ が $n=k$ に対して定義されていると前提して，さらに $n=S(k)$ に対して定義する．そうすれば，$n$ についての数学的帰納法によって，$m+n$ がすべての自然数 $m$ とすべての自然数 $n$（これらの数は 0 から出発して後者関数を適用することによって到達できる）に対して定義される．

加法関数 + が与えられれば，乗法関数・は再帰的に

$$m \cdot 0 = 0, \quad m \cdot S(k) = m \cdot k + m$$

によって定義される．繰り返すようだが，最初の等式はこの関数をすべての $m$ と $n=0$ に対して定義し，二番目の等式は $m \cdot S(k)$ を，$m \cdot k$ と + 関数がすでに

---

[1] 今日の通常の用語としては，**再帰による定義**（definition by recursion）および**帰納法による証明**（proof by induction）を用いる．筆者は両方に「帰納法（induction）」という語を用いても何ら弊害はないと思っている．——訳注：論理学的には「帰納法（induction）」という用語は適切でなく，数学で通例の「induction」という語を用いる場合には煩わしくても「数学的帰納法（mathematical induction）」とすべきであろう．

定義されていることを前提として，さらに $n = S(k)$ に対して定義する．そしてまた数学的帰納法によって $m \cdot n$ はすべての自然数 $m$ とすべての自然数 $n$ に対して定義される．

これら $+$ と $\cdot$ の再帰的定義を手にして，それらの基本的な特性を数学的帰納法によって証明することができる．原則としては，それらの証明は定義から一直線に進んで得られるのだが，証明を書き連ねるとなるとかなり長くなり，それらを正しく秩序立てるにはいくらかの実験が必要となる．グラスマンの著書 Grassmann (1861) においては $ab = ba$ にたどり着くのはようやく命題 72 になる！ これらの証明のすべてを提示するのは長ったらしくて退屈であろうから，簡単な部類の幾つかを例として紹介する．

**後者は $+1$ である．** すべての自然数 $n$ に対して $S(n) = n + 1$ である．

**証明．** 数 $1$ は $S(0)$ として定義され，よって

$$\begin{aligned}
n + 1 &= n + S(0) \\
&= S(n + 0) && (\text{$+$ の定義から，}) \\
&= S(n) && (\text{$+$ の定義によって $n + 0 = n$ であるから．})
\end{aligned}$$ □

**1 を加えることの可換性．** すべての自然数 $n$ に対して $1 + n = n + 1$ である．

**証明．** 上の命題から $S(n) = n + 1$ であるから，$S(n) = 1 + n$ を示せばよい．これを $n$ についての数学的帰納法によって示す．

基本ステップ $n = 0$ については

$$S(0) = 1 = 1 + 0 \qquad (\text{$+$ の定義から})$$

である．帰納法ステップとして，$S(k) = 1 + k$ を仮定する．そうすればまず $k + 1 = 1 + k$ であり，$S(S(k))$ を考察する．

$$\begin{aligned}
S(S(k)) &= S(k + 1) && (\text{上の命題から，}) \\
&= S(1 + k) && (\text{数学的帰納法の仮定から，}) \\
&= 1 + S(k) && (\text{$+$ の定義から．})
\end{aligned}$$

これで帰納法のステップは終了した. □

次に，三項ないしそれ以上の項を扱うために，加法についての結合則が必要になる.

**加法の結合則.** すべての自然数 $l, m, n$ に対して

$$l + (m + n) = (l + m) + n$$

が成り立つ.

**証明.** これをすべての $l$ とすべての $m$ に対して $n$ に関する数学的帰納法によって証明する.

基本ステップとして $l + (m + 0) = (l + m) + 0$ を示したい．これは次に見るように正しい.

$$l + (m + 0) = l + m \quad \text{(なぜなら + の定義から } m + 0 = m \text{ であるから.)}$$
$$(l + m) + 0 = l + m \quad \text{(同じ理由から.)}$$

帰納的ステップについては，まず $l + (m + k) = (l + m) + k$ を前提として，$l + (m + S(k)) = (l + m) + S(k)$ を考察する.

$$\begin{aligned}
l + (m + S(k)) &= l + S(m + k) & \text{(+ の定義から,)} \\
&= S(l + (m + k)) & \text{(+ の定義から,)} \\
&= S((l + m) + k) & \text{(数学的帰納法の仮定から,)} \\
&= (l + m) + S(k) & \text{(+ の定義から.)}
\end{aligned}$$

これで帰納法のステップは終了し，よってすべての自然数 $l, m, n$ に対して結合則 $l + (m + n) = (l + m) + n$ が成り立つ. □

さて，加法についての可換則を証明するための準備が整った．これはとても複雑であり，基本ステップにおいてさえ数学的帰納法が必要である.

**加法の可換則.** すべての自然数 $m, n$ に対して

$$m + n = n + m$$

が成り立つ.

**証明.** これをすべての $m$ に対して $n$ についての数学的帰納法で証明する.

基礎ステップ $n=0$ は $0+m=m$ を証明することに基づくので, これを $m$ に関する数学的帰納法によって証明する.

まず $m=0$ に関しては $+$ の定義から $0+m=0+0=0=m$ である.

帰納的ステップについては, $0+k=k$ を仮定し, 以下のように考察を進める.

$$\begin{align}
0+S(k) &= 0+(k+1) & \text{(なぜなら後者は$+1$であるから,)} \\
&= (0+k)+1 & \text{($+$の結合則から,)} \\
&= k+1 & \text{(数学的帰納法の仮定から,)} \\
&= S(k) & \text{(なぜなら後者は$+1$である.)}
\end{align}$$

これで $0+m=m$ を証明するための数学的帰納が完成した. そこで次に $+$ の定義から $0+m=m=m+0$ が得られ, $n$ についての数学的帰納法による $m+n=n+m$ の証明の基礎ステップが示された.

帰納的ステップに入り, まず $m+k=k+m$ を仮定して $m+S(k)$ を検討する. さて,

$$\begin{align}
m+S(k) &= m+(k+1) & \text{(なぜなら後者は$+1$であるから,)} \\
&= (m+k)+1 & \text{($+$の結合律から,)} \\
&= (k+m)+1 & \text{(数学的帰納法の仮定から,)} \\
&= 1+(k+m) & \text{($1$を加えることの可換性から,)} \\
&= (1+k)+m & \text{($+$の結合則から,)} \\
&= (k+1)+m & \text{($1$を加えることの可換性から,)} \\
&= S(k)+m & \text{(なぜなら後者は$+1$である.)}
\end{align}$$

よって帰納的ステップが完成され, すべての自然数 $m$ と $n$ に対して $m+n=n+m$ が証明された. □

多くの読者は, この地点に立って見て, $m+n=n+m$ のような明白と思われる事実を難しく証明することから何が得られるのか, いぶかしく思うかもしれない. 筆者の回答としては, $m+n=n+m$ が明白だと思われるのは, $m+n$

についての何か心象的なイメージ，例えば長さが $m$ と $n$ の棒を端と端とをくっつけて横たえるといったようなもの，によるからではなかろうか．しかし数についてのほとんどの事実，例えば，素数が無限個存在すること，は同じように「明白」であるというわけではない．したがって素数の無限性を $m+n=n+m$ と同様に確かなものにするために，それらの根底に横たわっている**論理的な**原理を見出す必要がある．数学的帰納法はこれら両者の事実——および他の多くの無数の事実——を下支えする原理であり，それが**どのように** $m+n=n+m$ のような単純な事実を下支えしているのかを理解するのは価値あることである．

## 9.5 *ペアノ算術

数学的帰納法が算術の基礎であるというグラスマンの発見は当時の数学社会で直ちに認められたわけではなかった——事実，それは注目されないままに終わってしまったかに思われた．そのアイデアはデデキントの著書 Dedekind (1888) で再発見されるまでに何十年かが過ぎ去り，またデデキントにしてもグラスマンの仕事には気づいていなかったものと思われる．そしてペアノがその著作 Peano (1889) においてグラスマンの寄与を明示するとともに，数学的帰納法を算術の**公理系**に組み込んで，今やこれは**ペアノ算術**（PA）として知られている．

今日では，ペアノの公理系は通常では述語論理の言語によって，自然数全体にわたる変数とともに記述される．この言語はまたゼロに対応する定数 $0$ と，関数記号 $S$ と $+$ および $\cdot$ を持っており，これらはそれぞれ後者関数，和，積と解されるものである．これらの定数関数記号に加えて等号と論理的な記号を持つ言語は **PA の言語**と呼ばれる．

ペアノの公理系は次の 5 公理からなる．

1. $\forall n(\text{NOT } 0 = S(n))$,
   これは 0 が後者ではないことを言っている．
2. $\forall m \forall n(S(m) = S(n) \Rightarrow m = n)$,
   これは同じ後者を持つ二数は等しいことを言っている．
3. $\forall m \forall n(m + 0 = m \text{ AND } m + S(n) = S(m+n))$,

これは + の再帰的定義である.
4. $\forall m \forall n (m \cdot 0 = 0 \text{ AND } m \cdot S(n) = m \cdot n + m)$,
これは · の再帰的定義である.
5. $[\varphi(0) \text{ AND } \forall m(\varphi(m) \Rightarrow \varphi(S(m)))] \Rightarrow \forall n \varphi(n)$,
これは,もし $\varphi$ が一つの特性であり,0 に対して成り立ち,さらにもし $\varphi$ が $m$ に対して成り立つときにそれが $S(m)$ に対しても成り立つならば,$\varphi$ はすべての $n$ に対して成り立つ,ということを言う.

この最後の公理が数学的帰納法の公理である.あるいは,より正確に言うならば,**数学的帰納法の公理型**(induction axiom schema)である.これは実際には無限に多くの公理からなっており,PA の言語で書くことができる各論理式 $\varphi(m)$ の一つ一つが公理である.

前節の議論はペアノ公理系が + の結合則と可換則を証明するためには十分であることを示しているが,これはほんの始まりである.同じような流れに沿って · の結合則と可換則を証明することが可能で,また分配則 $a(b+c) = ab + ac$ の証明も可能である.これによって自然数の通常の計算をすべて行えることになり,可除性や素因数分解についての基本的な事実も証明することができる.さらに加えて,負の数,有理数,代数的数の使用を PA の中で模擬的に再現することも――さらにはある程度の微積分も――可能になり,したがって,知られている数論の本質的なすべてを PA の展望の中で行うことができる.

五つのペアノの公理は算術のそれほどまでに多くある種々の事物をその単純な方法によって捉えており,それらをまさしく初等的算術の**定義**として捉えることが理にかなっているように思われる.同じことが九つの公理による体の公理系によって 4.3 節で展開した古典的な代数学についても言える.もちろん,ペアノの公理系は幾つものとても難しい定理を結果として含んでおり,そこで得られるすべての結果が初等的であるとは言い難い.それでも,それは算術の**初等的な要約**(elementary encapsulation)を確かに与えている.

しかし初等的数学の他の部分,例えば組合せ論についてはどうだろう? 組合せ論にとってのもっと自然な枠組みは有限集合論であると思われる.有限集合論の美しさはグラフのような対象――ある種の有限集合として定義されるもの――を提供するばかりか,それはまた「数える」ことを可能にしてくれる自然数をも

提供してくれることにある.

自然数の驚くほどそしてまた優美な有限集合としての定義は当初ミリマノフによる Mirimanoff (1917) の形で非公式に与えられたが, フォン・ノイマンが論文 von Neumann (1923) によって定式化するまでは影響力を持たなかった. ペアノと同じく, フォン・ノイマンにとっても自然数は 0 から後者作用によってできあがっていく. まず 0 としては可能な限り最小の集合である**空集合** $\emptyset$ として定義される. そして $1, 2, 3, \ldots$ が順次, $n+1$ は要素 $0, 1, 2, \ldots, n$ からなる集合として定義される. したがって,

$$0 = \emptyset,$$
$$1 = \{0\},$$
$$2 = \{0, 1\},$$
$$\vdots$$
$$n+1 = \{0, 1, 2, \ldots, n\}.$$

ここでは, $n+1$ は集合 $n = \{0, 1, 2, \ldots, n-1\}$ とただ一つの要素 $n$ からなる集合 $\{n\}$ との合併集合であることに注意しよう. よって

$$n+1 = \{0, 1, 2, \ldots, n-1\} \cup \{n\} = n \cup \{n\}$$

である. また $n+1$ は $n$ の後者であるから, 後者関数のとても引き締まった定義

$$S(n) = n \cup \{n\}$$

を集合論における「生粋の」操作である合併と $n$ のみを要素とする**単集合** (singleton set) $\{n\}$ とを用いて与えてくれる.

それにもまして優れていることは, 数の間の関係 $<$ が単に**属性**関係 (membership relation) であることである. 実際,

$$m < n \Leftrightarrow m\text{ は }n\text{ の要素である}.$$

これは $m \in n$ と書かれる. この結果, 数学的帰納法は集合についての自然な仮定,「属性に対する無限降下は不可能である」ことから導かれる. もっと肯定的

な言い方をすれば，集合 $x$ には必ず「$\in$-最小」であるような要素 $y$ がある．この前提は**基礎の公理**と呼ばれる．もちろんこれ以外にも幾つかの公理が必要である．空集合の存在を主張するものとか，合併集合やその他にも単集合といったものの存在を保証するものである．

必要とされる諸公理はペアノの公理系よりももっと入り組んでおり，ここでは省略する．（さらに多くの情報については，**無限**集合論を捉えるために増やさなければならないものを含めて，9.8 節を参照すること．）重要なことは，有限集合論の公理系が組合せ論と算術の両者を抱合していることである．したがって，有限集合論は PA よりも広範な展望を持っていることから，PA よりも優れていると感じられるかもしれない．しかしながら，これは厳密には正しくない．なぜならば，PA は有限集合論のすべてを「表現する」だけの力量を持っているからである．というのは，それは有限集合のすべてを数によって符号づけすることができるからである．

これを可能にするものは，それぞれの有限集合が四種の文字 $\emptyset, \{, \}$ および，（コンマ）を用いた記号の連なりによって記述できることにある．特例として挙げれば，

$0$ は単一項の連なり $\emptyset$ で記述され，

$2 = \{0, 1\}$ は連なり $\{\emptyset, \{\emptyset\}\}$ で記述され，

よって，$\{0, 2\}$ は連なり $\{\emptyset, \{\emptyset, \{\emptyset\}\}\}$ で記述され，等々．

もしいまこれら四種の文字をゼロでない桁数字 $1, 2, 3, 4$ を用いて $5$ を基底とする $5$ 進数字に翻訳すれば，有限集合を定義する連なりのおのおのは数として翻訳される．以前に 3.1 節で述べた（基底 10 または基底 2 の数字についてのものではあったが，基底 5 についても同様である）ように，この数字表記は加法，乗法，および累乗の概念に基づいている．すでに最初の二つの関数は PA において保有されており，累乗は

$$m^0 = 1, \quad m^{S(n)} = m^n \cdot m$$

で定義することができる．このように，PA は数字を表現するために必要な機能を持っており，したがって任意の有限集合を表記することができる．

この意味で，算術はすべての離散的数学のための基盤でもある．しかし幾何学

や微積分に見るような**連続な**数学についてはどうであろうか？ すでに第5, 6章で見たように，これらは実数の体系 $\mathbb{R}$ に依拠しており，その基盤については本書ではまだ論議してはいない．この論議を今まで伸ばしてきたことについてはそれなりの理由がある．実数 $\mathbb{R}$ の基盤は集合論と論理学の幾つかの問いとに綿密に入り組んでいるのである．

## 9.6 *実数

> 連続的に増大はするが，あらゆる限界を超えてしまうことがないような大きさは，必ず一つの極限値に近づかなければならないとする定理...，ないしはこれと同値であるような何物であっても，研究がもたらした私の確信によるならば，それはある意味で微分法に対する十分なる基盤とみなすことができる．...そして残されていたことは，その真の起源が算術の諸要素のうちに発見され，よって同時に連続性の真髄の真の定義を確固たるものとすることであった．小生はこれに成功を収めた．1858年11月24日
>
> リヒャルト・デデキント，Dedekind (1901), p.2

実数はエウクレイデスの『原論』の時代から初等数学の一部であった．とはいえ，その頃でも，それは最も難しい部分でもあった．問題の最初の兆しは $\sqrt{2}$ のような無理数の発見にあった．すでに 5.3 節で指摘したように，この発見はギリシャ人をして彼らの「数」(それは本質的には現在の有理数に当たる) と，さらに一般的な「大きさ (magnitude)」(本質的には現在の実数であるが，代数的な演算は厳しく制限されていた) の概念とを区別させることになった．それはまた『原論』の巻 V における苦心して仕上げられた「量の比」の理論へと向かわせた．これは大きさをそれらの整数倍を比べることによって比較するものであった．

例えば，長さ $\sqrt{2}$ は単位の長さを基にした $1, 2, 3, \ldots$ と

$$1 < \sqrt{2} < 2,$$
$$2 < 2\sqrt{2} < 3,$$
$$7 < 5\sqrt{2} < 8,$$

$$16 < 12\sqrt{2} < 17,$$
$$\vdots$$

を通して比較できる．あるいは，今日流に，

$$1 < \sqrt{2} < 2,$$
$$1 < \sqrt{2} < \frac{3}{2},$$
$$\frac{7}{5} < \sqrt{2} < \frac{8}{5},$$
$$\frac{16}{12} < \sqrt{2} < \frac{17}{12},$$
$$\vdots$$

と言うべきであろう．（筆者はこれらの一連の近似を 2.2 節での $\sqrt{2}$ の連分数展開から取り出した．）

　無理量の有理数による近似で精度が高まっていくものが存在することは『原論』の巻 V で扱われており，エウクレイデスはそこで，どのような二つの大きさ $a < b$ に対しても，それらの間に有理数を見つけることによってそれらを区別することができることを（結果としては）示した．すなわち

$$a < \frac{m}{n} < b$$

となる整数 $m, n$ が存在するという．したがって，一つの無理量 $a$ はそれよりも小さい有理数とそれよりも大きい有理数によって**決定される**．ギリシャ人たちは一つの無理量をそれよりも小さい有理数と大きい有理数によって**定義する**直前でとどまったが，その理由は $a$ を明確に決定するにはそういった有理数が無限に多く必要となるからであり，ギリシャ人たちは無限に集められたものに意味があるとは信じなかったからである[†]．

---

[†] 訳注：しかしまた，例えば角については，二本の直線が交わって作るどのような「直線角」よりも小さい（0 とは思えない）角の存在に気づいていた（『原論』，巻 III，命題 16）．

無限への恐れは19世紀までは多くの数学者たちの中で持ち続けられた．この恐れを乗り越えた最初の人たちの中にデデキントがいた．彼はついに1858年にエウクレイデスの無理数の理論を超えて論理的な一歩を踏み出した．デデキントは無理数を有理数の無限集合によって**定義**したのである．どのような無理量 $a$ も有理数の集合

$$L_a = \left\{ \frac{m}{n} \;\middle|\; \frac{m}{n} \leq a \right\}, \quad U_a = \left\{ \frac{m}{n} \;\middle|\; \frac{m}{n} > a \right\}$$

によって決定されるから，彼は集合の対 $L_a, U_a$ （これを彼は $a$ によって決定される有理数の**切断**と呼んだ）を採って事実上 $a$ を**定義**した．逆に，有理数の集合 $\mathbb{Q}$ を「下界集合」$L$ と「上界集合」$U$ で，$L$ の各要素は $U$ のどの要素よりも小さく，$U$ は最小の要素を持たないように分離すれば，このような有理数の分断はいずれも一つの実数を定義する，と彼は宣明した．（したがって有理数 $a$ も $\leq$ が成立する場合として含まれている．）

　デデキントの切断による実数の定義は幾つかの利点を持っている．

1. 切断の和と積の定義はそれらの要素の和と積を用いて定義することが容易であり，したがって実数は有理数から和と積の体としての諸特性を「相続」する．
2. この積の定義は $\sqrt{2}\sqrt{3} = \sqrt{6}$ の証明を可能とするが，これを幾何学的に行うのはとても難しい．（実際，デデキントはこれはかつて行われたことがないと考えていたが，本書では5.3節でその幾何学的な証明を与えている．）
3. 数は集合の包含関係によって**順序づけられる**．実際，$a \leq b \Leftrightarrow L_a \subseteq L_b$ である．
4. この順序づけと包含関係の間の対応から，$\mathbb{R}$ の**完備性**が微積分学で要求されるままに与えられる．特に，もし

$$[a_1, b_1] \supseteq [a_2, b_2] \supseteq [a_3, b_3] \supseteq \cdots$$

が閉区間の列で，その長さが $\to 0$ であれば，それらはきっかりただ一つの共有点を持つ．（本書ではこの特性を6.3節でゼロ導関数定理を，また7.9節でボルツァーノ-ヴァイエルシュトラスの定理を証明するのに用いた．）

その理由であるが，切断の下界集合 $L_{a_1}, L_{a_2}, L_{a_3}, \ldots$ を合併して集合 $L$ を構成し，切断の上界集合 $U_{b_1}, U_{b_2}, U_{b_3}, \ldots$ を合併して集合 $U$ を構成する．このとき $L$ の各要素は $U$ のどの要素よりも小さい．なぜなら，

$$a_1 \leq a_2 \leq a_3 \leq \cdots \leq b_3 \leq b_2 \leq b_1$$

であるからである．またこれら閉区間の長さは $\to 0$ であるので，どの有理数も $L$ または $U$ のいずれかに含まれる．よってこれら $L, U$ は $\mathbb{Q}$ の切断である．この切断が定義する数 $c$ はすべての閉区間に含まれる．

集合 $\mathbb{R}$ の完備性は直線の優れたモデルを提供する．何せそれは**隙間を持たない**からである．すなわち，もし $\mathbb{R}$ が二つの集合 $\mathcal{L}, \mathcal{U}$ に分割され，$\mathcal{L}$ の各要素は $\mathcal{U}$ の各要素よりも小さいならば，**$\mathcal{L}$ に最大の要素が存在するか，あるいは，$\mathcal{U}$ に最小の要素があるかのいずれかが成り立つ**．その理由は，$\mathcal{L}$ の各要素による切断の下界集合すべての合併集合を $L$ とし，$\mathcal{U}$ の各要素による切断の上界集合すべての合併集合を $U$ とするならば，これら $L, U$ は $\mathbb{Q}$ の切断であり，一つの実数 $c$ を定め，この $c$ は $\mathcal{L}$ の最大の要素であるか $\mathcal{U}$ の最小の要素であるからである．

このように，無限集合を数学の対象として認めることを代償にして，実数の体系 $\mathbb{R}$ を代数学，幾何学，微積分学の必要に応じられるような形で定義することができる．これは一つの大いなる成果であり，おそらくは初等的数学の境界線を越えたものと考えられるべきである．初等的数学でも $\mathbb{R}$ を**用いる**が，しかし $\mathbb{R}$ を十全に**理解する**ためには何がしかの高等的なアイデアに依拠することになる．次節では $\mathbb{R}$ が高等的なアイデアを要請するような他の道筋を見ることにする．しかしまずもって，デデキントの切断をもう少し初等的に，ないしは，少なくとももっと可視的にしてみよう．

## デデキントの切断を視覚化する．

デデキントの切断を可視化するのは容易でない．なぜなら，有理数の集合 $\mathbb{Q}$ は直線上に**稠密**に配置されているからである．有理点は直線上のあらゆる区間上に，それがどのように短くても，必ず存在している．しかし，$\mathbb{Q}$ は $m/n$ を**平面**上で原点 $O$ を通る直線の勾配として，すなわち，整数点 $(n, m)$ と $O$ を通る直線を

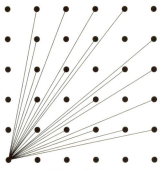

**図 9.1** 平面上の整数点への勾配.

通してみるならば,少しは見やすくなる.平面上の整数点はうまい具合に広がっており,この方法によって $\mathbb{Q}$ のもっと分かりやすい眺めが得られる.図 9.1 は幾つかの正の有理数に対して $m/n$ を点 $(n, m)$ と $O$ を通る線分とを関連させる見方を示している.

このとき,有理数の小さいものから大きいものへの順序は勾配の小さいものから大きいものへの順序と対応している.整数点 $(q, p)$ が勾配 $m/n$ の直線の**下側**にあることは対応する有理数 $p/q$ が $m/n$ よりも小さいことと一致している.図 9.2 は勾配がそれぞれ 1 と 2/3 の直線の下側にある点を示しており,これによって 1 と 2/3 に対するデデキントの切断の下界集合を目にすることができる.

また図 9.3 はもっと興味深い整数点の集合,勾配が $\sqrt{2}$ の直線の下側にあるもの,を示しており,これを $\sqrt{2}$ に対するデデキントの切断の下界集合と見ることができる.これが図 9.2 の有理数 1 と 2/3 のものと異なっているところは,その直線のすぐ下の点が作る「段々」の形状が周期的でないことである.この段々の

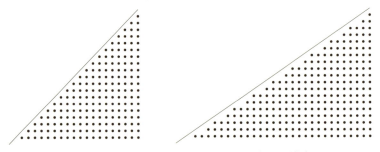

**図 9.2** 1 と 2/3 に対するデデキントの切断の下界集合.

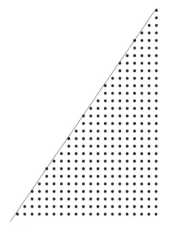

**図 9.3** $\sqrt{2}$ に対するデデキントの切断の下界集合.

形状は非周期的でなければならない．なぜなら，それが周期的であるならば，その直線の勾配は有理数であるからである．

## 9.7 *無限

> さて我々は解析学にたどり着く... ある意味で，数学的な
> 解析学は無限たちが組み上げる一つの交響曲に他ならない．
>
> ダーフィト・ヒルベルト，Hilbert (1926)

　初等的数学が $\mathbb{R}$ をそれが何であるかをきっかりと説明しないままに用いる必要があるのとちょうど同じように，初等的数学は無限過程を，無限を完全に説明することのないままに用いる必要がある．これは数学の非完結的な本性がもたらす症状の一つであり，それが初等的数学と高等的数学との間に明瞭な仕切り線を引くことを妨げている．この節では，無限が注意深く調べられるときに生じる高等的なアイデアを垣間見ることにする．

　最初に注目する無限過程は無限幾何級数の和であり，これは簡単なものとしては 1/3 の十進小数展開とかパラボラの切片の面積（1.5 節）を見つける際に問題として浮かび上がる．ここでは幾何級数を用いて実数の集合 $\mathbb{R}$ の真に驚くべき特

性を露わにする．何はともあれ $\mathbb{R}$ は単なる無限ではない．これは自然数の集合 $\mathbb{N}$ よりも**もっと多くの**無限である．

まず述べなければならないことは，一つの集合が自然数の集合 $\mathbb{N}$ と**同数**（equinumerous）であるということが何を意味しているか，である．これはすなわち，$\mathbb{N}$ と同じ無限の「サイズ」であるということである．集合 $\mathbb{N}$ の要素は自然に無限の一覧表として

$$0, 1, 2, 3, 4, 5, 6, 7, \ldots$$

の形に表され，それぞれの要素はいずれかの有限な位置に現れる（ここでは簡便に，0 は「ゼロ番目の位置」にあるということにする）．このような集合は**可能的無限**（potentially infinite）と呼ばれてきた．なぜなら，それらは一つの過程（0 から始まって 1 を加え続けること）によって生じ，この過程が完成すると考える必要はないからである．実際のところ，無限の古典的な考え方はちょうどこういったものであった．すなわち，終わることのない過程である．さて，このような集合は**可算**（countable）であると呼ばれる．その理由は，それらの要素を「数える」ことができ，各要素は番号づけられるからである．すなわち，

　　ゼロ番目の要素，　一番目の要素，　二番目の要素，　三番目の要素，　…

という具合に．

数の集合の多くの他のものも，このように，その要素を各要素が有限などこかの位置に現れるように配置して表にすることができる．いずれにせよ，集合の中のどの**特定**の要素にも有限時間内にたどり着くことを保証するような何らかの過程が存在する．幾つかの例を挙げる．

1. 整数の集合 $\mathbb{Z}$,
$$\mathbb{Z} = \{0, 1, -1, 2, -2, 3, -3, \ldots\}.$$

（0 のあとは $\mathbb{N}$ のための一覧表の要素に対応した正と負の項を交互に並べる．）

2. 正の有理数の集合 $\mathbb{Q}^+$,
$$\mathbb{Q}^+ = \left\{\frac{1}{1}, \frac{1}{2}, \frac{2}{1}, \frac{1}{3}, \frac{3}{1}, \frac{1}{4}, \frac{2}{3}, \frac{3}{2}, \frac{4}{1}, \ldots\right\}.$$

([既約]分数 $m/n$ をその分子と分母の和 $m+n$ の順に集め,さらに,各和 $m+n$ ごとにこの和が等しいものを大きくなる順に並べる.)

3. すべての有理数の集合 $\mathbb{Q}$,

$$\mathbb{Q} = \{0, \frac{1}{1}, -\frac{1}{1}, \frac{1}{2}, -\frac{1}{2}, \frac{2}{1}, -\frac{2}{1}, \frac{1}{3}, -\frac{1}{3}, \frac{3}{1}, -\frac{3}{1},$$
$$\frac{1}{4}, -\frac{1}{4}, \frac{2}{3}, -\frac{2}{3}, \frac{3}{2}, -\frac{3}{2}, \frac{4}{1}, -\frac{4}{1}, \dots\}.$$

(0 のあとは直前の一覧表の要素に対応した正と負の項を交互に並べる.)

これらの集合はいずれも $\mathbb{N}$ と同数であると呼ばれる.なぜなら,その要素は $\mathbb{N}$ の要素と1対1に対応づけられるからである.一般的には,集合 $X$ が $\mathbb{N}$ **と同数である**のは,その要素のすべてが

$$x_0, x_1, x_2, x_3, x_4, x_5, x_6, x_7, \dots,$$

というように一覧表として書き上げられる場合である.なぜなら,このときには $x_n \leftrightarrow n$ によって $X$ と $\mathbb{N}$ との間に1対1の対応が与えられるからである.

さて次に集合 $\mathbb{R}$ を考察する.これは無限に長い直線であって $\mathbb{R}$ の要素がその点であるものと見ることができる.そこで(矛盾を導くために)$\mathbb{R}$ が $\mathbb{N}$ と同数であると仮定する.言い換えれば,無限の一覧表

$$x_0, x_1, x_2, x_3, x_4, x_5, x_6, x_7, \dots$$

ですべての実数を網羅したものがあるとする.これらを直線上の点であると見て,それぞれを順次長さが

$$\frac{1}{2}, \frac{1}{4}, \frac{1}{8}, \frac{1}{16}, \frac{1}{32}, \frac{1}{64}, \frac{1}{128}, \frac{1}{256}, \dots$$

である区間で覆うならば,直線上のすべての点がこれらの区間で覆われる.しかしそれを覆っているこれらの区間の長さの総和は高々

$$\frac{1}{2} + \frac{1}{4} + \frac{1}{8} + \frac{1}{16} + \frac{1}{32} + \frac{1}{64} + \frac{1}{128} + \frac{1}{256} + \dots = 1$$

である.ところが直線の長さは無限であったから,これは矛盾である!

このように,$\mathbb{R}$ は $\mathbb{N}$ と同数ではない.それは**非可算**(uncountable)であると呼ばれるものであり,よってもはや可能的無限ではない.この発見はまずカントールによってなされて Cantor (1874) で発表された.無限に対するそれまでの考え方への新たな挑戦であった.ここに,数学はもはや可能的無限という意味で無限を扱っているだけでは済まなくなったのである.数学で最も重要な集合の一つである $\mathbb{R}$ は花開く**実無限**である.

## *自然数の集合

実数の集合 $\mathbb{R}$ の非可算性は $\mathbb{R}$ と同数であるすべての集合へと広く蔓延し,しかもそういった集合は多く存在している.なかでも最も重要なものの一つは自然数の集合 $\mathbb{N}$ の**ベキ集合**(power set)と呼ばれる $\mathcal{P}(\mathbb{N})$ である.これは $\mathbb{N}$ の部分集合のすべてを要素として集めた集合である.集合 $\mathbb{R}$ が $\mathcal{P}(\mathbb{N})$ と同数であることを示すには,まず $\mathbb{R}$ と開単位区間 $(0,1) = \{x \in \mathbb{R} \mid 0 < x < 1\}$ との間の 1 対 1 対応から始めるのが簡便である.このような対応は図 9.4 から明らかである(そこでは単位区間が半円へと曲げられている).

次いで区間 $(0,1)$ の数の二進展開を用いて,$(0,1)$ と 0 と 1 からなる無限列との間の対応を用意する(ここでは詳細にわたる説明を省略する.特に,二つの異なる二進展開を持つ例外的な数があることから,説明は少々込み入ってしまう).最後に,0 と 1 からなる無限列と $\mathbb{N}$ の部分集合との間に明らかな対応がある.部分集合 $S \subset \mathbb{N}$ は無限列で $n$ 桁目が 1 であるのはちょうど $n \in S$ である場合であってそのときに限るような無限列と対応する.

この 0 と 1 からなる無限列はある意味で実数よりも扱いやすい.特に,それらが非可算的に多くあるというカントールの論文 Cantor (1891) による美しい証明

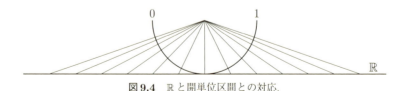

**図 9.4** $\mathbb{R}$ と開単位区間との対応.

がある．（あるいは，的確に言えば，可算個のこういった列の一覧表がすべての列を網羅することはないことの証明である．）証明は次のように得られる．

（矛盾を求めて）$s_0, s_1, s_2, s_3, s_4, \ldots$ が 0 と 1 からなる無限列をすべて網羅していると仮定しよう．図 9.5 はこのような仮定上の無限列の一覧表の初めの数桁を表す図表である．ただし最下段の $s$ は上の一覧表の対角線に注目して作られているが，このようにして与えられた $s$ はこの一覧表には含まれないことが**洞察される**．

この $s$ の $n$ 番目の桁は $s_n$ の $n$ 番目の桁（太文字で表されたもの）とは逆に取られている．よってどの $n$ に対してもそれらの $n$ 番目の桁が異なっているから $s \neq s_n$ である．この有名な論法は，一覧表から得られる数表の対角線に沿って並んでいる桁の数を見ることから，**対角線論法**と呼ばれている．

これに似た論法はすでに 3.8 節で停止問題に関して見ていた．そこでは，仮想的な機械 $T$ で自分自身の記述 $d(T)$ を有しているものと向かい合い，$T$ が □ 上で止まるのはちょうどそれが □ 上で止まらない場合でそのときに限るかどうかを尋ねることによって矛盾に行き当たった．ここでは，仮想的な列 $s$ であってその $n$ 番目の桁に向き合って，それが自分自身と等しくないかどうかを尋ねることによって（もし列の一覧表が完全であれば $s = $ どれかの $s_n$ であるから）矛盾に行き当たった．

停止問題の解答不能性は，集合論におけるカントールの対角線論法を論理学と計算論とが関係する分野に移植することによってなされた幾つかの驚くべき発見の一つである．こういった発見の幾つかは 3.9 節で論じた．

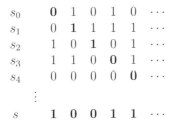

図 9.5 対角線論法による構成．

## 9.8　*集合論

　無限集合が高等的な話題であることは前節から十分明らかになったろう．ではあるが，集合論の公理系を少なくとも形式ばらない形で記述しておくのは，たとえ高等的数学であっても，それが小さい一群の公理によって要約されてしまうことを示すためにも有意義であろう．この公理系はペアノ算術のものほど簡単ではないが，その大半は本章ですでに見てきた例によって動機づけることができる．これは**ツェルメロ-フレンケル**の公理系と呼ばれ，ZFと略記される．

**外延性公理**．二つの集合はそれらが同じ要素から成り立っているならば等しい．
　これからは特に $\{1,2\} = \{2,1\} = \{1,1,2\}$ が導かれる．なぜなら，これらの集合はいずれも同じ要素1と2で成り立っているからである．

**空集合公理**．要素を持たない集合 $\emptyset$ が存在する．
　外延性公理から，この空集合はただ一つだけ存在することが導かれる．また9.5節で見たように，$\emptyset$ は数0として機能する．

**対の公理**．どのような集合 $x$ と $y$ に対してもこれら $x$ と $y$ を要素とする集合がある．
　これは $\{x,y\}$ と表される集合である．もし $x = y$ であれば，これは外延性公理から単集合 $\{x\}$ である．やはり外延性公理から $\{x,y\} = \{y,x\}$ であるから，この $\{x,y\}$ は**順序対**ではない．しかし $\{x,\{x,y\}\}$ は $x$ と $y$ の順序対として機能する．なぜなら，$\{x,\{x,y\}\} = \{y,\{y,x\}\}$ であるのは $x = y$ の場合に限るからである．

**合併の公理**．どの集合 $x$ に対しても，要素が $x$ の要素の要素である集合が存在する．
　もし $x = \{a,b\}$ であれば，$x$ の要素の要素は集合 $a \cup b$，すなわち，「$a$ と $b$ の合併」を構成する．また無限に多くの集合の合併を構成することができれば有用である．これは9.6節でデデキントの切断の下界集合 $L_{a_1}, L_{a_2}, L_{a_3}, \ldots$ の合併を構成したときに行った．この過程は $x = \{L_{a_1}, L_{a_2}, L_{a_3}, \ldots\}$ に対して合併の公理を適用すれば正当化される．
　また対と合併は3個ないしそれ以上の要素を持つ有限集合を構成することを可能にする．例えば，集合 $\{a,b,c\}$ を構成するためには，対によって

$x = \{a, b\}$ と $y = \{c\}$ を構成し，さらに合併によって $x \cup y = \{a, b, c\}$ が得られる．

**無限公理．** 無限集合が存在する．より明確に述べれば，集合 $x$ で，要素として $\emptyset$ を含み，要素 $y$ に対しては必ず $S(y)$ をも要素として含むものが存在する．ただし $S(y)$ は $y$ の後者集合 $y \cup \{y\}$ である．

したがって，この公理は自然数を含むような集合が存在することを言っている．その要素が**正しく**自然数の全体である集合 N を得るためには，特定の**定義特性**を持った集合を集めて一つの集合を構成するための公理が必要である．技術的な理由から，この公理は関数の定義の言葉で下記の置換公理において主張される．

**ベキ集合公理．** 集合 $x$ に対して要素が $x$ の部分集合であるような集合が存在する．

前節で見たように，この公理は $x = $ N であるときに驚くほど大きい集合 $\mathcal{P}(x)$ を作り出す．事実，$\mathcal{P}(\text{N})$ は可算ではないから，ZF の言語にはこの集合の要素のすべてを定義するに足るだけの論理式は存在しない．これが N とか他の無限集合に対するベキ集合の存在を保証するための公理が必要となる理由である．

**置換公理（型）．** もし $\varphi(u, v)$ が $v$ を関数 $f(u)$ として定義する論理式であるならば，一つの集合 $x$ 内の $u$ に対応する $f$ の値域はそれ自身集合である．

置換公理はツェルメロが論文 Zermelo (1908) で用いた「定義可能な部分集合」公理を一般化したものである．ツェルメロの公理は一つの集合 $x$ の要素 $u$ で論理式 $\varphi(u)$ を満たすものが一つの集合を形成するというものである．フレンケルは論文 Fraenkel (1922) で置換公理が $\{\text{N}, \mathcal{P}(\text{N}), \mathcal{P}(\mathcal{P}(\text{N})), \ldots\}$ のような集合を得るために必要であることを指摘した．

**基礎の公理．** どの集合も $\subset$ 最小な要素を持つ

すでに 9.5 節で言及したように，この公理は数学的帰納法の一つの公理として機能する．

上記の公理のうちの無限公理を**除く**すべてを採用すれば数学的帰納法を含む有限集合の理論体系が得られ，これはペアノ算術 PA と同じ強さを持つ．(実のところ，この ZF 公理系は有限集合の世界で必要とされるよりももっと強いと思わ

れる．とはいっても，無限公理を含まなければ PA よりも多くのことを証明することはできない．）

　無限公理を加えるときは自然数の集合 $\mathbb{N}$ とそのベキ集合 $\mathcal{P}(\mathbb{N})$ が得られ，後者は実効的には実数の集合 $\mathbb{R}$ である．この $\mathbb{R}$ から幾何学と解析学の概念，および，実質的には古典数学の全体を組み上げることができる．このように，ZF は高等的数学の広大なる諸層を包含している．そこで ZF から無限公理を取り去ったものが本質的には PA であることから，

$$ZF = PA + 無限公理$$

とも言うことができるだろう．あるいはもっと大雑把に，

$$高等的数学 = 初等的数学 + 無限公理$$

と口にしてもよかろう．次節ではこの考え方が「初等的数学」と「無限」についてのより繊細な概念を導入することによってどのように洗練され得るのかを論じる．

## 集合論は初等的数学に何をもたらしたか？

　集合論は算術と組合せ論への——有限集合論を見る二つの方途としての——新たな観点を提示した．これが初等的数学を集合論の方向へと押しやることになるのかどうかを検討する作業が残っている．しかしながら，集合論は随分と以前に，カントールが超越数の存在をそれを用いて証明したときに，初等数学に貢献していた．

　一つの実数は，それが代数的でないとき，すなわち，整数係数の多項式による方程式の解でないときに，**超越的**であると呼ばれる．超越数が存在することの最初の証明はリウヴィルによって論文 Liouville (1844) で，代数的な数を有理数で近似することについての代数的な定理によって与えられた．彼の議論は初等的なものにとても近かったが，そうであったとしても，カントールの論文 Cantor (1874) における，代数学をまったく含むことのない議論によって遥かに凌駕されることになった．

それに代えて，カントールはデデキントから学んだ結果，**代数的数の集合は可算であること**，を用いた．代数的数は整数 $a_0, a_1, \ldots, a_n$ による方程式

$$a_n x^n + a_{n-1} x^{n-1} + \cdots + a_1 x + a_0 = 0 \quad (a_0, a_1, \ldots, a_n \in \mathbb{Z}, a_n \neq 0) \quad (*)$$

の根であるという事実のみを用い，デデキントは代数的数の一覧表を次のようなステップによって作り上げた．

1. 方程式 $(*)$ の**高さ**（height）を
$$h = n + |a_n| + \cdots + |a_1| + |a_0|$$
によって定義するならば，高さが $\leq h$ であるような方程式は有限個しか存在しない．これは $h$ が次数 $n$ と係数のサイズの両方を抑えているからである．
2. しかも $h \geq$ 次数であるから，高さが $h$ の方程式の根の個数は $\leq h$ である．
3. したがって，まず，高さが 1 の有限個の方程式を書き上げ，次に，高さが 2 の方程式を書き上げ，等々と続け，しかもそれぞれの方程式の有限個しかないすべての根を各段階で書き添えることによって，すべての代数的数の一覧表を作ることができる．さらに実数でない複素数の根を取り除いておけば，すべての実数の代数的数の一覧表が手に入れられる．

この実数の代数的数の一覧表 $x_1, x_2, x_3, \ldots$ と，$\mathbb{R}$ の非可算性とを合わせれば，この表にはない実数 $x$ が存在することが結論される．またこの $x_1, x_2, x_3, \ldots$ の十進小数展開を用いて対角線論法を用いれば「明示的に」超越数 $x$ を構成することもできる．例えば，

$$x \text{ の十進小数の } n \text{ 番目の桁} = \begin{cases} 1 & \text{もし } x_n \text{ の十進小数の } n \text{ 番目の桁は 1 でない}, \\ 2 & \text{もし } x_n \text{ の十進小数の } n \text{ 番目の桁は 1 である}, \end{cases}$$

として $x$ を定めればよい．（ここで $x$ の桁としては 0 と 9 を避けている．なぜなら，もし $x_n$ が二種類の十進小数展開を持つ——例えば $1/2 = 0.500\cdots = 0.499\cdots$ のような——場合でも $x \neq x_n$ であるようにするために．）

このように与えれば $x$ は超越数である（その十進小数展開は原理的には計算される）．今日でも，この議論は超越数の存在を証明するものとしては最も初等的である．

## 9.9 *逆数学

> ある定理が一組の適正な公理系から証明されるときは，
> この公理系はその定理から証明することができる．

ハーヴィ・フリードマン，Harvey Friedman (1975)

　高等的数学が「ZF − 無限」に無限公理を加えることよって得られるという考え方は高等的数学を記述するにあたってのかなり大雑把な方法である．公理系「ZF − 無限」は，それが PA 以上には何物も証明しないとしても，ベキ集合公理と置換公理に鬱積された膨大なエネルギーを含んでいる．このエネルギーが無限公理を加えることによって放散されるとき，初等的なレベルを超えたすべてのレベルで新しい定理を噴出する爆発が生じる．この場合，初等的なレベルをようやく超えたばかりのものと，それを遥かに超えたものとを差別化することはできない．なにせ，それらはすべて等しく無限公理に依拠しているからである．

　本節の**逆数学**の考え方は，与えられた一つの定理が依拠する公理系をさらに精緻に決定しようとするものである．これは「低出力の」初等的な体系，すなわち，より PA に似たものからまず始めることによって，無限に関わる単純な公理を加えてもまだ高いレベルの定理は生み出さないようにしながら進められる．そうすれば無限に関する**多彩な**公理のそれぞれがもたらすものを探索することができ，定理をそれが依拠する公理系によって篩い分けることができる．一つの定理がどういった公理系に依拠しているかは，その定理からその公理系を証明することができるときに厳密に知ることが可能になる．この種の逆転現象は驚くほどの頻度で生じていることが見出されてきた．

　逆数学は論理学者たちによって現在に至るまでのおよそ 40 年にわたって発展を遂げてきた．そして多数の古典的な定理を PA のレベルの上にさらに五つの主たるレベルを設けて分類するまでになった．これはとても技術的な主題であるから，本書にとってはそういった多くの定理を網羅することは高等的に過ぎる．そこで，その最も単純な幾つかに論議を限ることにする．さらなる情報については，この主題についての決定的な著書である Simpson (2009) を参照されたい．

　逆数学の方法を図解するために，その基本的な公理系の一つである $ACA_0$ を考察する．（この ACA は "arithmetic comprehension axiom" すなわち「算術的内包

公理」から来ている．）公理系 $ACA_0$ は本質的には PA であるが，しかし二種類の変数と一つの追加的な公理を持っている．まず，通常通り自然数のための低位変数 $m, n, \ldots, x, y, z, \ldots$ と自然数を要素に持つ**集合**のための上位変数 $X, Y, Z, \ldots$ を持っている．したがって $ACA_0$ の言語は自然数の集合についての主張を，したがって（9.8 節で触れた $\mathbb{N}$ の部分集合と実数との対応を通して）実数についての主張を表示できる．

また $ACA_0$ の公理系は，一つの例外を除けば，そのままで PA の公理系に合致する．したがって，$ACA_0$ の**基本理論**は本質的には集合の変数を持った PA である．それに加えられるのが**算術的内包公理**（実際には一つの公理型（axiom schema））であり，PA の言語で定義可能な自然数に関する特性 $\varphi(n)$ を実現するような自然数の集合 $X$ が存在することを言っている．すなわち，

$$\exists X \forall n (n \in X \Leftrightarrow \varphi(n)) \qquad (*)$$

である．この公理型は実際上は無限に関する公理である．なぜなら，それは $ACA_0$ の公理の中で無限集合の存在を主張するただ一つのものであるからである．

算術的内包公理の効力には興味深いものがある．これは自然数についての新しい定理が $ACA_0$ で証明されることを可能にするわけでは**ない**．この $ACA_0$ における自然数について定理は PA によって証明されるものと同じである．しかし算術的内包公理は $\mathbb{N}$ の部分集合についての，したがって実数についての多くの定理を与える．そのなかには，よく見かけられるもので，初等的なレベルを超えたばかりのところにある定理が三つある．

- 実数の集合 $\mathbb{R}$ の完備性．
- $\mathbb{R}^n$ のためのボルツァーノ - ヴァイエルシュトラスの定理の一形式．
- ケーニヒの無限性補題．

さらに注目すべきことは（そしてこれが「逆」が生じるところである），これらの三定理のそれぞれは算術的内包公理 $(*)$ と**同値**であり，よってお互いとも同値である．このように $\mathbb{R}$ の完備性とボルツァーノ - ヴァイエルシュトラスの定理は，合理的な意味で同程度高等的であり，そして $(*)$ はこれらが PA の初等的レベルを超えた地点を標示している．

もう一つの興味ある体系は，$ACA_0$ よりも少しだけ弱いが同一の基本理論を持つものであり，$WKL_0$ と呼ばれるものである．この WKL はそれに加えられている「弱ケーニヒ補題（weak König lemma）」から来ており，これはケーニヒの無限性補題の特別な場合であって，この補題の木を無限二分岐木の部分木に制限するものである．すでに 7.9 節で見たように，この特別な場合は，$\mathbb{R}$ の閉区間に対するボルツァーノ‐ヴァイエルシュトラスの定理を証明するために 7.9 節で用いたような「無限二分法」の議論に生じるものである．

このように $WKL_0$ は，$ACA_0$ に見られるように，本質的には PA に $\mathbb{N}$ の部分集合に対する変数と一つの集合存在公理を加えたものである——この場合は無限二分岐木のどのような無限部分木にも無限単純道が存在することを主張する．これは $ACA_0$ よりも弱いことが判明しているが，それでも $WKL_0$ は連続関数についての多くの重要な定理を証明する．その中には次のものが含まれている．

- 有界閉区間上の連続関数は必ず最大値を持つ．（これは**極値定理**と呼ばれ，10.3 節で無限二分法によって証明される．）
- 有界閉区間上の連続関数はリーマン積分可能である．
- ブロウウェルの不動点定理．

そしてまた，ここでも逆転が生じる．これらの定理のそれぞれは弱ケーニヒ補題を導く．こうして連続関数についてのこれらの定理は「高等的」であるだろうという疑念が確認される．これらはまた PA を超えたところにある弱ケーニヒ補題と同じレベルにある．

## 9.10　歴史的な雑記

以前にも 3.7 節と 3.10 節で注意したように，ライプニツは論理を計算に帰着させることを夢想した．しかし彼の夢は 19 世紀までは実現されなかった——そしてまたその時点でも部分的なものにとどまっていた．現今では，本章の 9.1 節で見たように，著書 Boole (1847) で展開されたブールの「論理の代数」のアイデアがどのようにうまく**命題**論理と適合しているかが知られるところとなっている．実際，それは本質的には mod 2 の算術と同じであることが明瞭になっている．

しかしながら，論理を代数と同じように見えるものへと制限したことによって，ブールは，すべての数学を表現するに足るだけの強い論理，すなわち述語論理には到達できなかった．

フレーゲは彼の『概念記法（*Begriffsschrift*）』，Frege (1879) において述語論理を組み上げ，その嚆矢となった．とはいえ，それは自分で概念記法と名づけた奇妙な図式的な体系であり，数学者たちには受け入れられなかった．それはまた出版社にも受け入れられなかったが，これはフレーゲの図式を印刷するのが簡単ではなかったことにもよる．図 9.6 にフレーゲの記法による証明の例を示した．フレーゲは彼の時代からは先んじており，述語論理についての十分な理解となると 1920 年代に至るまでは得られなかった．そしてゲーデルの Gödel (1930) によって述語論理の完全性が証明され，その絶頂を迎えることとなった．すなわち，フレーゲが用意したものを含む述語論理のための標準的な公理系は，必然的論理式（valid formula）のすべてを（そしてそれだけを）証明することが明示されたのである．

ゲーデルの完全性定理は，次いで Gödel (1931) で証明された数学を少しばかり含む体系に対する**不完全性**定理の光芒のもとで，特にその驚異的な姿を浮かび上がらせる．どのように不完全性定理が生じるかは 3.9 節でその概略を描いておいた．不完全性定理が示すものの中には，特に，**数学は論理学よりも多くを保持している**ことが含まれているのだが，このことを，少しばかりの数学を加えることによって天秤が完全性から不完全性へと傾いてしまう，と述べてもよかろう．事実，論理学は「正にギリギリのところで」完全である．この意味するところを，すべての必然的論理式を機械的に生成することはできるのだが，しかし必然的でない論理式についてはそのすべてを機械的に生成することはできない，と言ってもよい．したがって，任意に与えられた論理式の必然性（validity）を判断し得る

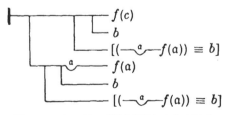

**図 9.6** フレーゲの『概念記法』からの図式．

ようなアルゴリズムは存在しない．これについては 10.8 節で完全性定理を証明したあとでさらに言及する．必然性の決定不能性は最初にチャーチとテューリングによってそれぞれ Church (1935) と Turing (1936) において証明された．

また 3.9 節で大雑把に説明したように，不完全性が生じるのは——典型的には数についての演算によって計算のステップを符号づけすることによって——テューリング機械の計算を符号づけしてしまえるような十分に強い公理系のもとにおいてのことである．このような体系で最も単純なものはラファエル M. ロビンソンが Robinson (1952) で導入したものであり，現在は**ロビンソン算術**と呼ばれている．このロビンソン算術の公理系は 9.5 節で挙げたペアノの公理系の最初の四つからなる——したがって和と積の再帰的定義は含まれるが，数学的帰納法の公理は一つも含まれ**ない**．数学的帰納法の公理を抜きにして計算を模擬的に構成し上げるには一方ならぬ工夫が必要とされるのだが，それをやり遂げることは可能である．そして結果として，

- ロビンソン算術は**決定不能**である．すなわち，論理式がどのように与えられたとしてもそれがロビンソン算術の定理であるかどうかを必ず判定することができるようなアルゴリズムは存在しない．
- ロビンソン算術は**完全化不能**である．すなわち，ロビンソン算術にどのように公理を付け加えていっても（もしその公理系が矛盾を含まないならば）得られる公理系は不完全である．

ロビンソン算術において証明可能でない定理の中には加法と乗法の可換則がある．このことは 9.4 節でこれらの法則を証明するために用いられた数学的帰納法が欠くことはできないものであることを確認することになる．同時に，数学的帰納法はロビンソン算術よりも「もっと高等的である」ことを示している．これの意味するところは，数学的帰納法はさらに多くの定理を証明することができる，ということである．

またペアノ算術（PA）はロビンソン算術に数学的帰納法を加えて得られるので，PA 算術の不完全性も（PA が矛盾を含まないと仮定して）従うことになる．しかし PA の不完全性には少々まごつかせるようなところもある．というのは，PA では証明ができないことが知られている定理の中には，数論家たちが証明を

求めるような定理，例えば $2^n - 1$ とか $n^2 + 1$ といった形の素数が無限に存在するといったものは今のところまったく含まれていない．現今では，PAで証明ができないことが知られている定理はすべて論理学者たちによって案出されたものである．

もっと強い体系，例えば9.8節で書き上げたZF集合論の公理系に対しては状況はもう少し満足できそうになっている．今ではこのZFの多くの興味深い文章がこの公理系においては証明可能でも証明不能でもないことが知られている．したがって（それらが誤っていると考えるための理由が十分にあるわけではないから）それらを新しい公理として採ることも可能である．最もよく取り上げられるのは，ZFの公理系に**選択公理**（AC, Axiom of Choice）を加えるもので，Zermelo (1904) において最初に構成された．このACは，空でない集合 $x$ を要素とする集合 $X$ は必ず**選択関数**を持つ，と述べている．この選択関数 $f$ というのは，各 $x \in X$ に対して $f(x) \in x$ となるような［$X$ から $X$ のすべての要素の合併集合への］関数のことである．

ツェルメロは**整列定理**を証明するためにACを導入した．この定理はどのような集合 $Y$ にも順序を与えて $Y$ の各部分集合がそれぞれに最小の要素を持つようにできると主張する．自然数の集合 $\mathbb{N}$ の整列順序性は数学的帰納法と同値な定理であるが，非可算集合，例えば実数の集合 $\mathbb{R}$ の整列性は一般にACなしでは証明できない．実際，任意の集合 $Y$ が整列可能であることはACと**同値**である．なぜなら，もしそうであるならば，どのような空でない集合の集合 $X$ に対しても選択関数を定義することができる．これは $X$ のすべての要素 $x$ の合併集合 $Y$ を取り，$Y$ の整列順序によって各部分集合 $x$ に対してその**最小の要素** $f(x)$ を対応させればよい．

ツェルメロはACが整列順序を導くことへの彼の証明を形式化するために，論文 Zermelo (1908) で集合論の最初の公理系を与えた．後にフレンケルが論文 Fraenkel (1922) によってそれを改良し，現在用いられているZF体系になった．当時はACが実際に新たな公理であるかどうか——すなわち，ZFから独立しているかどうか——は実際には知られてはいなかったが，これはゲーデルの仕事 Gödel (1938)（ACが矛盾を起こさないこと）とコーエンの結果 Cohen (1963) の組み合わせによって証明された．したがって1963年以降はACおよび整列順序性はZFそれ自身よりも高等的であると言うことができるようになった．同じこ

とは，コーエンやその他の人たちが示したように，多くの他の数学上の文についても適用される．こういった文は，当面のところでは，自然数についての興味がある文を含んではいない．しかし $\mathbb{R}$ についての次の文は ZF においては証明可能でも証明不可能でもないことが分かっている．

- $\mathbb{R}$ は整列順序を持つ．
- $\mathbb{R}$ の無限部分集合は可算であるか，あるいは，$\mathbb{R}$ と 1 対 1 対応を持つ（**連続体仮説**）．
- $\mathbb{R}$ の無限部分集合は必ず可算部分集合を持つ．
- $\mathbb{R}$ は可算個の可算集合の合併である．

また AC についてさらに興味深いことは，それがそれから証明される次のような多くの事柄と実際には**同値である**ことである．

- 任意の集合が整列順序を持つ．
- 任意の二つの集合は比較可能である．すなわち，どのような集合 $A$ と $B$ についても，$A$ が $B$ の部分集合と同数であるか，$B$ が $A$ の部分集合と同数であるか，のいずれかが成り立つ．
- すべての線形空間は基底を持つ．

したがって，AC はこれらの定理を証明するための「適正な公理（right axiom）」である．

これらの結果は，フリードマンが Friedman (1975) によって掲げた 9.9 節の冒頭に引用されたスローガンのもとに導入した逆数学のための進路を切り開いた．逆数学は，集合論において AC が置かれた状況——$\mathbb{R}$ についての定理を証明するための「適正な」公理系を求めようとする動向——を，ZF よりも弱い体系（基本的には，実数についての主張が展開できるような言語を持った PA）から出発して解析学の古典的な定理を証明するのにちょうど足るだけの強さを持つ公理系を求めるなかで，精緻に整えられていった．フリードマンのスローガンに言うように，「適正な」公理系はその定理を証明するばかりか，それと同値である．上の 9.9 節で指摘したように，逆数学は，$\mathbb{R}$ の完備性，ボルツァーノ－ヴァイエルシュトラスの定理，連続関数のリーマン積分の可能性，および，ブロウウェルの不動点定理を PA と同様な弱い体系との関連のもとで証明するための「適正な」公理

系を見出すことに成功した．もう一つの定理で，それに対応する「適正な」公理が見出されているものを挙げれば，ゲーデルの完全性定理（これは10.8節で証明される）である．前節で指摘した著書 Simpson (2009) には他にも多くの例が与えられている．

## 9.11 哲学的な雑記

> 記号論理学はおそらくはそれが数学であると
> 言われることを自覚するようになる．
>
> エイミル・ポウスト，Emil Post (1941), p.345

　数理論理学がもたらす諸結果，特に解答不能性，不完全性，および，逆数学に関するものは，数学のある部分が他よりも「もっと深い」とか，もっと高等的であるということを，初めて精密に示すものである．

　幾つかの**解答可能な**アルゴリズム問題は他のものよりも深いと言いたくなるのだが，解答不能アルゴリズム問題が解答可能なものよりも深いことは疑いようのないことだと思われる．前者に属するような幾つかの結果も確かに存在するが，アルゴリズム問題について最も知りたいことは，もちろん，$P \neq NP$ であるかどうかであろう．もし $P \neq NP$ ということになるなら，そのときは，例えば，命題論理のどの論理式が充足可能（satisfiable）であるのかを決定することは，多項式時間で解き得るどの問題よりも深いだろうか，と問うことになるだろう．

　解答不能アルゴリズム問題は客観的に深いものであると確信することができるかもしれない．というのは，問題の解答可能性は，チャーチ‐テューリングのテーゼによるならば，一つの絶対的な観念であるからである．定理の証明可能性は，ゲーデルの不完全性定理により，単に相対的な観念であるにすぎない．しかしそれでも，幾つかの定理は他のものよりも**相対的に**深いことの証明を期待してもよかろう．ゲーデルの不完全性定理によって知るところとなったように，十分に強い（そして矛盾を含まない）どのような公理体系 $A$ に対しても $A$ では証明することができない定理 $T$ が存在する．このような定理 $T$ は $A$ 自身よりも「もっと深い」あるいは「もっと高等的である」と言っても理にかなっているように思

われる. 残念ながら, 前節で注意したように, 初等的数学の最善のモデルである PA にとっても, ゲーデルの不完全性論議によって生み出された「より深い」定理については論理学の外部ではまだそれほど興味を持たれてはいない.

そうではあるが, PA や同様な体系における証明不能な定理の中に論理学の中で大いに興味を持たれている一つの定理がある. それは主張 Con(PA) と呼ばれるもので, PA は**無矛盾であること**を表現するものである——そう, PA は自分自身の無矛盾性を証明できないのだ！ この Con(PA) が証明不能であることはゲーデルの不完全性定理の一つの系（corollary）である. またこれはフォン・ノイマンによって独立に気づかれていて, ゲーデルへの彼の手紙 von Neumann (1930) で指摘されていた. 事実として, 十分に強いどのような公理系 $A$ においても——$A$ が PA を含んでいれば十分である——$A$ の無矛盾性を表現する文 Con($A$) は $A$ の中では, $A$ が無矛盾である限りは証明できない. ある体系 $A$ の中で一つの定理が証明できないと主張するときに, いつも口うるさく「もし $A$ が無矛盾であるならば」と付け加える理由をここで明確にしておこう. このように $A$ が無矛盾であること仮定しなければならない理由は, まず第一に, その定理が $A$ では証明できないことがあり, 第二に, もし $A$ が無矛盾で**ない**ならば, $A$ はあらゆることを——それが真であろうとなかろうと——証明するからである.

前節で見たように, 証明不能な最も自然な文が体系 $A$ 内で生じるのは, その体系が実数についての主張を記述することができる場合である. これは初等的数学における経験とうまく合致している. そこでは, 高等的数学の側にあってその境界を標するような主張が実数, あるいは, それと同値な概念に絡んでいる. 逆数学はこのような境界線に近い多くの主張にスポットライトを投げかけており, それは, 弱い公理体系（本質的には PA であって, 実数に対する変数を持つもの）にそれらを証明するために付け加えられるべき「適正な」公理を発見することによって成し遂げられてきた. 解析学のかなりの数に上る古典的な定理に対して, 単にそれらが「PA よりも深い」と言うにとどまらないで, それらを証明するために必要とされる公理に応じた「深さのレベル」をそれらと結びつけている. 現今の逆数学は五段階の深さのレベルを区別しており, そのうちの二つの低いレベルには, 本書で考えている $\mathbb{R}$ に関する「境界的な」高等的定理が含まれている. こういった結果は, これらの定理が事実初等的数学の境界線の近くにあることを合理的に確認するものであると思われる.

# 10

## 幾つかの高等的数学

### あらまし

この最終章ではこれまでに検討してきた数学の八つの分野にわたって諸例が挙げられている．それぞれの例では以前に初等的なレベルで観察されていた話題を取り上げ，それを主として無限に関わる原理の助けによってさらに推し進めている．これまでの章で，特に微積分と論理学を論じる際に見てきたように，初等的なところから高等的な数学への一線を越える際にはしばしば無限に関する概念が関わってきた．

境界線を際立たせる高等的な概念の一つは**無限鳩の巣原理**である．これは，もし無限集合が有限個の部分に分割されるならばその一つは必ず無限集合である，というものである．この原理は 7.9 節で用いられた．ここではこれを再度用いて，10.1 節でペル方程式に解が存在することを証明し，10.6 節でラムジー理論をいくらか展開し，そして 10.8 節で述語論理の完全性を証明する．

幾何学ではまったく異なった形で無限が用いられる．そこでは「無限遠点」の考え方が，平行線は「無限遠点で交わる」というアイデアを定式化するために必要になる．このアイデアは 10.4 節で最も簡単な場合である**実射影直線**において展開される．

微積分ないし解析学における多彩な無限の使用の中からは，まず連続関数の特性を取り上げて代数学の基本定理の証明に用いる．この証明は 10.3 節で与えられる．もう一つは**無限積**の概念である．有名な例の一つは円周率 π に対するウォリスの積であり，これを 10.5 節で導き出し，その応用として 10.7 節ではどういっ

た理由によって二項係数のグラフが曲線 $y = e^{-x^2}$ に近づくのかを説明する.

解析学において無限が姿を表すもう一つの場面——$\mathbb{R}$ の非可算性——にはここではほとんど触れない. しかしそれは解答不能性と不完全性の概念に見えざる影を落としている. これらの概念は 10.2 節と 10.8 節で再度取り上げられる.

## 10.1 算術：ペル方程式

ペル方程式 $x^2 - my^2 = 1$, $m > 0$ の整数解に関しては, すでに 2.8 節で示されたように, その一つの［自明でない］解は他の無限個の解を生成することができる. しかし, まず一つの解を見つけるという問題は解かれないままに残されている. 具体的に妥当と思われる $m$ の値が与えられたとしても, $x^2 - my^2 = 1$ の［正で］最小の自明でない解を見つけるのは容易ではない. すでに 2.9 節で指摘しておいたが, $x^2 - 61y^2 = 1$ の自明でない最小の解は,

$$(x, y) = (1766319049, 226153980)$$

なのだ！

例えば $m$ に対応する自明でない最小の解を並べてみてもまったく取り止めのない有り様であり, 一般的にそれが存在することなど予見できそうもない. ところが, ラグランジュは 1768 年に, **もし $m$ が平方数でない正整数であるならば, ペル方程式 $x^2 - my^2 = 1$ は整数解で $(\pm 1, 0)$ と異なるものを持つ**ことを証明した. 解への道をなだらかにするために, 方程式 $x^2 - my^2 = 1$ の理論が代数的数体 $\mathbb{Q}(\sqrt{m})$ の構造とどのように関係しているのかをまず説明しよう.

### ペル方程式と $\mathbb{Q}(\sqrt{m})$ 上のノルム

正整数で平方数でない $m$ に対するペル方程式 $x^2 - my^2 = 1$ の整数解は無理数 $\sqrt{m}$ の助けを借りて生成されるが, これはすでに 2.8 節で示された. 特に, もし解の一つ $x = x_1, y = y_1 \neq 0$ が与えられれば, 無限に多くの解 $x = x_n, y = y_n$ が公式

$$x_n + y_n \sqrt{m} = (x_1 + y_1 \sqrt{m})^n \quad (n \in \mathbb{N})$$

によって与えられる．この仕組みは**体 $\mathbb{Q}(\sqrt{m})$ 上のノルム**の概念の助けを借りればよく分かってくる．

代数的数 $\alpha$ に対する体 $\mathbb{Q}(\alpha)$ は 4.8 節で定義されたが，ここでの特別な $\alpha = \sqrt{m}$ で $m$ が平方数でない自然数の場合については，もっと単純に，

$$\mathbb{Q}(\sqrt{m}) = \{a + b\sqrt{m} \mid a, b \in \mathbb{Q}\}$$

として定義される．このとき，$\mathbb{Q}(\sqrt{m})$ は有理数 $a, b$ に対する $a + b\sqrt{m}$ の形の数をすべて含んでおり，しかもこのような二つの数の積はやはり同じ種類の数であることは明らかであろう．よって $a + b\sqrt{m}$ の形の数が体 $\mathbb{Q}(\sqrt{m})$ 全体を占めていることを証明するには，$a + b\sqrt{m}$ の形の数が $0$ でないときに，その逆数が同じ形の数であることを示せば十分である．これは，

$$\frac{1}{a + b\sqrt{m}} = \frac{a - b\sqrt{m}}{(a + b\sqrt{m})(a - b\sqrt{m})} = \frac{a - b\sqrt{m}}{a^2 - mb^2}$$
$$= \frac{a}{a^2 - mb^2} - \frac{b}{a^2 - mb^2}\sqrt{m}$$

と表せば，$a, b$ が共に有理数であれば $\frac{a}{a^2-mb^2}$ と $\frac{b}{a^2-mb^2}$ とがやはり有理数であることから，明らかである．

そこで $\mathbb{Q}(\sqrt{m})$ 上の**ノルム**（norm）を

$$\mathrm{norm}(a + b\sqrt{m}) = a^2 - mb^2$$

によって定義する．したがってノルムは有理数であり，もし $a$ と $b$ が共に整数であればそれも整数である．このノルムが特に有用であるのは，次の特性を持っているからである．これは 2.6 節で用いられた複素数のノルムの乗法的特性と類似している．

**ノルムの乗法的特性．** もし $u = a + b\sqrt{m}$ で $u' = a' + b'\sqrt{m}$ であるならば，

$$\mathrm{norm}(uu') = \mathrm{norm}(u)\mathrm{norm}(u')$$

が成り立つ．

**証明.** 実際, $u = a + b\sqrt{m}$ で $u' = a' + b'\sqrt{m}$ であることから,

$$uu' = (a + b\sqrt{m})(a' + b'\sqrt{m}) = (aa' + mbb') + (ab' + ba')\sqrt{m}$$

であり, したがって, 項 $2maa'bb'$ を相殺すれば

$$\text{norm}(uu') = (aa' + mbb')^2 - m(ab' + ba')^2$$
$$= (aa')^2 + (mbb')^2 - m(ab')^2 - m(ba')^2$$

が得られる. 他方,

$$\text{norm}(u)\text{norm}(u') = (a^2 - mb^2)(a'^2 - mb'^2)$$
$$= (aa')^2 + (mbb')^2 - m(ab')^2 - m(ba')^2$$

であり, よって確かに $\text{norm}(uu') = \text{norm}(u)\text{norm}(u')$ が成り立っている. □

この証明の鍵となっている恒等式

$$(a^2 + mb^2)(a'^2 + mb'^2) = (aa' + mbb')^2 - m(ab' + ba')^2$$

は600年CEにインド人の数学者ブラフマグプタによって発見された. 彼が認識していたように, この恒等式は, もし $(x, y) = (a, b)$ と $(x, y) = (a', b')$ が共に方程式 $x^2 - my^2 = 1$ の整数解であるならば, $(x, y) = (aa' + mbb', ab' + ba')$ もやはりそうであると言っている——実際, $a, a', b, b'$ がすべて整数であれば, $aa' + mbb', ab' + ba'$ もやはりそうであるからである.

そこで $a$ と $b$ が通常の整数であるときに, $a + b\sqrt{m}$ を体 $\mathbb{Q}(\sqrt{m})$ の**整数**と呼ぶならば, ブラフマグプタの発見は次のように表現できる. もし $a + b\sqrt{m}$ と $a' + b'\sqrt{m}$ が共にノルム1の「整数」であるならばそれらの積

$$(a + b\sqrt{m})(a' + b'\sqrt{m}) = (aa' + mbb') + (ab' + ba')\sqrt{m}$$

もまたノルム1の「整数」である. また, もう一点注目すべきことは, もし $a + b\sqrt{m}$ がノルム1の「整数」であるならばその逆数もまたそうである. 実際, そのときは, $a + b\sqrt{m}$ の逆数は $a - b\sqrt{m}$ である. なぜなら,

$$(a + b\sqrt{m})(a - b\sqrt{m}) = a^2 - mb^2 = \text{norm}(a + b\sqrt{m}) = 1$$

であるからである．

　これら二つの事実を合わせれば，もし $x_1 + y_1\sqrt{m}$ がノルム 1 の「整数」であるならば（よって $x = x_1, y = y_1$ が $x^2 - my^2 = 1$ の整数解である），やはり

$$x_n + y_n\sqrt{m} = (x_1 + y_1\sqrt{m})^n \quad (n \in \mathbb{Z})$$

もそうである．これは 2.8 節で見つけておいた $x^2 - my^2 = 1$ の無限個の解を $n$ の負のベキにまでさらに拡大している．次の小節ではこの少しばかりの拡大によってなぜこの方法で**すべての解**が得られることにつながっていくのかを解き明かす．

## ただ一つの解からすべての解を得る

　まず $x = x_1 > 0, y = y_1 > 0$ を $x^2 - my^2 = 1$ の正整数解とすると，$x_1 + y_1\sqrt{m} > 1$ であるから，どの $n \in \mathbb{Z}$ に対しても $(x_1 + y_1\sqrt{m})^n$ は正であり，またすべて異なっている[†]．実際，

$$\cdots < (x_1 + y_1\sqrt{m})^{-1} < 1$$
$$= (x_1 + y_1\sqrt{m})^0 < (x_1 + y_1\sqrt{m})^1 < (x_1 + y_1\sqrt{m})^2 < \cdots$$

である．そこで $(x, y) = (x_1, y_1)$ をこのような正整数解の中で最小のもの，すなわち，$x_1 > 0, y_1 > 0$ であって対応する $x_1 + y_1\sqrt{m}$ が最小であるものとする．このとき，

**ペル方程式の正の解．** 方程式 $x^2 + my^2 = 1$ の整数解で $x > 0, y > 0$ であるものは，ある $n \in \mathbb{N}$ に対する $x = x_n, y = y_n$ である．ただし，

$$x_n + y_n\sqrt{m} = (x_1 + y_1\sqrt{m})^n$$

---

[†] 訳注：方程式 $x^2 - my^2 = 1$ の整数解 $(x, y) = (a, b)$ で $b \neq 0$ であるものに対しては $a \neq 0$ でもある．よって，四個の異なる解 $(\pm a, \pm b)$ が得られ，必ず $a > 0, b > 0$ である解が存在する．またこのとき $a + b\sqrt{m} > 1$ であり，$(a + b\sqrt{m})(a - b\sqrt{m}) = 1$ であるから，$a - b\sqrt{m} = (a + b\sqrt{m})^{-1} < 1 < a + b\sqrt{m}$ となっている．したがって，一つの整数解 $x = a, y = b \neq 0$ があれば，必ず $x > 0, y > 0$ となる解も存在し，それは $1 < x + y\sqrt{m}$ で特徴づけられている．

である．

**証明．** 逆に正整数の解 $(x, y) = (x', y')$ でどの $(x_n, y_n)$ とも異なるものがあると仮定しよう．このとき，正の数 $x' + y'\sqrt{m}$ はどの $x_n + y_n\sqrt{m} = (x_1 + y_1\sqrt{m})^n$ とも異なっており，したがって，ある整数 $n$ に対して

$$(x_1 + y_1\sqrt{m})^n < x' + y'\sqrt{m} < (x_1 + y_1\sqrt{m})^{n+1}$$

となる．よって，

$$1 < (x' + y'\sqrt{m})(x_1 + y_1\sqrt{m})^{-n} < x_1 + y_1\sqrt{m}$$

である．さてこのとき $(x' + y'\sqrt{m})(x_1 + y_1\sqrt{m})^{-n} = X + Y\sqrt{m}$ と表すと，これもノルムが 1 の「整数」である．なぜならノルムが 1 の「整数」の全体は積と逆数をとる演算に関して閉じているからである．

したがって，$(x, y) = (X, Y)$ はペル方程式 $x^2 + my^2 = 1$ の正整数解であるのだが，また $X + Y\sqrt{m}$ は $x_1 + y_1\sqrt{m}$ よりも小さい．これは仮定に反している．この矛盾は，方程式 $x^2 + my^2 = 1$ の正整数の解でどの $(x_n, y_n)$ とも異なるものがあるとした仮定が誤りであることを示している． □

このように，すべての正整数の解は最小の解 $x = x_1, y = y_1$ から得られ，そして，もちろん，負の整数解は正の整数解の $x$ ないし $y$ の符号を変えて得られる．

## 自明でない解の存在

残された問題は，ペル方程式 $x^2 - my^2 = 1$ には少なくとも一つは整数解 $x = x_1, y = y_1 \neq 0$ が存在することである．これについての興味深い証明は 1840 年にディリクレによって与えられ，デデキントによって数論に関するディリクレの講義録の付録として Dedekind (1871a) で公刊された．ディリクレは今では彼の「鳩の巣原理」と呼ばれているものを用いたが，この原理は次のように述べられる．もし $k$ 羽を超える数の鳩が $k$ 個の箱に入るならば，少なくとも二羽の鳩が一つの箱の中に入る（有限版）．もし無限に多くの鳩が $k$ 個の箱に入るならば，少なくとも一つの箱の中に無限に多くの鳩が入る（無限版）．この無限版鳩の巣原理は本書でもすでに 7.9 節でケーニヒの無限性補題やボルツァーノ -

ヴァイエルシュトラスの定理の証明でお目にかかったが，本章でもまたあとで出会うことになる．

ディリクレの論法は次の二つのステップに分けられる．まず，無理数の有理数による近似に関する定理である．

**ディリクレの近似定理.** 無理数$\sqrt{m}$と整数$B>0$に対して整数$a,b$で，$0<b<B$かつ
$$|a-b\sqrt{m}|<\frac{1}{B}$$
となるものが存在する．

**証明.** 整数$B>0$に対して，$B-1$個の数$\sqrt{m}, 2\sqrt{m}, 3\sqrt{m}, \ldots, (B-1)\sqrt{m}$を考えよう．各乗数$k$に対して整数$A_k$であって
$$0<|A_k-k\sqrt{m}|<1$$
を満たすものを選ぶ．このとき，$\sqrt{m}$は無理数であるから，この$B-1$個の$A_k-k\sqrt{m}$は実際に0よりも大きく，また実際に1よりも小さくなるように取ることができ，しかもそれらはすべて互いに異なっている．なぜなら，これらの条件の一つが満たされない場合は，生じる等式を$\sqrt{m}$について解くことによってそれが有理数になってしまうからである．したがって$B+1$個の相異なる数
$$0, A_1-\sqrt{m}, A_2-2\sqrt{m}, \ldots, A_{B-1}-(B-1)\sqrt{m}, 1$$
が0から1までの区間に入っている．

そこでこの区間を長さが$1/B$の$B$個の部分区間に分割すれば，有限鳩の巣原理によって，少なくとも一つの部分区間にはこれらの$B+1$個の相異なる数のうちの二つが含まれている．そこでそれらの差を取れば，何らかの整数$a$と$b\neq 0$に対する$a-b\sqrt{m}$の形の無理数が得られ，したがって
$$|a-b\sqrt{m}|<\frac{1}{B}$$
となっている．また，$b$は$B$よりも小さい二つの正整数の差であるから，$b<B$である． □

次のステップでは無限鳩の巣原理を持ち込んだうえで小ステップを積み重ねて最終段階に進む.

1. ディリクレの近似定理はすべての $B > 0$ に対して成り立つから,特に $1/B$ を任意に小さくすることができる.よって,$a$ と $b$ の新しい値を無限に繰り返して選んでいくことができる.したがって,**無限に多くの整数の対 $(a, b)$ $(0 < b < B)$ で $|a - b\sqrt{m}| < 1/B$ となるものが存在する**.特に $0 < b < B$ であるから,
$$|a - b\sqrt{m}| < \frac{1}{b}$$
である.

2. ステップ1から,不等式
$$|a + b\sqrt{m}| \leq |a - b\sqrt{m}| + |2b\sqrt{m}| \leq |3b\sqrt{m}|$$
が得られ,したがって,$|a - b\sqrt{m}|$ と $|a + b\sqrt{m}|$ のそれぞれの上からの評価を掛け合わせて
$$|a^2 - mb^2| \leq \frac{1}{b} \cdot |3b\sqrt{m}| = 3\sqrt{m}$$
となる.よって,**無限に多くの $a - b\sqrt{m} \in \mathbb{Z}[\sqrt{m}]$ でノルムの絶対値が $\leq 3\sqrt{m}$ であるものが存在する**.

3. そこで無限鳩の巣原理を順次用いることによって,次のような数を見つけていくことができる.
   - 同じノルム,それを $N$ と表そう,を持つ無限に多くの数 $a - b\sqrt{m} \in \mathbb{Z}[\sqrt{m}]$,
   - その中で,$a$ が $\mathrm{mod}\ N$ の同じ合同類に属する無限に多くの数,
   - その中で,$b$ が $\mathrm{mod}\ N$ の同じ合同類に属する無限に多くの数.

4. このステップ3から,二つの正の数 $a_1 - b_1\sqrt{m}$ と $a_2 - b_2\sqrt{m}$ で
   - 同じノルム $N$ を持ち,
   - $a_1 \equiv a_2 \pmod{N}$ であり,さらに
   - $b_1 \equiv b_2 \pmod{N}$ である
   
   ものが得られる.

最終段階は，このようにして得られた二数の商 $a-b\sqrt{m}$ を取る．そのノルムが1であることはノルムの乗法的な特性から明らかである．しかし $a$ と $b$ が整数であることは必ずしも明らかではないが，これは上のステップ4で得られている合同関係から次のように得られる．

**ペル方程式の自明でない整数解．** 平方数でない正整数 $m$ に対して，方程式 $x^2-my^2=1$ は整数解 $(a,b)\neq(\pm 1,0)$ を持つ．

**証明．** 上のステップ4で得られた二数 $a_1-b_1\sqrt{m}$ と $a_2-b_2\sqrt{m}$ の商 $a-b\sqrt{m}$ を考察しよう．このとき，$a_1-b_1\sqrt{m}$ と $a_2-b_2\sqrt{m}$ の共通のノルム $N=a_2^2-mb_2^2$ に対して，

$$a-b\sqrt{m}=\frac{a_1-b_1\sqrt{m}}{a_2-b_2\sqrt{m}}=\frac{(a_1-b_1\sqrt{m})(a_2+b_2\sqrt{m})}{a_2^2-mb_2^2}$$

$$=\frac{a_1a_2-mb_1b_2}{N}+\frac{a_1b_2-b_1a_2}{N}\sqrt{m}$$

となっている．しかもノルムの乗法的な特性から，商 $a-b\sqrt{m}$ のノルムは1である．

二数 $a_1-b_1\sqrt{m}$ と $a_2-b_2\sqrt{m}$ は等しくなく，また共に正の数であるから，それらの商 $a-b\sqrt{m}$ は $\pm 1$ ではない．したがって，あとは $a$ と $b$ が整数であることを示せばよい．すなわち，$N$ が $a_1a_2-mb_1b_2$ と $a_1b_2-b_1a_2$ を割り切ること，言い換えれば

$$a_1a_2-mb_1b_2\equiv a_1b_2-b_1a_2\equiv 0\pmod{N}$$

を示せばよい．最初の合同関係は $N=a_1^2-mb_1^2$ から得られる．実際，$a_1$ と $b_1$ のそれぞれを上のステップ4で得られた合同な値 $a_1\equiv a_2\pmod{N}$ と $b_1\equiv b_2\pmod{N}$ とで置き換えれば，

$$0\equiv a_1^2-mb_1^2\equiv a_1a_1-mb_1b_1\equiv a_1a_2-mb_1b_2\pmod{N}$$

が得られる．また二番目の合同関係は，二つの合同関係 $a_1\equiv a_2\pmod{N}$ と $b_2\equiv b_1\pmod{N}$ を掛け合わせれば $a_1b_2\equiv b_1a_2\pmod{N}$ となり，よって $a_1b_2-b_1a_2\equiv 0\pmod{N}$ が成り立っている． □

## 10.2　計算：語の問題

***チューリング機械を語の変換によって提示する**

　チューリング機械の計算において次々と実行される各段階は，3.7節の図3.4で図解されているように，**語**（word）と呼ばれる記号列で簡単に符号化される．与えられた段階に対応する語は，テープ上の位置の各四角形に記された記号のすべてからなる列に加え，読み書きヘッドのその時点での状態を表す記号を，読み書きヘッドがその時点で見ている四角形上の記号の左に嵌め込んだものである．したがって図3.4で与えられた段階のスナップショットに対応する語は図10.1に書き込まれたようになる．

　さらに語の左端と右端にそれぞれ鍵括弧 [ と ] を付け加え，読み書きヘッド記

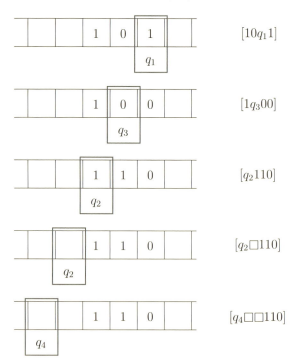

**図 10.1**　計算のスナップショットと対応する語．

号がテープに書きこまれた部分を「感じ取り」，もし必要なら新しい空白の四角形をさらに用意することを促す．

一つのスナップショットから次のものへの変化は単にその時点の状態 $q_i$ と読み取られる記号 $S_j$ によって定まり，したがって一つの語から次のものへの変化は部分語 $q_iS_j$ と（端子が左に動くときに）$q_i$ の左の記号にのみ依存する．その結果，計算を符号化する記号の列は一つの2または3文字の部分語の他の語への**置き換え**の一連の列によって作り出されていく．一つのチューリング機械は，したがって，その5個組に対応した**置き換え規則**によって完全に記述される．

例えば，5個組 $q_110Lq_3$ は置き換え

$$1q_11 \to q_310 \quad \text{および} \quad 0q_11 \to q_300 \quad \text{および} \quad [q_11 \to [q_3\square 0$$

と対応している．これらはそれぞれ状態記号の左に位置する記号1または0または[に応じており，最後の場合は空白の四角形が新たに作り出されている．

一般に，機械 $M$ で状態 $q_i$ と記号 $S_j$ が付与されているものに対して，5個組と規則の間の対応は次のように表される．

| 5個組 | 置き換え規則 |
|---|---|
| $q_iS_jS_kRq_l$ | $q_iS_j \to S_kq_l$ |
|  | $q_i] \to S_kq_l]$ （$S_j = \square$ のとき） |
| $q_iS_jS_kLq_l$ | $S_mq_iS_j \to q_lS_mS_k$ （各記号 $S_m$ に対して） |
|  | $[q_iS_j \to [q_l\square S_k$ |

これらの規則によって，一つの語 $w$ で符号化された当初の状態からの機械 $M$ の計算を符号化していく語が忠実に作り出されることは明らかである．それらは計算の1，2，3，．．．番目の結果のそれぞれを符号化する語の列 $w_1, w_2, w_3, \ldots$ として一意的に作り出す．なぜなら，高々一つの置き換え規則のみが機械 $M$ にとって可能な状況を符号化する一つの語に施されるからである．そしてもし $M$ が停止するならば，最後の語は，部分語 $q_iS_j$ で，それに対して置き換えが指示されていないものを含んでいる．なぜなら，$M$ が停止する以上，その5個組でそのような $q_iS_j$ で始まるものは存在していないからである．

このような停止を指示する部分語 $q_iS_j$ のそれぞれに対して，次のような置き換え規則を $M$ の各記号 $S_m$ について加えておくことが便利である．

$$q_iS_j \to H, \quad HS_m \to H, \quad S_mH \to H, \quad [H \to H, \quad H] \to H.$$

そうすれば，停止が生じたときに，これらの規則が記号 $H$ を作り出し，しかもそれがその左と右のすべての記号を「飲み込んだ」うえで，単に1文字語 $H$ を残すことになる．

チューリング機械 $M$ からこのようにして導かれた規則の体系を**体系** $\Sigma_M$ と呼ぶ．この $\Sigma_M$ を構成することによって

$M$ が語 $w$ によって符号化された状態から始めたときに停止するための必要かつ十分な条件は，体系 $\Sigma_M$ において語 $w$ を $H$ へと置き換えることが可能であることである．

したがって，3.8 節で証明された停止問題の解答不能性から，次が得られる．

**解答不能な語の変換問題．** 与えられた体系 $\Sigma_M$ と初めの語 $w$ に対して，$\Sigma_M$ が $w$ を $H$ に置き換えられるかどうかを決定するという問題は，解答不能である．□

実際，普遍機械 $U$ が存在する（3.9 節）ことから，語の変換問題はこの**特定された体系** $\Sigma_U$ に対して解答不能である．なぜなら，停止問題はこの特定された機械 $U$ に対して解答不能であるからである．

## *語の問題

トゥエは冊子 Thue (1914) で語（words）についての簡単な問題を導入した．これは上記の小節で紹介されたものと同様ではあるが，ただし部分語の置き換えはどちらの方向にも生じ得る．すなわち，語の間の**等式の体系** $T$，

$$u_1 = v_1, \quad u_2 = v_2, \quad \ldots, \quad u_k = v_k,$$

が与えられており，そのもとで，与えられた二つの語 $w, w'$ がそれらの部分語を等しい部分語で置き換えることによって互いに転換され得るかどうかを決定せよ，というものである．この場合，$u_i$ は $v_i$ で置き換えられるし，また $v_i$ は $u_i$ と置き換えらるから，Thue (1914) における規則は「双方向的」であり，上記のチューリング機械を模擬した場合の「一方向的」なものとは異なっている．（幸運なるかな，彼の名前 Thue は実際には「two-way」と発音される．）

等式は一方向的な変換よりもむしろ自然であるから，この語の**等式**問題がやはり解答不能であることが語の変換問題のように証明されるのが望ましく，これはポウストとマルコフによって独立に 1947 年になされた．これが解答不能であることが証明された最初の通常の数学上の問題であった．ここではポウストの Post (1947) における方法に従う．これはテューリング機械を模擬したものに対する一方向的な変換をそのままに採用し，それを双方向的に移している．

これを実施する場合に何がまずくなるのだろうか？　二つの語 $w$ と $w'$ は，機械の状態を同一の計算の中で符号化しているわけ**ではない**場合に，等式 $w = w'$ が得られることがある．なぜならば，$w$ と $w'$ は同じ語 $v$ へ変換され得るから，$w = w'$ を得る場合に変換 $w' \to v$ を逆転させることが許されることになる．しかしながら，次の命題が得られている．

**停止する計算の検知.** もし語 $w$ が何らかの機械の状態を符号化しているなら，$w = H$ であるための必要十分条件は状態 $w$ で始まる計算で停止するものが存在することである．

**証明.** もし状態 $w$ で始まる計算で停止するものが存在するならば，

$$w \to H \text{ を含む語}$$
$$\to H \quad (H \text{ に記号を「飲み込ませる」ことによる})$$

であるから，結局 $w = H$ である．

逆に，もし $w = H$ であれば，等式の列

$$w = w_1 = w_2 = \cdots = w_n = H \text{ を含む語} \tag{$*$}$$

であって，$w_n$ が $H$ を含まない最後の語であるものが存在する．各等式 $w_i = w_{i+1}$ は変換 $w_i \to w_{i+1}$ またはその逆の $w_i \leftarrow w_{i+1}$ から来る．したがって，($*$) のすべての等式において，適宜それぞれの = を対応する → または ← で置き換えたものを考える．

そうすれば，少なくとも一つの矢印は → である．なぜなら，もしすべての矢印が ← であるとすると，

$$H \text{ を含む語} \to w$$

となる．これは不可能である．なぜなら，置き換えの規則は $H$ を消去すること
を許していないにもかかわらず，$w$ は $H$ を含んでいないからである．したがっ
て，少なくとも右向きの矢印は一つは存在している．そこでその中で $w_i \to w_{i+1}$
を最も左側にあるものとし，その左に逆向きの矢があるとすれば，

$$w_{i-1} \leftarrow w_i \to w_{i+1}$$

となっている．これは $w_{i-1} = w_{i+1}$ を意味している．なぜなら，機械の状態 $w_i$
は高々一つだけ後者を持つからである．このとき，もとの列から $w_{i-1} \leftarrow w_i \to$
を取り去ることができ，二つの逆向きの矢を消すことができる．この過程を繰り
返して逆向きの矢をすべて消去することができ，結果として

$$w \to \cdots \to H \text{ を含む語}$$

が得られる．これは計算を $w$ から始めれば結局は停止してしまうことを意味
する． □

この命題から次の結論が直ちに従う．

**語の問題の解答不能性．** もし $T_U$ がトゥエ体系であって，その等式 $u = v$ が一つ
の普遍的トゥエ機械 $U$ に対する語の変換 $u \to v$ によって生じるものであるなら
ば，与えられた語 $w$ に対して，体系 $T_U$ の中で $w = H$ であるかどうかを判定す
る問題は解答不能である． □

この問題はまた**半群に対する語の問題**と呼ばれる．その理由は，等しい語から
なる［同値］類の全体は，語の連鎖による演算のもとで，半群と呼ばれる代数的
な構造を形成することによる．さらに，語を作るために用いられる各文字 $a$ に対
して**逆文字** $a^{-1}$ を添加し，等式

$$aa^{-1} = a^{-1}a = \text{無文字の語}$$

を付け加えるならば，**群**が得られる．群に対しても同様に述べることができる語
の問題があり，実はこちらの方が半群に対する語の問題のトゥエによる定式化に
先んじている．群に対する語の問題はデーンによって Dehn (1912) で初めて述べ
られた．こちらの方はさらに重要な問題であり，（デーンも認識していたように）

トポロジーにおける自然な問題，例えば，入り組んだ3次元の対象の中の閉曲線が一点に縮約されるかどうかを判定する問題と関係している．

　半群に対する語の問題と同じく，群に対する語の問題も解答不能であり，この証明はもっと難しい．群における等式を用いてチューリング機械の計算を模擬することができるが，しかし逆文字の存在は計算段階を語によって符号化するのをかなり難しくしている．この困難さのゆえに，この場合の解答不能性の最初の証明はようやくノヴィコフによる143ページの論文 Novikov (1955) で示された．群に関する語の問題の歴史については本書の著者による Stillwell (1982) に多くの記述が見られ，その解答不能性の証明は Stillwell (1993) にある．この著書では前著 Stillwell (1982) で与えられた証明に含まれていたエラーが修正されている．

## 10.3　代数：基本定理

　第4章で強調したように，代数学の基本定理は純粋に代数的であるとは言えない．その主張の通常の文言——[$\mathbb{C}$ 係数の] 多項式による方程式 $p(x) = 0$ は複素数全体の集合 $\mathbb{C}$ の中に根を持つ——は非可算集合 $\mathbb{R}$ と $\mathbb{C}$ の存在を前提しており，通常の証明では $\mathbb{R}$ の完備性と連続関数の一つの特性を前提にしている．この節では単に初等的な代数と幾何に加えて，連続関数についての標準的な定理である**極値定理**だけを用いた証明を与える．

### *極値定理

　閉区間 $[a, b]$ 上の連続関数についての最も簡単な形の極値定理の証明から始めよう．そしてそのアイデアを，代数学の基本定理の証明に必要とされる平面上の関数にまでどのように拡張していくかを示唆する．

**極値定理．** もし $f$ が閉区間 $[a, b]$ 上の連続関数であるならば，$f$ は $[a, b]$ 上で最大値と最小値を持つ．

**証明．** まずもう少し穏やかな主張の，$f$ は区間 $I_1 = [a, b]$ 上で**有界であること**を示そう．もしそうでないとすると，$f$ は少なくとも半分の区間 $[a, \frac{a+b}{2}]$ または

$[\frac{a+b}{2}, b]$ のどちらかの上で有界でない.この議論を繰り返すために,(例えば)$f$ は左半分の閉区間 $I_2$ の上で有界でないとし,さらに,もとの区間の 4 分の 1 の閉区間 $I_3$ 上で $f$ は有界でないとし,等々と続ける.

このように押し進めていき,入れ子状の閉区間の無限列

$$I_1 \supseteq I_2 \supseteq I_3 \supseteq \cdots$$

で,そのそれぞれの項の上で $f$ は有界でないものが得られる.区間 $I_k$ はいくらでも小さくなるから,$\mathbb{R}$ の完備性から,それらは唯一の共通点 $c$ を持つ(9.6 節).しかし,与えられた $\varepsilon > 0$ に対して $I_k$ が十分に小さくなれば,$f$ の連続性から,どの $x \in I_k$ に対してもその $f$ の値 $f(x)$ は $f(c) - \varepsilon$ と $f(c) + \varepsilon$ との間にある.これは各 $I_k$ の上で $f$ が有界でないことに矛盾する.

このように,$f$ が閉区間 $[a, b]$ 上で有界でないと仮定するのは間違いである.したがって,そこでの $f$ の値 $f(x)$ の最小の上界 $u$ と最大の下界 $l$ が存在することが,再び $\mathbb{R}$ の完備性によって結論される.

さて,もし $f$ が値 $u$ を閉区間 $[a, b]$ 上で取らないとすると,関数 $\frac{1}{u - f(x)}$ は $[a, b]$ 上で定義された連続関数で,しかもそこで**有界ではない**.なぜなら,値 $f(x), x \in [a, b]$ はその最小の上界 $u$ にいくらでも近づいていくからである.これはすぐ上で証明された連続関数の有界性と矛盾する.よって $f$ は閉区間 $[a, b]$ 上で最大値 $u$ を取る.それが最小値 $l$ を取ることも同様に示される. □

この証明から,平面上の連続関数が閉円盤といった有界な閉領域上で最大値と最小値を取ることをどのように証明すればよいかは明らかであるだろう.その領域を有限個の部分閉領域でいくらでも小さくなっていくようなものに繰り返し分割していき,入れ子になった部分閉領域の無限列でいくらでも小さくなるようなもので,したがって共通部分が一点になるようなものを取る.(同様の議論を 7.10 節でブロウウェルの不動点定理を証明する際に用いて唯一の共通点を見つけた.)議論の残りの部分はまったく同じである.

## 複素数の幾何学

複素数 $z = a + ib$ を平面上の点 $(a, b)$ と見ることができる.複素数の和は

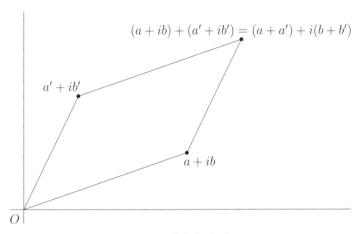

**図 10.2** 複素数の加法.

$$(a+bi)+(a'+b'i) = (a+a')+i(b+b')$$

であり，ちょうど平面上での**ベクトルの加法**である（図 10.2）.

複素数の乗法もまた幾何学的な解釈を持ち，それほど分かりやすくはないが，重要度はもっと大きい．それは長さと角度の両方に関わっている．長さは $z=a+ib$ の**絶対値**

$$|z| = \sqrt{a^2+b^2}$$

に組み込まれており，これは $z$ の原点 $O$ からの距離である．より一般的に，$z' = a' + ib'$ に対して，

$$|z-z'| = \sqrt{(a-a')^2+(b-b')^2}$$

は $z$ から $z'$ までの距離である．

さらに $z = a + ib$ と $z' = a' + ib'$ の**積**は

$$(a+ib)(a'+ib') = (aa'-bb')+i(ab'+ba')$$

によって定義され，これは通常の代数の規則に従っており，ただし，$i^2 = -1$ として計算される．この定義から，**絶対値は乗法的であること**，すなわち，

$$|zz'| = |z||z'|$$

が得られる．実際，
$$|zz'|^2 = (aa' - bb')^2 + (ab' + ba')^2 = (a^2 + b^2)(a'^2 + b'^2) = |z|^2|z'|^2$$
である．ただし，中央の等式 $(aa' - bb')^2 + (ab' + ba')^2 = (a^2 + b^2)(a'^2 + b'^2)$ はその両辺を展開すれば確認される．（これはすでに，幾分異なった記号のもとで，2.6節で確認した．また，ここではもはや $a, b, a', b'$ は整数である必要はない．）

絶対値は長さに等しいから，**平面上のすべての数に $|u| = 1$ であるような $u$ を掛けても長さはすべて保たれる**．すなわち，$u$ を掛けることによって二つの点 $z, z'$ はそれぞれ $uz, uz'$ に移され，これら二点の間の距離は

$$\begin{aligned}|uz - uz'| &= |u(z - z')| \\ &= |u||z - z'| \quad \text{（乗法的特性による．）} \\ &= |z - z'| \quad \text{（なぜなら，$|u| = 1$ であるから．）}\end{aligned}$$

となっており，最後の項はもとの二点の間の距離である．またゼロに対応する原点はどのような数を掛けても不動である．したがって，平面上のすべての数に $|u| = 1$ であるような $u$ を掛けることは複素数の平面 $\mathbb{C}$ の原点 $O$ を固定する「剛体運動」，すなわち，$O$ の周りの回転である．

そこでこのような $u$ を $u = \cos\theta + i\sin\theta$ と表せば，$u$ を掛けることによって 1 は当然 $\cos\theta + i\sin\theta$ に移され，これは単位円上の角度が $\theta$ の点である．言い換えれば，$u = \cos\theta + i\sin\theta$ **を掛けることによって，平面 $\mathbb{C}$ は [$O$ を中心として] 角度 $\theta$ だけ回転する**．さらに一般的に，任意の複素数を掛けることは，その数を実数 $r > 0$ と $\theta$ を用いて

$$v = r(\cos\theta + i\sin\theta)$$

と表すならば，平面を $r$ 倍に**拡大し**，さらに角度 $\theta$ だけ $O$ を中心として回転することになる．

## *代数学の基本定理

代数学の基本定理を証明するために，複素平面を任意の角度だけ「回転」させることと長さを調整することが，適切な複素数を掛けることによって可能である

ことを見た.これは,ダランベールの d'Alembert (1746) によって発見され,アルガンの著作 Argand (1806) によって複素数の幾何学的な翻訳に基づいて証明された次の結果への鍵となる.

**ダランベールの補助定理.** もし $p(z)$ が $z$ に関する多項式であり,$p(z_0) \neq 0$ であるならば,複素数 $\Delta z$ で $|p(z_0 + \Delta z)| < |p(z_0)|$ を満たすものが存在する.

**証明.** さて $p(z) = a_n z^n + a_{n-1} z^{n-1} + \cdots + a_1 z + a_0,\ (a_n \neq 0)$ としよう.このとき,

$$p(z_0 + \Delta z) = a_n(z_0 + \Delta z)^n + a_{n-1}(z_0 + \Delta z)^{n-1} + \cdots + a_1(z_0 + \Delta z) + a_0$$
$$= a_n(z_0^n + n\Delta z \cdot z_0^{n-1} + \cdots)\quad (\text{二項定理による,})$$
$$\quad + a_{n-1}(z_0^{n-1} + (n-1)\Delta z \cdot z_0^{n-2} + \cdots)$$
$$\quad \vdots$$
$$\quad + a_1(z_0 + \Delta z)$$
$$\quad + a_0$$
$$= p(z_0) + A \cdot \Delta z + ((\Delta z)^2, (\Delta z)^3, \ldots, (\Delta z)^n \text{の諸項})$$

である.ただし,$A = na_n z_0^{n-1} + (n-1)a_{n-1} z_0^{n-2} + \cdots + a_1$ は $z_0$ と共に固定されている複素数であり,値 $\Delta z$ は自由に選ぶことができる.

そこで,まず,$\Delta z$ の大きさを十分に小さく選び,$(\Delta z)^2, (\Delta z)^3, \ldots, (\Delta z)^n$ の諸項の総和 $B$ が $A \cdot \Delta z$ と比べて十分小さくなるようにする.次に,$\Delta z$ の**向き**

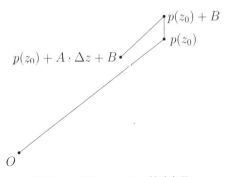

図 **10.3** ダランベールの補助定理.

を適当に選んで，$A \cdot \Delta z$ が点 $p(z_0) + B$ から原点 $O$ へ向かうようにする．そうすれば明らかなように（図10.3），$p(z_0) + A \cdot \Delta z + B$ は $p(z_0)$ よりも $O$ に近くなる．すなわち，

$$|p(z_0 + \Delta z)| = |p(z_0) + A \cdot \Delta z + B| < |p(z_0)|$$

が成り立つ． □

代数学の基本定理は今やダランベールの補助定理と2次元極値定理から簡単に導かれる．

**代数学の基本定理．** もし $p(z)$ が $z$ に関する（実数ないし複素数係数の）多項式であるならば，何らかの複素数 $z \in \mathbb{C}$ に対して $p(z) = 0$ となる．

**証明．** 逆に，すべての $z \in \mathbb{C}$ に対して $p(z) \neq 0$ であると仮定する．そうすれば，$|p(z)|$ は全複素平面上で実数値を取り，正であって連続な関数である．したがって，極値定理から，$|p(z)|$ は各半径 $R > 0$ に対する閉円盤 $\{z \mid |z| \leq R\}$ 上で最小値 $m > 0$ を取る．また $p(z)$ の最高次の項を $a_n z^n$ とするとき，大きい $|z|$ の値に対しては $p(z) \sim a_n z^n$ であるから，$|p(z)|$ はこの閉円盤の外では，$R$ が十分大きければ，すべての限界を超えて大きくなる．

したがって，$R$ のある値に対しては，$|p(z)|$ の $|z| \leq R$ に対する最小値 $m$ は実際には全平面 $\mathbb{C}$ 上での最小値でもある．しかしこれはダランベールの補助定理が主張する，$|p(z)| > 0$ の場合にはある $\Delta z$ に対して $|p(z_0 + \Delta z)| < |p(z)|$ となることと矛盾する．

このように，すべての $z$ に対して $p(z) \neq 0$ であるという仮定は間違いである．すなわち，ある $z \in \mathbb{C}$ に対して $p(z) = 0$ となる． □

## 10.4 幾何：射影直線

射影幾何学は遠近法の画法から育った幾何学の一分野である．その名前は画面に風景を**射影する**ことを含めた描き方から来ている．この透視画法の幾何学は14世紀のイタリアで発見された．図10.4は1480年頃の例を示しており，この絵はボルティモアにあるウォルターズ美術館で見ることができる．

図 10.4　フラ・カルネヴァーレの**理想的な街**.

　芸術家たちは自ずから3次元の情景を描写することに関わってきた．しかし透視画法の基本的な問題は，例えば図10.5に見られるような平面の透視視野を描くことにある．この図では二本の平行線の間の四角形に区切られて連なっている舗道を描写している．

　図10.5はまた射影幾何学の鍵となる二つの概念を示している．その一つは**無限遠直線**，あるいは地平線であり，そこで二本の平行線が交わっている．そして二つ目は，二本の平行線が共有する点である**無限遠点**である．このように，射影幾何学における「直線」（**射影直線**と呼ばれる）は，その補充された無限遠点によって，ある面でエウクレイデス幾何学の「直線」よりも完備している．また射影直線はさらに柔軟性に富んでいる．というのは，射影されることによって長さが損なわれてしまうからである．例えば，図10.5の舗道の四角形の射影像は同じ大きさでないことは明らかである．四角形が遠くにあればあるほど小さくなっている．

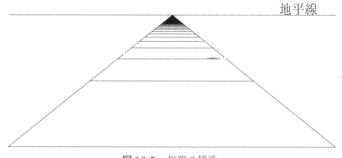

図 10.5　無限の舗道.

それにも関わらず、ある意味で、射影された四角形はすべて「同一に見える」。図10.5の舗道が等しい敷石によって敷かれていることは、衆目の一致するところであろう（それらが実際に正方形であるかどうかは別問題である）。おそらくは、何らかの幾何学的な内実は射影によっても保たれている。それが何であるかを言うのは容易ではないにしても、見る人はそれを直感によって把握しているように思われる。この節での目的は、この保存されている内実を浮かび上がらせ、それを射影の代数的な検討によって実体化することである。

## 直線の射影

この小節では三種の射影を導入する。これらの組み合わせで可能とされるすべての射影を得ることができる。いずれの場合にも、直線は実数直線 $\mathbb{R}$ とし、平面上に置かれたその $\mathbb{R}$ の複製の一本をもう一本の複製の上に射影する。「射影」は一つの点元から光を照射し、$\mathbb{R}$ の複製の各点 $x$ のもう一本の $\mathbb{R}$ の複製上の「影」を見るというもので、（ほとんど）文字通りに想定することができる。影の方の点の座標は元の $x$ の単純な有理関数であることを検証する。

最初の場合は、光源は無限遠点であり、$\mathbb{R}$ の二本の複製は平行であって、各 $x \in \mathbb{R}$ の影は何らかの定数 $b$ によって $x+b$ と表される（図10.6）。この種の射影はすべての距離を保つ。なぜならば、二点 $p, q \in \mathbb{R}$ の距離は $|p-q|$ であり、それらの影の距離は $|(p+b)-(q+b)| = |p-q|$ である。

二番目の例は、図10.7が与えるもので、$\mathbb{R}$ の二本の複製は平行であって、光源は有限の距離にある。この場合は距離は保たれ**ない**。それはある定数 $a \neq 0, 1$ を掛けたものになる。（ただし $0 < a < 1$ の場合は光線を逆向きにし、$a < 0$ の場

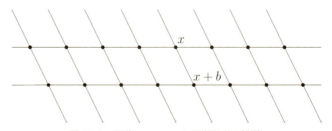

**図10.6** 写像 $x \mapsto x+b$ が実現する射影．

10.4 幾何：射影直線 · 391

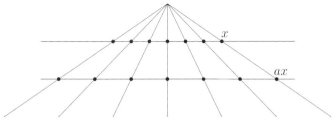

図 10.7　写像 $x \mapsto ax$ が実現する射影.

合は光源が二本の直線の間にあるとすればよい.)

しかしこの場合は距離の**比**は保たれている.もし $p, q, r$ を一方の直線の上の三点とするとき,

$$\frac{p \text{ から } q \text{ への距離}}{q \text{ から } r \text{ への距離}} = \frac{q-p}{r-q}$$

であり,他方,それらの影の距離の比は,同様に,

$$\frac{ap \text{ から } aq \text{ への距離}}{aq \text{ から } ar \text{ への距離}} = \frac{aq - ap}{ar - aq} = \frac{q-p}{r-q}$$

である.特に,一方の直線上の等しい長さは他方の直線上の等しい長さへと射影される.

三番目の例では,$\mathbb{R}$ の二つの複製は垂直に交わっており,光源はそれら両者と等距離にある.そこでもし両直線の原点を,図 10.8 のように,それぞれ光源に向

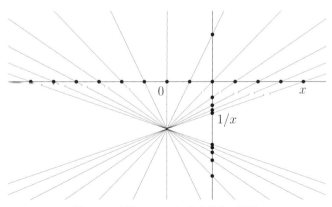

図 10.8　写像 $x \mapsto 1/x$ が実現する射影.

き合うように取るならば，一方の直線上の $x$ は他方の直線上の $1/x$ に移される．これは適当に相似三角形を選んで比べることによって確認される．（「点」とその「影」は両直線の交わるところで入れ替わることに注意すること．）この写像は長さの比さえも保全しない．なぜなら，一方の直線上の等しい長さの対のあるものについては，他方の直線上の異なった長さの対に移されるからである．

しかしながら，ある種の「比の比」は保たれる．それは**複比**といわれるもので，直線上の四点 $p, q, r, s$ に対して

$$[p, q; r, s] = \frac{(r-p)(s-q)}{(r-q)(s-p)}$$

によって定義される．実際，写像 $x \mapsto 1/x$ は $p, q, r, s$ をそれぞれ $1/p, 1/q, 1/r, 1/s$ に移し，したがって，複比は

$$\frac{\left(\frac{1}{r} - \frac{1}{p}\right)\left(\frac{1}{s} - \frac{1}{q}\right)}{\left(\frac{1}{r} - \frac{1}{q}\right)\left(\frac{1}{s} - \frac{1}{p}\right)} = \frac{\frac{p-r}{pr} \cdot \frac{q-s}{qs}}{\frac{q-r}{qr} \cdot \frac{p-s}{ps}}$$

$$= \frac{(p-r)(q-s)}{(q-r)(p-s)} \quad \text{（分母と分子に } pqrs \text{ を掛ける）}$$

$$= \frac{(r-p)(s-q)}{(r-q)(s-p)} = [p, q; r, s]$$

となっている．

複比 $[p, q; r, s]$ はまた当初の二つの写像 $x \mapsto x + b$ と $x \mapsto ax$ $(a \neq 0)$ によっても保たれていることは見やすい．したがって，それはこれら三種の写像の組み合わせによって保たれる．

## 無限遠点

写像 $x \mapsto 1/x$ を実現する射影は点 $0$ の行き先を $\mathbb{R}$ 上には見出すことができないから無限遠点の必要性を迫ってくる．点 $0$ を通る光源からの光線は垂直な $\mathbb{R}$ の複写の平行線であり，それとは交わらない．ただし，透視図法からの手がかりを採択して，平行線は無限遠点で交わる，と言うならば別であるが．．．．

そこで $1/0 = \infty$ と宣言して写像 $x \mapsto 1/x$ を $\mathbb{R} \cup \{\infty\}$ にまで拡張することにしよう．さらに同じ発想を展開して，$1/\infty = 0$ とすべきであろう．なぜなら，光源から垂直な $\mathbb{R}$ の複製の 0 を通る直線は水平であり，$\mathbb{R}$ の水平な複製の平行線であるから，それらは無限遠点で交わる．

これら両者の必要性は，**射影直線**を $\mathbb{R} \cup \{\infty\}$ と宣言し，$1/0 = \infty$ および $1/\infty = 0$ と宣言することによって充足される．このように，$\mathbb{R} \cup \{\infty\}$ 上の算術を一つの $\mathbb{R} \cup \{\infty\}$ の複製からもう一つの複製への射影に対応する演算として限定すれば，ゼロと無限による割り算を $\mathbb{R} \cup \{\infty\}$ 上で「合法化」することができる．これらの演算が何物であるかを次の小節で厳密に述べ，それらを実射影直線の定義の一部に据えることにする．

## 線型分数変換

基本的な三種の変換 $x \mapsto x + b$（「加える」），$x \mapsto ax\ (a \neq 0)$（「掛ける」）および $x \mapsto 1/x$（「逆を取る」）は上記のように射影によって実現され，それらの組み合わせはすべて**線型分数変換**[†]

$$x \mapsto \frac{ax+b}{cx+d}$$

の例である．また，射影によって実現される変換に対しては，必ず $ad - bc \neq 0$ となっている．その理由は，もし $ad - bc = 0$ であるならば，$a/c = b/d$ であり，したがって，

$$\frac{ax+b}{cx+d} = \frac{a}{c},$$

すなわち，定数となってしまう．ところが基本的なそれぞれの変換は異なる点を異なる点に移すからである．

逆に，$a, b, c, d \in \mathbb{R}$ が $ad - bc \neq 0$ を満たしているならば，変換 $x \mapsto \frac{ax+b}{cx+d}$ は基本的な射影の組み合わせによって実現される．実際，この変換は次のように分解される．

---

[†] 訳注：一次分数変換ともいう．

$$\frac{ax+b}{cx+d} = \frac{\frac{a}{c}cx+b}{cx+d} = \frac{\frac{a}{c}(cx+d)+b-\frac{ad}{c}}{cx+d} = \frac{a}{c} + \frac{b-\frac{ad}{c}}{cx+d}.$$

よって，もし $c \neq 0$ であるならば，最後の表示は次のような基本変換，「加える」，「掛ける」および「逆を取る」，の列として組み立てられる．

$$x \mapsto cx \mapsto cx+d \mapsto \frac{1}{cx+d} \mapsto \frac{b-\frac{ad}{c}}{cx+d} \mapsto \frac{a}{c} + \frac{b-\frac{ad}{c}}{cx+d}.$$

また，もし $c = 0$ であるならば，$ad \neq 0$ であり（$ad - bc \neq 0$ であるから），よって $d \neq 0$ である．したがって，この場合の関数 $\frac{ax+b}{d}$ を基本変換によって表すのは容易である．

このように，線型分数変換 $x \mapsto \frac{ax+b}{cx+d}$ $(ad - bc \neq 0)$ はまさしく基本変換の組み合わせになっており，したがって，それらを射影によって実現することができる．あとは，逆に，$\mathbb{R} \cup \{\infty\}$ の一本の複製からもう一本の複製の上への射影が必ず線型分数変換によって表されることを示すという部分が残っている．

さて，二つの $\mathbb{R} \cup \{\infty\}$ の複製が平行である場合は，これが正しいことはすでに分かっている．したがって，あとは一本の直線からそれと有限の点で交わるもう一本の直線への射影を考察すればよい．必要ならば「加える」変換を用いて，この交点がそれぞれの直線の 0 であるとして構わない．そうすれば，座標幾何学での計算をまっすぐ押し進めて，一方の直線の $x$ が，適当な $a, b, c, d$ によって他方の直線の $\frac{ax+b}{cx+d}$ に移されることは容易に確認される．

以上をまとめれば次のように言うことができる．**実射影直線**は集合 $\mathbb{R} \cup \{\infty\}$ であり，射影変換は

$$x \mapsto \frac{ax+b}{cx+d} \quad (a, b, c, d \in \mathbb{R}, ad - bc \neq 0)$$

で与えられる．これらの変換はまさに直線を「射影的」にするものであり，射影によって引き起こされるような直線におけるすべての変換を実現している．そして射影直線の**幾何学**は**複比**と呼ばれる**不変量**

$$[p, q; r, s] = \frac{(r-p)(s-q)}{(r-q)(s-p)}$$

によって捉えられる．なぜならば，この量はすべての射影のもとで不変であるからである．（ここでは立ち入ることはしないが，まったく容易に，射影のもとで不変である量はすべてこの複比の関数であることを示すことができる．）

## 10.5 微積分学：円周率 $\pi$ のためのウォリスの積

第6章で（おおむね）初等微積分について巡り歩いて，円周率 $\pi$ に対する無限級数

$$\frac{\pi}{4} = 1 - \frac{1}{3} + \frac{1}{5} - \frac{1}{7} + \cdots$$

にまでたどり着いた．さかのぼれば，これは15世紀にインドの数学者たちによって初めて発見されたものである．証明の急所はいわば円についての「無限小幾何学」にあり，$\arctan y$ の導関数が，大きさが $0$ に近づくような小三角形の振る舞いを検討することによって見出された．

この節では同じ界隈をもっと軽快に巡ることにし，まず初めに正弦（sine）と余弦（cosine）の導関数から始め，ウォリスによって発見された Wallis (1655) における $\pi$ に対する**無限積**

$$\frac{\pi}{2} = \frac{2 \cdot 2}{1 \cdot 3} \cdot \frac{4 \cdot 4}{3 \cdot 5} \cdot \frac{6 \cdot 6}{5 \cdot 7} \cdot \frac{8 \cdot 8}{7 \cdot 9} \cdots$$

へと歩を進める．この $\pi$ に対する公式に対しては，二項係数 $\binom{2m}{m}$ のようなある種の**有限積**を理解することが鍵を与える．この関連性については以下の 10.7 節で説明し，それを二項係数のグラフがどのように $y = e^{-x^2}$ のグラフに変様していくかを示すために用いる．

### 正弦関数と余弦関数の導関数

正弦関数 $\sin$ と余弦関数 $\cos$ についてはそれらを一組にして観察するのが最善である．というのは，$\cos\theta$ と $\sin\theta$ は単位円周上の角度が $\theta$ の点 $P$ の座標であるからである（図 10.9）．また，同じ図において，角 $\theta$ を $x$ 軸から $P$ までの円弧の

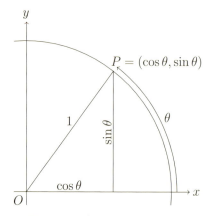

**図10.9** 関数 $\cos\theta$ と $\sin\theta$ の意味.

弧長とする観点が最善である.

さて, $\theta$ が $\Delta\theta$ だけ変化したときの $\cos\theta$ と $\sin\theta$ のそれぞれの変化 $\Delta\cos\theta$, $\Delta\sin\theta$ を観察しよう. 図10.10は前図の枠組みにおいてこれらの変化に対応する部分を示している.

ここで $\Delta\theta$ は $\theta$ が $P$ から $Q$ まで動くときの増分であり, 弧 $PQ$ の長さである. この動きによって正弦関数は線分 $QB$ の長さだけ増加し, 余弦関数は逆に長さ $BP$ だけ減少する. すなわち,

$$\Delta\sin\theta = QB,$$
$$\Delta\cos\theta = -BP,$$

である. さて $A$ における角は $\theta$, すなわち $O$ における角と同じである. なぜなら, 接線 $PA$ は半径 $OP$ と垂直であるからである. また, $\Delta\theta \to 0$ に応じて, それと長さ $AP$ との比は1に近づく. これを

$$AP \sim \Delta\theta$$

と書き表そう. また, 同じ書き方によって,

$$AB \sim QB$$

である. なぜなら, 弧 $PQ$ は［弦 $PQ$ とともに］接線 $PA$ に近づくからである. これらから,

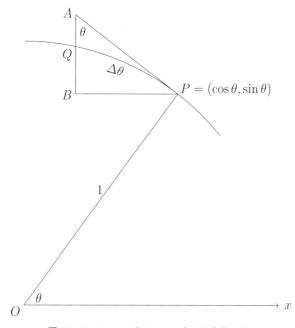

図 **10.10** $\Delta \cos\theta$ と $\Delta \sin\theta$ を $\Delta\theta$ と比べる.

$$\Delta \sin\theta = QB \sim AB = AP\cos\theta \sim \Delta\theta\cos\theta, \tag{1}$$

および,

$$\Delta \cos\theta = -BP = -AP\sin\theta \sim -\Delta\theta\sin\theta, \tag{2}$$

が得られる．言い換えれば，

$$\frac{\Delta \sin\theta}{\Delta\theta} \to \cos\theta, \quad \text{および} \quad \frac{\Delta \cos\theta}{\Delta\theta} \to -\sin\theta$$

である．したがって，導関数の定義と (1), (2) から,

$$\frac{d}{d\theta}\sin\theta = \cos\theta \quad \text{および} \quad \frac{d}{d\theta}\cos\theta = -\sin\theta$$

が得られる．

## 正弦関数と余弦関数とに関連する積分

すぐ上で得られた公式は，単に正弦関数と余弦関数そのものの導関数ばかりか，導関数が正弦関数と余弦関数であるような関数をも与えている．これによって正弦関数と余弦関数が組み込まれた多くの関数を簡単に積分することができる．そういった過程を簡便にするために，**部分積分**の方法を導入しよう．

以前に 6.3 節で紹介した微分法の**積公式**

$$\frac{d}{dx}(uv) = u\frac{dv}{dx} + v\frac{du}{dx}$$

を思い起こそう．この両辺を $x$ について $x=a$ から $x=b$ まで積分すれば,

$$u(b)v(b) - u(a)v(a) = \int_a^b u\frac{dv}{dx}dx + \int_a^b v\frac{du}{dx}dx$$

が得られる．この等式は本質的には積公式以上のことを言っているわけではない．しかしながら，二つの積分 $\int_a^b u\frac{dv}{dx}dx, \int_a^b v\frac{du}{dx}dx$ の一方が分かっており，他方が分からないときは有用になる．なぜなら分かっていない方の積分が分かっ

ているものによって見出せるからである．例えば，もし $\int_a^b u\frac{dv}{dx}dx$ が分かっていれば，
$$\int_a^b v\frac{du}{dx}dx = u(b)v(b) - u(a)v(a) - \int_a^b u\frac{dv}{dx}dx$$
によって $\int_a^b v\frac{du}{dx}dx$ が分かる．［この方法は部分積分法と呼ばれる．］

## ウォリスの積

ウォリスの積には積分 $I(n) = \int_0^\pi \sin^n x dx$ に注目してたどり着くことができる．この積分については部分積分法を用いて $n$ の数値を下げることが可能である．実際，

$$\begin{aligned}
I(n) &= \int_0^\pi \sin^n x dx = \int_0^\pi \sin^{n-1} x \cdot \sin x dx \\
&= \int_0^\pi u\frac{dv}{dx}dx \quad (u = \sin^{n-1} x, v = -\cos x) \\
&= 0 - \int_0^\pi v\frac{du}{dx}dx \quad (\text{部分積分法と } x = 0, \pi \text{ で } u(x)v(x) = 0 \text{ だから}) \\
&= \int_0^\pi \cos x \cdot (n-1) \sin^{n-2} x \cdot \cos x dx \quad (\text{連鎖律による}) \\
&= (n-1) \int_0^\pi \cos^2 x \cdot \sin^{n-2} x dx \\
&= (n-1) \int_0^\pi (1 - \sin^2 x) \cdot \sin^{n-2} x dx \\
&= (n-1)I(n-2) - (n-1)I(n)
\end{aligned}$$

であり，これから漸化式

$$I(n) = \frac{n-1}{n}I(n-2)$$

が得られる．したがって，結局，問題は $I(0)$ と $I(1)$ を求めることに帰着されるが，これらは容易である．実際，

$$I(0) = \int_0^\pi 1 dx = \pi,$$

$$I(1) = \int_0^\pi \sin x dx = -\cos \pi + \cos 0 = 2,$$

である．これらの $I(0)$ と $I(1)$ の値と上の漸化式から

$$I(2m) = \frac{2m-1}{2m}\frac{2m-3}{2m-2}\cdots\frac{3}{4}\frac{1}{2}\pi,$$

$$I(2m+1) = \frac{2m}{2m+1}\frac{2m-2}{2m-1}\cdots\frac{4}{5}\frac{2}{3}\cdot 2,$$

となるから，それらの比は

$$\frac{I(2m)}{I(2m+1)} = \frac{(2m+1)(2m-1)}{2m\cdot 2m}\frac{(2m-1)(2m-3)}{(2m-2)(2m-2)}\cdots\frac{5\cdot 3}{4\cdot 4}\frac{3\cdot 1}{2\cdot 2}\frac{\pi}{2} \quad (*)$$

と表される．

ウォリスの積はこの等式 $(*)$ にその相貌を見せ始める．全貌を明らかにするためには，$m \to \infty$ のときに $I(2m)/I(2m+1) \to 1$ であることを証明する必要がある．そこで $0 \leq x \leq \pi$ のときに $0 \leq \sin x \leq 1$ であることに注目する．したがって，

$$\sin^{2m+1} x \leq \sin^{2m} x \leq \sin^{2m-1} x \quad (0 \leq x \leq \pi)$$

が得られ，よって，

$$I(2m+1) \leq I(2m) \leq I(2m-1)$$

である．したがってこの不等式を $I(2m+1)$ で割り，

$$1 \leq \frac{I(2m)}{I(2m+1)} \leq \frac{I(2m-1)}{I(2m+1)}$$

が得られる．ところが上の漸化式によって $I(n) = \frac{n-1}{n}I(n-2)$ であったから，結局，

$$\frac{I(2m-1)}{I(2m+1)} = \frac{2m+1}{2m}\frac{I(2m-1)}{I(2m-1)} = \frac{2m+1}{2m}$$

であり，$m \to \infty$ のとき

$$1 \leq \frac{I(2m)}{I(2m+1)} \leq \frac{2m+1}{2m} \to 1$$

である．よって確かに $m \to \infty$ のとき $I(2m)/I(2m+1) \to 1$ である．

これから $(*)$ を**無限積**にまで広げて

$$1 = \frac{\pi}{2} \frac{1 \cdot 3}{2 \cdot 2} \frac{3 \cdot 5}{4 \cdot 4} \frac{5 \cdot 7}{6 \cdot 6} \frac{7 \cdot 9}{8 \cdot 8} \cdots$$

という等式が得られ，さらに右辺の無限積の第2項以下で両辺を割れば，最終目的の

$$\frac{\pi}{2} = \frac{2 \cdot 2}{1 \cdot 3} \frac{4 \cdot 4}{3 \cdot 5} \frac{6 \cdot 6}{5 \cdot 7} \frac{8 \cdot 8}{7 \cdot 9} \cdots$$

が得られる．

## 10.6 組合せ論：ラムジーの定理

> 確率論と数理物理学のエントロピー定理が導くところでは，
> 大宇宙においては，無秩序が蓋然的であるとするが，
> 組合せ論のある種の一連の定理が導くところによるならば，
> 完全なる無秩序などはあり得ない．
>
> ティオドール・モツキン，Theodore Motzkin (1967), p.244

ラムジー理論は組合せ論の一つの分枝であり，「完全なる無秩序などはあり得ない」という標語によって注目される．しかし，その意味するところについてもう少し長くティオドール・モツキンの言葉を上に引用した．ラムジー理論によって見出された一つの日常的な小さな「秩序」に次のようなものがある．6名の人たちを集めれば，その中に，互いにそれぞれを知っている者が3名いるか，あるいは，互いにそれぞれをまったく知らない者が3名いる．

この事実は次のように図形的に展示され，証明されることになる．6名の人たちを点で表し，互いを知っている人同士を黒い線で結び，さらに互いを知らない人たちを灰色の線で結ぶ．下図 10.11 はこのような「知り合いグラフ」の一例を

**図 10.11** 6人に対する知り合いグラフ.

表している．この場合は灰色の三角形が一つは存在しており，上の主張は，**黒い三角形ないし灰色の三角形が常に存在する**，と言うことができる．言い換えれば，**単色の三角形は避けがたい**．

あるいは，グラフ理論の言葉では，$K_6$ の辺を2色に塗り分ければ，**必ず単色の $K_3$ が含まれる**．（一般に $K_n$ は頂点の個数が $n$ である**完全グラフ**と呼ばれるものであり，$n$ 個の頂点とすべての2頂点を結ぶ辺からなっている．すでに $K_5$ には7.8節でお目にかかった．）この命題がなぜ正しいのかを見るために，$K_6$ の中の6個の頂点の一つをともかく選んでみる．それは他の頂点への5本の辺の端点であり，そのうちの少なくとも3本は同じ色である．その色を例えば黒であるとしよう．その場合，図10.12にも見られるように，当初の頂点から3個の頂点 $u, v, w$ への辺である．

もし $u, v, w$ のどれか一つでもこの中の他の頂点と黒い辺で結ばれているとすれば，この辺はすでに黒い三角形を完成している．もしそうでなければ，$u, v, w$ を結ぶ3辺は灰色の三角形を構成している．

これは単なる「赤ちゃん」ラムジー定理というに過ぎず，さらなる「秩序」はグラフが大きくなるにつれて現れる．例えば，2色塗りの $K_{18}$ は単色の $K_4$ を含

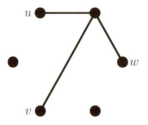

**図 10.12** 色付けされた $K_6$ の典型的な頂点.

むことが知られている．(このことからは，18人の集団には4人のよく知り合った人たちか，4人のまったくお互いを知らない人たちが必ず含まれることが結論づけられる．) 事実として，単色の $K_m$ は十分大きい2色塗りの $K_n$ に含まれる．ただし，今のところでは，(たとえ $m = 5$ の場合でも) $n$ がどれほど大きければよいかは知られていない．驚くべきことに，無限の場合に一直線に行ってしまえば，一般的な絵模様を見ることが見事に易しくなる．

## *無限ラムジー定理

最も簡単な無限完全グラフ $K_\omega$ は可算無限個の頂点 $v_1, v_2, v_3, \ldots$ と，異なる二頂点の対 $v_i, v_j$ のすべてに対してそれらの頂点を結ぶ辺を持っている．この $K_\omega$ は自分自身の複製を多く含んでいることに注意しておこう．実際，頂点 $v_1, v_2, v_3, \ldots$ の無限部分集合上の完全グラフは必ず $K_\omega$ と同じ構造を持っているからである．このことは，ラムジーによって最初に Ramsey (1930) で証明された次の定理を可能にしている．

**無限ラムジー定理．** どのような2色塗りの $K_\omega$ も単色の $K_\omega$ を含んでいる．

**証明．** 証明は無限鳩の巣原理を無限回適用して得られ，この手法は7.9節でボルツァーノ-ヴァイエルシュトラスの定理を証明した方法と似通っている．まず，頂点の集合 $V = \{v_1, v_2, v_3, \ldots\}$ の無限部分集合 $W = \{w_1, w_2, w_3, \ldots\}$ を次の特性，$W$ の各要員 $w_i$ はそれ以降の $w_{i+1}, w_{i+2}, \ldots$ のすべてと同じ色の辺で結ばれている，を満たすように選び出す．

頂点 $v_1$ から出ている無限個の辺は可能性として2色に塗り分けられている．よって，無限鳩の巣原理によって，それらのうちの無限部分集合ですべて同じ色に塗られているものがある．そこでそれら同色の辺[1]の $v_1$ の反対側の端点の集合を $W_1$ とし，さらに $W_1$ の中で当初の $v_1, v_2, v_3, \ldots$ に現れる最初の頂点を $w_1$ とする．

次に，$w_1$ から $W_1$ の他の要員へ出ている辺は2色に塗り分けられているかもしれないが，そのうちの無限部分集合を取り，それに含まれる辺の $w_1$ と異なる端

---

[1] 曖昧さを避けるために，以下では，もし黒い辺が無限にあれば，それを選び，そうでなければ無限にある灰色の辺を選ぶ，と決めておく．

点の集合を $W_2$ とする. そしてその中で, $w_2$ を, 上と同様に当初の $v_1, v_2, v_3, \ldots$ に現れる最初の頂点とする.

この $W_2$ は無限集合であるから, この過程をいくらでも際限なく続けることができる. すなわち, $W_3$ を, $w_2$ から出ている同色の無限個の辺の反対側の頂点の集合とし, その中の最初の頂点を $w_3$ とする. 等々と続ければよい. このようにして無限集合 $W = \{w_1, w_2, w_3, \ldots\}$ が得られる. これが上で求められた条件, 各要員 $w_i$ はすべての $w_{i+1}, w_{i+2}, \ldots$ と同じ色の辺で結ばれていること, が満たされていればめでたし, めでたしとなる.

ところが, 例えば, $w_1$ が $w_2, w_3, \ldots$ と黒色の辺で結ばれているのだが, $w_2$ は $w_3, w_4, \ldots$ と灰色の辺で結ばれているかもしれない. 求めているグラフはすべての辺が同じ色の辺で結ばれていることである. この困難を克服するために無限鳩の巣原理をもう一度用いる.

どれかの $w_i$ は $w_{i+1}, w_{i+2}, \ldots$ と黒色の辺で結ばれているが, 他の $w_j$ は $w_{j+1}, w_{j+2}, \ldots$ と灰色の辺で結ばれているかもしれない. しかし少なくともこれら2色のうちの**一つ**は無限個の異なる $w_i$ に対して生じていなければならない. そこでそれらを新たに $x_1, x_2, x_3, \ldots$ としよう. そうすればこれらの中のどの二つの $x_j$ と $x_k$ も同じ色の辺で結ばれており, よってそれらは単色の $K_\omega$ を構成する. □

## *有限ラムジー定理

ここまでくると, 上記の赤ちゃんラムジー定理から生じた問題に立ち返ることができる. すなわち, 十分大きい2色塗りの $K_n$ は単色の $K_4$ あるいは単色の $K_5$ 等々を含んでいることがどうすれば分かるだろうか?

この問題には明らかに困難な何物かが潜んでいる. というのは, いまだに単色の $K_5$ を含むような2色塗りの $K_n$ について, $n$ が**どれほど**大きいことが必要なのかは分かっていない. 無限ラムジー定理の美しさは, それが一種のオリンポスからの景色を与えており, 特殊な $K_m$ とか $K_n$ についての詳細を気遣うことなく, それからすべての有限の場合が導かれるところにある. しかしながら, 2色塗りの $K_n$ が単色の $K_5$ を含むためにはどれほど $n$ が大きくなければならないか

については，人知はまだそれを学び取るまでには至っていない．それでもまずはそこまで知らなくてもよかろう——無限ラムジー定理によって，そのような $n$ が存在しなければならないことは分かる．

その証明の第二の美点は，それが無限についての馴染みがある枠組み，ケーニヒの無限性補題によっていることである．すでに7.12節で見たように，ケーニヒは König (1927) において，彼の補題を「有限から無限への理由づけの方法」として導入した．しかしここに見るように，それを逆向きにも用いることができる．

**有限ラムジー定理**．各自然数 $m$ に対して，自然数 $n$ で，$N > n$ である自然数 $N$ に対しては2色塗りの $K_N$ が必ず単色の $K_m$ を含むようなものが存在する．

**証明**．何らかの特定の $m$ の値を見る前に，すべての2色塗りの有限完全グラフにわたる無限木 $C$ を構成しよう．図10.13は $C$ の初めの二段階を示している．頂上の頂点は2個の2色塗りの $K_2$ へと導かれるが，$K_2$ は一本しか辺を持たない．したがって，$K_2$ には二種類の2色塗りしかなく，それらを頂上の頂点の下に置く．次の段階には8組の頂点が置かれ，$K_3$ の2色塗りで可能なものが配置される．これらはその上の $K_2$ の2色塗りの**拡張**，すなわち，それに1個の頂点を加えて得られるものが上と結ばれる．したがって，黒く塗られた $K_2$ には4個の拡張があり，また灰色に塗られた $K_2$ にも4個の拡張がある．

このようにして下へと伸びていく木 $C$ には，段階 $n$ にその上の（段階 $n-1$

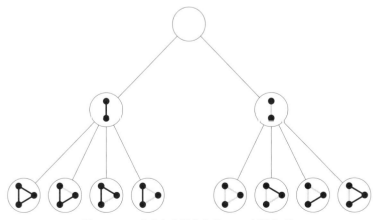

図 **10.13**　2色塗り有限完全グラフの無限木 $C$．

の) $K_n$ に繋がった 2 色塗りの $K_{n+1}$ が付け加えられている．各 $n$ に対して 2 色塗りの $K_n$ は有限個しか存在しないから，この木の各頂点は有限の結合価を持っている．これによってケーニヒの無限性補題が適用される．どうするのか見ていこう．

ある $m$ に対しては，十分大きい 2 色塗りの $K_n$ のどれもが単色の $K_m$ を含んでいないと仮定してみよう．この場合，木 $C$ の無限に多くの頂点は 2 色塗りであってしかも単色の $K_m$ を含んではいない．そして $C$ の中で，**これらの頂点は一本の木 $D$ を形成する**．なぜなら，もし段階 $n+1$ の 2 色塗りの一つが単色の $K_m$ を含んでいないならば，それを拡張として持つすぐ上の段階 $n$ の 2 色塗りもまた単色の $K_m$ を含んでいない．

しかしこのとき，$D$ は，ケーニヒの無限性補題から，無限の枝，すなわち，無限に伸びた単純な道 $B$ を含んでいる．この道に沿っての各 2 色塗りはその一段階上のものの拡張になっているから，全体として，そのすべての段階の頂点を頂点とする $K_\omega$ の一つの 2 色塗りを与える．

ところが，無限ラムジー定理によれば，この $K_\omega$ は単色の部分 $K_\omega$ を含んでいる．特にこの $K_\omega$ は単色の $K_m$ を含んでおり，しかもその頂点は［有限個であるから］ある有限の段階 $n$ においてすべて現れる．これは枝 $B$ が一貫して単色の $K_m$ を避けて構成されていった過程と矛盾する．したがって，当初の有限ラムジー定理が間違いであるとした仮定が誤っていたことになった． □

## 10.7 確率論：ド・モルガン分布

### 中央の二項係数と $\pi$

円周率 $\pi$ に対して 10.5 節で与えておいたウォリスの積を注視することから始めよう．それを逆数へと移せば，

$$\frac{2}{\pi} = \frac{1 \cdot 3}{2 \cdot 2} \frac{3 \cdot 5}{4 \cdot 4} \frac{5 \cdot 7}{6 \cdot 6} \cdots$$

$$= \lim_{m \to \infty} \left[ \frac{1}{2} \frac{3 \cdot 3}{2 \cdot 4} \frac{5 \cdot 5}{4 \cdot 6} \frac{7 \cdot 7}{6 \cdot 8} \cdots \frac{(2m-1)(2m-1)}{(2m-2)2m} \right]$$

が得られる．反復される項が続いていくことから，最後の括弧で括られた項はほとんど平方数に近い．そこで平方数の項を切り離せば，

$$\frac{2}{\pi} = \lim_{m \to \infty} \left[ \frac{1 \cdot 1}{2 \cdot 2} \frac{3 \cdot 3}{4 \cdot 4} \frac{5 \cdot 5}{6 \cdot 6} \frac{7 \cdot 7}{8 \cdot 8} \cdots \frac{(2m-1)(2m-1)}{2m \cdot 2m} \cdot 2m \right]$$
$$= \lim_{m \to \infty} \left[ \left( \frac{1}{2} \frac{3}{4} \frac{5}{6} \frac{7}{8} \cdots \frac{2m-1}{2m} \right)^2 \cdot 2m \right] \qquad (*)$$

と表される．

さて，この表示と大きさを調整した二項係数とを比べよう．後者は

$$\binom{2m}{m} \bigg/ 2^{2m} = \frac{(2m)!}{m!m!} \frac{1}{2^{2m}} = \frac{1 \cdot 2 \cdot 3 \cdot 4 \cdots (2m-1) \cdot 2m}{1 \cdot 2 \cdot 3 \cdots m \cdot 1 \cdot 2 \cdot 3 \cdots m} \frac{1}{2^{2m}}$$
$$= \frac{1 \cdot 3 \cdot 5 \cdots (2m-1) \cdot 2 \cdot 4 \cdot 6 \cdots 2m}{1 \cdot 2 \cdot 3 \cdots m \cdot 1 \cdot 2 \cdot 3 \cdots m} \frac{1}{2^{2m}}$$
$$= \frac{1 \cdot 3 \cdot 5 \cdots (2m-1)}{2 \cdot 4 \cdot 6 \cdots 2m} \frac{2 \cdot 4 \cdot 6 \cdots 2m}{2 \cdot 4 \cdot 6 \cdots 2m}$$
$$= \frac{1 \cdot 3 \cdot 5 \cdots (2m-1)}{2 \cdot 4 \cdot 6 \cdots 2m}$$

と表される．これは $(*)$ の中の項と一致し，$(*)$ においてはその平方を $2m$ 倍したものの極限が $2/\pi$ となっている．したがって，$(*)$ の平方根を取れば，$m \to \infty$ のときに，

$$\sqrt{2m} \binom{2m}{m} \bigg/ 2^{2m} \to \sqrt{2/\pi}$$

となり，よってさらに，

$$\frac{\sqrt{2m}}{\sqrt{2/\pi}} \binom{2m}{m} \bigg/ 2^{2m} \to 1$$

が得られる．また $\sqrt{2/\pi}/\sqrt{2m} = \frac{1}{\sqrt{\pi m}}$ であるから，上の関係を

$$\binom{2m}{m} \bigg/ 2^{2m} \sim \frac{1}{\sqrt{\pi m}} \qquad (**)$$

と表すことができる．ただし記号 $\sim$（「に漸近する」と読む）は両辺の比が $m \to \infty$ のときに 1 に近づくことを意味する．

## 関数 $e^{-x^2}$ はどこから来るのか

さて 8.5 節では二項係数 $\binom{n}{k}$ について，$k$ が 1 から $n$ まで動くときの値のグラフが $n$ が大きくなっていくときにベル（鐘形）曲線 $y = e^{-x^2}$ の形に近づくように思われることを見た．この小節では，何故に指数関数が現れるのかを，一般の二項係数 $\binom{2m}{m+l}$ の大きさを真ん中の二項係数 $\binom{2m}{m}$ の大きさと相対的に近似することによって説明する．

**二項係数 $\binom{2m}{m+l}$ の近似**．自然数 $l$ を定め，$m \to \infty$ とするとき，

$$\binom{2m}{m+l} \sim \binom{2m}{m} e^{-l^2/m}$$

が成り立つ．

**証明**．二項係数 $\binom{2m}{m}$ と $\binom{2m}{m+l}$ の積公式を用いて適当に約すならば，

$$\binom{2m}{m} \Big/ \binom{2m}{m+l} = \frac{(2m)!}{m!m!} \Big/ \frac{(2m)!}{(m+l)!(m-l)!}$$

$$= \frac{(m+l)!(m-l)!}{m!m!}$$

$$= \frac{(m+l)(m+l-1)\cdots(m+1)}{m(m-1)\cdots(m-l+1)}$$

$$= \left(1 + \frac{l}{m}\right)\left(1 + \frac{l}{m-1}\right)\cdots\left(1 + \frac{l}{m-l+1}\right)$$

が得られる．ここで最後の式の各積を，両辺の自然対数を取って，和に置き換える．すなわち，

$$\ln\left(\binom{2m}{m} \Big/ \binom{2m}{m+l}\right)$$

## 10.7 確率論：ド・モルガン分布・409

$$= \ln\left(1 + \frac{l}{m}\right) + \ln\left(1 + \frac{l}{m-1}\right) + \cdots + \ln\left(1 + \frac{l}{m-l+1}\right). \quad (\ln)$$

ここで $l$ はあらかじめ定めており，これに対して $m$ を十分大きく取れば，上の右辺の各項は $\ln\left(1 + \frac{l}{m}\right)$ にとても近くなる．したがって，6.7 節の $\ln(1+x)$ の級数展開から，$|x|$ が小さいとき，

$$\ln(1+x) = x + (\text{誤差項} < x^2)$$

である．この関係を $\ln(1+x) \approx x$ (小さい $x$ に対して) と書くこととし，同様に以下でも記号 $\approx$ を用いることにする．

まず $m$ を十分大きく取って，

$$\frac{l}{m} \approx \ln\left(1 + \frac{l}{m}\right) \approx \ln\left(1 + \frac{l}{m-1}\right) \approx \cdots \approx \ln\left(1 + \frac{l}{m-1+1}\right)$$

となるようにし，これらを (ln) に代入すれば，

$$\ln\left(\binom{2m}{m} \Big/ \binom{2m}{m+l}\right) \approx l \cdot \frac{l}{m} = \frac{l^2}{m}$$

となる．そこで両辺の指数関数による値を取れば，

$$\binom{2m}{m} \Big/ \binom{2m}{m+l} \approx e^{l^2/m}$$

が得られ，したがって，

$$\binom{2m}{m+l} \sim \binom{2m}{m} e^{-l^2/m}$$

となる． □

上の議論においては，実際にはあらかじめ与えておいた $l$ にはよっておらず，単にそれが $m$ **と比べて十分に小さい**[2] ことによっているのであって，このことから

---

[2] 注意すべきは，関数 $y = e^{-x^2}$ のグラフは無限に広がっており，したがって，いま見ようとしているベル (鐘) の形は実は二項係数のグラフが狭まっていく中心部の極限である．例えば，図 8.5 の場合は，$m = 100$ であって「ベル」の大半は $l = 40$ から $l = 60$ の間にある．

$$\frac{l}{m} \approx \ln\left(1 + \frac{l}{m}\right) \approx \ln\left(1 + \frac{l}{m-1}\right) \approx \cdots \approx \ln\left(1 + \frac{l}{m-1+1}\right)$$

が得られる．よって，

$$\ln\left(\binom{2m}{m} \bigg/ \binom{2m}{m+l}\right) \approx l \cdot \frac{l}{m} = \frac{l^2}{m}$$

が結論される．特に，もし定められた $x$ の値に対して

$$l = x\sqrt{m} \text{ に最も近い整数}$$

としてもこの議論は有効である．というのは，この場合，

$$\ln\left(1 + \frac{l}{m}\right) = \frac{l}{m} + \left(\text{誤差項} < \frac{l^2}{m^2} \approx \frac{x^2}{m}\right)$$

であり，よって [(ln) の右辺の] $l \approx x\sqrt{m}$ における誤差は $\approx x^3/\sqrt{m}$ にとどまり，これは $m \to \infty$ のときには，$x$ が定められていることから，

$$l \cdot \frac{l}{m} = \frac{l^2}{m} \approx x^2$$

と比べて小さい．したがって，結論として，[定められた $x$ に対して] $l$ を $x\sqrt{m}$ に最も近い整数とするとき，$m \to \infty$ であれば，

$$\binom{2m}{m+l} \sim \binom{2m}{m} e^{-x^2} \tag{***}$$

が得られる．

## 二項係数のグラフの極限

最後に，二項係数の上の近似を用い，$x$ 軸と $y$ 軸の尺度を適当に調整して，何故に二項係数のグラフが $y = e^{-x^2}$ の形に近づいていくのかを説明しよう．出発

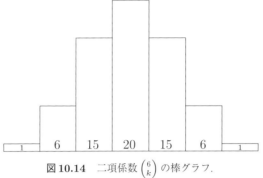

図 10.14 二項係数 $\binom{6}{k}$ の棒グラフ.

点は二項係数 $\binom{2m}{m+l}$ の $l=-m$ から $l=m$ までの棒グラフである.特に $m=3$ の場合を図 10.14 で示しておく.

このグラフが極限の形に近づくにあたって,中間の係数 $\binom{2m}{m}$ の棒の高さが近づく定数を押さえる必要がある.これは垂直方向の尺度を調整するために欠かせない.この定数を適切に選んだあと,水平方向の尺度を適正にする必要がある.以下で説明するように,これは棒グラフの面積を 1 に保つことによって実行される.どのような垂直方向の尺度を採るにしても,各棒の幅が 1 であるから,その全体の面積は

$$\binom{2m}{0} + \binom{2m}{l} + \binom{2m}{2} + \cdots + \binom{2m}{2m} = (1+1)^{2m} = 2^{2m}$$

である.

二項係数 $\binom{n}{k}$ から関数 $e^{-x^2}$ への道を見つけるための最初の道標は $n=2m$ の場合の中央の二項係数の値であるが,これは上の (**) で見つけておいたように,

$$\binom{2m}{m} \sim \frac{2^{2m}}{\sqrt{\pi m}}$$

である.この値は極限の曲線の中央の「正しい」高さが [$m$ の関与を除いた] $1/\sqrt{\pi}$ であることを指し示している.すなわち,二項係数のグラフの垂直方向の尺度を整えるという最初のステップは,$l$ が $-m$ から $m$ まで動くときのすべての

二項係数 $\binom{2m}{m+l}$ を $2^{2m}/\sqrt{m}$ で割ることによって達成される.

　水平方向の尺度をどのように整えればよいのかを見るために,二項係数の棒グラフの面積が 1 になるように制約を加える.これは,$\binom{2m}{m+l}$ に対応する棒グラフの面積を,$2m$ 回コインを投げたときに表が $m+l$ 回出る確率として解釈したいからである.変化する $l$ が $-m$ から $m$ まで動くから,それぞれの場合の確率をすべて加え合わせれば 1 になる次第である.すでに

$$\binom{2m}{m+l} \text{に対応する棒の高さ} = \binom{2m}{m+l} 2^{-2m}\sqrt{m}$$

としたのであり,そしてまた,$\binom{2m}{m+l}$ の総和は $2^{2m}$ であったから,

$$\binom{2m}{m+l} \text{に対応する棒の幅} = \frac{1}{\sqrt{m}}$$

と設定する必要がある.

**二項係数のグラフの極限.** 尺度を上のように設定するとき,この二項係数のグラフの極限は

$$y = \frac{1}{\sqrt{\pi}} e^{-x^2}$$

である.

**証明.** 二項係数のグラフの水平方向の座標 $l$ を $l/\sqrt{m}$ で置き換えたなら,座標

$$x = l/\sqrt{m}$$

が得られる.そこで,与えられた $x \neq 0$ に対して,$x = l/\sqrt{m}$ となる数 $l$ と $m$ を選んで $m \to \infty$ とする.

　直前の小節で,$l$ を $x\sqrt{m}$ に最も近い整数として $m \to \infty$ とするとき,公式

$$\binom{2m}{m+l} \sim \binom{2m}{m} e^{-x^2} \qquad (***)$$

を得ていた．そこで垂直方向の座標 $\binom{2m}{m+l}$ を $\binom{2m}{m+l}2^{-2m}\sqrt{m}$ で置き換えて極限を取れば，

$$y = \lim_{m\to\infty} \binom{2m}{m+l} 2^{-2m}\sqrt{m}$$

$$= e^{-x^2} \lim_{m\to\infty} \binom{2m}{m} 2^{-2m}\sqrt{m} \qquad ((***) \text{によって})$$

$$= \frac{1}{\sqrt{\pi}} e^{-x^2} \qquad ((**) \text{によって})$$

であるから，求める結果が得られた． □

この計算の系として，驚くべき結果[3]

$$\int_{-\infty}^{\infty} e^{-x^2} dx = \sqrt{\pi}$$

が得られる．これは次のように導かれる．各二項係数の棒グラフの面積は1である．したがって，それらの極限の曲線 $y = \frac{1}{\sqrt{\pi}}e^{-x^2}$ の下の $-\infty$ から $\infty$ にわたる面積も1である．そこで $\sqrt{\pi}$ を掛ければ $y = e^{-x^2}$ の下の面積が得られる．この積分値を求める方法は他にも幾つかあるのだが，それらはいずれにしても巧妙な工夫を必要とする．というのも $e^{-x^2}$ はどのような初等関数の導関数でもないからである．

---

[3] ウィリアム・トンプソンについての「お話」がある．彼は19世紀の英国の数理物理学者であるのだが，ある講義においてこの公式を持ち出し，友人のフランス人の同僚のジョゼフ・リウヴィルを褒めた．トンプソンは黒板に

$$\int_{-\infty}^{\infty} e^{-x^2} dx = \sqrt{\pi}$$

を書き，学生たちに語った．「数学者というのは，彼にとってはこの公式が諸君にとっての2の2倍が4であるのと同様に明らかであるような人物なのだ．リウヴィルはまさに一人の数学者であった．」

## 10.8 論理学：完全性定理

> 純粋数学というのは
> 「$p$ならば$q$である」という形の
> すべての命題が構成する類である．

バートランド・ラッセル，Bertrand Russell (1903)，
『数学原理』，p.3

　第3章では，対角線論法によって，計算の定義が解答不能問題の存在および数学の不完全性定理へと避けようもなく導いてしまうことを見た．最も広い意味で，不完全性は数学のすべての真理（およびただ真理のみ）を生成するためのアルゴリズムが存在しないことを意味する．特に，**数学は完全な公理系を持ち得ない**．言い換えれば，一つの公理系であって，すべての定理がそれから論理学の規則に従って体系的に導かれてしまうようなものは存在しない．しかしながら，不完全性は，論理学にではなく，数学に内在するものである．求めても得られることのないものは，数学的な普遍公理系であって，論理学の普遍的な規則の体系ではない．

　もし絶対的な公理系という考え方を放棄し，数学的な証明を相対的な意味で捉えて「何々から純粋に論理的に導かれる何らかのもの」を示すことであるとするならば，完全性の重荷は論理学へと移される．そしてもし「論理学」を，9.2節で検討し，最も一般的に用いられている公理体系にとって妥当であると考えられている述語論理を意味するものと捉えるならば，完全性は現実のものとなる．すなわち，もし一つの定理$q$が公理系$p$からの帰結であるならば，このとき，論理学のための公理系の中での「$p$は$q$を含意する」ことの証明が存在する．やはり9.10節でも指摘したように，述語論理の一つの完全な体系はフレーゲによってFrege (1879) において提案され，その完全性はゲーデルによってGödel (1930) において証明された．ゲーデルの完全性定理の証明への準備体操として，まず命題論理の場合を検討しよう．このほうが完全性の証明は易しい．

### 命題論理

　命題論理の完全性は驚くようなことではない．というのは，その必然的論理

式 (valid formula) を見つけるための方法, すなわち真理表による方法がすでに 9.2 節で与えられているからである. しかしながら, この方法は述語論理には適用されないから, 接し方を再考する必要がある. この小節では, 論理学に数学のやり方で接することにする. すなわち, 幾つかの単純で明らかな論理式を**公理**として選び出し, その他の必然的な論理式を幾つかの明らかな**推論規則** (rules of inference) によって導く.

推論に関する公理や規則は反対方向に作業することによって見出される. 命題論理式 $\varphi$ が与えられれば, それをさらに小さい部分に分割することによって $\varphi$ を**偽化する** (falsify) ことを試みる. そしてそれぞれの部分をさらに偽化し, 等々と続ける. こうすることによって, $\varphi$ は, 例えば $p \vee q \vee (\neg p)$ といった, 変数と変数の否定の結合子 (disjunction) にまで分解される. このような結合子が**偽化不能** (unfalsible), すなわち, 必然的 (valid) であるのは, 例示のように, それがある変数 $p$ に対して $p$ と $\neg p$ の両方を含んでいることであり, またそのときに限る. この場合は, $\varphi$ の**証明**を $p \vee (\neg p)$ といった公理から出発して単純に偽化規則 (falsification rules) を逆転させた**推論規則**を適用して得ることができる.

例を挙げる. 論理式 $\varphi$ が $(p \Rightarrow q) \Rightarrow ((\neg q) \Rightarrow (\neg p))$ であるとしよう.

論理式 $\varphi$ の偽化を試みるために, まずそれを $\neg$ と $\vee$ を用いて書き表す. これは 9.2 節で見たように, どのような命題論理式に対しても可能である. 今の場合は, $A \Rightarrow B$ の形の部分論理式をすべて $(\neg A) \vee B$ で置き換えて,

$$\varphi = \neg((\neg p) \vee q) \vee ((\neg \neg q) \vee (\neg p))$$

が得られる. 最初の偽化規則は, $\neg(A \vee B)$ を偽化することができるのは, $\neg A$ **または** $\neg B$ が偽化できる場合であって, またこの場合に限る, というものである. これは $\neg(A \vee B) = (\neg A) \wedge (\neg B)$ であることから明らかである. この規則は次のように任意の選言肢 (disjunct)[†] $C$ を含むように一般化されたものとして与える方が有用である.

¬∨ **偽化規則**. 式 $\neg(A \vee B) \vee C$ を偽化するには, $(\neg A) \vee C$ または $(\neg B) \vee C$ を偽化する.

---

[†] 訳注：論理式において ∨ (「または」) によって他と結ばれる部分式を指す.

この規則はグラフ形式では

$$\neg(A \vee B) \vee C$$

$$(\neg A) \vee C \quad (\neg B) \vee C$$

と描かれる.

この規則を $\varphi$ に $C = (\neg\neg q) \vee (\neg p)$ として適用すれば,グラフ形式

$$\neg((\neg p) \vee q) \vee ((\neg\neg q) \vee (\neg p))$$

$$(\neg\neg p) \vee (\neg\neg q) \vee (\neg p) \quad (\neg q) \vee (\neg\neg q) \vee (\neg p)$$

が得られる.

さてそこで,さらに明らかな規則を適用しよう.

**¬¬ 偽化規則.** 式 $(\neg\neg A) \vee C$ を偽化するには,$A \vee C$ を偽化する.

この規則のグラフ形式は

$$(\neg\neg A) \vee C$$
$$|$$
$$A \vee C$$

である.そこでこの ¬¬ 偽化規則を $\varphi$ に 3 回施せば,

$$\neg((\neg p) \vee q) \vee ((\neg\neg q) \vee (\neg p))$$

$$(\neg\neg p) \vee (\neg\neg q) \vee (\neg p) \quad (\neg q) \vee (\neg\neg q) \vee (\neg p)$$

$$p \vee q \vee (\neg p) \quad (\neg q) \vee q \vee (\neg p)$$

が得られる．このようにして，$\varphi$ は，ここで $p \vee q \vee (\neg p)$ または $(\neg q) \vee q \vee (\neg p)$ が偽化できるならば，さらに偽化できるのだが，これら二つの論理式はもはや偽化できない．したがって，結局，$\varphi$ は必然的である．さらには，「公理」$p \vee q \vee (\neg p)$ と $(\neg q) \vee q \vee (\neg p)$ から偽化規則を逆転させて「推論規則」として適用することにより，$\varphi$ が証明される．

$\neg\vee$ 推論規則．式 $(\neg A) \vee C$ と $(\neg B) \vee C$ から $\neg(A \vee B) \vee C$ を推論する．

$\neg\neg$ 推論規則．式 $A \vee C$ から $(\neg\neg A) \vee C$ を推論する．

この体系を，単に極めて単純化された公理群——$p \vee (\neg p), q \vee (\neg q)$, 等々——のみを用いて，もう少しすっきりとしたものにすることができる．ただしそのためには，これらの公理に余分の選言肢を付け加えて「水増し」すること（padding）が必要になる．これは次の規則に集約され，それが必然性（validity）を保つことは明らかである．

$\vee$ 水増し推論規則．式 $A$ から $A \vee B$ を推論する．

これら三つの規則は，さらに $\vee$ に対する結合則と可換則を加えれば（これらは上の例では指摘しないまま用いた），上の例と同様な線に沿って，必然的論理式 $\varphi$ に証明を与えることができる．このように次が得られる．

**命題論理の完全性**．命題論理における必然的論理式（valid formula）は，それが $\neg$ と $\vee$ の組み合わせによって書き表されるときは，公理群 $p \vee (\neg p), q \vee (\neg q), \ldots$ から上記の推論の三規則（と $\vee$ に対する結合則と可換則）を用いて必ず証明される． □

## 述語論理

前章 9.3 節で馴染んだように，述語論理の原子命題式 $p, q, r, \ldots$ は，述語記号 $P, Q, R, \ldots$，変数 $x, y, z, \ldots$，および，定数 $a, b, c, \ldots$ が取り込まれた内的構造を持っている．さらに原子命題式は命題結合子（propositional connectives）によって結ばれ，またそれらは変数 $x$ に関する**量化子**（quantifiers）$\forall x$（「すべての $x$ に対して」）と $\exists x$（「$x$ が存在する」）の対象にもなり得る．前小節と同じよ

うに，接合子￢と∨だけを用いればよく，そしてまた，量化子についても∃は普遍量化子∀によって

$$(\exists x)P(x) = \neg(\forall x)\neg P(x)$$

のように表されるから，単に∀のみを用いればよい．

さてそこで，直前の小節と同じ戦略を用いることにする．すなわち，偽化規則の完全な集合を探し出し，それらを逆転して推論規則の完全な集合を手に入れる．まず￢と∨に対する偽化規則としてはすでに見つけておいたものを用いることにする．したがって，あとは∀に対する偽化規則を見出すことが残されている．これについては次のグラフ形式で示されたものを採れば十分であることが分かっている．

**∀偽化規則**．式 $(\forall x)A(x) \vee B$ を偽化するには，定数 $a$ であって，$B$ の中で自由ではない（量化されてはいない）ようなもののそれぞれに対して $A(a) \vee B$ を偽化する．

$$\begin{array}{c} (\forall x)A(x) \vee B \\ | \\ A(a) \vee B \end{array}$$

**￢∀偽化規則**．式 $\neg(\forall x)A(x) \vee B$ を偽化するには，各定数 $a$ に対して $\neg A(a) \vee \neg(\forall x)A(x) \vee B$ を偽化する．

$$\begin{array}{c} \neg(\forall x)A(x) \vee B \\ | \\ \neg A(a) \vee \neg(\forall x)A(x) \vee B \end{array}$$

この後者の規則は論理式そのものを短くするものではない．したがって，偽化過程は必ずしも終結するわけではない．これは不都合なことではあるが，しかし致命的なものではない．というのは，偽化過程は偽に偽化され得ない論理式——偽化過程を逆転させて証明しようと望むもの——に対してのみ終結すれば十分であるからである．ここでまず言えることは，論理式 $\varphi$ に対して偽化過程が終結し

なければ，$\varphi$ のための偽化の木は，ケーニヒの無限性補題によって，無限の単純な枝を持つことである．しかも，注意深く偽化規則を適用することによって，無限の枝は論理式 $\varphi$ を偽とするような解釈を必ず定義することが確認される．

そのアイデアというのは，規則を適用することができる場合は必ずそれを実行して無限の枝に現れる論理式が次の特性を持つようにすることにある．

1. もし $\neg\neg A$ がその枝に選言肢として現れるならば，（$\neg\neg$ 偽化規則を適用して）$A$ が選言肢として現れる．
2. もし $\neg(A \lor B)$ がその枝に選言肢として現れるならば，（$\neg\lor$ 偽化規則を適用して）$\neg A$ または $\neg B$ が選言肢として現れる．
3. もし $(\forall x)A(x)$ がその枝に選言肢として現れるならば，（$\forall$ 偽化規則を適用して）ある定数 $a_i$ に対する $A(a_i)$ が選言肢として現れる．
4. もし $\neg(\forall x)A(x)$ がその枝に選言肢として現れるならば，（順次各 $a_i$ に対する $\neg\forall$ 偽化規則を適用して）それぞれの定数 $a_i$ に対する $\neg A(a_i)$ が選言肢として現れる．

論理式は，機会があるたびに，$\neg\forall$ 規則によって継続してもたらされた量化項以外は，より短い選言肢を持つものに分解されるから，無限の枝の上ではそれぞれの項は結局**原子**にまで，すなわち，$R(a_i, a_j, \ldots)$ の形の項にまで分解される．それらは $\neg\forall$ 規則によってもたらされた量化項を伴っているかもしれないが，要点としては，$R(a_i, a_j, \ldots)$ と $\neg R(a_i, a_j, \ldots)$ とが共に現れることはない．もしそうなったとすれば，それらを同時に含む結合子は偽化され得ず，その枝は終結してしまう．

したがって各原子式に対して偽なる値を付置して構わない．よって，**その枝の上のすべての式は，その頂点にある $\varphi$ を含めて偽化される**．逆に，もし $\varphi$ が偽化され得ないならば，偽化操作の木の中のすべての枝は終結する．そこで偽化操作の過程を逆転させて次が得られる．

**述語論理の完全性．** 述語論理における必然的論理式（valid formula）は，それが $\neg$ と $\lor$ と $\forall$ の組み合わせによって書き表されるとき，$R(a_i, a_j, \ldots) \lor (\neg R(a_i, a_j, \ldots))$ の形の公理群から偽化規則を逆転させた推論規則を用いて必ず証明される． □

## 10.9 歴史的および哲学的な雑記

### *語の問題：半群と群

　語の問題は，10.2節で注意したように，最初は半群よりもむしろ**群**に対してデーンの論文 Dehn (1912) によって提起された．半群の概念は群の概念よりももっと一般的ではあるが，他方群概念の方が優れて有用な水準にある一般性を持っているように思われる．取り扱うにあたっては群は半群よりももっと容易であるし，もっと満足できる理論を有しており，数学者たちが（今のところ）研究したいと思うようなより多くの状況を捉えている．

　デーン自身が群に対する語の問題に興味を惹かれたのは，それがまさにトポロジーにおけるアルゴリズム的な問題を捉えているからである．その問題は，一つの空間 $S$ 内に与えられた閉曲線が（定められた）始点に $S$ 内で連続的に縮められてしまうかどうかを決定する，というものであった．特に $S$ が曲面であるときには，デーンはこの問題を解くことができたが，しかし高次元空間に対しては，この縮約問題は難しく，事実，4次元ないし5次元のある種の空間においては解答不能であることが知られている．これはノヴィコフの労作 Novikov (1955) によって証明された語の問題の解答不能性からの帰結である．

　やはりデーンによって同じ論文 Dehn (1912) で提起された関連する問題は群の**同型問題**である．群が生成元とそれらが満たす関係式の二つの集合によって「表示」されるとき，二つの群が同一であるかどうかを決定せよという問題である．この同型問題はアドヤンによって論文 Adyan (1957) において解答不能であることが証明され，それによってトポロジーの**同相問題**が解答不能であることが示された．これは，（有限的に記述された）空間 $S$ と $T$ が与えられたときに，連続な全単射 $S \to T$ であって逆写像も連続であるようなものが存在するかどうかを決定する問題である．この後者の問題については，特に4次元の $S$ と $T$ に対してはマルコフの論文 Markov (1958) によって解答不能であることが証明されていた．

　これらの結果はすべて証明することがとても難しく，その理由は，それらが語の問題の解答不能性に依拠しているからである．多くの研究によって Novikov (1955) の証明についてはかなりの改善がもたらされたというものの，群に対する語の問題は，現状では，半群に対する語の問題が Post (1947) と Markov (1947)

によって簡単にそして優雅に対処された手法に倣って計算と関連づける以外の方途は知られていない．

群と半群の場合に困難をもたらすものは，すでに4.11節で述べたように，**非可換性**にある．計算は10.2節で見たように，非可換半群によって容易にモデル化され，半群についての解答不能な問題は簡単に見つけられる．しかしまた反面で，非可換半群自体は理解するのが難しい．群における逆元の存在は群の理解を分かりやすくしており，その一般理論の発展を大いに促すところである．これに対応して，群についての解答不能問題を見つけることは**より難しく**なっている．ただしそれでも可換でない場合には可能である．

群が可換である場合（そして高度に無限でないならば），その構造は極めて簡単に理解される．最もありふれた可換群——例えばゼロでない有理数の乗法群——はとても理解が進んでおり，それらが群**である**ことを改めて指摘する必要もない．

より興味深い可換群は10.1節で現れており，そこでは数 $a + b\sqrt{m}$, $m > 0$ であって $x = a, y = b$ が $x^2 - my^2 = 1$ の整数解であるようなものが検討されている．結果として，これらの数は一つの群を形成しており，実際，それら二つの積も，その逆数もまた同じ特性を持っており，数の乗法が可換であることからこの群の構造を発見することができた．それは，$x = x_1 > 0$, $y = y_1 > 0$ を $x^2 - my^2 = 1$ の整数解であって $x_1 + y_1\sqrt{m}$ が最小になるものとすれば，$n \in \mathbb{Z}$ に対するすべてのベキによって $\pm(x_1 + y_1\sqrt{m})^n$ の全体として与えられる．

## *代数学の基本定理と解析学

代数学の基本定理に対するアルガンの Argand (1806) における証明は，連続関数の厳密な取り扱いによって補強しさえすれば，知られているものの中では最も簡明である．しかしそれは2次元領域における連続関数の極値定理に依拠しており，そこで次のような問題意識が生じる．代数学の基本定理の証明において解析学の使用をどの程度まで軽減できるか？　その答えは，実1変数の奇数次の多項式関数に対する中間値の定理が十分である，と思われる．

ガウスは論文 Gauss (1816) においてこのような最初の証明を与え，その補足・

解説が Dawson (2015), Chapter 8 に見られる．実係数の多項式 $p(x)$ で次数が $n = 2^m q$ ($q$ は奇数) であるものによって，方程式 $p(x) = 0$ が与えられたとき，ガウスはこれを次数 $n/2$ のものへと簡約し，この操作を繰り返して，結局次数が奇数 $q$ の場合へと帰着させた．この段階で証明は奇数次の多項式についての中間値の定理に訴えて完結する．ガウスの簡約過程は純粋に代数的であるのだが，とても入り組んでいる．なかでも，そこでは**対称式の基本定理**が用いられている．これは特殊な場合がニュートンによって発見されており，一般的にラグランジュの論考 Lagrange (1771) において証明された．この定理の証明はかなり長々しい数学的帰納法によるのだが，ここではそれを展開して見せることはしない．しかしこの定理が何に関するものなのかを述べておくのは十分意味があるだろう．

さて，$n$ 変数の多項式 $p(x_1, x_2, \ldots, x_n)$ は，もし変数 $x_1, x_2, \ldots, x_n$ に置換をどのように施しても不変であるならば，**対称的**であるといわれる．例えば，$p(x_1, x_2) = x_1^2 + x_2^2$ は $p(x_2, x_1) = p(x_1, x_2)$ であるから 2 変数の対称多項式である．一般に $n$ 変数の多項式 $(x - x_1)(x - x_2) \cdots (x - x_n)$ の展開式の $x^{n-1}, \ldots, x^0 = 1$ の各係数，

$$s_1 = -(x_1 + x_2 + \cdots + x_n), \ \ldots, \ s_n = (-1)^n x_1 x_2 \cdots x_n$$

を**基本対称多項式**という．このとき，基本定理は，$x_1, \ldots, x_n$ の対称多項式はすべて基本対称式の多項式関数 $P(s_1, \ldots, s_n)$ であると主張する．例えば，上の例の対称多項式 $x_1^2 + x_2^2$ は

$$x_1^2 + x_2^2 = (x_1 + x_2)^2 - 2x_1 x_2 = s_1^2 - 2s_2$$

である．

こういった流れによる代数学の基本定理のより簡単な証明は，実は，すでにラプラスによって 1795 年に概略が与えられている．それは，例えば Ebbinghaus et al (1990), pp.120–122 で見ることができる．ラプラスの証明はその時点では不完全であった．というのは，4.11 節で「代数学者の代数学の基本定理」と呼んだものが用いられていたからである．すなわち，各 1 変数の多項式 $p$ に対して，その根を含むような体が存在することが前提されていた．この定理の証明がなされてしまえばラプラスの証明は有効であり，したがって，彼は，中間値の定理の助

けを借りることによって，代数学の基本定理が「代数学者の代数学の基本定理」から導かれることを示したわけである．

## *群と幾何学

幾何学は，群の概念が数学者たちが研究したくなる現象を見事に捉えるような最も納得のいく場合の一つである．と同時に，幾何学が2000年以上にわたって学び続けられたあと，ようやく群の幾何学との関係が明かされることになったということは，群の概念の深さの印でもある．幾何学における群の概念が注目されるようになったのは，ようやく幾つかの幾何学——中でも最も重要なのは射影幾何学——が光を浴びるようになってからのことである．クラインを幾何学における群の概念に注目した論考 Klein (1872) へと導き，彼をして幾何学を**群とその不変量**の研究であると**定義**せしめたのは特に射影幾何学であった．

実射影直線 $\mathbb{R} \cup \{\infty\}$ は，すでに10.4節で検討されたように，おそらくは興味深い群と興味ある不変量の最も簡単な例と関わっている．その群は，線型分数変換

$$f(x) = \frac{ax+b}{cx+d} \quad (a,b,c,d \in \mathbb{R}, \ ad-bc \neq 0)$$

が関数の合成という演算のもとで形成するものである．すなわち，与えられた関数

$$f_1(x) = \frac{a_1 x + b_1}{c_1 x + d_1} \quad \text{および} \quad f_2(x) = \frac{a_2 x + b_2}{c_2 x + d_2}$$

に対して，関数 $f_1(f_2(x))$ を形成することが，$f_2$ に対応する射影を施したあとに続けて $f_1$ に対応する射影を施すことと対応する．この群は可換ではない．例えば，もし

$$f_1(x) = x+1 \quad \text{および} \quad f_2(x) = 2x$$

であるなら，

$$f_1(f_2(x)) = 2x+1 \quad \text{であるのに対して} \quad f_2(f_1(x)) = 2(x+1) = 2x+2$$

であるから，$f_1 f_2 \neq f_2 f_1$ である．ともかくも，線型分数変換の不変量は，その群構造について多くを知るまでもなく見つけることができ，それが単純な変換

$x \mapsto x+b, x \mapsto ax \ (a \neq 0)$ および $x \mapsto 1/x$ で生成されることを知っていれば十分である．

また10.4節で見たように，長さとか長さの比といった伝統的な幾何学的な量はもはやあらゆる線型分数変換のもとで不変であるというわけでは**ない**．しかし，上に挙げた線型分数変換を生成する三つの変換について，幾つかの単純な計算をすれば，複比

$$[p,q;r,s] = \frac{(r-p)(s-q)}{(r-q)(s-p)}$$

は射影直線上のどの4点 $p,q,r,s$ に対しても不変であることを示すことができる．射影のもとでの複比の不変性はすでにパッポスの知るところであったが，1640年頃にデザルグによって再発見された．しかしながら，その**代数的な**不変性となると，クラインによって適切な群が同定されるまで待たなければならなかった．

後知恵っぽいのだが，長さや長さの比がどのような意味で代数的な不変量であるのかを見ることができる．実数直線上の点 $p$ から $q$ までの線分の長さ $|p-q|$ は $\mathbb{R}$ の**平行移動** $x \mapsto x+b$ の群の不変量である．これらの変換の対象として見るとき，$\mathbb{R}$ を**エウクレイデス直線**と呼ぶ．なぜなら，これらの変換を通して見れば，エウクレイデスが意図したように，どの点も他のどの点とも移りあって「同じもの」になるからである．

また3点 $p,q,r$ に対して，長さの比 $\frac{p-r}{p-q}$ は**相似変換** $x \mapsto ax+b \ (a \neq 0)$ の群の不変量である．この群は平行移動に $a \neq 0$ による**拡大** $x \mapsto ax$ を合成して得られる．これらの変換は**アフィン変換**と呼ばれ，これらの変換の対象として見るときには $\mathbb{R}$ を**アフィン直線**と呼ぶ．

エウクレイデス直線やアフィン直線と射影直線との間の深い差異は，もちろん，無限遠点 $\infty$ である．この無限遠点 $\infty$ は，写像 $x \mapsto 1/x$ によって0が移される点として現れ，これがなければ0の行き先はなくなってしまう．この点を「無限遠点」と呼ぶのは，0は $n \to \infty$ のときの $1/n$ の極限であり，したがって，$x \to 1/x$ のもとでの0の像は $n \to \infty$ のときの $n$ の「極限」となるべきものであるからである．そういった次第ではあるが，射影直線を一つの有限の対象物，すなわち，円として見ることもまた妥当である．

なぜなら，0はまた $n \to \infty$ のときの $-1/n$ の極限でもあり，したがって0は

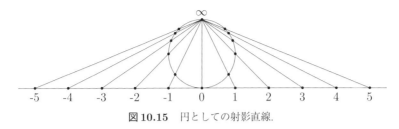

図 10.15　円としての射影直線.

$n \to \infty$ のときの $-n$ の像でもあるからである．このように，直線に沿ってどちらの方向へ進んでも「$\infty$ に近づく」．この $n$ と $-n$ の共通の「極限」を実際の点として実現するには，図 10.15 に示されたように $\mathbb{R}$ を一つの円に写し込めばよい．

図の円の最も上にある点は $n$ と $-n$ 両方の「極限」と見事に対応している．実際，それは両者の円上での像の実際の極限である．したがって，もしこの円の最も上にある点を $\infty$ と対応させれば，この円を実射影直線の連続で全単射の像とみなすことができる．

## アフィン幾何学

上記の直線 $\mathbb{R}$ のアフィン変換は射影直線 $\mathbb{R} \cup \{\infty\}$ にまで，単に $\infty$ を自分自身に移すことによって，拡張される．同様に，平面と射影平面のアフィン変換も存在する．それは有限の点を有限の点に，また無限遠点を無限遠点に移す射影である．特に，**それは平行線を平行線に移す**．平面のアフィン幾何はこのような射影によって得られる平面の像を研究するものである．この「アフィン（affine）」という語はオイラーが著書 Euler (1748b) において導入したものであり，アフィン変換によって関係づけられる像はすべて互いに「類似性」(affinity) を持っているという考え方に動機づけられている．

射影幾何学に似て，アフィン幾何学もそれと対となる芸術的なものを持っている．それは 18 世紀から 19 世紀にかけて展開された古典的な日本の木版画に見られ，一例として鈴木春信の**時計の晩鐘**が図 10.16 に挙げてある．この版画は 1766 年頃のものであり，平行線が保たれて示されている．実際に場面のすべての平行線は平行しているように見える．これは場面を「平坦に」見せており，完全に首尾一貫している．事実，この絵は，無限遠から無限に拡大して見たときに，その

場面がどのように現れてくるかを示している.

　平行線を一貫して表示する芸術はそれなりの技を要求するものであり，手を抜くととても酷いことになりかねない．図 10.17 にそういった例，**聖エドムンドの誕生**が示されている．著者は以前にこの例を——例えば Stillwell (2010), p.128 ——射影幾何の失敗作として使用した．なぜなら，平行線はどのような水平線に向かっても収束してはいない．しかし今では著者はこれをアフィン幾何の失敗作として見るほうが良いと思っている．画家は平行線が平行に見えるようにと心底から**欲している**のだが，彼は一貫してはおらず，この点で全く失敗してしまった.

　アフィン写像は有限の点の対を有限の点に移すから，**アフィン像は地平線を含むことができない**．大方の日本の版画はこの条件に従っているが，それでもときには著名な画家でも踏み外している．図 10.18 は 19 世紀の巨匠広重による**窓辺の猫**である．室内に関しては見事であるが，それと地平線を含む遠景とは噛み合っていない．

**図 10.16**　美術におけるアフィン幾何．図版は www.metmuseum.org の厚意による．

10.9　歴史的および哲学的な雑記　・　427

**図 10.17**　美術におけるアフィン幾何の失敗作．この絵の原画は英国図書館所蔵のジョン・リドゲイトの手書きの原稿**聖エドムンドと聖フレムンドの一生**にあり，1434 年に完成したものと考えられている．原画は幾分ぼやけており，そこで 19 世紀の（ヘンリー・ワードによる）複製を用いた．これは原画の直線に忠実だが，それらはもっと鋭くなっている．この複製はロンドンの Wellcome Library にある．

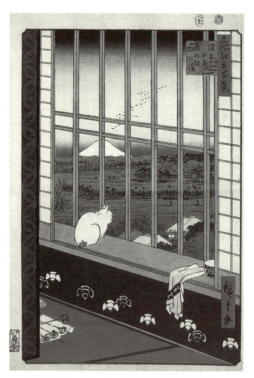

図 10.18　アフィン幾何の微妙なる不首尾.

## 円周率πに対する最も簡単な公式

円周率πに対するウォリスの積は二項係数の近似とド・モアヴル分布にとってはとても重要であったが，第6章で見出されていた公式

$$\frac{\pi}{4} = 1 - \frac{1}{3} + \frac{1}{5} - \frac{1}{7} + \frac{1}{9} - \cdots$$

とも関係づけられる．ウォリスはその積をまるで霊感に導かれるように推測を重ねて見出したのであって，今日それが理解されていそうな微積分によるものではなかった．ところが彼の発見に影響されてか，彼の同僚のブラウンカー卿はさらに連分数による驚くべき公式

$$\frac{4}{\pi} = \cfrac{1}{1 + \cfrac{1^2}{2 + \cfrac{3^2}{2 + \cfrac{5^2}{2 + \cfrac{7^2}{2 + \cfrac{9^2}{\ddots}}}}}}$$

を得た．

ブラウンカーがどのようにこの発見に至ったのかは謎である．今日でさえ，ウォリスの積からブラウンカーの連分数に繋がる簡単な方法は知られていない．ところが，この連分数と級数 $1 - \frac{1}{3} + \frac{1}{5} - \frac{1}{7} + \frac{1}{9} - \cdots$ の間のまったく簡単なつながりがある．それはオイラーによって発見され Euler (1748a), p.311 で与えられており，しかもそこではもっと一般的な等式

$$\frac{1}{A} - \frac{1}{B} + \frac{1}{C} - \frac{1}{D} + \cdots$$

$$= \cfrac{1}{A + \cfrac{A^2}{B - A + \cfrac{B^2}{C - B + \cfrac{C^2}{D - C + \cdots}}}}$$

から直ちに導かれている．オイラーの結果は有限級数を分数へと変換し，極限に持っていくことで証明されることになる．最初のステップは等式

$$\frac{1}{A} - \frac{1}{B} = \cfrac{1}{A + \frac{A^2}{B-A}} \qquad (*)$$

をチェックすればよい．この等式の左辺の $\frac{1}{B}$ を $\frac{1}{B} - \frac{1}{C}$ で置き換える．この後者はやはり

$$\frac{1}{B} - \frac{1}{C} = \cfrac{1}{B + \frac{B^2}{C-B}}$$

と表されるから，$(*)$ の右辺の $B$ は $B + \frac{B^2}{C-B}$ で置き換えられるべきである．そうすれば，

$$\frac{1}{A} - \frac{1}{B} + \frac{1}{C} = \cfrac{1}{A + \cfrac{A^2}{B - A + \frac{B^2}{C-B}}}$$

が得られる．よって，上の $(*)$ の左辺の級数の「しっぽ」を変更すれば（すなわち $\frac{1}{B}$ を $\frac{1}{B} - \frac{1}{C}$ で置き換えれば），右辺の連分数においても「しっぽ」だけが影響を受ける．したがってこの操作を繰り返すことができるから，$n$ 項からなる級数の連分数が得られる．そこで $n \to \infty$ とすれば，無限連分数が得られる．

このように，整数によって $\pi$ を表示するための知られている中で最も簡単な方法——無限積，無限連分数展開，無限級数によるもの——はすべて互いに関連し合っている．これら三種類の公式の間に見られる似通った有り様はウォリスの公式の両辺を 2 で割って次のように並べ直して見てみれば納得しやすいだろう．

$$\frac{\pi}{4} = \frac{2}{1\cdot 3} \cdot \frac{4\cdot 4}{3\cdot 5} \cdot \frac{6\cdot 6}{5\cdot 7} \cdot \frac{8\cdot 8}{7\cdot 9} \cdots$$

$$= \frac{2\cdot 4}{3\cdot 3} \cdot \frac{4\cdot 6}{5\cdot 5} \cdot \frac{6\cdot 8}{7\cdot 7} \cdot \frac{8\cdot 10}{9\cdot 9} \cdots$$

$$= \left(1 - \frac{1}{3^2}\right)\left(1 - \frac{1}{5^2}\right)\left(1 - \frac{1}{7^2}\right)\left(1 - \frac{1}{9^2}\right)\cdots.$$

このように表せば,三つの公式のすべてが最後の奇数の列にいくらかの細工を施したものに依拠していることが見て取れる.

## *ラムジーの定理とケーニヒの無限性補題

無限ラムジー定理の証明は10.6節で与えられたが,それは7.9節で与えられたボルツァーノ‐ヴァイエルシュトラスの定理の証明と密に似通っているから,これら二つの定理は同じ強さを持っていると思いたくなる.実際,逆数学の結果としてラムジーの定理(を少しだけ一般化したもの)とボルツァーノ‐ヴァイエルシュトラスの定理とはお互いに,またケーニヒの無限性補題とも,**同値**である.

有限ラムジー定理はペアノ算術PAにおいて証明することができ,したがって,本書で初等的であると考えている公理系の帰結である.とはいえ,この有限ラムジーの定理にも難しいところがある.というのは,すでに10.6節で述べたように,2色塗り有限完全グラフ $K_n$ が単色の $K_5$ を含むためには $n$ がどれほど大きくなければならないかについてはまだ分かっていない.この例から次のようなことが想起される.このPAという公理系がどれほど初等的であるにせよ,それが導き出すものは必ずしも初等的ではないだろう.

有限ラムジー定理が難しいものであると思われるもう一つの意味合いは,それを少しだけ変形したものがPAにおいて**証明不能**になってしまうことである.この変形というのは**パリス‐ハリントンの定理**と呼ばれるものであり,論理学者パリスとハリントンによって発見され,Paris-Harrington (1977) で発表された.このパリス‐ハリントンの定理を説明するために,まず最初に有限ラムジー定理のもっと一般的な変形を説明しなければならない.さてそこで,$K_n$ について,まず $n$ 個の要素を持つ集合として,ここではこれを数の集合 $\{1, 2, 3, \ldots, n\}$ とし,これからの数の対のすべてを辺とする.したがって,集合 $\{1, 2, 3, \ldots, n\}$ から

の各対に対して**二種類の色**を対応させる．このとき，$\{1, 2, 3, \ldots, n\}$ の部分集合 $M$ で要素の個数が与えられた $m$ であるようなものであって，$M$ からの対はすべて同じ色に対応するものが存在することを保証するには $n$ はどれほど大きければよいか，が問われることになる．

さらにパリス - ハリントンの定理では，追加条件として，$M$ の要素の個数 $m$ が $M$ の要素である数の中の最小のものよりも大きいか等しいことを要求する．この簡単な条件を追加するだけで定理は難しくなってしまい，もはや PA の中では証明できなくなってしまうのだ！（ただし無限ラムジー定理を前提すれば証明される．）

## *完全性，解答不能性，および，無限

完全性定理の証明が 10.8 節で与えられたが，それは論理学の完全性が刃の上でバランスを取っている様子を明示している．必然的論理式（valid formula）は幸運にも証明過程が停止することが確かである側に落ち，また，偽化可能な論理式はそれが停止するかどうかが定かでない側に落ちる．これは読者に停止問題（3.8 節）のことを思い起こさせるかもしれない．そこでは，一方ですべての必然的（valid）な場合を見出すような終結する過程——すなわち，機械をそれが停止するまで走り続けさせること——が存在するが，しかし，他方では必然的でない（すなわち，停止しない）場合に対しては，それらすべてを見出すような終結する過程は存在しない．もし存在するとすれば，両方を同時に走らせることによって停止問題を解くことができるだろう．事実として，述語論理のどの論理式が必然的であるのかを決定する問題は停止問題と単におぼろげに似通っているというに止まっているわけではない．これらの問題は本質的に**同じ**である！　それらは，おのおのがもう一方に帰着されるという意味で「同じ」である[4]．

必然性（validity）を判定する問題は，述語論理のための証明の過程を遂行するためのチューリング機械 $T$ を組み上げ，$T$ が一つの入力論理式 $\varphi$ に対して停止するための必要十分条件が $\varphi$ の証明が見出せることであるように設定することに

---

[4] 技術的な言葉では，それらは同じ**解答不能性の次数**を，あるいは，同じ**チューリング次数**を持つ，と言う．

よって，停止問題に帰着させることができる．逆に，テューリングは論文 Turing (1936) によって，一台のテューリング機械の稼働過程を述語論理の幾つかの論理式によって表示する方法を示した．各機械 $M$ と入力 $I$ に対して，論理式 $\varphi_{M,I}$ であって，それが必然的であるための必要十分条件が $M$ が入力 $I$ に関して結局は終結することであるようなものが存在する．このようにして，停止問題は述語論理における必然性の判定問題に帰着される．

このことから，特に，必然性問題は**解答不能**であることが導かれる．なぜなら停止問題がそうであるからである．これは，「停止」の側の必然的論理式と「非-停止」の側の偽化可能な論理式について，完全性定理の証明が非対称であることを説明している．

必然性の判定の解答不能性は完全性の証明に入り込んでいる無限性の要因——ケーニヒの無限性補題——を反映しており，それは，述語論理に対する完全性に対する**いかなる**証明も何らかの無限過程を取り込む必要があることを示している．事実，逆数学の一つの結果として，完全性定理は本質的には弱ケーニヒ無限性補題と**同値**であることが知られている．これは完全性定理を他の基本定理，極値定理やブロウウェルの不動点定理などと同列に位置づけるものである——まさに数学の一体性の見事なる実証である！

# 参考文献

Abbott, S. (2001). *Understanding Analysis*. Springer-Verlag, New York.

Abel, N. H. (1826). Démonstration de l'impossibilité de la résolution algébrique des équations générales qui passent le quatrième degré. *Journal für die reine und angewandte Mathematik 1*, 65–84. In his *Oeuvres Complètes* 1: 66–87.

Adyan, S. I. (1957). Unsolvability of some algorithmic problems in the theory of groups (Russian). *Trudy Moskovskogo Matematicheskogo Obshchestva 6*, 231–298.

Agrawal, M., N. Kayal, and N. Saxena (2004). PRIMES is in P. *Annals of Mathematics (2) 160*(2), 781–793.

Appel, K. and W. Haken (1976). Every planar map is four colorable. *Bulletin of the American Mathematical Society 82*, 711–712.

Argand, J. R. (1806). *Essai sur une manière de représenter les quantités imaginaires dans les constructions géométriques*. Paris.

Beltrami, E. (1868). Teoria fondamentale degli spazii di curvatura costante. *Annali di Matematica Pura ed Applicata, series 2*, no. 2, 232–255. In his *Opere Matematiche* 1: 406–429, English translation in Stillwell (1996), pp. 41–62.

Berlekamp, E. R., J. H. Conway, and R. K. Guy (1982). *Winning Ways for your Mathematical Plays. Vol. 2*. Academic Press, Inc. [Harcourt Brace Jovanovich, Publishers], London-New York.

Bernoulli, D. (1728). Observationes de seriebus. *Commentarii Academiae Scientiarum Imperialis Petropolitanae 3*, 85–100. In Bernoulli (1982), pp. 49–64.

Bernoulli, D. (1982). *Die Werke von Daniel Bernoulli, Band 2*. Birkhäuser, Basel.

Bernoulli, J. (1713). *Ars conjectandi*. In his *Opera* 3: 107–286.

Biggs, N. L., E. K. Lloyd, and R. J. Wilson (1976). *Graph Theory: 1736–1936*. Oxford University Press, Oxford.

Bolyai, J. (1832b). Scientiam spatii absolute veram exhibens, a veritate aut falsitate Axiomatis XI Euclidei (a priori haud unquam decidanda) independentem. Appendix to Bolyai (1832a), English translation in Bonola (1912).

Bolzano, B. (1817). *Rein analytischer Beweis des Lehrsatzes dass zwischen je zwey Werthen, die ein entgegengesetzes Resultat gewähren, wenigstens eine reelle Wurzel der Gleichung liege*. Ostwald's Klassiker, vol. 153. Engelmann, Leipzig, 1905. English translation in Russ (2004), pp. 251–277.

Bombelli, R. (1572). *L'algebra. Prima edizione integrale*. Introduzione di U. Forti. Prefazione di E. Bortolotti. Reprint by Biblioteca scientifica Feltrinelli. 13, Giangiacomo Feltrinelli

Editore. LXIII, Milano (1966).

Bonola, R. (1912). *Noneuclidean Geometry*. Chicago: Open Court. Reprinted by Dover, New York, 1955.

Boole, G. (1847). *Mathematical Analysis of Logic*. Reprinted by Basil Blackwell, London, 1948.

Bourgne, R. and J.-P. Azra (1962). *Ecrits et mémoires mathématiques d'Évariste Galois: Édition critique intégrale de ses manuscrits et publications*. Gauthier-Villars & Cie, Imprimeur-Éditeur-Libraire, Paris. Préface de J. Dieudonné.

Brahmagupta (628). *Brāhma-sphuṭa-siddhānta*. Partial English translation in Colebrooke (1817).

Brouwer, L. E. J. (1910). Über eineindeutige, stetige Transformationen von Flächen in sich. *Mathematische Annalen 69*, 176–180.

Cantor, G. (1874). Über eine Eigenschaft des Inbegriffes aller reellen algebraischen Zahlen. *Journal für die reine und angewandte Mathematik 77*, 258–262. In his *Gesammelte Abhandlungen*, 145–148. English translation by W. Ewald in Ewald (1996), Vol. II, pp. 840–843.

Cardano, G. (1545). *Ars magna*. 1968 translation *The great art or the rules of algebra* by T. Richard Witmer, with a foreword by Oystein Ore. M.I.T. Press, Cambridge, MA-London.

Cauchy, A.-L. (1821). *Cours d'Analyse de l'École Royale Polytechnique*. Paris. Annotated English translation by Robert E. Bradley and C. Edward Sandifer, *Cauchy's Cours d'analyse: An Annotated Translation*, Springer, 2009.

Chrystal, G. (1904). *Algebra: An Elementary Text-book for the Higher Classes of Secondary Schools and for Colleges*. 1959 reprint of 1904 edition. Chelsea Publishing Co., New York.

Church, A. (1935). An unsolvable problem of elementary number theory. *Bulletin of the American Mathematical Society 41*, 332–333.

Clagett, M. (1968). *Nicole Oresme and the Medieval Geometry of Qualities and Motions*. University of Wisconsin Press, Madison, WI.

Cohen, P. (1963). The independence of the continuum hypothesis I, II. *Proceedings of the National Academy of Sciences 50, 51*, 1143–1148, 105–110.

Colebrooke, H. T. (1817). *Algebra, with Arithmetic and Mensuration, from the Sanscrit of Brahmegupta and Bháscara*. John Murray, London. Reprinted by Martin Sandig, Wiesbaden, 1973.

Cook, S. A. (1971). The complexity of theorem-proving procedures. *Proceedings of the 3rd Annual ACM Symposium on the Theory of Computing*, 151–158. Association of Computing Machinery, New York.

Courant, R. and H. Robbins (1941). *What Is Mathematics?* Oxford University Press, New York.

d'Alembert, J. l. R. (1746). Recherches sur le calcul intégral. *Histoire de l'Académie Royale des Sciences et Belles-lettres de Berlin 2*, 182–224.

Davis, M. (Ed.) (1965). *The Undecidable. Basic papers on Undecidable Propositions, Unsolvable Problems and Computable Functions*. Raven Press, Hewlett, NY.

Dawson, J. W. (2015). *Why Prove It Again? Alternative Proofs in Mathematical Practice*. Birkhäuser.

de Moivre, A. (1730). *Miscellanea analytica de seriebus et quadraturis*. J. Tonson and J. Watts,

London.

de Moivre, A. (1733). *Approximatio ad summam terminorum binomii* $(a+b)^n$. Printed for private circulation, London.

de Moivre, A. (1738). *The Doctrine of Chances. The second edition*. Woodfall, London.

Dedekind, R. (1871a). Supplement VII. In Dirichlet's *Vorlesungen über Zahlentheorie*, 2nd ed., Vieweg 1871, English translation *Lectures on Number Theory* by John Stillwell, American Mathematical Society, 1999.

Dedekind, R. (1871b). Supplement X. In Dirichlet's *Vorlesungen über Zahlentheorie*, 2nd ed., Vieweg, 1871.

Dedekind, R. (1872). *Stetigkeit und irrationale Zahlen*. Vieweg und Sohn, Braunschweig. English translation in Dedekind (1901).

Dedekind, R. (1877). *Theory of Algebraic Integers*. Cambridge University Press, Cambridge. Translated from the 1877 French original and with an introduction by John Stillwell.

Dedekind, R. (1888). *Was sind und was sollen die Zahlen?* Vieweg, Braunschweig. English translation in Dedekind (1901).

Dedekind, R. (1894). Supplement XI. In Dirichlet's *Vorlesungen über Zahlentheorie*, 4th ed., Vieweg, 1894.

Dedekind, R. (1901). *Essays on the Theory of Numbers*. Open Court, Chicago. Translated by Wooster Woodruff Beman.

Dehn, M. (1900). Über raumgleiche Polyeder. *Göttingen Nachrichten 1900*, 345–354.

Dehn, M. (1912). Über unendliche diskontinuierliche Gruppen. *Mathematische Annalen 71*, 116–144.

Densmore, D. (2010). *The Bones*. Green Lion Press, Santa Fe, NM.

Descartes, R. (1637). *The Geometry of René Descartes. (With a facsimile of the first edition, 1637.)*. Dover Publications, Inc., New York, NY. Translated by David Eugene Smith and Marcia L. Latham, 1954.

Dirichlet, P. G. L. (1863). *Vorlesungen über Zahlentheorie*. F. Vieweg und Sohn, Braunschweig. English translation *Lectures on Number Theory*, with Supplements by R. Dedekind, translated from the German and with an introduction by John Stillwell, American Mathematical Society, Providence, RI, 1999.

Ebbinghaus, H.-D., H. Hermes, F. Hirzebruch, M. Koecher, K. Mainzer, J. Neukirch, A. Prestel, and R. Remmert (1990). *Numbers*, Volume 123 of *Graduate Texts in Mathematics*. Springer-Verlag, New York. With an introduction by K. Lamotke. Translated from the second German edition by H. L. S. Orde. Translation edited and with a preface by J. H. Ewing.

Edwards, H. M. (2007). Kronecker's fundamental theorem of general arithmetic. In *Episodes in the History of Modern Algebra (1800–1950)*, pp. 107–116. American Mathematical Society, Providence, RI.

Euler, L. (1748a). *Introductio in analysin infinitorum, I*. Volume 8 of his *Opera Omnia*, series 1. English translation by John D. Blanton, *Introduction to the Analysis of the Infinite. Book I*, Springer-Verlag, 1988.

Euler, L. (1748b). *Introductio in analysin infinitorum, II*. Volume 9 of his *Opera Omnia*, series

1. English translation by John D. Blanton, *Introduction to the Analysis of the Infinite. Book II*, Springer-Verlag, 1988.

Euler, L. (1751). Recherches sur les racines imaginaires des équations. *Histoire de l'Académie Royale des Sciences et des Belles-Lettres de Berlin 5*, 222–288. In his *Opera Omnia*, series 1, 6: 78–147.

Euler, L. (1752). Elementa doctrinae solidorum. *Novi Commentarii Academiae Scientiarum Petropolitanae 4*, 109–140. In his *Opera Omnia*, series 1, 26: 71–93.

Euler, L. (1770). *Elements of Algebra*. Translated from the German by John Hewlett. Reprint of the 1840 edition, with an introduction by C. Truesdell, Springer-Verlag, New York, 1984.

Ewald, W. (1996). *From Kant to Hilbert: A Source Book in the Foundations of Mathematics. Vol. I, II*. Clarendon Press, Oxford University Press, New York.

Fermat, P. (1657). Letter to Frenicle, February 1657. *Œuvres* 2: 333–334.

Fibonacci (1202). *Fibonacci's Liber abaci*. Sources and Studies in the History of Mathematics and Physical Sciences. Springer-Verlag, New York, 2002. A translation into modern English of Leonardo Pisano's *Book of calculation*, 1202. Translated from the Latin and with an introduction, notes, and bibliography by L. E. Sigler.

Fibonacci (1225). *The Book of Squares*. Academic Press, Inc., Boston, MA, 1987. Translated from the Latin and with a preface, introduction, and commentaries by L. E. Sigler.

Fischer, H. (2011). *A History of the Central Limit Theorem*. Sources and Studies in the History of Mathematics and Physical Sciences. Springer, New York.

Fowler, D. (1999). *The Mathematics of Plato's Academy* (2nd ed.). Clarendon Press, Oxford University Press, New York.

Fraenkel, A. (1922). Zu den Grundlagen der Cantor-Zermeloschen Mengenlehre. *Mathematische Annalen 86*, 230–237.

Frege, G. (1879). *Begriffsschrift*. English translation in van Heijenoort (1967), pp. 5–82.

Friedman, H. (1975). Some systems of second order arithmetic and their use. In *Proceedings of the International Congress of Mathematicians (Vancouver, B. C., 1974), Vol. 1*, pp. 235–242. Canadian Mathematical Congress, Montreal, Quebec.

Galois, E. (1831). Mémoire sur les conditions de résolubilité des équations par radicaux. In Bourgne and Azra (1962), pp. 43–71. English translation and commentary in Neumann (2011), pp. 104–168.

Gardiner, A. (2002). *Understanding Infinity*. Dover Publications, Inc., Mineola, NY. The mathematics of infinite processes. Unabridged republication of the 1982 edition with list of errata.

Gauss, C. F. (1801). *Disquisitiones arithmeticae*. Translated and with a preface by Arthur A. Clarke. Revised by William C. Waterhouse, Cornelius Greither, and A. W. Grootendorst and with a preface by Waterhouse, Springer-Verlag, New York, 1986.

Gauss, C. F. (1809). *Theoria motus corporum coelestium*. Perthes and Besser, Hamburg. In his *Werke* 7: 3–280.

Gauss, C. F. (1816). Demonstratio nova altera theorematis omnem functionem algebraicum rationalem integram unius variabilis in factores reales primi vel secundi gradus resolvi posse. *Commentationes societas regiae scientiarum Gottingensis recentiores 3*, 107–142. In his

*Werke* 3: 31–56.

Gauss, C. F. (1832). Letter to W. Bolyai, 6 March 1832. *Briefwechsel zwischen C. F. Gauss und Wolfgang Bolyai*, eds. F. Schmidt and P. Stäckel. Leipzig, 1899. Also in his *Werke* 8: 220–224.

Gödel, K. (1930). Die Vollständigkeit der Axiome des logischen Funktionenkalküls. *Monatshefte für Mathematik und Physik 37*, 349–360.

Gödel, K. (1931). Über formal unentscheidbare Sätze der Principia Mathematica und verwandter Systeme. I. *Monatshefte für Mathematik und Physik 38*, 173–198.

Gödel, K. (1938). The consistency of the axiom of choice and the generalized continuum hypothesis. *Proceedings of the National Academy of Sciences 25*, 220–224.

Gödel, K. (1946). Remarks before the Princeton bicentennial conference on problems in mathematics. In Davis (1965), pp. 84–88.

Gödel, K. (2014). *Collected Works. Vol. V. Correspondence H–Z*. Clarendon Press, Oxford University Press, Oxford. Edited by Solomon Feferman, John W. Dawson, Jr., Warren Goldfarb, Charles Parsons, and Wilfried Sieg. Paperback edition of the 2003 original.

Grassmann, H. (1844). *Die lineale Ausdehnungslehre*. Otto Wigand, Leipzig. English translation in Grassmann (1995), pp. 1–312.

Grassmann, H. (1847). *Geometrische Analyse geknüpft an die von Leibniz gefundene Geometrische Charakteristik*. Weidmann'sche Buchhandlung, Leipzig. English translation in Grassmann (1995), pp. 313–414.

Grassmann, H. (1861). *Lehrbuch der Arithmetik*. Enslin, Berlin.

Grassmann, H. (1862). *Die Ausdehnungslehre*. Enslin, Berlin. English translation of 1896 edition in Grassmann (2000).

Grassmann, H. (1995). *A New Branch of Mathematics*. Open Court Publishing Co., Chicago, IL. The *Ausdehnungslehre* of 1844 and other works. Translated from the German and with a note by Lloyd C. Kannenberg. With a foreword by Albert C. Lewis.

Grassmann, H. (2000). *Extension theory*. American Mathematical Society, Providence, RI; London Mathematical Society, London. Translated from the 1896 German original and with a foreword, editorial notes, and supplementary notes by Lloyd C. Kannenberg.

Hamilton, W. R. (1839). On the argument of Abel, respecting the impossibility of expressing a root of any general equation above the fourth degree, by any finite combination of radicals and rational functions. *Transactions of the Royal Irish Academy 18*, 171–259.

Hardy, G. H. (1908). *A Course of Pure Mathematics*. Cambridge University Press.

Hardy, G. H. (1941). *A Course of Pure Mathematics*. Cambridge University Press. 8th ed.

Hardy, G. H. (1942). Review of *What is Mathematics?* by Courant and Robbins. *Nature 150*, 673–674.

Hausdorff, F. (1914). *Grundzüge der Mengenlehre*. Von Veit, Leipzig.

Heath, T. L. (1925). *The Thirteen Books of Euclid's Elements*. Cambridge University Press, Cambridge. Reprinted by Dover, New York, 1956.

Heawood, P. J. (1890). Map-colour theorem. *The Quarterly Journal of Pure and Applied Mathematics 24*, 332–338.

Hermes, H. (1965). *Enumerability, Decidability, Computability. An introduction to the theo-*

*ry of recursive functions*. Die Grundlehren der mathematischen Wissenschaften in Einzeldarstellungen mit besonderer Berücksichtigung der Anwendungsgebiete, Band 127. Translated by G. T. Herman and O. Plassmann. Academic Press, Inc., New York; Springer-Verlag, Berlin-Heidelberg-New York.

Hessenberg, G. (1905). Beweis des *Desargues*schen Satzes aus dem *Pascal*schen. *Mathematische Annalen 61*, 161–172.

Hilbert, D. (1899). *Grundlagen der Geometrie*. Leipzig: Teubner. English translation: *Foundations of Geometry*, Open Court, Chicago, 1971.

Hilbert, D. (1901). Über Flächen von constanter Gaussscher Krümmung. *Transactions of the American Mathematical Society 2*, 87–89. In his *Gesammelte Abhandlungen* 2: 437–438.

Hilbert, D. (1926). Über das Unendliche. *Mathematische Annalen 95*, 161–190. English translation in van Heijenoort (1967), pp. 367–392.

Huygens, C. (1657). *De ratiociniis in aleae ludo*. Elsevirii, Leiden. In the *Exercitationum Mathematicarum* of F. van Schooten.

Huygens, C. (1659). Fourth part of a treatise on quadrature. *Œuvres Complètes* 14: 337.

Jordan, C. (1887). *Cours de Analyse de l'École Polytechnique*. Gauthier-Villars, Paris.

Kempe, A. B. (1879). On the geographical problem of the four colours. *American Journal of Mathematics 2*, 193–200.

Klein, F. (1872). *Vergleichende Betrachtungen über neuere geometrische Forschungen (Erlanger Programm)*. Akademische Verlagsgesellschaft, Leipzig. In his *Gesammelte Mathematischen Abhandlungen* 1: 460–497.

Klein, F. (1908). *Elementarmathematik vom höheren Standpunkte aus. Teil I: Arithmetik, Algebra, Analysis*. B. G. Teubner, Leipzig. English translation in Klein (1932).

Klein, F. (1909). *Elementarmathematik vom höheren Standpunkte aus. Teil II: Geometrie*. B. G. Teubner, Leipzig. English translation in Klein (1939).

Klein, F. (1932). *Elementary Mathematics from an Advanced Standpoint; Arithmetic, Algebra, Analysis*. Translated from the 3rd German edition by E. R. Hedrick and C. A. Noble. Macmillan & Co., London.

Klein, F. (1939). *Elementary Mathematics from an Advanced Standpoint; Geometry*. Translated from the 3rd German edition by E. R. Hedrick and C. A. Noble. Macmillan & Co., London.

Kőnig, D. (1927). Über eine Schlussweise aus dem Endlichen ins Unendliche. *Acta Litterarum ac Scientiarum 3*, 121–130.

Kőnig, D. (1936). *Theorie der endlichen und unendlichen Graphen*. Akademische Verlagsgesellschaft, Leipzig. English translation by Richard McCoart, *Theory of Finite and Infinite Graphs*, Birkhäuser, Boston 1990.

Kronecker, L. (1886). Letter to Gösta Mittag-Leffler, 4 April 1886. Cited in Edwards (2007).

Kronecker, L. (1887). Ein Fundamentalsatz der allgemeinen Arithmetik. *Journal für die reine und angewandte Mathematik 100*, 490–510.

Lagrange, J. L. (1768). Solution d'un problème d'arithmétique. *Miscellanea Taurinensia 4*, 19ff. In his *Œuvres* 1: 671–731.

Lagrange, J. L. (1771). Réflexions sur la résolution algébrique des équations. *Nouveaux Mé-*

*moires de l'Académie Royale des Sciences et Belles-lettres de Berlin*. In his *Œuvres* 3: 205–421.

Lambert, J. H. (1766). Die Theorie der Parallellinien. *Magazin für reine und angewandte Mathematik (1786)*, 137–164, 325–358.

Laplace, P. S. (1812). *Théorie Analytique des Probabilités*. Paris.

Lenstra, H. W. (2002). Solving the Pell equation. *Notices of the American Mathematical Society 49*, 182–192.

Levi ben Gershon (1321). *Maaser Hoshev*. German translation by Gerson Lange: *Sefer Maasei Choscheb*, Frankfurt, 1909.

Liouville, J. (1844). Nouvelle démonstration d'un théoréme sur les irrationalles algébriques. *Comptes Rendus Hebdomadaires des Séances de l'Académie des Sciences, Paris 18*; 910–911.

Lobachevsky, N. I. (1829). *On the foundations of geometry*. Kazansky Vestnik. (Russian).

Markov, A. (1947). On the impossibility of certain algorithms in the theory of associative systems (Russian). *Doklady Akademii Nauk SSSR 55*, 583–586.

Markov, A. (1958). The insolubility of the problem of homeomorphy (Russian). *Doklady Akademii Nauk SSSR 121*, 218–220.

Matiyasevich, Y. V. (1970). The Diophantineness of enumerable sets (Russian). *Doklady Akademii Nauk SSSR 191*, 279–282.

Maugham, W. S. (2000). *Ashenden, or, The British Agent*. Vintage Classics.

Mercator, N. (1668). *Logarithmotechnia*. William Godbid and Moses Pitt, London.

Minkowski, H. (1908). Raum und Zeit. *Jahresbericht der Deutschen Mathematiker-Vereinigung 17*, 75–88.

Mirimanoff, D. (1917). Les antinomies de Russell et Burali-Forti et le problème fondamental de la théorie des ensembles. *L'Enseignement Mathèmatique 19*, 37–52.

Motzkin, T. S. (1967). Cooperative classes of finite sets in one and more dimensions. *Journal of Combinatorial Theory 3*, 244–251.

Neumann, P. M. (2011). *The Mathematical Writings of Évariste Galois*. Heritage of European Mathematics. European Mathematical Society (EMS), Zürich.

Newton, I. (1671). De methodis serierum et fluxionum. *Mathematical Papers*, 3, 32–353.

Novikov, P. S. (1955). On the algorithmic unsolvability of the word problem in group theory (Russian). *Proceedings of the Steklov Institute of Mathematics 44*. English translation in *American Mathematical Society Translations*, series 2, *9*, 1–122.

Oresme, N. (1350). *Tractatus de configurationibus qualitatum et motuum*. English translation in Clagett (1968).

Ostermann, A. and G. Wanner (2012). *Geometry by its History*. Undergraduate Texts in Mathematics. Readings in Mathematics. Springer, Heidelberg.

Pacioli, L. (1494). *Summa de arithmetica, geometria. Proportioni et proportionalita*. Venice: Paganino de Paganini. Partial English translation by John B. Geijsbeek published by the author, Denver, 1914.

Paris, J. and L. Harrington (1977). A mathematical incompleteness in Peano arithmetic. In *Handbook of Mathematical Logic*, ed. J. Barwise, North-Holland, Amsterdam.

Pascal, B. (1654). Traité du triangle arithmétique, avec quelques autres petits traités sur la même manière. English translation in *Great Books of the Western World*, Encyclopedia Britannica, London, 1952, 447–473.

Peano, G. (1888). *Calcolo Geometrico secondo l'Ausdehnungslehre di H. Grassmann, preceduto dalle operazioni della logica deduttiva*. Bocca, Turin. English translation in Peano (2000).

Peano, G. (1889). *Arithmetices principia: nova methodo*. Bocca, Rome. English translation in van Heijenoort (1967), pp. 83–97.

Peano, G. (1895). *Formulaire de mathématiques*. Bocca, Turin.

Peano, G. (2000). *Geometric Calculus*. Birkhäuser Boston, Inc., Boston, MA. According to the *Ausdehnungslehre* of H. Grassmann. Translated from the Italian by Lloyd C. Kannenberg.

Petsche, H.-J. (2009). *Hermann Graßmann—Biography*. Birkhäuser Verlag, Basel. Translated from the German original by Mark Minnes.

Plofker, K. (2009). *Mathematics in India*. Princeton University Press, Princeton, NJ.

Poincaré, H. (1881). Sur les applications de la géométrie non-euclidienne à la théorie des formes quadratiques. *Association française pour l'avancement des sciences 10*, 132–138. English translation in Stillwell (1996), pp. 139–145.

Poincaré, H. (1895). Analysis situs. *Journal de l'École Polytechnique., series 2*, no. *1*, 1–121. In his *Œuvres* 6: 193–288. English translation in Poincaré (2010), pp. 5–74.

Poincaré, H. (2010). *Papers on Topology*, Volume 37 of *History of Mathematics*. American Mathematical Society, Providence, RI; London Mathematical Society, London. *Analysis situs* and its five supplements, Translated and with an introduction by John Stillwell.

Pólya, G. (1920). Über den zentralen Grenzwertsatz der Wahrscheinlichkeitsrechnung und das Momentenproblem. *Mathematische Zeitschrift 8*, 171–181.

Post, E. L. (1936). Finite combinatory processes. Formulation 1. *Journal of Symbolic Logic 1*, 103–105.

Post, E. L. (1941). Absolutely unsolvable problems and relatively undecidable propositions. Account of an anticipation. In Davis (1965), pp. 340–433.

Post, E. L. (1947). Recursive unsolvability of a problem of Thue. *Journal of Symbolic Logic 12*, 1–11.

Ramsey, F. P. (1930). On a problem of formal logic. *Proceedings of the London Mathematical Society 30*, 264–286.

Reisch, G. (1503). *Margarita philosophica*. Freiburg.

Robinson, R. M. (1952). An essentially undecidable axiom system. *Proceedings of the International Congress of Mathematicians, 1950*, 729–730. American Mathematical Society, Providence, RI.

Rogozhin, Y. (1996). Small universal Turing machines. *Theoretical Computer Science 168*(2), 215–240. Universal machines and computations (Paris, 1995).

Ruffini, P. (1799). *Teoria generale delle equazioni in cui si dimostra impossibile la soluzione algebraica delle equazioni generale di grade superiore al quarto*. Bologna.

Russ, S. (2004). *The Mathematical Works of Bernard Bolzano*. Oxford University Press, Oxford.

Russell, B. (1903). *The Principles of Mathematics. Vol. I*. Cambridge University Press, Cam-

bridge.
Ryan, P. J. (1986). *Euclidean and non-Euclidean geometry.* Cambridge University Press, Cambridge.
Saccheri, G. (1733). *Euclid Vindicated from Every Blemish.* Classic Texts in the Sciences. Birkhäuser/Springer, Cham, 2014. Dual Latin-English text, edited and annotated by Vincenzo De Risi. Translated from the Italian by G. B. Halsted and L. Allegri.
Simpson, S. G. (2009). *Subsystems of Second Order Arithmetic* (2nd ed.). Perspectives in Logic. Cambridge University Press, Cambridge; Association for Symbolic Logic, Poughkeepsie, NY.
Sperner, E. (1928). Neuer Beweis für die Invarianz der Dimensionzahl und des Gebietes. *Abhandlungen aus dem Mathematischen Seminar der Universität Hamburg 6*, 265–272.
Steinitz, E. (1913). Bedingt konvergente Reihen und konvexe Systeme. (Teil I.). *Journal für die reine und angewandte Mathematik 143*, 128–175.
Stevin, S. (1585a). *De Thiende.* Christoffel Plantijn, Leiden. English translation by Robert Norton, *Disme: The Art of Tenths, or Decimall Arithmetike Teaching*, London, 1608.
Stevin, S. (1585b). *L'Arithmetique.* Christoffel Plantijn, Leiden.
Stifel, M. (1544). *Arithmetica integra.* Johann Petreium, Nuremberg.
Stillwell, J. (1982). The word problem and the isomorphism problem for groups. *Bulletin of the American Mathematical Society (New series) 6*, 33–56.
Stillwell, J. (1993). *Classical Topology and Combinatorial Group Theory* (2nd ed.). Springer-Verlag, New York, NY.
Stillwell, J. (1996). *Sources of Hyperbolic Geometry.* American Mathematical Society, Providence, RI.
Stillwell, J. (2010). *Mathematics and its History* (3rd ed.). Springer, New York, NY.
Stirling, J. (1730). *Methodus Differentialis.* London. English translation Tweddle (2003).
Tartaglia, N. (1556). *General Trattato di Numeri et Misure.* Troiano, Venice.
Thue, A. (1897). Mindre Meddelelser. II. *Archiv for Matematik og Naturvidenskab 19*(4), 27.
Thue, A. (1914). Probleme über Veränderungen von Zeichenreihen nach gegebenen Regeln. J. Dybvad, Kristiania, 34 pages.
Turing, A. (1936). On computable numbers, with an application to the Entscheidungsproblem. *Proceedings of the London Mathematical Society, series 2, no. 42*, 230–265.
Tweddle, I. (2003). *James Stirling's Methodus differentialis.* Sources and Studies in the History of Mathematics and Physical Sciences. Springer-Verlag London, Ltd., London. An annotated translation of Stirling's text.
van Heijenoort, J. (1967). *From Frege to Gödel. A Source Book in Mathematical Logic, 1879–1931.* Harvard University Press, Cambridge, MA.
von Neumann, J. (1923). Zur Einführung der transfiniten Zahlen. *Acta litterarum ac scientiarum Regiae Universitatis Hungaricae Francisco-Josephinae, Sectio Scientiarum Mathematicarum 1*, 199–208. English translation in van Heijenoort (1967), pp. 347–354.
von Neumann, J. (1930). Letter to Gödel, 20 November 1930, in Gödel (2014), p. 337.
von Staudt, K. G. C. (1847). *Geometrie der Lage.* Bauer und Raspe, Nürnberg.
Wallis, J. (1655). Arithmetica infinitorum. *Opera* 1: 355–478. English translation *The Arith-*

*metic of Infinitesimals* by Jacqueline Stedall, Springer, New York, 2004.

Wantzel, P. L. (1837). Recherches sur les moyens de reconnaitre si un problème de géométrie peut se resoudre avec la règle et le compas. *Journal de Mathématiques Pures et Appliquées 1*, 366–372.

Weil, A. (1984). *Number Theory. An Approach through History, from Hammurapi to Legendre*. Birkhäuser Boston Inc., Boston, MA.

Whitehead, A. N. and B. Russell (1910). *Principia Mathematica. Vol. I*. Cambridge University Press, Cambridge.

Zermelo, E. (1904). Beweis dass jede Menge wohlgeordnet werden kann. *Mathematische Annalen 59*, 514–516. English translation in van Heijenoort (1967), pp. 139–141.

Zermelo, E. (1908). Untersuchungen über die Grundlagen der Mengenlehre I. *Mathematische Annalen 65*, 261–281. English translation in van Heijenoort (1967), pp. 199–215.

Zhu Shijie (1303). *Sijuan yujian*. (Precious mirror of four elements).

# 索引

■ 記号・数字

+ と · の再帰的定義, 339
∀ 偽化規則, 418
∈-最小, 345, 357
¬∀ 偽化規則, 418
¬¬ 偽化規則, 416
¬¬ 推論規則, 417
¬∨ 偽化規則, 415
¬∨ 推論規則, 417
$\sqrt{2}$ の無理性, 48
∨ 水増し推論規則, 417
$\pi$, 247, 320
$\pi$ に対する無限積, 395
2 階導関数, 221
2 次整数, 51
2 次整数の整除性, 52
2 次方程式, 164
3 次方程式, 30
10 を基数とする数字, 2

■ A

AC, 365
　　── が矛盾を起こさないこと, 365
$ACA_0$, 328, 360
Agrawal-Kayal-Saxena 法, 97
$a$ による拡大, 178
$a$ による割り算, 178

■ C

$\mathbb{C}$, 145, 158
$\mathbb{C}[x]$, 144
Con(PA), 368

■ M

mod 2, 49
　　── の算術, 109, 327, 329, 362

■ N

$\mathbb{N}$, 9
NP, v
NP 完全, 113, 300, 333
NP 特性, 333
NP 問題, 98, 113, 333

■ P

P, v, 97
PA 算術の不完全性, 364
PA の言語, 342
$p(x)$ を法とする合同関係, 147
P 対 NP 問題, v, 95, 104

■ Q

$\mathbb{Q}$, 158
$\mathbb{Q}[x]$, 142

■ R

$\mathbb{R}$, 158, 204
$\mathbb{R}[x]$, 144
$\mathbb{R}$ の完備性, 227, 262, 264, 328, 348, 361
$\mathbb{R}$ の非可算性, 370
RSA 暗号, 135
RSA 暗号法, 95

■ W

$WKL_0$, 362

■ X
$x^n$ の導関数, 219

■ Z
ZF, 356, 365
ZF 集合論, 328, 365

■ あ行
アーベル, 123
　　——とガロア, 155
　　——の非可解性証明, 123
アインシュタインの特殊相対性理論, 206
アッペルとハーケン, 299
アドヤン, 420
アフィン (affine), 425
アフィン幾何, 425
アフィン直線, 424
アフィン変換, 424
アポロニオスの『円錐曲線論』, 196
余り付きの除法, 57, 90, 143
アラビア数字, 108
アリストテレス, 213
アル＝ハジン (Al-Khazin), 69
アル＝フワリズミ (Al-Khwārizmi), 119, 120
アルガン, 387
アルキメデス, 14, 16, 71, 212, 214
　　——の定理, 187
アルゴリズム (algorithm), 103, 119
アルティン, エミール, 156
アレクサンドリアのエウクレイデス, iii
『偉大なる技術 (Ars magna)』, 122, 153
一意的分解, 144
一意的素因子分解定理, 142
一次分数変換, 393
一様連続性, 246, 336
イデア因子, 74
イデア素因数, 71
入れ子閉区間特性, 262
因数分解の問題, 3

ヴァイエルシュトラス, 256
ヴァンツェル, 194
ヴェイユ, 268
ヴェーバー - フェヒナーの法則, 230
ウォリス, 258, 320, 395
　　——の積, 320, 369, 399, 406, 429
運動の第二法則
　　ニュートンの——, 221

エウクレイデス, 14, 27, 39, 41, 45, 47, 65, 165, 204, 212, 251, 279, 347
　　アレクサンドリアの——, iii
　　——直線, 424
　　——のアルゴリズム, 5, 41, 47, 91, 142
　　——の意味で等しい, 170
　　——の幾何, 11, 163
　　——の幾何学, 196
　　——の『原論』, 29, 46, 114, 153, 163, 175, 180, 194, 346
　　——の公準, 199
　　——の公理系, 11
　　——の互除法, 5, 39–42, 65, 91, 144
　　——の作図, 175
　　——平面, 189
エジプトの分数, 67
F. ボーヤイとゲルヴィーン, 170
円関数, 247
円周率 $\pi$, 406
円錐曲線, 12, 196
『円錐曲線論』
　　アポロニオスの——, 196

オイラー, 14, 33, 51, 71, 109, 134, 145, 154, 255, 259, 277, 280, 298, 425, 429
　　——指標, 277
　　——の $\varphi$ 関数, 135
　　——の公式, 302
　　——の多面体公式, 266, 282, 299
　　——の定理, 135

——の平面グラフ公式, 281, 287
——の『無限解析入門（Introductio in analysin infinitorum）』, 257
大きい素数, 3
大きさ (magnitude), 346
音の高低, 230
オレーム, 257

■ か行
ガードナー, 172
外延性公理, 356
開集合, 265
外積, 201
解析学 (analysis), 255, 262
解析的確率論, 323
解答可能問題, 103
解答不能, 6
　　——アルゴリズム問題, 111, 367
　　——性, 370
　　——な語の変換問題, 380
『概念記法（Begriffsschrift）』, 363
ガウス, 54, 66, 97, 109, 269, 301, 323, 421
　　——の整数, 54
　　——の素数, 55
可解
　　加法は線型時間内で——, 95
可解性, 124
可換則, 125, 130, 364
可換な群, 161
拡大
　　$a$ による——, 178
角の概念, 13, 189
角の三等分, 194
確率, 22
確率論, 32, 305
可算 (countable), 352
数 $e$ の無理性, 246
数の代数的構造, 79
数の表記法, 108
画素, 164
仮想数 (imaginary number), 122

加速度, 221
合併の公理, 356
可能的無限 (potentially infinite), 36, 158, 352
加法, 84
　　——の可換則, 340
　　——の逆元, 126
　　——の結合則, 340
　　——の定義, 26
　　——は線型時間内で可解, 95
可約 (reducible), 143
空集合公理, 356
カルダーノ, 22, 321
　　——の『偉大なる技術（Ars magna）』, 153
　　——の公式, 122
ガロア, 161
　　——の証明, 124
　　——の理論, 118
環 (ring), 9, 118, 125, 127
含意関数, 331
関係, 334
完全2部グラフ, 288
完全化不能, 364
完全帰納法, 24
完全グラフ, 287
完全数, 65
完全性
　　述語論理の——, 363, 419
完全性定理, vii, 432
完全な公理系, 414
カントール, 256, 354
環の公理, 125
環の特性, 127

木 (tree), 276
　　——における結合価, 276
　　——の特性数, 277
　　——の面の個数, 284
幾何, 10, 163
幾何学的直感, 338
『幾何学の基礎』, 204

偽化規則
　　∀——, 418
　　¬∀——, 418
　　¬¬——, 416
　　¬∨——, 415
幾何級数, 15, 212
偽化する (falsify), 415
偽化不能 (unfalsible), 415
擬球面, 202
記号算術, 119
記号論理学, 99
基数10の筆算, 85
基数2の数字に1を加える, 101
基礎の公理, 345, 357
基礎理論, 205
期待値, 312
基底, 139
帰納的定義 (inductive definition), 26, 76
基本対称多項式, 422
既約 (irreducible), 142
逆関数, 224
逆元則, 125, 130, 159
逆数 mod $p$, 92
逆数学, xix, 204, 328, 360
既約多項式, 147
逆元 mod $p(x)$, 92
共通概念 (common notions), 169
共役の対, 145
行列式の概念, 34
極限, 220, 335
極限過程, 317
局所的, 225
曲線 $y = t^n$ の下の面積, 234
曲率, 197
距離, 188

『偶然の教理 (The Doctrine of Chances)』, 323
『偶然のゲームにおける計算 (De ratiociniis in aleae lido)』, 322
『偶然のゲームについての本 (Liber de ludo aleae)』, 22, 321
偶素数, 48
クック, スティーヴン, 113
組合せ, 17
組合せ論, 266, 306, 343
クライン, xvii, xix, 12, 34, 202, 423
グラスマン, 27, 34, 140, 201, 338, 342
　　——の『算術教本 (Lehrbuch der Arithmetik)』, 201
グラフィックコマンド, 165
グラフ同型, 279
グラフの同型性, 300
グラフ理論, vi, 266, 273, 298
繰り上げ, 85, 101
クリスタルの『代数学』, 7
クロネカー, 156–159
群, 124, 159, 382, 420
　　——と幾何学, 423
　　——の概念, 155, 160
　　——の同型問題, 420
クンマー, 71, 74

計算, 4
　　—— (calculatio), 30
　　—— (computation), 80
　　——可能性, 115, 116
　　——することの科学 (science of computing), 33
　　——の科学, 33
　　——の複雑性, 7
計算機の進展, 164
形式体系, 109
ゲーデル, 111, 112, 114, 363
　　——の完全性定理, 367
　　——の不完全性定理, 367
ケーニヒ, 302
　　——の無限性補題, vi, 267, 289, 292, 302, 337, 361, 405, 431
　　——の『有限と無限のグラフ理論 (Theorie der endlichen und unendlichen Graphen)』, 289
結合価 (valency), 275

索 引 ・ 449

——の総和, 275
結合則, 125, 130, 159
決定不能, 364
原始的要素, 151
　　　——定理, 151
原子命題, 328
『現代代数学』, 156
ケンプ, 299
『原論』
　　　エウクレイデスの——, 29, 46, 114, 153, 163, 175, 180, 194, 346

語（word）, 378
　　　——の間の等式の体系, 380
コイン投げ, 305
　　　——に対する大数の法則, 317
降下法（descent）, 39, 68
後者関数（successor function）, 26, 338
公準（postulates）, 175
構成主義者の観点, 264
構成的, 158
構造と公理化, 8
合同, 49
合同関係
　　　$p(x)$ を法とする——, 147
恒等関数, 222
恒等式, 332
高等師範学校（École Normale）, 34
恒等則, 125, 130, 159
高等的数学, iv, 360, 368
合同類, 128
公理の幾何学, 35
コーエン, 365
コーシー, 256, 260, 264
ゴールトン, フランシス, 306
ゴールトン板（Galton board）, 305, 306
極値定理, 362, 383
古典的代数, 119
語の問題, 162
　　　——の解答不能性, 382
　　　半群に対する——, 382
コラッツのアルゴリズム, 6

コラッツ問題, 6
根号（radical）, 123
　　　——による解, 123
混循環十進無限小数, 15
ゴンティエ, ジョルジュ, 299

■さ行
再帰的定義（recursive definition）, 26, 343
　　　+ と · の——, 339
再帰による定義（definition by recursion）, 338
最小上界特性, 262
最小多項式, 147
最大公約因子, 144
最大公約数, 40, 41
作図, 175
作図可能, 193
　　　——な数, 163, 183
サッケーリ, 199
座標, 210
三角柱, 174
三角形, 185
　　　——の合同, 165
　　　——の重心, 187
　　　——の内角の和, 166
『算術（Arithmetica）』, 51
算術, 2, 33, 39
　　　——化, 35, 164, 197
　　　——の初等的な要約, 343
『算術教本（Lehrbuch der Arithmetik）』, 34, 201
『算術的三角形（Traité du triangle arithmétique）』, 32
算術的内包公理, 361
三種の射影, 390
算板（abacus）, 30, 85, 108
　　　——での加法, 85
『算板の書（Liber abaci）』, 30, 31, 85, 108, 271

『四元玉鑑』, 298

自己言及, 105
　　——のトリック, 114, 115
辞書式順序, 83
地震の強度, 231
次数, 142, 193
指数関数, 236, 244
　　——のベキ級数, 244
指数的な増大, 237
指数法則, 237
自然数の帰納的特性, 24
自然対数, 238
自然対数関数, 228
実行可能, 80
実行可能性, 95
実射影直線, 369
十進数字, 30, 81
実数, 346
　　——の概念, xviii
　　——の体系 $\mathbb{R}$, 145
　　——の萌芽的な理論, 195
　　——の連続性, vi
　　——論, 171
実線型空間の理論, 206
実無限, 36, 37, 158, 255, 263, 354
質量の中心, 187
四面体, 174
射影, 388
　　——直線, 389, 393
　　——的平面幾何学の公理, 210
弱ケーニヒ補題（weak König lemma）, 362
集合論の公理系, 356
十進無限小数, 14
集積点, 291
充足可能性問題（satisfiability problem）, 113, 332, 333
朱世傑（Zhu Shije）, 18
シュタイニツ, 140
述語論理, 327, 334, 335, 363, 414, 417
　　——の完全性, 363, 419
シュティーフェル, 298
シュペルナーの補題, 267, 293, 294

朱世傑の著書『四元玉鑑』, 298
巡回セールスマン, 300
循環連分数, 73
順序, 348
順序対, 356
『純粋数学教程（Course of Pure Mathematics）』, 7, 260
乗算表, 31
乗法, 87
　　——規則, 224
　　——的特性, 52
　　——の帰納的な定義, 27
　　——の逆元, 129
証明, 36
　　——の理論, 36
初等関数, 212, 250, 261
初等幾何学, 164
初等数学, xvii
『初等数学講義（Lectures on Elementary Mathematics）』, 34
初等代数, 7
初等的（elementary）, xvii, 1
初等的数学, iv, 327
除法, 90
除法の特性, 42, 58, 59
ジョルダン, 260
ジョルダン曲線定理, 286
知り合いグラフ, 401
真理値, 327
真理表, 328

垂線, 176
　　——の共通交差, 191
推論規則, 415
　　¬¬——, 417
　　¬∨——, 417
　　∨水増し——, 417
推論計算（calculus ratiocinator）, 109
数学的帰納法, 24, 32, 41, 78, 327, 337, 342, 357, 364
　　——の公理型（induction axiom schema）, 343

索 引 ・ 451

――の上昇型, 337
数字, 81
数体の構成, 148
数論, 34, 39, 195
スカラー, 138
スカラー倍, 137
鈴木春信, 425
スターリング, 320
スターリングの公式, 320
ステヴィン, 14, 143

正 $m$ 角形の作図, 66
正規分布, 317, 324
正弦 (sine), 395
　　――と余弦についての公式, 254
正弦関数 sin と余弦関数 cos, 395
正五角形, 183
正三角形, 176
正四面体, 280
正十二面体, 280
整数, 125
　　――の体系 $\mathbb{Z}$, 9
生成関数, 21, 270
正多面体
　　――グラフ, 275
　　――の数え上げ, 282
正定値の内積, 206, 208
正二十面体, 280
正八面体, 280
整列定理, 365
正六面体（立方体）, 280
ゼータ関数, 260
積分可能, 256
積分法, 212
絶対値, 54, 385
　　――は乗法的, 385
セルヴァンテスの『ドン・キホーテ』, 105
ゼロ導関数定理, 226, 233, 262
線型回帰関係, 309
『線型拡大論（$Die\ lineare\ Ausdehnungslehre$)』, 201
線型空間, 119, 124, 136, 137

　　――幾何学, 184
　　内積を持つ――, 12
　　――の次元, 141
線型結合, 139
線型代数, 34, 119, 136
線型独立, 139
線型分数変換, 393
線型方程式, 164
選出公理, 264
選択関数, 365
選択公理, 365

素因子特性, 144
素因数特性, 47, 59
素因数分解の一意性, 59
素因数分解はただ一通りに限る, 46
双曲線, 228
双曲面モデル (hyperboloid model), 207
相似三角形の比例関係, 179
相対的次元, 151
相対的な長さ, 184, 185
双対性 (duality), 330
属性関係 (membership relation), 344
素数, 3, 45
　　――の認定の問題, 97
　　――の判定, 4
　　――の無限性, 267
素な多項式, 142
　　――を法とする合同, 144

■ た行
体, 8, 118, 124, 130, 210
　　――$\mathbb{Q}(\sqrt{m})$ 上のノルム, 371
　　――による座標系, 210
　　――の概念, 136
　　――の公理, 8, 131
　　――の特性, 131
　　――の理論, 118
対角線構成, 115
対角線論法, 115, 355
対称式の基本定理, 422
代数 (algebra), 7, 33, 118, 119

『代数学』
　　クリスタルの――，7
代数学者の代数学の基本定理，158，159，422
代数学の基本定理，145，154，159，383，388，421
　　代数学者の――，158，159，422
『代数学への完全な手引書（Vollständige Anleitung zur Algebra）』，33
対数関数，230
対数関数特性，229
代数幾何学，196
代数的演算，181
代数的数，39，147
　　――の集合，359
代数的数体，147
代数的数論，34，69
代数的整数，70
代数的な構造，123
大数の法則，313，317
体積の理論，173，195
『高い立場から見た初等数学』，34
多角形的（polygonal），278
多角形の面の個数，286
高さ（height），359
多項式
　　――の環，142
　　――の合同類，147
多項式時間
　　――計算，95
　　――で解答可能，97
　　――での可解性，104
足し算表，85
種による計算（computation by Species），33
多様体，197
ダランベール，387
　　――の補助定理，387
タルターリア，121，298
タレースの定理，177，205
単位円上の有理点，252，253
単位の長さ，178

単位分数，67
単集合（singleton set），344
単数，70

チェビシェフの不等式，315
力，221
置換公理（型），357
地平線，210
チャーチ，100，111，364
チャーチ-テューリングのテーゼ，103，107，367
チャーチのテーゼ，103，114
中間値の定理，263
抽象，36
抽象代数，156
抽象的な代数学，123
中心極限定理，324
中線の共通交差，187
中立幾何学（neutral geometry），205
超越的，358
長除法，90
頂点，274
頂点の三色塗り分け，300
調和級数，257
直定規とコンパス，163
　　――による作図，175
　　――による作図法，181
直角，189
直交するための必要十分条件，189

追跡線（tractrix），203
対の公理，356
通約不能性（incommensurability），168
ツェルメロ，114，357，365
ツェルメロ-フレンケルの公理系，356

ディオファントス，51，69
停止する計算の検知，381
停止問題，104，111，433
　　――の解答不能性（unsolvability），116
　　――の非可解性，162

定数関数, 222
ディリクレ, 70, 301, 338, 374
　　——の近似定理, 375
　　——の講義録, 374
　　——の「引き出し論法」, 65
デーン, 174, 382, 420
デカルト, 12, 30, 154, 163, 195
デカルト座標の幾何, 199
適正な公理, 210
適正な公理系（right axioms）, 204
デザルグの定理, 210
デデキント, 34, 71, 156, 171, 256, 263, 342, 346, 348
　　——の積定理, 151
　　——の切断, 348
　　——の切断を可視化, 349
テューリング, 80, 99, 100, 107, 116, 364
テューリング機械, v, 96, 97, 99, 100, 103, 104, 378
　　——の概念, 115
　　——の操作, 161
デル・フェルロ, 121
添加, 124, 146

トゥエ, 267, 380
等角円盤（conformal disk）, 208
導関数, 219
　　$x^n$ の——, 219
同形写像（isomorphism）,, 149
等式問題, 381
同値類, 147
トートロジー（tautology）, 331
特性, 334
特定の数（number）の加法と乗法, 78
閉じている, 275
賭博師の破産問題, 305, 309
トポロジー, 266, 299, 420
　　——の同相問題, 420
ド・モアヴル, 30, 271, 319, 323
　　——の公式, 320
取り尽し法, 214, 255

『ドン・キホーテ』
　　セルヴァンテスの——, 105

■ な行
内積, 13, 188
　　——の存在, 206
　　——を持つ線型空間, 12, 164
内的状態, 100
長さ $a$ と $b$ の長方形, 169

二項係数, 19, 268, 270, 298
　　——の近似, 408
　　——のグラフの極限, 412
二項定理, 21
二項分布, 308
二項分布の収束, 319
二進, 83
二等辺三角形定理, 167
ニュートン, 31, 32, 109, 142, 154, 244
　　——の運動の第二法則, 221
任意の（arbitrary）有限和, 214

ネター, エミー, 156

ノヴィコフ, 161, 383, 420
ノルム, 52, 54
　　——の乗法的特性, 371

■ は行
バースカラ II, 72
ハーディ, 260, 264, 284
　　——の『純粋数学教程』, 7
ハウスドルフ, 265
パスカル, 22, 32, 298, 321, 337
　　——の三角形, 17, 297, 308
パチオーリ, 321
パッポス, 167, 209
　　——の定理, 209, 210
鳩の巣原理, 65, 374
　　無限——, 290, 369
ハノイの塔, 25
ハミルトン, 123

ハミルトン路, 300
速さ, 221
パラボラ (放物線), 12
　　——の切片, 214
　　——の切片の面積, 16
パリス‐ハリントンの定理, 431
張る, 139
半円内の角, 191
半群, 420
　　——に対する語の問題, 382
反復2倍乗法, 89
反復二分法, 226
反復平方による累乗, 89
反復平方による累乗法, 93
半平面モデル, 199

ヒーウッド, 299
ピープス，サミュエル, 31
ビールーニー, 298
非エウクレイデス幾何学, 198, 202
　　——の基礎理論, 205
非エウクレイデス的な幾何学, 196
非エウクレイデス的平行線公準, 205
非可換性, 161, 421
非可算 (uncountable), 354
「引き出し論法」
　　ディリクレの——, 65
ピクセル×ピクセル, 164
非決定論的計算, 104
非決定論的 (nondeterministic) 多項式時間問題, 98
非構成的, 158
非作図可能性, 196
非正定値内積, 206
微積分 (calculus), 14, 109, 212, 222, 234
　　——の基本定理, 212, 235
非素数であることの判定, 4
筆算, 108
必然性の決定不能性, 364
必然性 (validity) 判定問題, 432
必然的論理式 (valid formula), 331

必要十分条件, 331
微分可能, 219
微分可能な関数の連続性, 223
微分法, 212
　　——の積公式, 398
非平面的, 287
ピュタゴラス
　　——学派, 169
　　——の定理, 10–12, 172, 195, 205
　　——の三つ組, 251
　　ベクトル版——の定理, 190
標準偏差, 314
ヒルベルト, 35, 195, 197, 203, 210, 351
　　——の公理系, 204
　　——の第10問題, 106, 112

ファン・デル・ヴェルデン, 156
フィボナッチ, 30, 67, 70, 85, 271
　　——数, 30, 41
　　——数列, 271
　　——生成関数, 272
　　——の『算板の書』, 108
ブール, 109, 362
ブール関数, 330
フェルマ, 30, 51, 68, 72, 133, 154, 163, 195, 268, 321
　　——の小定理, 134, 268
フェルラーリ, 123
フォン・シュタウト, 210
フォン・ノイマン, 344, 368
不完全性, 111, 370
　　PA算術の——, 364
不完全性定理, vii, 363
複素数, 145, 384
　　——の代数, 154
複比, 392, 394
負数, 121
部分積分法, 398
部分分数, 251
部分分数展開, 273
『普遍算術 (Universal arithmetick)』, 32
普遍算術, 34, 118

普遍テューリング機械, 107
ブラウンカー, 258, 429
　　——の連分数, 429
ブラフマグプタ, 72, 121, 372
フリードマン, 204, 360
フレーゲ, 109, 363
フレンケル, 357
ブロウウェルの不動点定理, 267, 293, 295, 362
プログラミング言語, 165
分散, 305, 314
分配則, 125, 130

ペアノ, 109, 114, 202, 342
　　——算術（PA）, vii, 342
　　——の公理系, 342
　　——の算術 PA, 327
平均値, 305, 314
　　——と平方, 312
平行四辺形の対角線, 187
平行線, 176, 185
平行線公準, 165, 166, 198, 205
平行六面体, 173
閉性（closure property）, 10
平坦時空, 206
平方完成, 119
平面グラフ, 278
平面的（planar）, 279
平面的グラフ（planar gragh）, 277
平面の射影幾何学, 209
ベキ級数展開, 216
ベキ集合（power set）, 354
ベキ集合公理, 357
ベクトル（vector）, 13, 130
　　——の加法, 137
　　——のタレースの定理, 185
　　——版ピュタゴラスの定理, 190
ヘセンベルク, 211
ベル曲線, 323
ベルトラーミ, 196, 199
ベルヌーイ, ダニエル, 30, 271
ベルヌーイ, ニコラウス, 322

ベルヌーイ, ヤコブ, 322
ベルヌーイ一族, 154
ベルヌーイ試行, 322
ペル方程式, 62, 64, 71, 370
　　——の自明でない整数解, 377
　　——の正の解, 373
辺, 274
変化の度合い, 221
偏差値, 305
変数, 327

ポアンカレ, 207, 302
ホイヘンス, 22, 255, 322
法, 49
ポウスト, 99, 107, 110, 111, 367
　　——のタグシステム, 110
ホーナー法, 298
ボーヤイ, F., 170
ボーヤイ, ヤーノシュ, 198
ボーヤイとロバチェフスキー, 199
　　——の公準, 199
牧牛問題, 71
星の明るさ, 231
ボルツァーノ, 256, 262, 263
ボルツァーノ - ヴァイエルシュトラス, 328
　　——の定理, 262, 267, 291, 361, 431
ホワイトヘッドとラッセル, 109
ボンベルリ, 122, 154

■ ま行

マーダヴァ, 258
マティヤセヴィチ, 106
マルコフ, 420

道（path）, 274
ミリマノフ, 344
ミンコフスキー, 207
ミンコフスキー空間, 206
ミンコフスキー内積, 208

ムーア人, 108

無限, xviii, 36, 351
『無限解析入門（Introductio in analysin infinitorum）』, 14
　　オイラーの——, 257
無限過程, v, 14, 214, 351
無限完全グラフ $K_\omega$, 403
無限幾何級数, 213
無限グラフ, 289
無限降下法, 67
無限公理, 357, 360
無限集合, 328
　　——の存在を主張, 361
　　——論, 345
無限性補題
　　ケーニヒの——, vi, 267, 289, 292, 302, 337, 361, 405, 431
無限積, 369
　　$\pi$ に対する——, 395
無限遠直線, 389
無限遠点, 369, 389, 392
無限二分岐木, 291, 362
無限二分法, 362
無限鳩の巣原理, 290, 369
無限への恐れ, 348
無限ラムジー定理, 403, 431
無限連分数, 43
無限和, 213
無理数, 43, 45
無理性
　　$\sqrt{2}$ の——, 48
　　数 $e$ の——, 246
ムレ, 256

命題論理, 327, 328, 362
　　——の完全性, 417
　　——の代数的規則, 109
メルカトール, 239
メルカトール級数, 244
メルセンヌ, 298
面積
　　——関数, 231
　　——において等しい, 170

——の理論, 195

モーム, W. サマーセット, 87

■ や行

ユークリッド, iii
　　——のアルゴリズム, 73
有限確率論, 306
有限環, 128
有限算術, 49
有限次元である, 140
有限集合論, 343
有限体 $F_p$, 131
『有限と無限のグラフ理論（Theorie der endlichen und unendlichen Graphen）』
　　ケーニヒの——, 289
有限の数学, 21
有限ラムジー定理, 405
有限連分数, 43
ユーティリティーグラフ, 288
有理数の体系 $\mathbb{Q}$, 9

余弦（cosine）, 395
　　正弦と——についての公式, 254
『予想の技法（Ars conjectandi）』, 322
読み書きヘッド, 100
四色問題, vi, 299

■ ら行

ライプニツ, 31, 109, 154, 362
ライプニツの夢, 99
ラグランジュ, 34, 72, 161
ラッセル, 414
ラプラス, 323, 422
ラムジー定理
　　無限——, 403, 431
　　有限——, 405
ラムジー理論, 401
ランダムウォーク, 305, 311
　　——の期待される到達点の距離の平方, 311

リーマン積分, 234
リーマン積分可能, 362
リウヴィル, 358
離散的構造, 302
離散的数学, 345
立方体の体積倍増問題, 192
リヒター尺度, 231
量化子 (quantifier), 334, 417
量記号, 327
量の比の理論, 346
リンカーン, エイブラハム, 28

累乗, 92
累乗的増大, 2
ルッフィーニ, 123

レヴィ・ベン・ゲルソン, 337
レオナルド・ピザーノ, 30
連結している (connected), 275
連鎖律, 223
連続関数, 154, 256
連続性, 263, 264, 335
連続体 $\mathbb{R}$, 256
連続体仮説, 366
連続的構造, 302
連続な数学, 346
連分数, 42
連分数アルゴリズム, 44
連分数展開, 72

ロバチェフスキー, 198
ロビンソン, ラファエル M., 364
ロビンソン算術, 364
論理学, 24
論理の代数, 362
論理は算術化できる, 329

■ わ行
割り算
　　$a$ による——, 178

訳者紹介

三宅克哉（みやけ　かつや）

1964年　東京大学理学部数学科卒業
1969年　Princeton 大学大学院修了，Ph.D.
現　在　東京都立大学名誉教授，津田塾大学客員教授
専　攻　数学
著訳書　『類体論講義』（日本評論社，共著）
　　　　『数論—歴史からのアプローチ』（日本評論社，共訳）
　　　　『19 世紀の数学 I　数理論理学・代数学・数論・確率論』
　　　　（朝倉書店，監訳）
　　　　『数学 10 大論争』（紀伊國屋書店，訳）
　　　　『方程式が織りなす代数学』（共立出版，著）
　　　　『楕円関数概観』（共立出版，著）　　　　　　　　　ほか

| | |
|---|---|
| 初等数学論考 | 訳　者　三宅克哉　© 2018 |
| 原題：Elements of Mathematics From Euclid to Gödel | 原著者　John Stillwell（ジョン・スティルウェル） |
| | 発行者　南條光章 |
| | 発行所　共立出版株式会社<br>東京都文京区小日向 4-6-19<br>電話　03-3947-2511（代表）<br>〒112-0006／振替口座 00110-2-57035<br>http://www.kyoritsu-pub.co.jp/ |
| 2018 年 4 月 15 日　初版 1 刷発行 | 印　刷　啓文堂 |
| | 製　本　ブロケード |
| 検印廃止<br>NDC 410.1, 411.2, 414.1<br>ISBN 978-4-320-11334-3 | 　一般社団法人<br>　　　　　自然科学書協会<br>　　　　　会員<br>Printed in Japan |

---

JCOPY　<出版者著作権管理機構委託出版物>

本書の無断複製は著作権法上での例外を除き禁じられています．複製される場合は，そのつど事前に，出版者著作権管理機構（ＴＥＬ：03-3513-6969，ＦＡＸ：03-3513-6979，e-mail：info@jcopy.or.jp）の許諾を得てください．

Yearning for the Impossible: The Surprising Truths of Mathematics

# 不可能へのあこがれ
## 数学の驚くべき真実

John Stillwell 著／柳谷　晃 監訳
内田雅克・柳谷　晃 訳

常識と"不可能"の間の創造的な場に焦点を合わせ，「無理数と複素数」「曲面空間」「無限」といった数学の新しい概念の発見や考案の歴史を探る。芸術，文学，哲学，および物理学との関係を描画しつつ，知的な風景の中にある数学を吟味する。

A5判・上製・280頁・定価（本体3,200円＋税）
ISBN978-4-320-11080-9

## 目次

### 第1章 無理数
ピタゴラスの夢／ピタゴラスの定理／無理数の三角形／ピタゴラスの悪夢／無理数の意味は何か／$\sqrt{2}$に対する連分数／等しい音列

### 第2章 虚数
負の数／虚数／3次方程式を解くこと／虚数で表される実数解／1572年以前，虚数はどこにあったのか？／乗法の幾何学／複素数は我々が思っているより多くの実りがある／なぜ"複素"数と呼ぶのか？

### 第3章 水平線
平行線／座標／平行線と視覚／距離を考えない描き方／パッポスとデザルグの定理／小デザルグ定理／代数学の法則とは何か？／射影的加法と乗法

### 第4章 無限小
長さと面積／体積／四面体の体積／円／放物線／他の曲線の傾き／傾きと面積／$\pi$の値／無限小の幽霊

### 第5章 曲がった宇宙
平らな宇宙と中世の宇宙／2次元球面と3次元球面／平らな曲面と平行線公理／球面と平行線の公理／非ユークリッド幾何学／負の曲率／双曲型平面／双曲型空間／数学的空間と現実の空間

### 第6章 4次元
パリの算術／三つの組の算術の世界の探検／四元数／4平方定理／四元数と空間回転／3次元における対称／正四面体の対称と24胞体／4次元正多面体／他

### 第7章 イデアル
発見と発明／余りのある割り算／素因数分解の一意性／ガウスの整数／ガウス素数／有理数の傾きと有理数の角度／成立しない素因数分解の一意性／イデアルと素因数分解の一意性の復活

### 第8章 周期的な空間
あり得ないトライバル／円柱と平面／野生のものはどこにあるのか／周期的な世界／周期性とトポロジー／周期についての歴史

### 第9章 無限
有利と無限／潜在的，現実的無限／非可算／対角線論法／超越数／完備性の熱望

（価格は変更される場合がございます）

共立出版　http://www.kyoritsu-pub.co.jp/